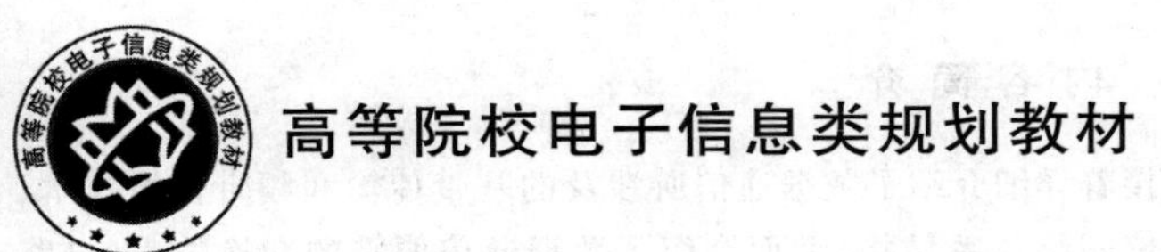

高等院校电子信息类规划教材

数据通信原理

（第 5 版）

张碧玲　董跃武　毛京丽　编著

北京邮电大学出版社
www.buptpress.com

内容简介

本书首先介绍了数据通信的基本概念，接着详细介绍了数据通信所涉及的基带传输和频带传输技术、差错控制的基本理论及应用，分析了数据通信网络体系结构，继而介绍了数据通信所需的交换技术（电路交换、分组交换、IP 交换以及多协议标签交换）和路由技术（路由器技术、内部网关协议和外部网关协议），最后介绍了数据通信网相关内容，包括局域网、宽带 IP 城域网、多协议标签交换（MPLS）网、下一代网络（NGN）以及内容中心网络（CCN）。

本书既可作为高等院校本科通信工程、电子信息工程等专业的专业核心课程教材，也适宜作为信息通信行业的高职院校进行专升本层次非脱产教育（含职业教育和继续教育）的教材。同时，本书也适合用作从事通信工作的科研和工程技术人员进行自学的参考书。

图书在版编目（CIP）数据

数据通信原理 / 张碧玲，董跃武，毛京丽编著．-- 5 版．-- 北京：北京邮电大学出版社，2023.6
ISBN 978-7-5635-6926-7

Ⅰ．①数… Ⅱ．①张… ②董… ③毛… Ⅲ．①数据通信 Ⅳ．①TN919

中国国家版本馆 CIP 数据核字(2023)第 099717 号

策划编辑：彭　楠　刘纳新　　**责任编辑**：刘　颖　　**责任校对**：张会良　　**封面设计**：七星博纳

出版发行：北京邮电大学出版社
社　　址：北京市海淀区西土城路 10 号
邮政编码：100876
发 行 部：电话：010-62282185　传真：010-62283578
E-mail：publish@bupt.edu.cn
经　　销：各地新华书店
印　　刷：保定市中画美凯印刷有限公司
开　　本：787 mm×1 092 mm　1/16
印　　张：19
字　　数：473 千字
版　　次：2000 年 12 月第 1 版　2007 年 12 月第 2 版　2011 年 6 月第 3 版　2015 年 5 月第 4 版
2023 年 6 月第 5 版
印　　次：2023 年 6 月第 1 次印刷

ISBN 978-7-5635-6926-7　　　　定　价：58.00 元

前　言

随着社会经济的发展，数据通信已成为信息传递的重要手段。数据通信技术作为通信与计算机网络技术的交叉融合，已成为当今网络信息技术发展的重要基础。

“数据通信”课程是电子信息类专业的一门非常重要的专业课。为了使学生更好地掌握数据通信相关理论与技术，本教材在编写过程中注重教学改革实践效果和数据通信新技术的发展，以我国数据通信技术的发展和应用为主线，在全面讲述数据通信基本概念和基本原理的基础上，介绍了传输技术、差错控制技术、网络体系结构、数据交换技术和路由技术，以及数据通信网，全面准确地阐述了数据通信的基本理论、基础知识、基本方法和学术体系。

《数据通信原理》（第 5 版）教材是在对《数据通信原理》（第 4 版）教材进行修订补充的基础上编写而成的。在体系结构上，第 5 版教材相比于第 4 版做了较大调整，从而能够反映数据通信学科教学和科研的最新进展，能够更完整、更清晰地表达数据通信课程应包含的知识与技能体系。在内容上，第 5 版教材充分考虑了电子信息行业“十四五”规划对新时代卓越型和应用型高层次通信人才的要求，以及信息通信学科教学对教材内容要“科教融合”“产教融合”的最新要求，对第 4 版教材进行了大规模的迭代更新，从而能够反映数据通信领域新知识、新技术、新方法和新工程实践，能够追踪相关领域的世界或国家标准。

全书共有 7 章。

第 1 章概述，首先介绍了数据通信的基本概念、数据通信系统的构成、数据通信传输信道、数据传输方式、数据通信系统的主要性能指标和多路复用技术，然后讨论了数据通信网的构成和分类、计算机网络的基本概念、Internet 的概念和特点，以及数据通信技术的标准化组织等。

第 2 章数据信号的传输，首先分析了数据序列的电信号表示和功率谱特性，然后详细介绍了数据信号的两种基本传输方式：基带传输和频带传输。

第 3 章差错控制，首先介绍了差错控制的基本概念及原理，然后分析了几种简单的差错控制编码、汉明码及线性分组码、循环码和卷积码的基本特性，探讨了交织技术，最后介绍了简单差错控制协议。

第 4 章数据通信网络的体系结构，首先介绍了网络体系结构的基本概念，然后系统地论述了开放系统互连参考模型（OSI-RM）和 TCP/IP 参考模型的各层协议。

第5章数据交换，首先介绍了数据交换方式的分类和数据交换技术的发展，然后具体介绍了电路交换、分组交换、IP交换以及多协议标签交换，阐述其基本原理、优缺点及适用场合。

第6章路由技术，首先介绍路由器的用途、基本构成、功能和基本类型，然后分析IP网的路由选择协议的特点和分类，最后论述常见的内部网关协议和外部网关协议。

第7章数据通信网，首先介绍局域网，然后讨论宽带IP城域网的相关内容，最后论述多协议标签交换(MPLS)网、下一代网络(NGN)以及内容中心网络(CCN)。

本书第1、4、6章由毛京丽编写，第2章和第3章由董跃武编写，第5章和第7章由张碧玲编写。全书由张碧玲负责统稿。

本书参考了一些相关的文献，从中受益匪浅，在此对这些文献的著作者表示深深的感谢！

由于作者水平有限，若书中存在缺点和错误，恳请专家和读者指正。

作　者

2022年12月

目　　录

第 1 章　概述 …… 1
1.1　数据通信的基本概念 …… 1
1.1.1　数据与数据信号 …… 1
1.1.2　数据通信的概念 …… 1
1.1.3　传输代码 …… 2
1.2　数据通信系统的构成 …… 3
1.2.1　数据终端设备 …… 3
1.2.2　数据电路 …… 4
1.3　数据通信传输信道 …… 4
1.3.1　信道类型及特性 …… 4
1.3.2　传输损耗 …… 8
1.3.3　噪声与干扰 …… 8
1.3.4　信噪比 …… 9
1.4　数据传输方式 …… 9
1.4.1　串行传输和并行传输 …… 9
1.4.2　异步传输和同步传输 …… 10
1.4.3　单工、半双工和全双工数据传输 …… 11
1.5　数据通信系统的主要性能指标 …… 12
1.5.1　有效性指标 …… 12
1.5.2　可靠性指标 …… 13
1.5.3　信道容量 …… 14
1.6　多路复用技术 …… 15
1.6.1　频分复用 …… 15
1.6.2　时分复用 …… 15
1.6.3　波分复用 …… 16

1.6.4 码分复用 …… 17
1.7 数据通信网概述 …… 18
1.7.1 数据通信网的构成 …… 18
1.7.2 计算机网络的基本概念 …… 19
1.7.3 数据通信网的分类 …… 20
1.7.4 Internet 的概念和特点 …… 22
1.8 数据通信技术的标准化组织简介 …… 22
小结 …… 24
习题 …… 25

第2章 数据信号的传输 …… 27

2.1 数据信号及特性描述 …… 27
2.1.1 数据序列的电信号表示 …… 27
2.1.2 基带数据信号的功率谱特性 …… 28
2.2 数据信号的基带传输 …… 32
2.2.1 基带传输系统的构成 …… 32
2.2.2 几种基带形成网络 …… 33
2.2.3 时域均衡 …… 39
2.2.4 数据序列的扰乱与解扰 …… 40
2.2.5 数据传输系统中的时钟同步 …… 42
2.3 数据信号的频带传输 …… 43
2.3.1 频带传输系统的构成 …… 43
2.3.2 数字调幅 …… 44
2.3.3 数字调相 …… 49
2.3.4 数字调频 …… 54
2.3.5 现代数字调制技术 …… 57
2.3.6 数字调制中的载波提取和形成 …… 65
2.3.7 数字信号的最佳接收 …… 67
2.3.8 数字调制系统的比较 …… 72
小结 …… 74
习题 …… 75

第3章 差错控制 …… 78

3.1 差错控制的基本概念及原理 …… 78
3.1.1 差错控制的基本概念 …… 78

3.1.2　差错控制的基本原理……………………………………………………………… 82
3.2　简单的差错控制编码……………………………………………………………… 86
3.2.1　奇偶监督码……………………………………………………………………… 86
3.2.2　水平奇偶监督码………………………………………………………………… 87
3.2.3　二维奇偶监督码………………………………………………………………… 88
3.3　汉明码及线性分组码……………………………………………………………… 88
3.3.1　汉明码…………………………………………………………………………… 88
3.3.2　线性分组码……………………………………………………………………… 91
3.4　循环码……………………………………………………………………………… 95
3.4.1　循环码的循环特性……………………………………………………………… 95
3.4.2　循环码的生成多项式和生成矩阵……………………………………………… 96
3.4.3　循环码的编码方法……………………………………………………………… 99
3.4.4　循环码的解码方法 …………………………………………………………… 101
3.5　卷积码 …………………………………………………………………………… 105
3.5.1　卷积码的基本概念 …………………………………………………………… 105
3.5.2　卷积码的图解表示 …………………………………………………………… 108
3.5.3　卷积码的概率解码 …………………………………………………………… 111
3.6　交织技术 ………………………………………………………………………… 112
3.6.1　交织技术基本概念 …………………………………………………………… 112
3.6.2　分组交织 ……………………………………………………………………… 113
3.7　简单差错控制协议 ……………………………………………………………… 114
3.7.1　停止等待 ARQ 协议 …………………………………………………………… 114
3.7.2　连续 ARQ 协议 ………………………………………………………………… 116
小结……………………………………………………………………………………… 119
习题……………………………………………………………………………………… 121

第4章　数据通信网络的体系结构……………………………………………………… 123

4.1　网络体系结构概述 ……………………………………………………………… 123
4.1.1　网络体系结构的定义及分类 ………………………………………………… 123
4.1.2　网络体系结构相关的概念 …………………………………………………… 124
4.2　开放系统互连参考模型 ………………………………………………………… 124
4.2.1　OSI 参考模型的分层结构及各层功能概述 ………………………………… 125
4.2.2　物理层协议 …………………………………………………………………… 128
4.2.3　数据链路层协议 ……………………………………………………………… 129
4.2.4　网络层协议 …………………………………………………………………… 132

4.3　TCP/IP 参考模型 …… 136
4.3.1　TCP/IP 参考模型的分层结构 …… 136
4.3.2　网络接口层协议 …… 138
4.3.3　网络层协议 …… 141
4.3.4　传输层协议 …… 149
4.3.5　应用层协议 …… 158
4.3.6　下一代网际协议 IPv6 …… 164
小结 …… 171
习题 …… 175

第 5 章　数据交换 …… 176

5.1　概述 …… 176
5.1.1　数据交换的必要性 …… 176
5.1.2　数据交换方式的分类 …… 177
5.1.3　数据交换技术的发展 …… 177
5.2　电路交换方式 …… 179
5.2.1　电路交换的原理 …… 179
5.2.2　电路交换的优缺点 …… 180
5.3　分组交换方式 …… 181
5.3.1　分组交换的原理 …… 181
5.3.2　分组交换的优缺点 …… 182
5.3.3　分组的传输方式 …… 183
5.4　IP 交换方式 …… 186
5.4.1　IP 交换的产生与发展 …… 186
5.4.2　IP 交换的原理 …… 187
5.4.3　IP 交换的特点 …… 191
5.5　多协议标签交换 …… 191
5.5.1　多协议标签交换的基本概念 …… 191
5.5.2　多协议标签交换的工作原理 …… 193
5.5.3　多协议标签交换的特点 …… 196
小结 …… 196
习题 …… 197

第 6 章　路由技术 …… 199

6.1　路由器技术 …… 199

6.1.1　路由器的层次结构及用途 …… 199
6.1.2　路由器的基本构成 …… 201
6.1.3　路由器的功能 …… 204
6.1.4　路由器的基本类型 …… 204
6.2　IP 网的路由选择协议概述 …… 205
6.2.1　IP 网的路由选择协议的特点 …… 205
6.2.2　IP 网的路由选择协议的分类 …… 205
6.3　内部网关协议(IGP) …… 206
6.3.1　RIP …… 206
6.3.2　OSPF 协议 …… 210
6.3.3　IS-IS 协议 …… 214
6.4　外部网关协议(EGP) …… 216
6.4.1　BGP 的概念及特征 …… 216
6.4.2　BGP 路由器与 AS 路径 …… 217
6.4.3　BGP 的工作原理 …… 218
小结 …… 219
习题 …… 221

第 7 章　数据通信网 …… 222

7.1　局域网 …… 222
7.1.1　局域网概述 …… 222
7.1.2　局域网体系结构 …… 224
7.1.3　传统以太网 …… 226
7.1.4　高速以太网 …… 231
7.1.5　交换式以太网 …… 235
7.1.6　虚拟局域网 …… 239
7.1.7　无线局域网 …… 242
7.2　城域网 …… 253
7.2.1　宽带 IP 城域网的基本概念 …… 253
7.2.2　宽带 IP 城域网的分层结构 …… 255
7.3　MPLS 网 …… 257
7.3.1　MPLS 网的组成 …… 257
7.3.2　MPLS TE …… 260
7.3.3　MPLS VPN …… 263
7.4　下一代网络(NGN) …… 267

7.4.1 NGN的基本概念及体系结构 …… 267
7.4.2 基于软交换的NGN …… 269
7.4.3 基于IMS的NGN …… 273
7.5 内容中心网络(CCN) …… 281
7.5.1 CCN的概念及体系架构 …… 281
7.5.2 CCN的路由、转发与缓存机制 …… 282
7.5.3 CCN的特点 …… 286
小结 …… 286
习题 …… 291

参考文献 …… 293

第1章　概　述

章导学

随着计算机的广泛应用，特别是 Internet 的蓬勃兴起，数据业务爆炸式增长，从而促进了数据通信技术的快速发展。

本章简要介绍数据通信最基本的概念，使读者对数据通信有一个较全面的了解，为学习后面各章内容奠定基础。本章主要内容包括：数据通信的基本概念、数据通信系统的构成、数据通信传输信道、数据传输方式、数据通信系统的主要性能指标、多路复用技术、数据通信网概述以及数据通信技术的标准化组织等。

1.1　数据通信的基本概念

1.1.1　数据与数据信号

1. 数据

数据是预先约定的、具有某种含义的任何一个数字或一个字母（或符号）以及它们的组合。例如，约定用数字“1”表示电路接通，数字“0”表示电路断开，这里，数字“1”和“0”就是数据。

2. 数据信号

由数据的定义可以看出，数据有很多，若通信过程中直接传输这些数据，需要用许多不同形状的电压来表示它们，这是不现实的，解决的办法是采用代码。例如，用 1000001 表示 A，用 1011010 表示 Z，再把这些“1”和“0”代码用二电平电压（或电流）波形表示并传输，这就解决了用少量电压（或电流）波形来表示众多数据字符的矛盾。这里所说的代码就是二进制的组合，即二进制代码。

数据用传输代码（二进制代码）表示（即用若干个“1”和“0”的组合表示每一个数据）就变成了数据信号。

1.1.2　数据通信的概念

1. 数据通信的定义

传输数据信号的通信是数据通信，为了使整个数据通信过程能按一定的规则有顺序地进行,通信双方必须建立一定的协议或约定,并且具有执行协议的功能,这样才实现了有意义的数据通信。

严格来讲,数据通信的定义是:依照通信协议,利用数据传输技术在两个功能单元之间传递数据信息,它可实现计算机与计算机、计算机与一般数据终端以及一般数据终端与一般数据终端之间的数据信息传递。数据通信的终端设备(产生的是数据信号)可以是计算机,也可以是除计算机以外的一般数据终端。

通常而言,数据通信是一种把计算机技术和通信技术结合起来的通信方式。数据通信包含两方面内容:数据的传输和数据传输前后的处理,如数据的集中、交换、控制等。

2. 数据信号的基本传输方式

数据信号的基本传输方式有 3 种:基带传输、频带传输和数字数据传输。

基带传输是基带数据信号(数据终端输出的未经调制变换的数据信号)直接在电缆信道上传输。换句话说,基带传输是不搬移基带数据信号频谱的传输方式。

频带传输是对基带数据信号进行调制,将其频带搬移到相应的载频频带上再传输。

数字数据传输是利用数字信道(PCM 信道)传输数据信号,即利用 PCM30/32 路系统的某些时隙传输数据信号。

1.1.3 传输代码

目前,常用的二进制代码有国际 5 号码(IA5)、EBCDIC 码和国际电报 2 号码(ITA2)等。作为例子,下面介绍国际 5 号码(IA5)。

国际 5 号码是一种 7 单位代码,以 7 位二进制码来表示一个字母、数字或符号。这种码最早在 1963 年由美国标准协会提出,称为美国信息交换用标准代码(American Standard Code for Information Interchange,简称 ASCII 码)。7 位二进制码一共有 $2^7=128$ 种组合,可表示 128 个不同的字母、数字和符号,如表 1-1 所示。

表 1-1 国际 5 号码(IA5)编码表

				b_5	0	1	0	1	0	1	0	1
b_4	b_3	b_2	b_1	行＼列	0	1	2	3	4	5	6	7
0	0	0	0	0	NUL	TC_7 (DLB)	SP	0	@	P	·	p
0	0	0	1	1	TC_1 (SOH)	DC_1	1	1	A	Q	a	q
0	0	1	0	2	TC_2 (STX)	DC_2	″	2	B	R	b	r
0	0	1	1	3	TC_3 (ETX)	DC_3	＃	3	C	S	c	s
0	1	0	0	4	TC_4 (EOT)	DC_4	¤	4	D	T	d	t
0	1	0	1	5	DC_5 (ENQ)	TC_8 (NAK)	%	5	E	U	e	u

续表

				b_5	0	1	0	1	0	1	0	1
b_4	b_3	b_2	b_1	列 行	0	1	2	3	4	5	6	7
0	1	1	0	6	TC_6 (ACK)	TC_9 (SYN)	&	6	F	V	f	v
0	1	1	1	7	BEL	TC_{10} (ETB)	'	7	G	W	g	w
1	0	0	0	8	FE_0 (BS)	CAN	(	8	H	X	h	x
1	0	0	1	9	FE_1 (HT)	EM	)	9	I	Y	i	y
1	0	1	0	10	FE_2 (LF)	SUB	*	:	J	Z	j	z
1	0	1	1	11	FE_3 (VT)	ESC	+	;	K	〔	k	{
1	1	0	0	12	FE_4 (FF)	IS_4 (FS)	,	<	L	\	l	|
1	1	0	1	13	FE_5 (CR)	IS_3 (GS)	—	=	M	〕	m	}
1	1	1	0	14	SO	IS_2 (RS)	.	>	N	ˆ	n	—
1	1	1	1	15	SI	IS_1 (US)	/	?	O	-	o	DEL

代码在顺序传输过程中以 b_1 作为第一位，b_7 为最后一位。

1.2　数据通信系统的构成

数据通信系统是通过数据电路将分布在各地的数据终端设备连接起来，实现数据传输、交换、存储和处理的系统。数据通信系统的基本构成如图1-1所示。

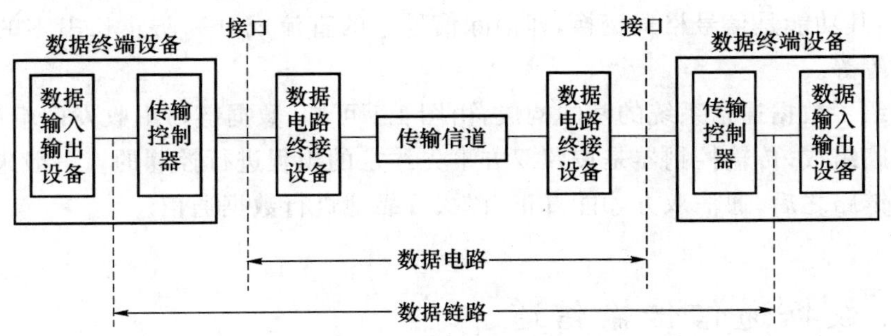

图1-1　数据通信系统的基本构成

1.2.1　数据终端设备

数据终端设备(DTE)由数据输入设备(产生数据信号的数据源)、数据输出设备(接收数据信号的数据宿)和传输控制器等组成。

数据输入、输出设备的作用是:在发送端把数据信息变成以传输代码表示的数据信号,即将数据转换为数据信号;接收端完成相反的变换,即把数据信号还原为数据。

传输控制器的作用是完成各种传输控制,如差错控制、终端的接续控制、确认控制、传输顺序控制和切断控制等。

DTE包括计算机和一般数据终端,正朝着高速化、多功能化、智能化、小型化和专用化的方向发展,越来越呈现多样化的趋势。

1.2.2 数据电路

数据电路位于收发两端的DTE之间,它的作用是为数据通信提供传输通道。在数据电路两端收发的是二进制"1"或"0"的数据信号,数据电路要保证将发端DTE的数据信号送到收端的DTE。

数据电路由传输信道及其两端的数据电路终接设备组成。

1. 传输信道

传输信道(广义信道)包括通信线路和通信设备。通信线路一般采用电缆、光缆、微波线路(无线信道)等;通信设备可分为模拟通信设备和数字通信设备,从而使传输信道分为模拟传输信道和数字传输信道。另外,传输信道中还包括通过交换网的连接或是专用线路的固定连接。

2. 数据电路终接设备

数据电路终接设备(DCE)是DTE与传输信道的接口设备,当数据信号采用不同的传输方式时,DCE的功能有所不同。

基带传输时,DCE是对来自DTE的数据信号进行某些变换,使信号功率谱与信道相适应,即使数据信号适合在电缆信道中传输。

频带传输时,DCE具体为调制解调器(Modem),它是调制器和解调器的结合。发送时,调制器对数据信号进行调制,将其频带搬移到相应的载频频带上进行传输;接收时,解调器进行解调,将已调信号还原成数据信号。

当数据信号在数字信道上传输(数字数据传输)时,DCE为数据服务单元(Data Service Unit,DSU),其功能是信号格式变换,即消除信号中的直流成分和防止长串零的编码、信号再生和定时等等。

以上介绍了数据通信系统的基本构成,由图1-1可知,数据链路由收发两端的传输控制器和数据电路组成,传输控制器是按照双方事先约定的规程进行控制的。一般来说,只有在建立起数据链路之后,通信双方才能真正有效、可靠地进行数据通信。

1.3 数据通信传输信道

1.3.1 信道类型及特性

传输信道是指信号的传输通道。前已述及,数据通信的传输信道包括通信线路(即传输介质)和相应的通信设备。

数据通信的传输信道可以从以下两方面分类。

- 按照信道上传输的信号形式不同,传输信道可以分为模拟信道和数字信道。模拟信道上传输的是模拟信号,而数字信道上传输的是数字信号。
- 按照传输介质的种类,传输信道可以分为有线信道和无线信道。有线信道主要采用双绞线、同轴电缆和光纤;无线信道是指传输电磁信号的自由空间,在无线信道中电磁信号沿空间(大气对流层和电离层等)传输。

下面具体介绍双绞线、同轴电缆、光纤及无线信道。

1. 双绞线

双绞线是由两条相互绝缘的铜导线扭绞起来构成的(一对线作为一条通信线路),其结构如图1-2(a)所示。通常一定数量的双绞线对捆成一个电缆,外边包上硬护套。双绞线可用于传输模拟信号,也可用于传输数字信号,其通信距离一般为几到几十千米,其传输衰减特性示意如图1-3所示。由于电磁耦合和集肤效应,双绞线对的传输衰减随着频率的增加而增大,故信道的传输特性呈低通型特性。

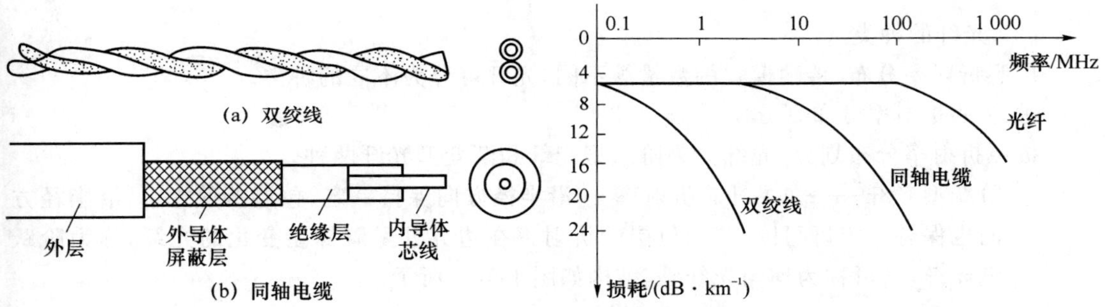

图1-2 双绞线和同轴电缆结构

图1-3 双绞线和同轴电缆传输衰减特性

双绞线可降低信号干扰的程度,每一根导线在传输中辐射的电波会被另一根线上发出的电波抵消,由于双绞线成本低廉且性能较好,是数据通信普遍采用的传输介质。

双绞线分为屏蔽双绞线(STP)与非屏蔽双绞线(UTP)两大类。根据屏蔽方式的不同,屏蔽双绞线又分为两种,即屏蔽箔双绞线(Shielded Foil Twisted-Pair,SFTP)和箔双绞线(Foil Twisted-Pair,FTP)。SFTP是指双屏蔽双绞线,而FTP则是采用整体屏蔽的屏蔽双绞线。非屏蔽双绞线又分别有3类、4类、5类、超5类等多种。

3类双绞线的速率为10 Mbit/s,5类双绞线的速率为100 Mbit/s,超5类双绞线的速率可达1 000 Mbit/s。

2. 同轴电缆

同轴电缆也像双绞线那样由一对导体组成,但它是按同轴的形式构成线对,其结构如图1-2(b)所示。其中最里层是内导体芯线,外包一层绝缘材料,外面再套一个空心的圆柱形外导体,最外层是起保护作用的塑料外皮。内导体和外导体构成一组线对,应用时,外导体是接地的,因而同轴电缆具有很好的抗干扰性,而且它比双绞线具有较好的频率特性,但同轴电缆与双绞线相比成本较高。

与双绞线的信道特性相同,同轴电缆信道特性也是呈低通型特性,然而它的低通频带要比双绞线的频带宽。

3. 光纤

(1) 光纤的结构

光纤有不同的结构形式,目前通信用的光纤绝大多数是用石英材料做成的横截面很小的双层同心玻璃体,外层玻璃的折射率比内层稍低。折射率高的中心部分叫作纤芯,其折射率为 n_1,直径为 $2a$;折射率低的外围部分称为包层,其折射率为 n_2,直径为 $2b$。光纤的基本结构如图 1-4 所示。

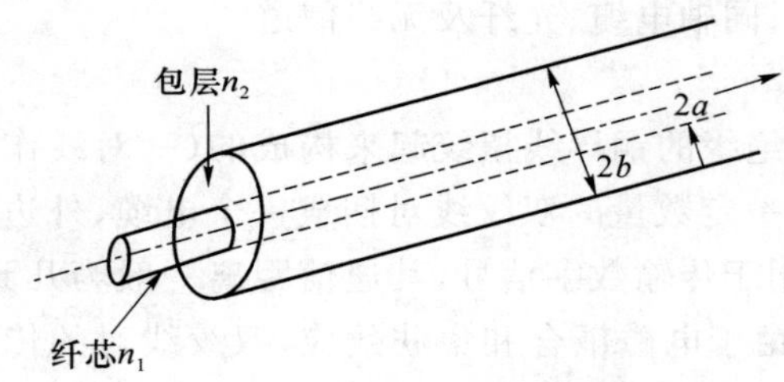

图 1-4 光纤的基本结构

(2) 光纤的种类

按照折射率分布、传输模式的数量等不同,光纤可分为不同的种类。

① 按照折射率分布划分

按照折射率分布划分,光纤分为阶跃型光纤和渐变型光纤两种。

- 阶跃型光纤——如果纤芯折射率 n_1 沿半径方向保持一定,包层折射率 n_2 沿半径方向也保持一定,而且纤芯和包层的折射率在边界处呈阶梯型变化的光纤,称为阶跃型光纤,又可称为均匀光纤,其结构如图 1-5(a)所示。

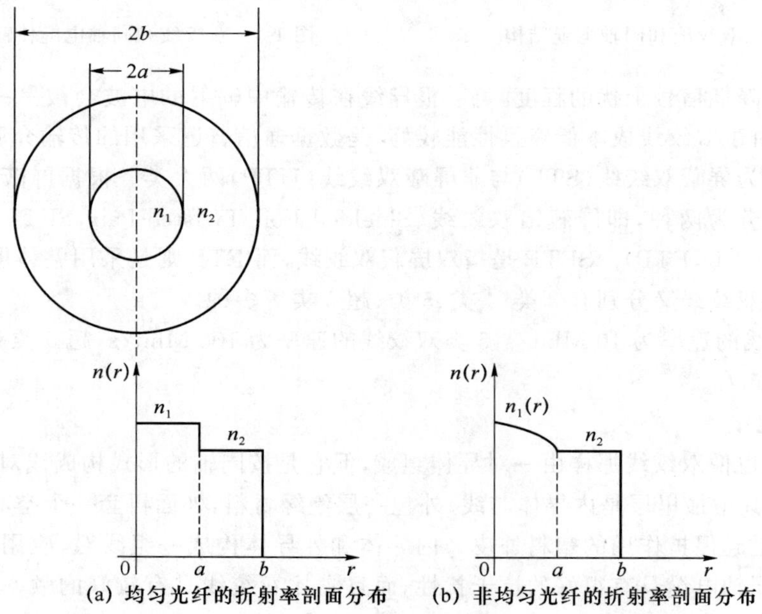

(a) 均匀光纤的折射率剖面分布 (b) 非均匀光纤的折射率剖面分布

图 1-5 光纤的折射率刨面分布

- 渐变型光纤——如果纤芯折射率 n_1 随着半径加大而逐渐减小,而包层中折射率 n_2

是均匀的，这种光纤称为渐变型光纤，又称为非均匀光纤，其结构如图 1-5(b)所示。

② 按照传输模式的数量划分

所谓模式，实质上是电磁场的一种场型结构分布形式，模式不同，其场型结构不同。按照光纤中传输模式的数量划分，光纤可分为单模光纤和多模光纤。

- 单模光纤——光纤中只传输单一模式时，称为单模光纤。单模光纤的纤芯直径较小，约为 4～10 μm，通常采用阶跃型折射率分布。由于单模光纤只传输基模，从而完全避免了模式色散，使传输带宽大大加宽。因此，它适用于大容量、长距离的光纤通信。
- 多模光纤——在一定的工作波长下，可以传输多种模式的介质波导称为多模光纤。多模光纤的纤芯直径约为 50 μm，可以采用阶跃型折射率分布，也可以采用渐变型折射率分布。由于模色散的存在使多模光纤的带宽变窄，但其制造、耦合、连接都比单模光纤容易。

4. 无线信道

无线通信中，信号是以微波的形式传输。微波是一种频率在 300 MHz～300 GHz 之间的电磁波，有时我们把这种电磁波简称为电波。电波由天线辐射后，便向周围空间传播，到达接收地点的能量仅是一小部分，距离越远，这一部分能量越小。

无线通信中主要的电波传播模式有 3 种——空间波、地表面波和天波，如图 1-6 所示。

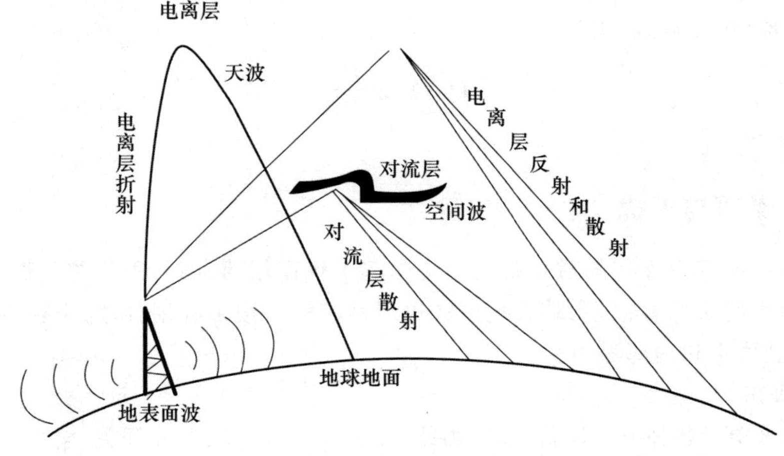

图 1-6　电波传输模式

空间波是指在大气对流层中进行传播的电波传播模式。在电波的传播过程中，会出现反射、折射和散射等现象。长途微波通信和移动通信中均采用这种视距通信方式。

地表面波是指沿地球表面传播的电波传播模式。长波、中波一般采用这种传播方式，其天线直接架设在地面。

天波是利用电离层的折射、反射和散射作用进行传播的电波传播模式。短波通信采用的正是这种电波传播模式。

对于无线信道，电波空间所产生的自然现象，如雨、雾、雪及大气湍流等，都会对电波的传输质量带来影响，并产生衰落。尤其在卫星通信中，由于卫星通信的传播路径遥远，要通过对流层中的云层以及对流层之上的同温层、中间层、电离层和外层空间，故电波传播受空间影响更大。

1.3.2 传输损耗

信号在传输介质中传播时将会有一部分能量转化成热能或者被传输介质吸收,从而造成信号强度不断减弱,这种现象称为传输损耗(或传输衰减)。衰减将对信号传输产生很大的影响,若不采取有效措施,信号在经过远距离传输后其强度甚至会减弱到接收方无法检测到的地步,如图 1-7 所示。

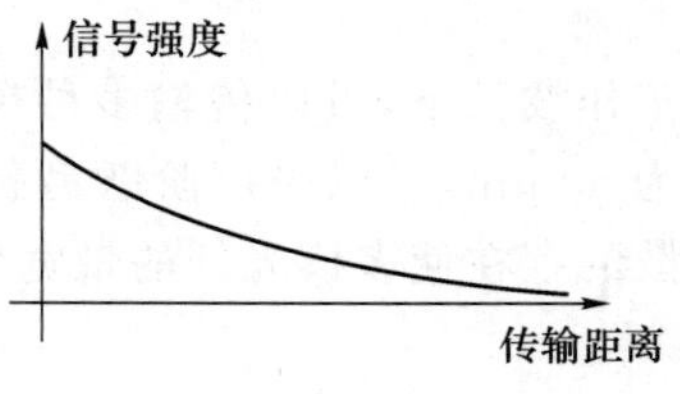

图 1-7 传输衰减

可见传输衰减是影响传输距离的重要因素之一。传输衰减的衡量是网络的输入端功率与输出端功率之差。衰减常用的电平符号是 dB(分贝),dB(分贝)是以常用对数表示两个功率之比的一种计量单位。

如设 0 点为发送源点,其发送功率为 P_0,传输终点为 1 点,接收点功率为 P_1,则 0 点到 1 点的传输损耗(传输衰减)为

$$D=10\lg\frac{P_0}{P_1} \tag{1-1}$$

其中,D 的单位为 dB。

1.3.3 噪声与干扰

噪声是通信系统中存在的对正常信号传输起干扰作用的、不可避免的一种干扰信号。

信道内噪声的来源有很多,其表现形式也多种多样。按来源划分,噪声可以粗略地分为工业噪声、天电噪声和内部噪声。

1. 工业噪声

工业噪声来源于各种电气设备,如电力线、点火系统、电车、电源开关、电力铁道和高频电炉等。这类噪声来源分布很广泛,无论是城市还是农村,内地还是边疆,各地都有工业噪声存在。尤其是在现代化社会里,各种电气设备越来越多,因此这类噪声的强度也就越来越大。

2. 天电噪声

天电噪声来源于雷电、磁暴、太阳黑子以及宇宙射线等,可以说整个宇宙空间都是产生这类噪声的根源,它的存在是客观的。由于这类自然现象与其发生的时间、季节和地区等有关系,因此不同的时间、季节和地区,数据通信受天电噪声的影响大小不同。

以上工业噪声和天电噪声两类噪声所产生的干扰都属于脉冲干扰(包括工业干扰中的电火花、断续电流及天电干扰中的雷电等)。脉冲干扰的特点是波形不连续,呈脉冲性质。并且发生这类干扰的时间很短,强度很大,而周期是随机的,因此它可以用随机的窄脉冲序列来表示。由于脉冲很窄,所以占用的频谱必然很宽,这类干扰对数据通信会造成较大影

响，为了保证数据通信的质量，在数据通信系统内经常采用差错控制技术，以有效地对抗突发性脉冲干扰。

3. 内部噪声

内部噪声来源于信道本身所包含的各种电子器件、转换器，以及天线或传输线等。例如，电阻和各种导体都会在分子热运动的影响下产生热噪声，电子管或晶体管等电子器件会由于电子发射不均匀等产生器件噪声。这类干扰是由无数个自由电子作不规则运动所形成的，因此它的波形也是不规则变化的，在示波器上观察就像一堆杂乱无章的茅草一样，常称之为起伏噪声。由于在数学上可以用随机过程来描述这类干扰，所以又可称为随机噪声，或者简称为噪声。

噪声按照统计特性分有高斯噪声和白噪声。高斯噪声的概率密度函数服从高斯分布（即正态分布）；白噪声的功率谱密度函数在整个频率域（$-\infty<\omega<+\infty$）内是均匀分布的，即它的功率谱密度函数在整个频率域（$-\infty<\omega<+\infty$）内是常数（白噪声的功率谱密度通常以 N_0 来表示，其量纲单位是瓦/赫（W/Hz））。

若噪声的概率密度函数服从高斯分布，功率谱密度函数在整个频率域（$-\infty<\omega<+\infty$）内是常数，这类噪声称为高斯白噪声。实际信道中的噪声都是高斯白噪声。

1.3.4 信噪比

如上所述，信号在传输过程中不可避免的要受到传输损耗和信道噪声干扰的影响，信噪比就是用来描述信号传输过程所受到的损耗和噪声干扰程度的量，它是衡量传输系统性能的重要指标之一。信噪比是指某一点上的信号功率与噪声功率之比，可表示为

$$\frac{S}{N}=\frac{P_S}{P_N} \tag{1-2}$$

其中，P_S 是信号平均功率，P_N 是噪声平均功率。信噪比通常以分贝(dB)来表示，其公式为

$$\left(\frac{S}{N}\right)_{dB}=10\lg\left(\frac{P_S}{P_N}\right) \tag{1-3}$$

1.4 数据传输方式

数据传输方式是指数据信号在信道上传送所采取的方式。如果按照数据代码传输的顺序可以分为并行传输和串行传输，按照数据传输的同步方式可分为同步传输和异步传输，按照数据传输的流向和时间关系可分为单工、半双工和全双工数据传输。

1.4.1 串行传输和并行传输

1. 串行传输

串行传输是数据码流以串行方式在一条信道上传输。串行传输时，接收端如何从串行数据码流中正确地划分出发送的一个个字符所采取的措施称为字符同步。

串行传输的优点是易于实现；缺点是为解决收、发双方字符同步，需外加同步措施。在远距离传输时，通常采用串行传输方式。

2. 并行传输

并行传输是将数据信号以成组的方式在两条以上的并行信道上同时传输。例如,采用 7 单位代码字符(再加 1 位校验码)时可以用 8 条信道并行传输,另加一条"选通"线用来通知接收器,以指示各条信道上已出现某一字符的信息,可对各条信道上的电压进行取样,如图 1-8所示。

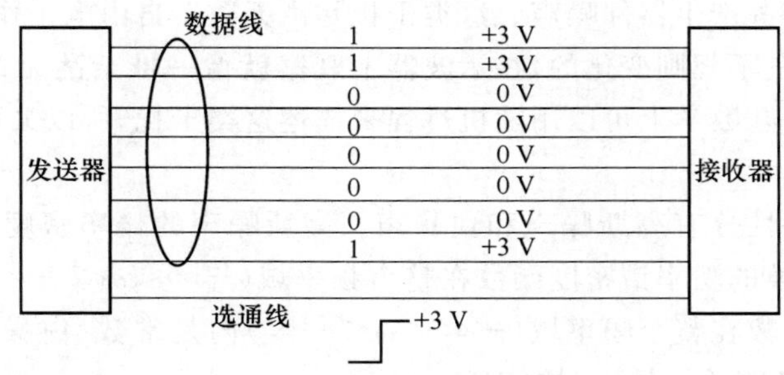

图 1-8 并行传输示意图

并行传输的优点是不需要采取另外的措施就实现了收发双方的字符同步。其缺点是需要传输信道多,设备复杂,成本高。所以,并行传输一般适用于计算机和其他高速数字系统内部的传输;外线传输时,在距离较近的一些设备之间也适于采用并行传输。

1.4.2 异步传输和同步传输

1. 异步传输

异步传输是每次传送一个字符,各字符的位置不固定。为了在接收端区分每个字符,在发送每一个字符的前面均加上一个"起"信号,其长度规定为一个码元,极性为"0",后面均加一个"止"信号。对于国际电报 2 号码,"止"信号长度为 1.5 个码元,对于国际 5 号码或其他代码,"止"信号长度为 1 或 2 个码元,极性为"1"。

字符可以连续发送,也可以单独发送,不发送字符时,连续发送"止"信号。因此,每一字符的起始时刻可以是任意的(这正是称为异步传输的含意),但在同一个字符内各码元长度相等。这样,接收端可根据字符之间的从"止"信号到"起"信号的跳变("1"→"0")来检测识别一个新字符的"起"信号,从而正确地区分一个个字符。因此,这样的字符同步方法又称起止式同步。

异步传输的优点是实现字符同步比较简单,收发双方的时钟信号不需要精确地同步。其缺点是每个字符增加了起、止的比特位,降低了信息传输效率,所以常用于低速数据传输。图 1-9(a)所示为异步传输情况。

2. 同步传输

同步传输是以固定时钟节拍发送数据信号,在串行数据码流中,各字符之间的相对位置都是固定的,因此不必对每个字符加"起"信号和"止"信号,只需在一串字符流前面加一个起始字符,后面加一个终止字符,表示字符流的开始和结束。

同步传输有两种同步方式:字符同步和帧同步。图 1-9(b)所示为字符同步,在一串字符流前面加 SYN 作为起始字符,后面加 EOT 作为终止字符。图 1-9(c)所示为帧同步,数据信号的发送以一帧为单位,在一帧的前面加起始标志表示一帧的开始,后面加结束标志表示一帧的结束。

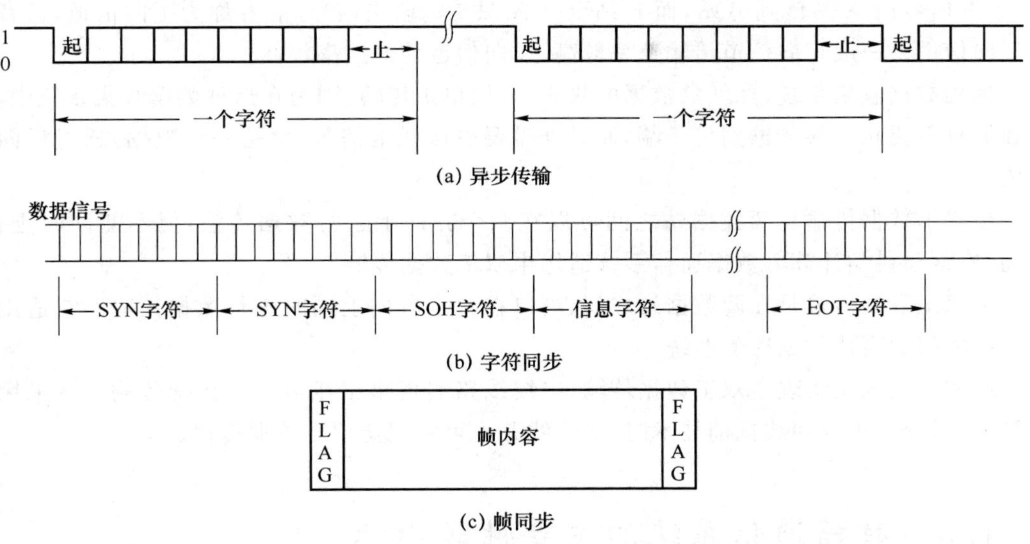

图 1-9 同步传输与异步传输示意图

同步传输一般采用帧同步。接收端要从收到的数据码流中正确区分发送的字符,必须建立位定时同步和帧同步。位定时同步又叫比特同步,其作用是使接收端的位定时时钟信号和收到的输入信号同步,以便从接收的信息流中正确识别一个个信号码元,产生接收数据信号序列。

同步传输与异步传输相比,在技术上要复杂(因为要实现位定时同步和帧同步),但它不需要对每一个字符单独加起、止码元作为识别字符的标志,只是在一串字符的前后加上标志序列,因此传输效率较高。同步传输通常用于较高速的数据传输。

1.4.3 单工、半双工和全双工数据传输

单工、半双工和全双工数据传输如图1-10所示。通信一般总是双向的,有来有往,这里所谓单工、双工等,指的是数据传输的方向。

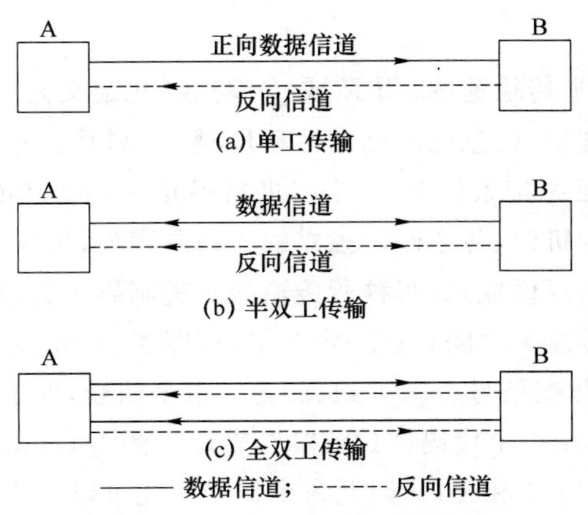

图 1-10 单工、半双工和全双工数据传输示意图

单工数据传输是两数据站之间只能沿一个指定的方向进行数据传输。如图1-10(a)所示,数据信号由A站传到B站,而B站至A站只传输联络信号,前者称为正向信道,后者称为反向信道。一般正向信道传输速率较高,反向信道传输速率较低。

远程数据收集系统,如气象数据的收集,采用单工传输,因为在这种数据收集系统中,大量数据只需要从一端传输到另一端,而另外需要少量联络信号(也是一种数据)通过反向信道传输。

半双工数据传输是两数据站之间可以在两个方向上进行数据传输,但不能同时进行。问询、检索和科学计算等数据通信系统适用半双工数据传输。

全双工数据传输是在两数据站之间,可以在两个方向上同时进行数据传输。它适用于计算机之间的高速数据通信系统。

通常四线线路实现全双工数据传输;二线线路实现单工或半双工数据传输。在采用频率复用、时分复用或回波抵消技术时,二线线路也可实现全双工数据传输。

1.5 数据通信系统的主要性能指标

衡量数据通信系统的主要性能指标包括有效性和可靠性。

重点难点讲解

1.5.1 有效性指标

1. 工作速率

工作速率(即传输速率)是衡量数据通信系统传输能力的指标,主要使用两种不同的定义:符号速率和数据传信速率。

(1) 符号速率

符号速率(即码元速率或调制速率,用N_{Bd}或f_s表示)的定义是每秒传输信号码元的个数,单位为波特(Baud)。如信号码元持续时间(码元间隔)为T_s,那么符号速率N_{Bd}为

$$N_{Bd}=\frac{1}{T_s} \tag{1-4}$$

(2) 数据传信速率

数据传信速率(即信息传输速率,用R或f_b表示)的定义是每秒所传输的信息量。信息量是信息多少的一种度量,信息的不确定性程度越大,则其信息量越大,信息量的度量单位为"比特"(bit)。在满足一定条件下,一个二进制码元(一个"1"或一个"0")所含的信息量是一个"比特"(条件为:随机的、各个码元独立的二进制序列,且"0"和"1"等概率出现),所以数据传信速率的定义也可以说成是:每秒所传输的二进制码元数,其单位为bit/s。

数据传信速率和符号速率之间存在一定关系,如图1-11所示。

图1-11给出了两种数据信号。图1-11(a)为二电平信号,即1个信号码元T_s中有2种状态(±1),1个信号码元用1个代码("1"或"0")表示。图1-11(b)为四电平信号,即1个信号码元T_s中有4种状态(±3和±1),因此每个信号码元可以代表4种情况之一,一个信号码元用2个代码(二进制码元)表示。

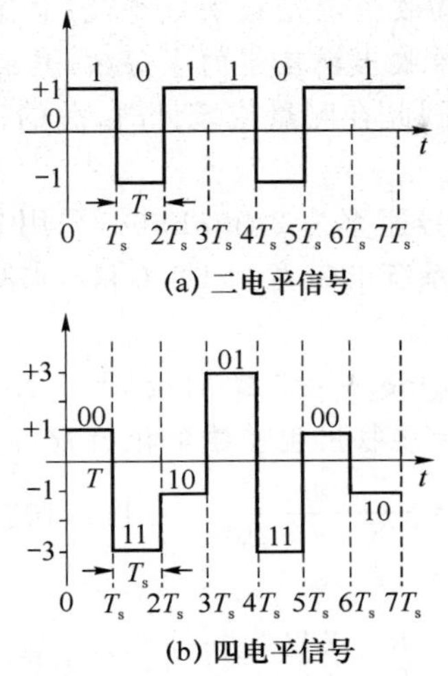

图 1-11 二电平信号和四电平信号

由此可见，当信号为 M 电平，即 M 进制时，数据传信速率与符号速率（调制速率）的关系为

$$R=N_{\mathrm{Bd}}\log_2 M \tag{1-5}$$

其中，R 的单位为 bit/s。

当数据信号是二进制脉冲（码元），即二状态时，两者的速率是相同的。但数据信号有时采用多状态制（或称多电平制、多进制），此时两者的速率是不相同的。

2. 频带利用率

数据信号的传输需要一定的频带，数据传输系统占用的频带越宽，传输数据信息的能力越强。因此，在比较不同数据传输系统的效率时，只考虑它们的数据传输速率是不充分的。因为即使两个数据传输系统的传输速率相同，它们的通信效率也可能不同，所以还要看传输相同信息所占的频带宽度。

真正衡量数据传输系统有效性的指标是单位频带内的传输速率，即频带利用率。频带利用率的定义如下：

$$\eta=\frac{\text{符号速率}}{\text{系统频带宽度}} \tag{1-6}$$

其中，η 的单位为 Baud/Hz。

$$\eta=\frac{\text{数据传信速率}}{\text{系统频带宽度}} \tag{1-7}$$

其中，η 的单位为 bit/(s · Hz)。

1.5.2 可靠性指标

数据通信系统的可靠性指标是用差错率来衡量的。由于数据信号在传输过程中不可避免地会受到外界的噪声干扰，信道的不理想也会带来信号的畸变，因此当噪声干扰和信号畸变达到一定程度时就可能导致接收的差错。衡量数据传输质量的最终指标是差错率。

差错率可以有多种定义，在数据传输中，一般采用误比特率、误字符率等来表示，它们分别定义如下：

$$误比特率=接收出现差错的比特数/总的发送比特数 \tag{1-8}$$

$$误字符率=接收出现差错的字符数/总的发送字符数 \tag{1-9}$$

差错率是一个统计平均值,因此在测量或统计时,总的比特(或字符)数应达到一定的数量,否则得出的结果将失去意义。

例 1-1 某数据通信系统符号速率为 2 400 Baud,采用 8 电平传输,假设 1 000 秒误了 8 个比特。(a)求误比特率;(b)设系统的带宽为 1 200 Hz,求频带利用率为多少 bit/(s·Hz)。

解 (a) 数据传信速率为

$$R=N_{\mathrm{Bd}}\log_2 M=2\,400\log_2 8=7\,200\ \mathrm{bit/s}$$

$$\begin{aligned}误比特率&=接收出现差错的比特数/总的发送比特数\\&=\frac{8}{1\,000\times 7\,200}=1.11\times 10^{-6}\end{aligned}$$

(b) 频带利用率为

$$\eta=\frac{R}{B}=\frac{7\,200}{1\,200}=6\ \mathrm{bit/(s\cdot Hz)}$$

1.5.3 信道容量

信道容量是指信道在单位时间内所能传送的最大信息量,即信道的最大传信速率。信道容量的单位是比特/秒(bit/s 或 bps)。

1. 模拟信道的信道容量

模拟信道的信道容量可以根据香农(Shannon)定律计算。香农定律指出:在信号平均功率受限的高斯白噪声信道中,信道的极限信息传输速率(信道容量)为

$$C=B\log_2\left(1+\frac{S}{N}\right) \tag{1-10}$$

其中,B 为信道带宽,S/N 为信号功率与噪声功率之比,C 的单位为 bit/s。

例 1-2 某数据通信系统的信道为模拟信道,其带宽为 3 000 Hz,信道噪声为加性高斯白噪声,信噪比为 20 dB,求该信道的信道容量。

解

$$(S/N)_{\mathrm{dB}}=10\lg(S/N)=20\ \mathrm{dB}$$

$$S/N=10^2=100$$

$$C=B\log_2(1+S/N)=3\,000\log_2(1+100)\approx 19\,975\ \mathrm{bit/s}$$

实际数据通信系统的传信速率要低于信道容量,但随着技术进步,可接近极限值。

2. 数字信道的信道容量

典型的数字信道是平稳、对称、无记忆的离散信道,可以采用二进制或多进制传输。

- 离散:是指在信道内传输的信号是离散的数字信号。
- 对称:是指任何码元正确传输和错误传输的概率与其他码元一样。
- 平稳:是指对任何码元来说,错误概率 P_e 的取值都是相同的。
- 无记忆:是指接收到的第 i 个码元仅与发送的第 i 个码元有关,而与第 i 个码元以前的发送码元无关。

根据奈奎斯特(Nyquist)准则,带宽为 B 的信道所能传送的信号最高码元速率为 $2B$ 波特。因此,无噪声数字信道容量为

$$C=2B\log_2 M \tag{1-11}$$

其中,M 为进制数,C 的单位为 bit/s。

例 1-3 假设某数据通信系统的信道为无噪声数字信道，带宽为 3 000 Hz，若传输四进制数字信号，求其信道容量。

解 $C=2B\log_2 M=2\times 3\,000\times \log_2 4=12\,000$ bit/s

1.6 多路复用技术

为了提高通信信道的利用率，使信号沿同一信道传输而不互相干扰，这种通信方式称为多路复用。目前常用的多路复用方法有频分复用、时分复用、波分复用和码分复用。

1.6.1 频分复用

1. 频分复用的概念

频分复用(FDM)是按频率分割多路信号的方法，即将信道的可用频带分成若干互不交叠的频段，每路信号占据其中的一个频段，如图 1-12 所示。

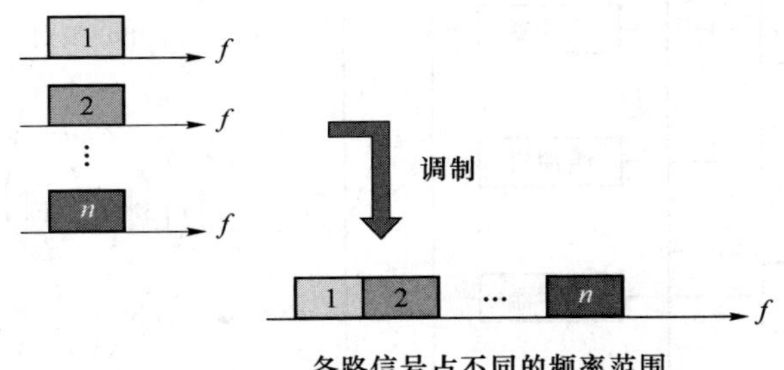

图 1-12 频分复用示意图

在发送端要对各路信号进行调制，将各路信号搬移到不同的频率范围；在接收端采用适当的滤波器将多路信号分开，再分别进行解调和终端处理。

2. 频分复用的优缺点

频分复用的主要优点是：信道复用率高，分路方便。因此，频分多路复用是目前模拟通信中常采用的一种复用方式，特别是在有线和微波通信系统中应用十分广泛。

频分复用的主要缺点是：各路信号之间存在相互干扰，即串扰。引起串扰的主要原因是滤波器特性不够理想和信道中的非线性特性造成的已调信号频谱的展宽。

1.6.2 时分复用

时分复用包括一般的时分复用(简称时分复用)和统计时分复用，下面分别加以介绍。

1. 时分复用

时分复用(TDM)是利用各路信号在信道上占有不同的时间间隔的特征来分开各路信号。具体来说，将时间分成为均匀的时间间隔，将各路信号的传输时间分配在不同的时间间隔内，以达到互相分开的目的，如图 1-13 所示。

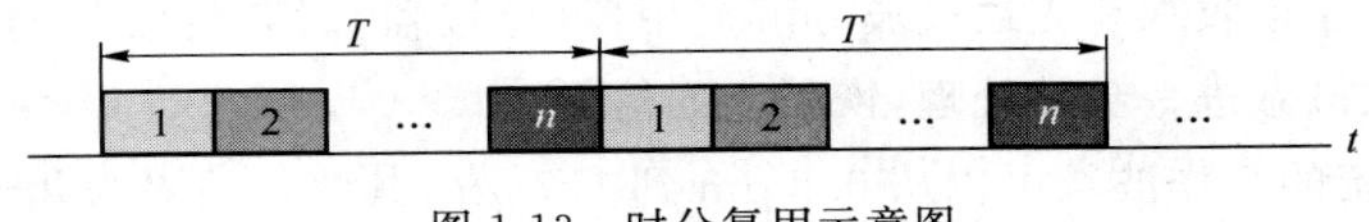

图 1-13 时分复用示意图

在时分复用系统中,各路信号在线路上的位置是按照一定的时间间隔固定地、周期性地出现,靠位置可以识别每一路信号。比如,PCM30/32 路系统就属于时分复用系统。

时分复用的优点是:简单,易于大规模集成,不会产生信号间的串话。但时分复用容易产生码间串扰,而且信道利用率比统计时分复用低。

SDH 传输网和 MSTP 传输网等采用时分复用方式。

2. 统计时分复用

统计时分复用(STDM)是根据用户实际需要动态地分配线路资源(逻辑子信道)的方法。即当用户有数据要传输时才给他分配资源,当用户暂停发送数据时不给他分配线路资源,线路的传输能力可用于为其他用户传输更多的数据。通俗地说,统计时分复用是各路信号在线路上的位置不是固定地、周期性地出现(动态地分配带宽),不能靠位置识别每一路信号,而是要靠标志识别每一路信号。

图 1-14 是统计时分复用的示意图。

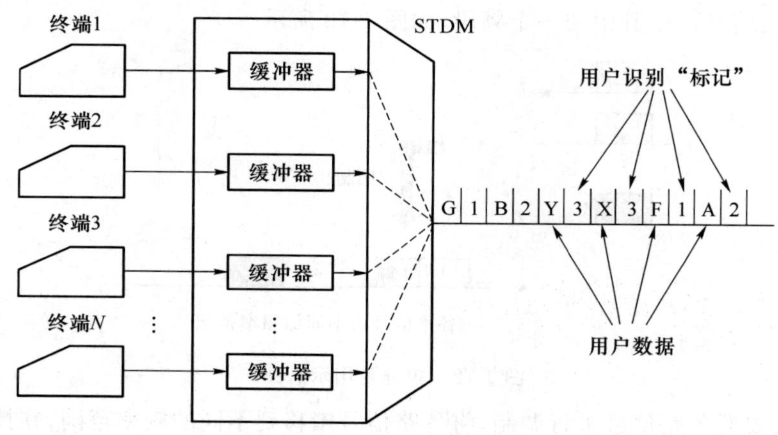

图 1-14　统计时分复用示意图

由于统计时分复用的信道利用率较高,传统的分组交换网、MPLS 网和 IP 网等均采用统计时分复用。

1.6.3　波分复用

1. 相关概念

(1) 波分复用的概念

波分复用(WDM)是在单根光纤内同时传送多个不同波长的光载波,使得光纤通信系统的容量得以倍增的一种技术。

具体地说,WDM 是在发送端首先以适当的调制方式将各支路信号调制到不同波长的光载波上,然后经波分复用器(合波器)将不同波长的光载波信号汇合,并将其耦合到同一根光纤中进行传输;在接收端首先通过波分解复用器(分波器)对各种波长的光载波信号进行分离,再由光接收机做进一步的处理,恢复为原信号。

波分复用系统的工作波长可以从 0.8 μm 到 1.7 μm,其波长间隔为几十 nm。它可以适用于所有低衰减、低色散窗口，这样可以充分利用现有的光纤通信线路，提高通信能力，满足急剧增长的业务需求。

波分复用系统早期使用 1 310/1 550 nm 的 2 波长系统，后来随着 1 550 nm 窗口掺铒光纤放大器(EDFA)的商用化(EDFA 能够对 1 550 nm 波长窗口的光信号进行放大)，波分复用系统开始采用 1 550 nm 窗口传送多路光载波信号。

(2) 密集波分复用的概念

波分复用(WDM)根据复用的波长间隔的大小，可分为稀疏波分复用(CWDM)和密集波分复用(DWDM)。

- CWDM 系统的波长间隔为几十 nm(一般为 20 nm)。
- DWDM 系统在 1 550 nm 窗口附近波长间隔只有 0.8～2 nm，甚至小于 0.8 nm(目前一般为 0.2～1.2 nm)。

DWDM 系统在同一根光纤中传输的光载波路数更多，通信容量成倍地得到提高，但其信道间隔小(WDM 系统中，每个波长对应占一个逻辑信道)，在实现上所存在的技术难点也比一般的波分复用大些。

2. DWDM 技术的特点

(1) 光波分复用器结构简单、体积小、可靠性高

目前，实用的光波分复用器是一个无源纤维光学器件，由于不含电源，因而具有结构简单、体积小、可靠、易于和光纤耦合等特点。

(2) 充分利用光纤带宽资源

相比于仅传输一个光波长信号的光纤通信系统，DWDM 技术使单光纤传输容量增加几倍至几十倍，充分地利用了光纤带宽资源。

(3) 提供透明的传送通道

波分复用通道各波长相互独立并对数据格式透明(与信号速率及电调制方式无关)，可同时承载多种格式的业务信号。而且将来引入新业务、提高服务质量极其方便。在 DWDM 系统中，只要增加一个附加波长就可以引入任意所需的新业务形式。

(4) 可更灵活地进行光纤通信组网

由于使用 DWDM 技术，可以在不改变光缆设施的条件下，调整光纤通信系统的网络结构，因而在光纤通信组网设计中极具灵活性和自由度，便于对系统功能和应用范围进行扩展。

(5) 存在插入损耗和串光问题

光波分复用方式的实施主要是依靠波分复用器件来完成的，它的使用会引入插入损耗，这将降低系统的可用功率。此外，一根光纤中不同波长的光信号会产生相互影响，造成串光的结果，从而影响接收灵敏度。

1.6.4 码分复用

码分复用(CDM)是每个用户可在同一时间使用同样的频带进行通信，但使用的是基于码型分割信道的方法，即利用一组正交码序列来区分各路信号，每个用户分配一个地址码，各个码型互不重叠，通信各方之间不会相互干扰。

码分复用的优点主要有:

- 系统抗干扰性能好;
- 系统容量灵活;
- 保密性好;
- 接收设备易于简化等。

码分多路复用技术主要用于无线通信系统,特别是移动通信系统。

1.7 数据通信网概述

1.7.1 数据通信网的构成

传统的数据通信网是为提供数据通信业务组成的电信网,它是一个由分布在各地的数据终端设备、数据交换设备和数据传输链路所构成的网络,在网络协议(软件)的支持下实现数据终端间的数据信号传输和交换。数据通信网示意图如图 1-15 所示。

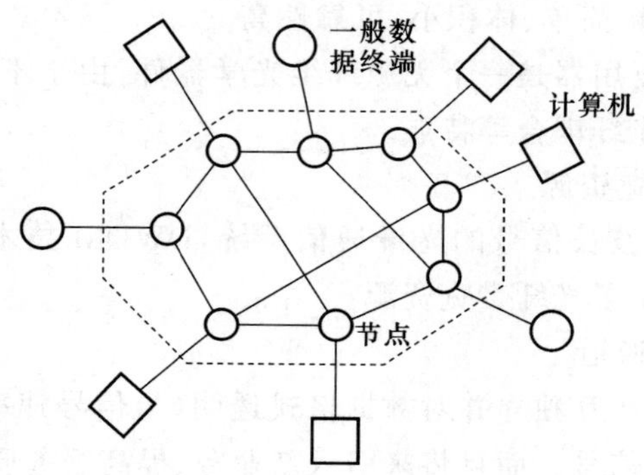

图 1-15 数据通信网示意图

数据通信网的硬件构成包括数据终端设备、数据交换设备(节点)和数据传输链路。

1. 数据终端设备

数据终端设备是数据通信网中的信息传输的源点和终点,其主要功能是向网络(向传输链路)输出数据信号和从网络中接收数据信号,并具有一定的数据处理和数据传输控制功能。

数据终端设备可以是计算机,也可以是计算机之外的一般数据终端。

2. 数据交换设备

数据交换设备是数据通信网的核心,其基本功能是完成对接入交换节点的数据传输链路的汇集、转接接续和分配。

3. 数据传输链路

数据传输链路是数据信号的传输通道(广义信道),包括用户终端的入网路段(数据终端到交换机的链路)和交换机之间的传输链路。

以上介绍了传统的数据通信网的构成。随着信息技术和 IP 技术的飞速发展，基于 IP 的数据通信网的应用需求不断增长，所谓基于 IP 的数据通信网一般是指包括计算机网络在内的，能够支持 TCP/IP 协议的数据通信网。

需要说明的是，基于 IP 的数据通信网的核心设备还包括路由器。路由器的作用是实现网络互连，对于到达的数据包(分组)，路由器按某种路由选择策略，从中选出一条最佳路由，将数据包(分组)转发出去。

1.7.2　计算机网络的基本概念

1. 计算机网络的概念

将地理位置不同的具有独立功能的多台计算机通过通信设备及传输介质连接起来，在通信软件(操作系统和网络协议)的支持下，实现计算机间资源共享和数据信息传输的网络称为计算机网络。

计算机网络涉及通信与计算机两个领域，计算机与通信的结合是计算机网络产生的主要条件。一方面，通信网络为计算机之间的数据传输和交换提供了必要的手段；另一方面，计算机技术的发展渗透到通信技术中，又提高了通信网的各种性能。当然，这两个方面的进展都离不开人们在微电子技术上取得的辉煌成就。

2. 计算机网络的功能

计算机网络的主要功能如下。

(1) 数据通信

计算机产生的信号是数据信号，计算机之间的通信是数据通信，所以数据通信是计算机网络最主要的功能之一。

(2) 资源共享

资源共享是人们建立计算机网络的主要目的之一。计算机资源包括硬件资源、软件资源和数据资源。资源共享功能使得网络用户可以克服地理位置的差异性，共享网中计算机资源，以达到提高硬件、软件的利用率以及充分利用信息资源的目的。

(3) 集中管理

计算机网络技术的发展和应用，使得现代的办公手段、经营管理等发生了变化。目前，已经有了许多管理信息系统、办公自动化系统等，通过这些系统可以实现日常工作的集中管理，提高工作效率，增加经济效益。

(4) 实现分布式处理

网络技术的发展，使得分布处理成为可能，将原本集中于一个大型计算机的许多处理功能分散到不同的计算机上进行分布处理。这样一来，一方面可以减轻价格昂贵的主处理器的负担，使主机和链路的成本均可降低，另一方面提高了网络的可靠性。

3. 计算机网络的组成

计算机网络由一系列计算机、具有信息处理与交换功能的节点及节点间的传输链路组成，如图 1-16 所示。

计算机属于数据终端设备，发送和接收的是数据信号。网络节点及连接它们的传输链路组成通信子网，负责计算机之间的数据信息传输与交换。

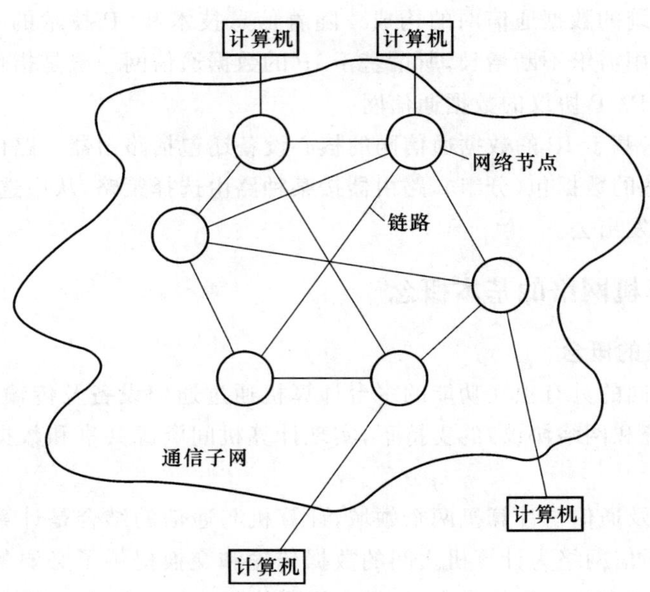

图 1-16 计算机网络的组成

1.7.3 数据通信网的分类

数据通信网可以从以下几个不同的角度进行分类。

1. 按网络的所有权性质分类

按网络的所有权性质分类,数据通信网可分为公用数据通信网和专用数据通信网。

(1) 公用数据通信网

由电信部门建立、经营,为公众提供数据传输业务的网络为公用数据通信网。网络内的传输和转接装置可供任何部门使用,可联结众多的计算机和一般数据终端。

(2) 专用数据通信网

由某一部门建立、操作运行,为本部门提供数据传输业务的网络为专用数据通信网。这种网络不允许其他部门和单位使用。例如,军队、铁路、电力等系统建立的专用数据通信网。

2. 按网络拓扑结构分类

按网络拓扑结构分类,数据通信网有如下几种基本形式。

(1) 网状网与不完全网状网

网状网中的所有节点相互之间都有线路直接相连,如图 1-17(a)所示。网状网的可靠性高,但线路利用率比较低,经济性差。

不完全网状网也叫网孔形网,其中的每一个节点均至少与其他两个节点相连,如图 1-17(b)所示。

网孔形网的可靠性也比较高,且线路利用率比一般的网状网要高(但比星形网的线路利用率低)。数据通信网中的骨干网一般采用网孔形网结构,根据需要,也有采用网状网结构的。

(2) 星形网

星形网是外围的每一个节点均只与中心节点相连,呈辐射状,如图 1-18(a)所示。

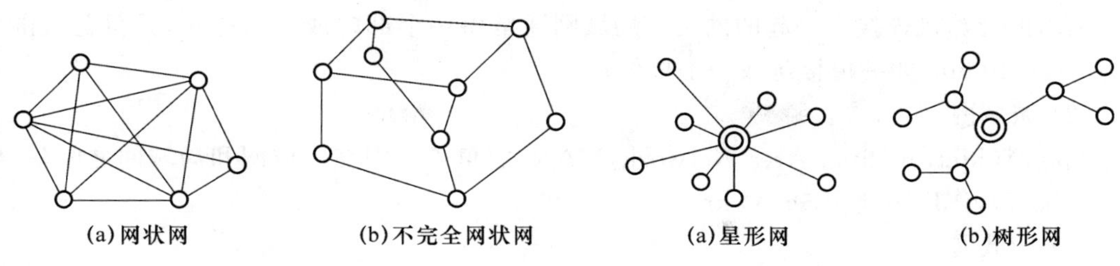

图 1-17 网状网与不完全网状网

图 1-18 星形网与树形网

星形网的线路利用率较高，经济性好，但可靠性低，且网络性能过多地依赖于中心节点，一旦中心节点出故障，将导致全网瘫痪。星形网一般用于非骨干网。

(3) 树形网

树形网是星形网的扩展，它也是数据通信非骨干网采用的一种网络结构。树形网如图 1-18(b)所示。

(4) 环形网

环形网是各节点首尾相连组成一个环状，如图 1-19 所示。

环形网的特点是结构简单，实现容易，但某个节点的故障将导致全网瘫痪。

(5) 总线形网

总线形网是所有节点都连接在一个公共传输通道——总线上，如图 1-20 所示。

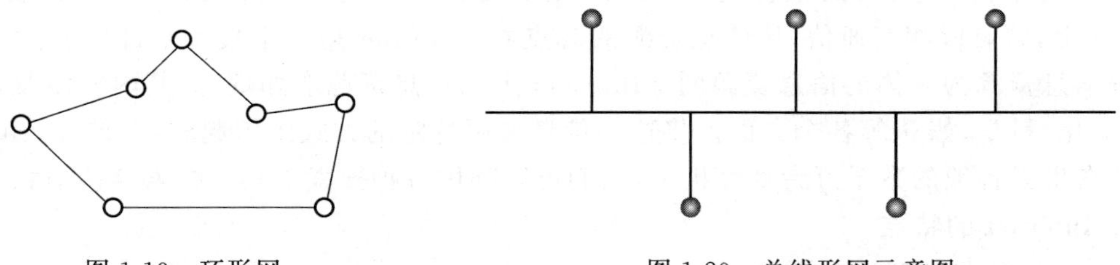

图 1-19 环形网

图 1-20 总线形网示意图

这种网络结构需要的传输链路少，增减节点比较方便，但稳定性较差，网络范围也受到限制。

3. 按传输技术分类

按传输技术分类，数据通信网可分为交换网和广播网。

(1) 交换网

根据采用的交换方式的不同，数据通信网又可分为电路交换网和分组交换网(有关电路交换和分组交换的概念参见第 5 章)。传统的分组交换网是基于 X.25 建议的分组交换网，后来发展的帧中继网、ATM 网、多协议标签交换(MPLS)网和下一代网络(NGN)等均属于“存储-转发”方式的分组交换网。

(2) 广播网

在广播网中，每个数据站的收发信机共享同一传输介质，从任一数据站发出的信号可被所有的其他数据站接收。在广播网中没有中间交换节点。

4. 按网络覆盖的范围分类

基于 IP 的数据通信网按网络覆盖的范围可分为局域网、城域网和广域网。

(1) 局域网

局域网(Local Area Network，LAN)是局部区域网络，它是通过通信线路将较小地理区域范围内的计算机连接在一起的网络。局域网通常由一个部门或公司组建,其覆盖范围一般为0.1～10 km,如一幢楼房或一个单位。

(2) 城域网

城域网(Metropolitan Area Network,MAN)的覆盖范围在广域网和局域网之间(一般是一个城市),作用距离为5～50 km。

(3) 广域网

广域网(Wide Area Network,WAN)内的通信传输设备和介质由电信部门提供,其作用范围通常为几十到几千千米,可遍布一个城市,一个国家乃至全世界。

Internet是覆盖全世界的广域网,下面简单介绍Internet的基本概念。

1.7.4 Internet的概念和特点

1. Internet的概念

Internet是由世界范围内众多计算机网络(包括各种局域网、城域网和广域网)连接汇合而成的一个网络集合体,它是全球最大的、开放的计算机互联网。互联网意味着全世界采用统一的网络互连协议,即采用TCP/IP协议的计算机都能互相通信,所以说,Internet是基于TCP/IP协议的网间网。

从网络通信的观点看,Internet是一个以TCP/IP协议将各个国家、各个部门和各种机构的内部网络连接起来的数据通信网,世界上任何一个地方的计算机用户只要连在Internet上,就可以相互通信;从信息资源的观点看,Internet是一个集各个部门、各个领域内各种信息资源为一体的信息资源网。Internet上的信息资源浩如烟海,其内容涉及政治、经济、文化、科学、娱乐等各个方面。将这些信息按照特定的方式组织起来,存储在Internet上分布在世界各地的数千万台计算机中,人们可以利用各种搜索工具来检索这些信息。

2. Internet的特点

Internet具有以下几个特点:

- TCP/IP协议是Internet的基础与核心;
- Internet将网络技术、多媒体技术和超文本技术融为一体,体现了现代多种信息技术互相融合的发展趋势;
- Internet的信息储存量大、高效、快速,通过最大程度的资源共享,可以满足不同用户的需要,Internet的每个参与者既是信息资源的创建者,也是使用者;
- 通过Internet,用户能够不受空间限制来进行信息交换,信息交换具有时域性(更新速度快)、互动性;
- “开放”是Internet建立和发展中执行的一贯策略,对于开发者和用户极少限制,使它不仅拥有极其庞大的用户队伍,也拥有众多的开发者;
- 灵活多样的入网方式,任何计算机只要能运行TCP/IP协议均可接入Internet。

1.8 数据通信技术的标准化组织简介

数据通信是在各种类型的数据终端之间进行的,通信中必须要共同遵守一系列行之有效的通信协议，制定通信协议的标准化组织主要包括如下8个。

1. 国际标准化组织

国际标准化组织(International Standards Organization，ISO)成立于1947年，是世界上从事国际标准化的最大的综合性非官方机构，由各参与国的国家标准化组织选派代表组成。

ISO下设近200个TC(技术委员会)，其中TC97负责IT技术有关标准的制定。TC97又下辖16个SC(分委会)和一个直属组，SC6为数据通信分委会，制定了HDLC(高级数据链路控制规程)；SC16致力于OSI-RM(开放系统互连参考模型)，后被改组为SC21，负责解决“开放系统互连的信息检索、传输与管理”等问题。

2. 国际电信联盟

国际电信联盟(International Telecommunication Union，ITU)成立于1932年，后成为联合国下属机构。

ITU曾下辖总秘书处、国际频率注册委员会(IFRB)、国际无线电咨询委员会(CCIR)、国际电报电话咨询委员会(CCITT)和电信发展局(BDT)5个常设机构。

CCITT主要由联合国各成员国的邮政、电报和电话管理机构的代表组成，是一个开发全球电信技术标准的国际组织，该机构已经为国际通信使用的各种通信设备及规程的标准化提出了一系列建议，主要如下。

- F系列：有关电报、数据传输和远程信息通信业务(传真、可视图文等)的定义、操作和服务质量标准的建议。
- I系列：有关数字网的建议，包括ISDN的若干建议。
- T系列：有关终端设备的若干建议。
- V系列：有关在电话网上进行数据通信的若干建议。
- X系列：有关数据通信网的若干建议。

1993年3月起，ITU下属的IFRB改称无线通信部(RS)，BDT改称电信发展部(TDS)，CCITT与CCIR合并为电信标准化部(TSS)，简称ITU-T。ITU-T由一个常设职能部门TSB(电信标准局)和许多SG(研究小组)构成，ITU-T与ISO合作，共同制定数据通信标准。

3. 电气与电子工程师学会

美国的电气与电子工程师学会(Institute of Electrical and Electronics Engineers，IEEE)是全球最大的专业学术团体，主要工作是开发通信和网络标准，研究领域主要涉及OSI-RM的物理层与数据链路层。其中IEEE的802委员会制定的系列标准已成为当今主流的局域网标准。

4. 电子工业协会

美国的电子工业协会(Electronic Industries Associations，EIA)主要制定过许多电子传输标准，包括OSI-RM的物理层标准，它颁布的RS-232和ES-449已经成为全球广泛采用的DTE和DCE之间串行接口标准。

5. 美国国家标准学会

美国国家标准学会(American National Standard Institute，ANSI)是一个非官方非赢利

的民间组织，实际上是全美技术情报交换中心，并负责协调美国的标准化工作。其研究范围与ISO相对应，它是ISO中美国指定的代表，IEEE和EIA都是ANSI的成员。

6. 欧洲电信标准学会

欧洲电信标准学会(European Telecommunication Standard Institute，ETSI)是一个由电信行业的厂商与研究机构参加并从事研究开发到标准制定的组织，由欧洲共同体各国政府资助。

7. 亚洲与泛太平洋电信标准化协会

亚洲与泛太平洋电信标准化协会(Asia-Pacific Telecommunity Standardization Program，ASTAP)是1998年由日本与韩国发起成立的标准化组织，旨在加强亚洲与太平洋地区各国信息通信基础设施及其相互连接的标准化工作的协作。

8. 联邦通信委员会

联邦通信委员会(Federal Communications Commission，FCC)是美国对通信技术的管理的官方机构，主要职责是通过对无线电、电视和有线通信的管理来保护公众利益，也对包括标准化在内的通信产品技术特性进行审查和监督。

另外，我国从事标准化工作的官方机构是国家标准局。

小结

(a) 数据通信是依照通信协议，利用数据传输技术在两个功能单元之间传递数据信息，它可实现计算机与计算机、计算机与一般数据终端以及一般数据终端与一般数据终端之间的数据信息传递。数据通信的终端设备可以是计算机，也可以是除计算机以外的一般数据终端。

数据信号的基本传输方式有3种：基带传输、频带传输和数字数据传输。

常用的二进制代码有国际5号码(IA5)、EBCDIC码和国际电报2号码(ITA2)等。

(b) 数据通信系统由两端的数据终端设备(DTE)和数据电路构成。数据终端设备由数据输入、输出设备和传输控制器组成；数据电路包括传输信道和它两端的数据电路终接设备(DCE)。

(c) 数据通信的传输信道可以从以下几方面分类。

- 按照信道上传输的信号形式可以分为模拟信道和数字信道。
- 按照传输介质的种类可以分为有线信道和无线信道。有线信道主要采用双绞线、同轴电缆和光纤。无线信道是指传输电磁信号的自由空间，在无线信道中电磁信号沿空间(大气层、对流层、电离层等)传输。

(d) 数据传输方式如果按照数据代码传输的顺序可以分为并行传输和串行传输，按照数据传输的同步方式可分为同步传输和异步传输，按照数据传输的流向和时间关系可分为单工、半双工和全双工数据传输。

(e) 衡量数据通信系统性能的指标是有效性和可靠性。

工作速率(传输速率)是衡量数据通信系统传输能力的主要指标,通常使用两种不同的定义:符号速率和数据传信速率。真正衡量数据传输系统有效性的指标是单位频带内的传输速率,即频带利用率。

可靠性指标是用差错率来衡量的,差错率包括误比特率和误字符率等。

(f) 信道容量是在一定条件下能达到的最大传信速率。模拟信道的信道容量为$C=B\log_2\left(1+\frac{S}{N}\right)$;无噪声数字信道容量为$C=2B\log_2 M$。

(g) 常用的多路复用方法有频分复用、时分复用、波分复用和码分复用。

(h) 传统的数据通信网是为提供数据通信业务组成的电信网。它是一个由分布在各地的数据终端设备、数据交换设备和数据传输链路所构成的网络,在网络协议(软件)的支持下实现数据终端间的数据传输和交换。

数据通信网的硬件构成包括数据终端设备、数据交换设备(节点)和数据传输链路。

基于IP的数据通信网(支持TCP/IP协议的数据通信网)的核心设备还包括路由器。

(i) 将若干台具有独立功能的计算机通过通信设备及传输介质互连起来,在通信软件(操作系统和网络协议)的支持下,实现计算机间信息传输与交换的网络称为计算机网络。

计算机网络的主要功能包括:数据通信、资源共享、集中管理和实现分布式处理。

计算机网络由一系列计算机、具有信息处理与交换功能的节点及节点间的传输线路组成。

(j) 数据通信网可以从几个不同的角度进行分类:按网络的所有权性质分类,可分为公用数据通信网和专用数据通信网;按网络拓扑结构分类,可分为网状网与不完全网状网、星形网、树形网、环形网和总线形网;按传输技术分类,可分为交换网和广播网,根据采用的交换方式的不同,交换网又可分为电路交换网和分组交换网;基于IP的数据通信网按网络覆盖的范围可分为局域网、城域网和广域网。

(k) Internet是由世界范围内众多计算机网络(包括各种局域网、城域网和广域网)连接汇合而成的一个网络集合体,它是全球最大的、开放的计算机互联网。Internet的基础与核心是TCP/IP协议。

(l) 数据通信技术的标准化组织主要包括:国际标准化组织(ISO)、国际电信联盟(ITU)、电气与电子工程师学会(IEEE)、电子工业协会(EIA)、美国国家标准学会(ANSI)、欧洲电信标准学会(ETSI)、亚洲与泛太平洋电信标准化协会(ASTAP)和联邦通信委员会(FCC)等。

习 题

1-1 什么是数据通信?

1-2 说明数据通信系统的基本构成。

1-3 数据链路与数据电路的关系是什么?

1-4 什么是单工、半双工、全双工数据传输?

1-5 设数据信号码元时间长度为 833×10^{-6} s,如采用 8 电平传输,求数据传信速率和符号速率分别为多少?

1-6 在 9 600 bit/s 的线路上,进行 1 小时的连续传输,测试结果有 150 bit 的差错,该数据通信系统的误比特率是多少?

1-7 设带宽为 3 000 Hz 的模拟信道,只存在加性高斯白噪声,如信号噪声功率比为 30 dB,求这一信道的信道容量。

1-8 常用的多路复用方法有哪几种?

1-9 数据通信网的硬件构成有哪些?

1-10 数据通信网按网络拓扑结构分类有哪几种?

1-11 基于 IP 的数据通信网按网络覆盖的范围可分为哪几种?

1-12 Internet 的概念是什么?

习题解答

第 2 章 数据信号的传输

章导学

数据信号的传输是数据通信的基本问题，数据信号的基本传输方式有：基带传输、频带传输和数字数据传输。

从数据终端发出的原始信号所占据的频带一般是从零频或近零频开始，其功率主要集中在一个有限的频带范围内，我们称这个频带范围为“基本频带”，简称基带；相应地，称此原始信号为基带信号。利用有线信道进行近距离传输时，有些情况下可以不搬移基带信号频谱直接传输基带信号，这种传输方式称为基带传输。在另外一些信道中，例如在带通型的电话网信道以及无线信道中，需要经过调制将基带信号的频谱搬移到相应的载频频带再进行传输，这种方式称为频带传输。而在数字信道(PCM 信道)中传输数据信号称为数据信号的数字传输，简称为数字数据传输。

由于数字数据传输方式现已不再使用，所以本章主要讨论基带传输和频带传输的基本原理及相关的一些技术。

2.1 数据信号及特性描述

虚拟实验

2.1.1 数据序列的电信号表示

在数据通信系统中，数据终端产生的是以“1”和“0”两种代码(状态)为代表的随机序列，它可以采用不同形式的数字脉冲波形，如最常用的矩形脉冲波形。对于实际的传输系统，则视信道特性和指标的要求而选取相应的数字脉冲波形。

下面以矩形脉冲为例介绍几种常见的基带数据信号，如图 2-1 所示。

图 2-1(a)为单极性不归零信号，它在一个码元间隔 T_s 内，脉冲的电位保持不变，用正电位表示“1”码，用零电位表示“0”码，极性单一。不归零信号即 NRZ(None-return to Zero)信号。

图 2-1(b)为单极性归零信号，它用宽度为 $\tau(\tau<T_s)$ 的正脉冲表示“1”码，用零电位表示“0”码，极性单一。它与单极性不归零信号的区别是表示“1”码的脉冲在一个码元间隔 T_s 内，正电位只维持一段时间就返回零位。归零信号即 RZ(Return to Zero)信号。

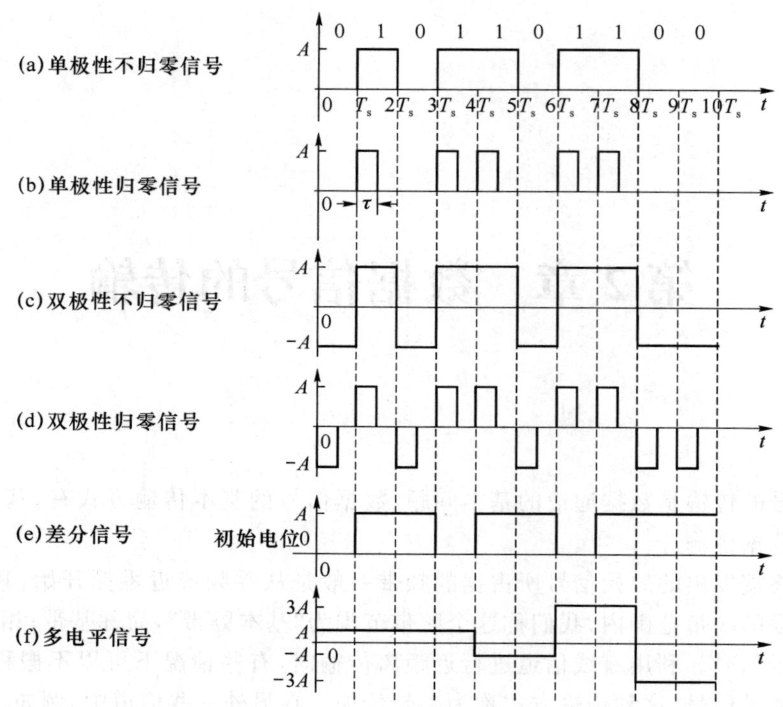

图 2-1 几种基本的基带数据信号(波形)

图 2-1(c)和(d)是前述两种信号对应的双极性信号。这里的双极性是指用正和负两个极性的脉冲来表示"1"码和"0"码。双极性信号相比于单极性信号的特点是,在"1"和"0"等概率出现的情况下,双极性信号中不含有直流分量,因此对传输信道的直流特性没有要求。

图 2-1(e)为差分信号,而相应地称前述的单极性和双极性信号为绝对码信号。它用前后码元的电位是否改变来表示"1"码和"0"码。本图中的差分信号是用前后码元电位改变表示信号"1",电位不变代表信号"0"(此规则也可以反过来)。图中设定初始状态为零电位,也可设定初始状态为正电位,此时两种波形正好相反,但所要传送的数据信息,即"1"和"0"是不变的。

图 2-1(f)为多电平信号,即多个二进制代码对应一个脉冲码元。本图中为四电平的情形,其中两个二进制代码"00"对应+3A,"01"对应+A,"10"对应-A,"11"对应-3A。采用多电平传输,可以在相同的码元速率下提高信息传输速率。

在实际应用中,组成数据信号的单个码元波形不一定是矩形脉冲,还可以有多种波形形式,如升余弦脉冲、高斯形脉冲等。以上我们讨论的信号只是数据代码的一些电表示形式,实际应用中并不是所有基带信号都能在信道中传输。例如,单极性信号含有较大的直流分量,对传输信道的直流特性和低频特性要求较高,为了使基带数据信号适合于信道的传输,还要经过码型或波形变换器,比如将 NRZ 码变为 AMI 或 HDB_3 码(常用的传输码型及特性请参考与"数字通信"相关的书籍)。

2.1.2 基带数据信号的功率谱特性

要把基带数据信号传送出去,研究其频谱特性是非常重要的。由于数据序列是随机的,基带数据信号是随机信号，这样就不能用分析确定信号的方法来分析其频谱，只能用随机信号的分析理论，研究它的功率谱密度。

1. 基带数据信号的一般表示式

图 2-1 给出的基带数据信号的单个码元波形都是矩形的，但实际上并非一定是矩形。为不失一般性，我们令 $g_1(t)$代表二进制数据符号的“0”，$g_2(t)$代表“1”，码元间隔为 T_s。假设数据序列出现“0”和“1”概率分别为 P 和 $1-P$，且认为它们的出现是统计独立的，则基带数据信号可表示为

$$f(t)=\sum_{k=-\infty}^{\infty} g(t-kT_s) \tag{2-1}$$

其中：

$$g(t-kT_s)=\begin{cases} g_1(t-kT_s), & \text{“0”以概率 } P \text{ 出现} \\ g_2(t-kT_s), & \text{“1”以概率 } 1-P \text{ 出现} \end{cases}$$

如果一个数据信号序列为 101101，可以用单极性矩形脉冲序列来表示，令 $g_1(t)=0$，$g_2(t)$是宽度为 T_s 的矩形脉冲，如图 2-2 所示。同理，也可以画出其他形式的波形图来，但是很显然 $g_1(t)\neq g_2(t)$。

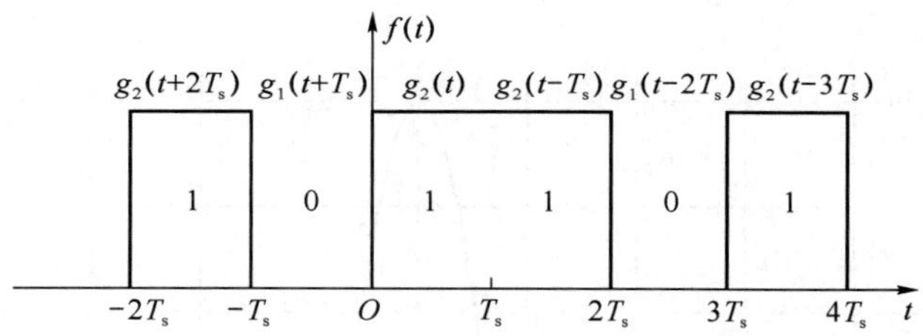

图 2-2　单极性不归零矩形脉冲序列示意图

2. 基带数据信号的功率谱密度

(1) 基本分析

利用随机信号的分析方法，得到式(2-1)所示基带数据信号的功率谱密度为

$$\begin{aligned} p(f) &= p_u(f)+p_v(f) = f_s P(1-P)\,|G_1(f)-G_2(f)|^2 + \\ & f_s^2 \sum_{n=-\infty}^{\infty} |PG_1(nf_s)+(1-P)G_2(nf_s)|^2 \delta(f-nf_s) \end{aligned} \tag{2-2}$$

其中，$f_s=1/T_s$ 是码元速率，P 和 $1-P$ 分别表示数据序列中出现信号 $g_1(t)$和 $g_2(t)$的概率，$G_1(f)$和 $G_2(f)$分别是 $g_1(t)$和 $g_2(t)$的傅里叶变换，$\sum_{n=-\infty}^{\infty}\delta(f-nf_s)$ 为频域上的单位冲激序列，如图 2-3 所示。

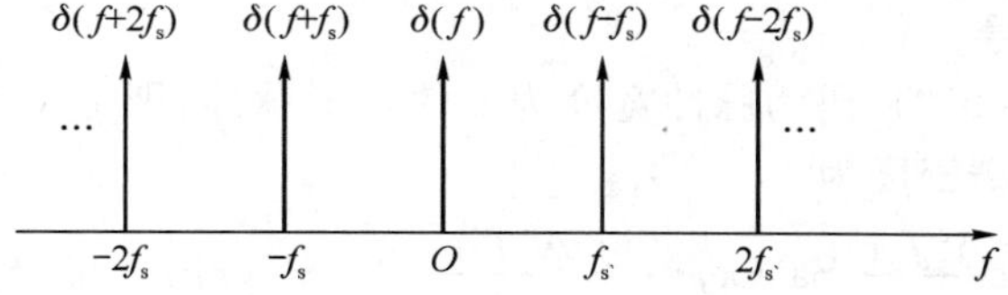

图 2-3　频域上的单位冲激序列

从式(2-2)可看出，随机基带数据信号的功率谱密度可能包括两个部分：连续谱 $p_u(f)$和离散谱 $p_v(f)$。因为表示数据码元的 $g_1(t)$和 $g_2(t)$是不能完全相同的，则其对应的傅里

叶变换 $G_1(f) \neq G_2(f)$，所以连续谱部分总是存在的。而离散谱是否存在，则与信号码元出现"1"，"0"的概率以及码元的波形有关，在某些情况下可能没有离散谱分量。

例如，当 $P=1/2$，$G_1(f)=-G_2(f)=G(f)$时，式(2-2)变为

$$P(f)=f_s|G(f)|^2 \tag{2-3}$$

这时功率谱密度中没有离散谱分量。

(2) 几种基带数据信号的功率谱密度

下面来求以矩形脉冲为单个码元波形的几种基带数据信号的功率谱密度。首先，单个矩形脉冲可以表示为

$$g(t)=\begin{cases} A, & |t| \leqslant \dfrac{\tau}{2} \\ 0, & \text{其他} \end{cases} \tag{2-4}$$

其傅里叶变换为

$$G(f)=A\tau\frac{\sin(\pi f\tau)}{\pi f\tau}=A\tau\mathrm{Sa}(\pi f\tau) \tag{2-5}$$

其中，A 为脉冲幅度，$\tau \leqslant T$ 为脉冲宽度，$\mathrm{Sa}(x)=\dfrac{\sin x}{x}$为采样函数，其波形如图 2-4 所示。

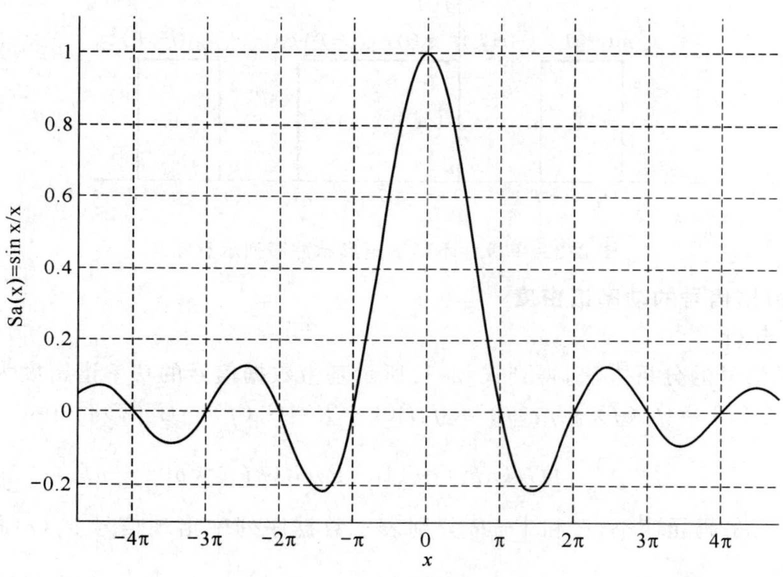

图 2-4　采样函数波形

为了分析简便，我们假设"1"和"0"出现的概率相等，即 $P=1/2$。

① 单极性归零信号

设"0"码为 $g_1(t)=0$，"1"码为脉冲宽度为 τ 的矩形脉冲，即 $g_2(t)=g(t)$，其中 $\tau < T_s$。则由式(2-2)得其功率谱密度为

$$p(f)=\frac{A^2 f_s \tau^2}{4}\mathrm{Sa}^2(\pi f\tau)+\frac{A^2 f_s^2 \tau^2}{4}\sum_{n=-\infty}^{\infty}\mathrm{Sa}^2(\pi n f_s \tau)\delta(f-nf_s) \tag{2-6}$$

特别地，当 $\tau=T_s/2$ 时，式(2-6)变为

$$p(f)=\frac{A^2 T_s}{16}\mathrm{Sa}^2\left(\frac{\pi f T_s}{2}\right)+\frac{A^2}{16}\sum_{n=-\infty}^{\infty}\mathrm{Sa}^2\left(\frac{n\pi}{2}\right)\delta(f-nf_s) \tag{2-7}$$

② 单极性不归零信号

设“0”码为 $g_1(t)=0$,“1”码为脉冲宽度为 T_s 的矩形脉冲。即 $g_2(t)=g(t)$,其中 $\tau=T_s$。则直接由式(2-6),得其功率谱密度为

$$p(f)=\frac{A^2T_s}{4}\mathrm{Sa}^2(\pi fT_s)+\frac{A^2}{4}\delta(f) \tag{2-8}$$

③ 双极性归零信号

设“0”码和“1”码分别是脉冲宽度为 τ、幅度为 $\pm A$ 的矩形脉冲。即 $g_1(t)=-g_2(t)=g(t)$,其中 $\tau<T_s$,此时 $G_1(f)=G_2(f)$。则由式(2-2)得其功率谱密度为

$$p(f)=A^2f_s\tau^2\mathrm{Sa}^2(\pi f\tau) \tag{2-9}$$

特别地,当 $\tau=T_s/2$ 时,式(2-9)变为

$$p(f)=\frac{A^2T_s}{4}\mathrm{Sa}^2\left(\frac{\pi fT_s}{2}\right) \tag{2-10}$$

④ 双极性不归零序列

设“0”码和“1”码分别是脉冲宽度为 T_s、幅度为 $\pm A$ 的矩形脉冲,则由式(2-9),令 $\tau=T_s$ 可得其功率谱密度为

$$p(f)=A^2T_s\mathrm{Sa}^2(\pi fT_s) \tag{2-11}$$

为了便于对比,将式(2-7)、式(2-8)、式(2-10)和式(2-11)所示功率谱密度用图 2-5 表示。

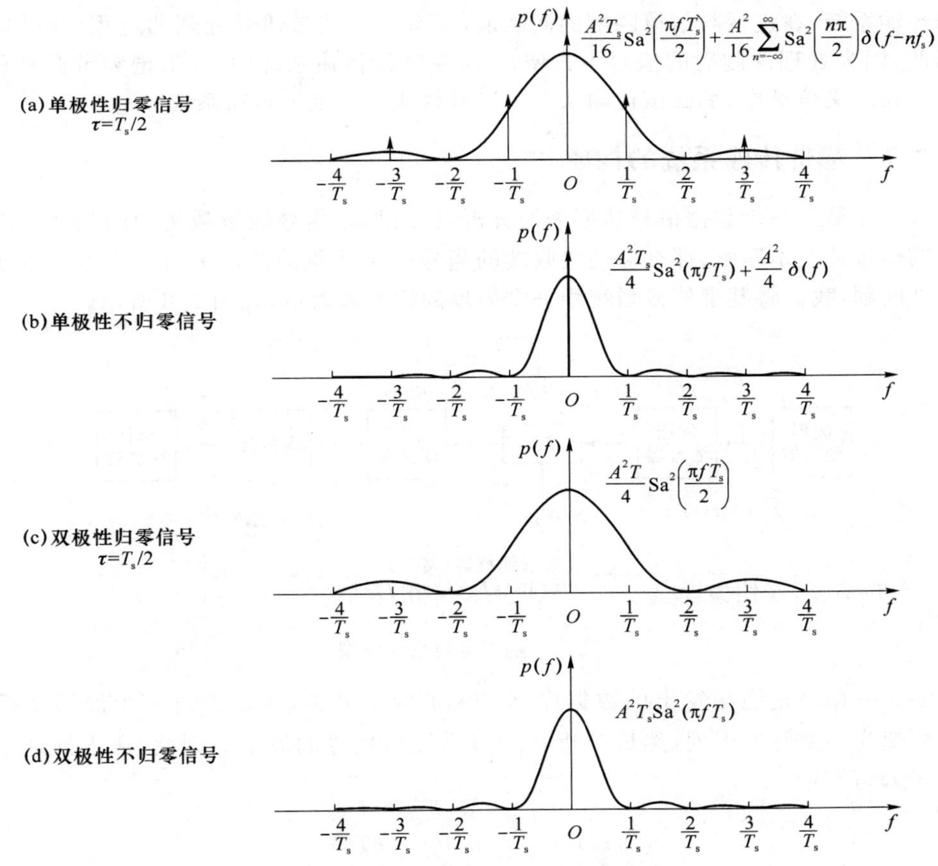

图 2-5　四种基带数据信号的功率谱密度

由以上功率谱分析及图 2-5 可以看出：$P=1/2$ 时，对于 $g_1(t)=-g_2(t)=g(t)$ 这样的双极性信号是不含有离散谱分量的；而单极性信号含离散谱分量，且离散谱分量的特征与单个码元的波形有关。

分析基带数据信号的功率谱密度是很有意义的。其一，离散谱是否存在决定了我们能否直接从基带数据信号中提取定时信息，或者如何才能提取定时信息，这对数据传输系统是非常重要的。其二，通过图 2-5 中对四种信号的对比分析发现，脉冲宽度越宽，其能量集中的范围就越小；脉冲宽度越窄，其能量集中的范围就越大。(由此可大概了解传输这种数据信号所需要的基带宽度。)

重点难点讲解

2.2 数据信号的基带传输

由数据终端设备产生的信号(如单极性不归零信号)的频谱一般是从零开始，为了使这些原始的数据序列适合于信道传输，通常还要经过码型或波形变换。码型变换后信号的频谱仍是从近于零频率开始，这种不搬移基带信号频谱直接传输基带数据信号的方式称为基带传输。

基带传输是数据信号传输的一种最基本的方式，对其进行研究是十分必要的：① 一般的数据传输系统，在进行与信道匹配的调制前，都有一个基带信号处理的过程(频带传输系统也如此，因为处理调制后的信号不方便)；② 在频带传输系统中，如果把频带调制和解调部分包括在广义信道中，那么该传输系统可以等效成一个基带传输系统。

2.2.1 基带传输系统的构成

通过 2.1 节对基带数据信号功率谱的分析可知：如果信号能量最集中的频率范围与实际信道的传输特性不匹配，那么会使接收端的信号产生严重的波形失真。为了分析波形传输的失真问题，我们将基带传输系统用一个简单的模型来表示，如图 2-6 所示。

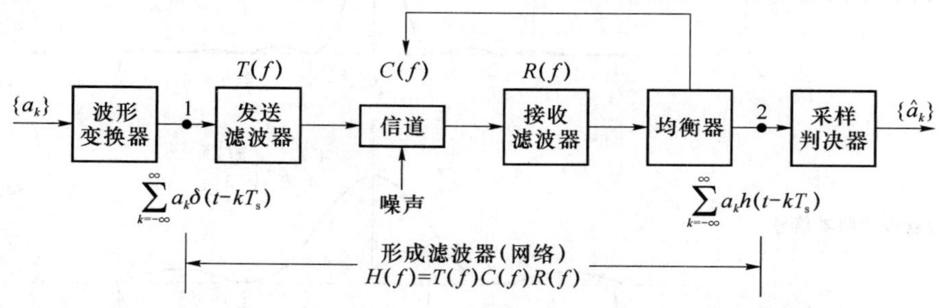

图 2-6 基带传输系统模型

图 2-6 中 $\{a_k\}$ 是终端发出的数据序列。为了便于分析，可以通过一个波形变换器将 $\{a_k\}$ 序列变为冲激脉冲序列，然后分析其经过系统后信号的波形。因此，送入发送滤波器的波形 $f(t)$ 可写成

$$f(t)=\sum_{k=-\infty}^{\infty} a_k\delta(t-kT_s) \tag{2-12}$$

图 2-6 中，发送滤波器的作用是限制信号频带并和接收滤波器一起形成系统所需要的

波形(用于采样判决);信道是广义上的,可以是信号的传输媒介(如各种形式的电缆),也可以包含通信系统的某些设备(如调制解调器);如果波形完全由发送滤波器产生,那么接收滤波器仅用来限制带外噪声;均衡器用来均衡信道畸变;采样判决器的作用是在最佳时刻对 2 点的信号进行采样,判定所传输的码元,即恢复发送端发送的数据序列。由于有噪声和码间干扰,恢复的数据序列可能有差错,故判决输出用 $\{\hat{a}_k\}$ 表示。

图 2-6 中的 1 点到 2 点可等效成一个传输频带有限的网络或系统,称为形成滤波器或形成网络;信号从 1 点到 2 点,形成用于采样判决的波形的过程叫波形形成。由于传输频带受限,从 1 点送入该网络的冲激脉冲序列传输到 2 点会产生失真(主要是脉冲展宽,产生码间干扰等)。如何从 2 点的波形中准确地进行判决,从而恢复发送的数据序列,这是基带传输所要研究的主要问题。

2.2.2　几种基带形成网络

1. 理想低通形成网络

首先分析一个理想化的情况来说明频带限制与传输速率之间的重要关系。假设图 2-6 中形成网络的系统传输特性是理想低通滤波型,如图 2-7 所示。

其传递函数为

$$H(f)=\begin{cases}1\cdot \mathrm{e}^{-\mathrm{j}2\pi f t_\mathrm{d}}, & |f|\leqslant f_\mathrm{N}\\ 0, & |f|>f_\mathrm{N}\end{cases} \tag{2-13}$$

其中,f_N 为截止频率,t_d 为固定时延。其对于单位冲激脉冲 $\delta(t)$ 的响应,就是网络传递函数的傅里叶逆变换,即

$$\begin{aligned}h(t) &= \int_{-f_\mathrm{N}}^{f_\mathrm{N}} H(f)\mathrm{e}^{\mathrm{j}2\pi f t}\mathrm{d}f = 2f_\mathrm{N}\frac{\sin[2\pi f_\mathrm{N}(t-t_\mathrm{d})]}{2\pi f_\mathrm{N}(t-t_\mathrm{d})}\\ &= 2f_\mathrm{N}\mathrm{Sa}[2\pi f_\mathrm{N}(t-t_\mathrm{d})]\end{aligned} \tag{2-14}$$

其 $t_\mathrm{d}=0$ 时的波形如图 2-8 所示。

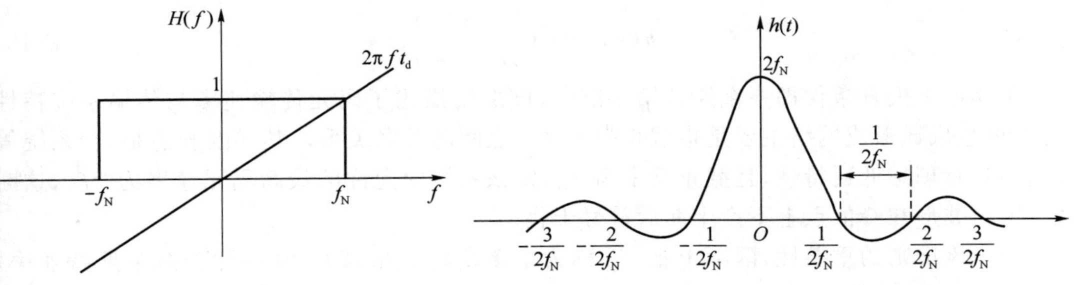

图 2-7　理想低通传输特性　　　　图 2-8　理想低通的冲激响应

理想低通冲激响应波形的特点是:

- 在 $t=t_\mathrm{d}$ 处有最大值,在最大值两边作均匀间隔的衰减波动,以 $t=t_\mathrm{d}$ 为中心每隔 $\frac{1}{2f_\mathrm{N}}$ 出现一个过零点;
- 波形"尾巴"以 $1/t$ 的速度衰减。

如用式(2-12)表示的冲激脉冲序列 $\sum\limits_{k=-\infty}^{\infty} a_k\delta(t-kT_\mathrm{s})$ 加到理想低通网络的输入,即每隔

码元间隔 T_s 发送一个强度为 a_k 的冲激脉冲,则按叠加定理,每个冲激脉冲在理想低通网络的输出都产生一个如图2-8的冲激响应 $a_k \cdot h(t)$。因为 $h(t)$ 在时域上是无限延伸的,所以这些冲激响应之间存在干扰,我们称这些干扰为码间干扰或符号间干扰。

特别地,如果选取系统的码元间隔 $T_s=\frac{1}{2f_N}$,设输入的数据序列 $\{a_k\}$ 是101101,它通过理想低通网络形成的冲激响应序列如图2-9所示。由 $h(t)$ 的波形特点可知,冲激响应序列的波形在峰值点上没有码间干扰(在其他点是有码间干扰的)。

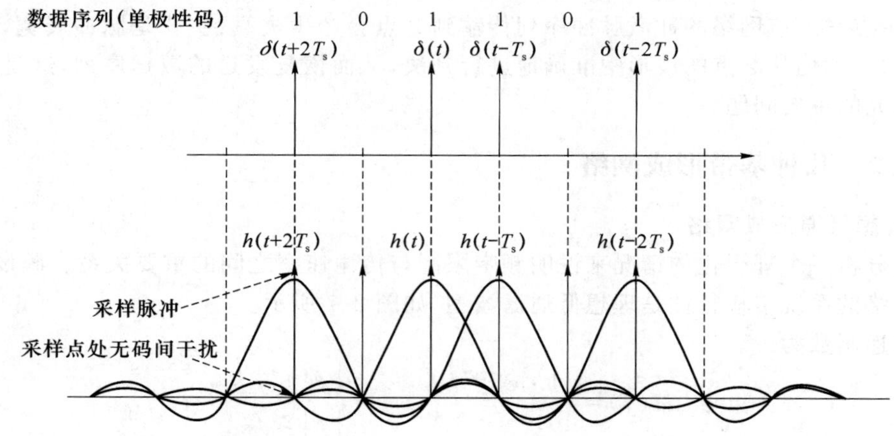

图2-9 冲激脉冲序列通过理想低通网络

此时,如果采样判决器按 $T_s=\frac{1}{2f_N}$ 进行采样,并且选取合适的采样时刻(图2-9画出了采样脉冲),则可以准确地恢复传输的数据序列。由此得到接收波形满足采样值无失真传输的条件是:仅在本码元的采样时刻上有最大值,在其他码元的采样时刻为0(采样点无码间干扰),而不要求整个波形无码间干扰。用公式来表示为

$$h(kT_s)=\begin{cases}1, & k=0\\0, & k\neq 0\end{cases} \tag{2-15}$$

采样值无失真条件即奈奎斯特第一准则,该准则描述了码元传输速率与传输系统特性(对于理想低通形成网络主要是指截止频率 f_N)之间的关联关系。其详细表述是:若系统等效网络具有理想低通特性,且截止频率为 f_N,则该系统中允许的最高码元速率为 $2f_N$,这时系统输出波形在峰值点上不产生前后符号干扰。

由于该准则的重要性,国际上把 f_N 称为奈奎斯特频带,$2f_N$ 波特称为奈奎斯特速率,$T_s=\frac{1}{2f_N}$ 称为奈奎斯特间隔。这一定理表明,在采样值无失真的条件下,在频带 f_N 内,$2f_N$ 波特是极限速率,即所有数字传输系统的最高频带利用率为2波特/赫兹(2 Baud/Hz)。

2. 具有幅度滚降特性的低通形成网络

虽然理想低通形成网络能够达到频带利用率的极限——2 Baud/Hz,但是实际应用时存在两个问题。其一是,理想低通的传输特性是无法物理实现的。其二是,理想低通的冲激响应波形具有波动幅度很大的前导和后尾,对接收端定时精度要求很高(若采样时刻发生偏差,则会引入较大的码间干扰)。因此,要设计一个传输系统,它既可以物理实现,又能满足奈奎斯特第一准则的基本要求:速率为 $2f_N$ 的数据序列通过该系统后,能在所有间隔为

$T_s=\frac{1}{2f_N}$的采样点处不产生码间干扰。

理想低通形成网络之所以不可物理实现，在于它的幅频特性在截止频率 f_N 处的垂直截止特性。可对理想低通特性的幅频特性加以修改，使它在 f_N 处不是垂直截止而是有一定的滚降特性，如图 2-10 所示。这种滚降特性能满足奈奎斯特第一准则的条件是：滚降部分的波形关于点$\left(f_N,\frac{1}{2}\right)$奇对称。

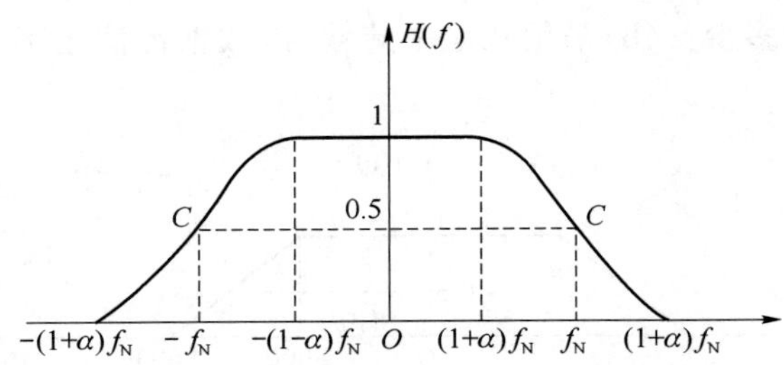

图 2-10 幅频特性滚降的传输特性

滚降低通特性形成网络是可物理实现的，实际中一般采用具有升余弦频谱特性的形成网络，其传输特性可表示如下：

$$H(f)=\begin{cases}1, & |f|\leqslant(1-\alpha)f_N \\ \frac{1}{2}\left\{1+\cos\frac{\pi}{2\alpha f_N}[f-(1-\alpha)f_N]\right\}, & (1-\alpha)f_N<|f|\leqslant(1+\alpha)f_N \\ 0, & |f|>(1+\alpha)f_N\end{cases} \tag{2-16}$$

其中，α 为滚降系数（$0<\alpha\leqslant1$），f_N 为对应理想低通幅频特性的截止频率，由于滚降而使网络的频带宽度增加了 $\alpha\cdot f_N$，则其所占频谱宽度为 $B=(1+\alpha)f_N$。

升余弦低通形成网络的冲激响应 $h(t)$ 为

$$h(t)=\frac{1}{T_s}\cdot\frac{\sin\left(\frac{\pi t}{T_s}\right)}{\frac{\pi t}{T_s}}\cdot\frac{\cos\left(\frac{\alpha\pi t}{T_s}\right)}{1-\frac{4\alpha^2t^2}{T_s^2}} \tag{2-17}$$

其波形如图 2-11 所示。

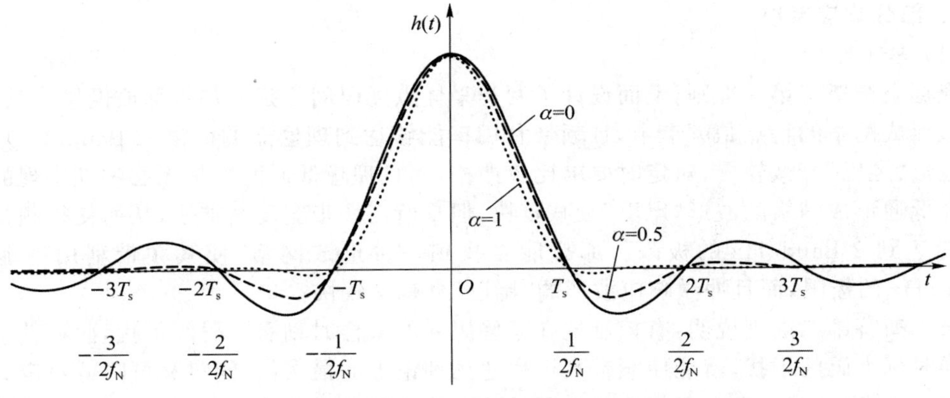

图 2-11 升余弦幅频特性网络的冲激响应

从图中可以看到，$h(t)$波形在采样点$(t=0)$处达到最大值，在其他采样点上都为零，而且增加了一些新的零点。另外，升余弦特性相对理想低通特性而言，其 $h(t)$波形的“尾巴”衰减比较快，因而对定时精度的要求较低。但是由于升余弦特性的频谱宽度有所增加，频带利用率(单位为 Baud/Hz)就有所下降，表示为

$$\eta=\frac{2f_{\mathrm{N}}}{(1+\alpha)f_{\mathrm{N}}}=\frac{2}{1+\alpha} \tag{2-18}$$

例 2-1 一形成滤波器幅度特性如图 2-12 所示，如果符合奈奎斯特第一准则，问：(a)其码元速率为多少？α 为多少？(b)采用八电平传输时，数据传信速率为多少？(c)频带利用率 η 为多少 Baud/Hz？

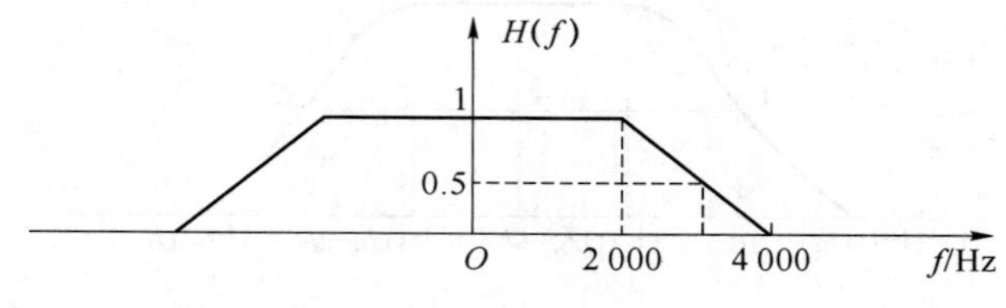

图 2-12 例 2-1 图

解 (a) 若符合奈奎斯特第一准则，则 $H(f)$应以$(f_{\mathrm{N}},0.5)$呈奇对称滚降，由图示可得：

$$f_{\mathrm{N}}=2\,000+\frac{4\,000-2\,000}{2}=3\,000\ \mathrm{Hz}$$

码元速率

$$f_{\mathrm{s}}=2f_{\mathrm{N}}=2\times 3\,000=6\,000\ \mathrm{Baud}$$

滚降系数

$$\alpha=\frac{4\,000-3\,000}{3\,000}=\frac{1\,000}{3\,000}=\frac{1}{3}$$

(b) 数据传信速率

$$R=f_{\mathrm{s}}\log_2 M=6\,000\times\log_2 8=18\,000\ \mathrm{bit/s}$$

(c) 频带利用率

$$\eta=\frac{f_{\mathrm{s}}}{B}=\frac{6\,000}{4\,000}=1.5\ \mathrm{Baud/Hz}$$

3. 部分响应系统

(1) 基本原理

根据奈奎斯特第一准则，上面设计了两类采样点无码间干扰的基带形成网络。其中，理想低通形成网络的特点是频谱窄，且频带利用率能够达到理论上的极限(2 Baud/Hz)，但缺点是波形“尾巴”衰减较慢，对定时要求比较严格，而且理想低通网络是无法物理实现的。虽然滚降低通形成网络的波形“尾巴”衰减较快，但是所需频带宽度增加了，从而使得频带利用率不能达到 2 Baud/Hz 的极限。那么能否找到一种形成网络，使其频带利用率能达到 2 Baud/Hz 的极限，而且冲激响应波形的“尾巴”衰减又较快？

奈奎斯特第二准则说明：有控制地在某些码元的采样时刻引入码间干扰，而在其余码元的采样时刻无码间干扰，就能使频带利用率达到理论上的最大值，同时又可降低对定时精度的要求。通常，把满足奈奎斯特第二准则的波形称为部分响应波形，采用部分响应波形的基带传输系统称为部分响应系统。

(2) 第一类部分响应系统

部分响应系统的形成波形是两个或两个以上在时间错开的 $\mathrm{Sa}(2\pi f_N t)$ 所组成，例如第一类部分响应系统的合成波表达式为

$$h(t)=\mathrm{Sa}(2\pi f_N t)+\mathrm{Sa}[2\pi f_N(t-T_s)] \tag{2-19}$$

此式在分母通分之后将出现 t^2 项，即波动衰减是随着 t^2 而增加，从而加快了响应波形的前导和后尾的衰减，其波形如图 2-13 所示。

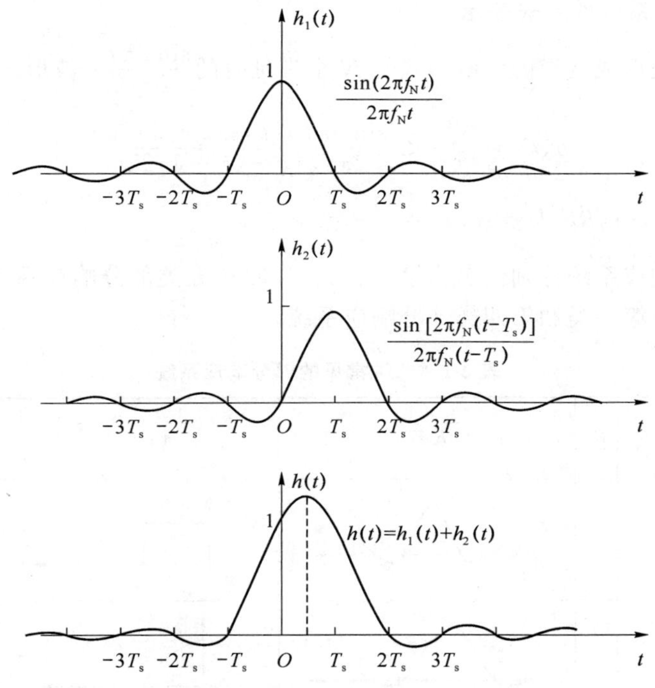

图 2-13　第一类部分响应系统的形成波形

虽然合成波解决了 $\mathrm{Sa}(2\pi f_N t)$ 波形的定时精度的问题，但是它引入了相邻码元间的在采样时刻的干扰。例如，从图 2-13 中可以看出，假设按码元间隔 T_s 发送和采样，$h(t)$ 波形在 0 与 T_s 时刻都等于 1(归一化值)，在其他 kT_s 处为零，即存在码间干扰。但是可以看出，这种码间干扰是固定的，即如果已知前一码元发送的是"1"码，则对本码元采样时刻有一个固定为 1 的影响；若已知前一码元为"0"码，则对本码元无影响。所以这种有控的、固定的码间干扰，在收端是可以消除的。

下面仍以第一类部分响应系统为例，分析其幅频特性，如图 2-14 所示。

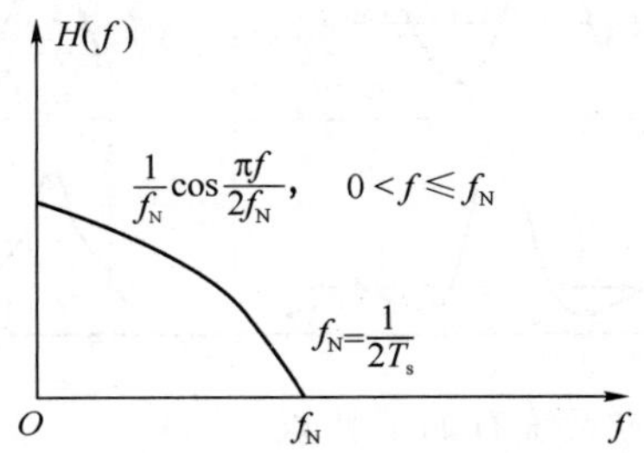

图 2-14　第一类部分响应系统的幅频特性

其表达式为

$$H(f)=\begin{cases}\dfrac{1}{f_N}\cos\dfrac{\pi f}{2f_N}\cdot e^{-j\frac{\pi f}{2f_N}}, & |f|\leqslant f_N\\ 0, & |f|>f_N\end{cases} \tag{2-20}$$

上述的 $H(f)$ 特性称为余弦低通特性，从式(2-20)和图 2-14 可以看出系统占用频带宽度 $B=f_N$，则其频带利用率 $\eta=2f_N/f_N=2$ Baud/Hz。

(3) 部分响应系统的一般表示

部分响应系统形成波形的一般形式是 N 个带延时的 $\dfrac{\sin 2\pi f_N t}{2\pi f_N t}$ 波形之和，其表达式为

$$h(t)=\sum_{k=1}^{N}R_k\frac{\sin 2\pi f_N[t-(k-1)T_s]}{2\pi f_N[t-(k-1)T_s]} \tag{2-21}$$

其中，加权系数 $R_1,\cdots,R_N$ 为整数，$T_s=\dfrac{1}{2f_N}$。

常见的部分响应系统分别命名为第一、二、三、四和五类部分响应系统，如表 2-1 所示，其中应用最广的是第一类和第四类部分响应系统。

表 2-1 几种常见的部分响应系统

类别	R_1	R_2	R_3	R_4	R_5	$h(t)$	$\|H(f)\|$	二进制输入时采样值电平数
二进制	1							2
一	1	1						3
二	1	2	1					5
三	2	1	−1					5
四	1	0	−1					3
五	−1	0	2	0	−1			5

从前述讨论可知，部分响应系统有如下特点：

- 有码间干扰，但是固定的，在接收端可以消除；

- 频带利用率能达到 2 Baud/Hz 的极限；
- 形成波形的前导和后尾衰减较快，降低了对收端定时的精度要求；
- 物理上可实现；
- 接收信号电平数大于发送信号电平数，抗干扰性能要差一些。

2.2.3　时域均衡

1. 时域均衡的作用

在实际的基带传输系统中，总的传输特性一般不能完全满足波形传输无失真条件，这时会引起码间干扰。当码间干扰严重时，需要采用均衡器对系统的传递特性进行修正。均衡器的实现可以采用频域均衡方式或时域均衡方式。

频域均衡是在频域上进行的，其基本思路是利用幅度均衡器和相位均衡器来补偿传输系统幅频特性和相频特性的不理想，以达到所要求的理想形成波形，从而消除码间干扰。

时域均衡是在时域上进行的，其基本思路是消除传输波形在采样点处的码间干扰，并不要求传输波形的所有部分都与奈奎斯特准则所要求的理想波形一致。因此，可以利用接收波形本身来进行补偿以消除采样点的码间干扰，提高判决的可靠性。时域均衡较频域均衡更直接，更直观，是实际数据传输中所使用的主要方法。

2. 时域均衡的基本原理

时域均衡的常用方法是在基带传输系统的接收滤波器之后(如图 2-6 所示)，加入一个可变增益的多抽头横截滤波器，其结构如图 2-15 所示。它是由多级抽头迟延线、可变增益电路和求和器组成的线性系统。

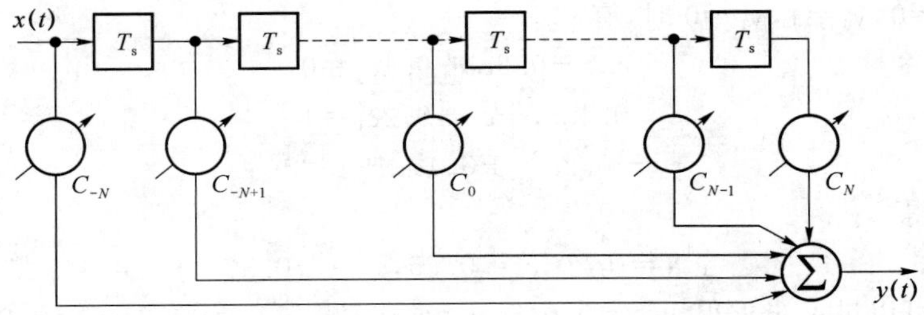

图 2-15　横截滤波器

从图 2-15 可以看出，$x(t)$是经过系统后非理想的形成波形，而横截滤波器是利用接收波形本身来进行补偿以消除采样点的码间干扰，提高判决的可靠性，其输出可表示为

$$y(t) = \sum_{k=-N}^{N} c_k x(t - kT_s) \tag{2-22}$$

我们只关心采样点上的值，即 $t=nT_s$，则式(2-22)可以写成

$$y(nT_s) = \sum_{k=-N}^{N} c_k x(nT_s - kT_s) \tag{2-23}$$

式(2-23)可简写为

$$y_n = \sum_{k=-N}^{N} c_k x_{n-k} \tag{2-24}$$

其中，$y(t)$应满足采样点无码间干扰，即

$$y_n=\begin{cases}1, & n=0\\ 0, & n=\pm 1,\pm 2,\cdots,\pm N\end{cases} \tag{2-25}$$

由此,时域均衡的目标为:调整各增益加权系数 c_k,使得除 $n=0$ 以外的 y_n 值为零,这样就消除了码间干扰。从理论上讲,只有横截滤波器的 $N\to\infty$ 时,才能完全消除码间干扰,但实际中,调整各增益系数使得 $y_n=0(n=\pm 1,\pm 2,\cdots,\pm N)$,而在 $|n|>N$ 外的 y_n 形成的码间干扰很小而不至于影响判决。

例 2-2 一个三抽头的时域均衡器,其输入波形如图 2-16 所示,已知其采样值中 $x_{-2}=0.1$, $x_{-1}=-0.2$, $x_0=1$, $x_1=0.4$, $x_2=-0.2$,当 $|k|>2$ 时,$x_k=0$,求输出波形 $y(t)$ 满足 $y_{-1}=0$, $y_0=1$, $y_1=0$ 时,各增益加权系数为多少?

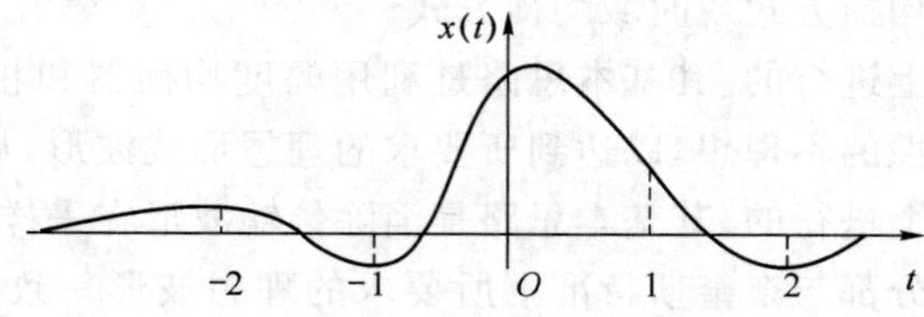

图 2-16 例 2-2 图

解

$$y_n=\sum_{k=-N}^{N}c_k x_{n-k}=\sum_{k=-1}^{1}c_k x_{n-k}$$

$$y_{-1}=c_{-1}x_0+c_0x_{-1}+c_1x_{-2}$$

$$y_0=c_{-1}x_1+c_0x_0+c_1x_{-1}$$

$$y_1=c_{-1}x_2+c_0x_1+c_1x_0$$

满足 $y_{-1}=0$, $y_0=1$, $y_1=0$ 时,有

$$c_{-1}-0.2c_0+0.1c_1=0$$

$$0.4c_{-1}+c_0-0.2c_1=1$$

$$-0.2c_{-1}+0.4c_0+c_1=0$$

解方程求得

$$c_{-1}=0.20, c_0=0.85, c_1=-0.30$$

从例 2-2 可以进一步求得 $y_{-2}=0.045$, $y_2=-0.29$, $y_{-3}=0.02$, $y_3=0.06$, $|n|>3$ 时,$y_n=0$。由此可见,虽然得到了 $y_{-1}=0$, $y_0=1$, $y_1=0$ 的结果,但是在其他点处还是有码间干扰,完全消除是不可能的。

2.2.4 数据序列的扰乱与解扰

1. 扰乱与解扰的作用

在前面的讨论中,我们都假定数据序列是随机的,但是会有一些特殊情况,例如一段时间的连“0”或连“1”和一些短周期的确定性数据序列等。这样的数据信号对传输系统是不利的,主要是由于:

- 可能产生交调串音。短周期或长“0”、长“1”序列具有很强的单频分量,这些单频可能与载波或已调信号产生交调,会对相邻信道的数据信号产生干扰。
- 可能造成传输系统失步。长“0”或长“1”序列可能造成接收端提取定时信息困难,不能保证系统具有稳定的定时信号。

• 可能造成均衡器调节信息丢失。时域均衡器调节加权系数需要数据信号具有足够的随机性，否则可能导致均衡器中的滤波器发散而不能正常工作。

综上所述，要使数据传输系统正常工作，需要保证输入数据序列的随机性。为了做到这一点，可以在数据传输系统的发送端对输入数据序列进行扰乱。

所谓扰乱，就是将输入数据序列按某种规律变换成长周期序列，使之具有足够的随机性。经过扰乱的数据序列通过系统传输后，在接收端再还原成原始的数据序列，即为解扰。

2. 扰乱和解扰的基本原理

最有效的数据序列扰乱方法是用一个随机序列与输入数据序列进行逻辑加，这样就能把任何输入数据序列变换为随机序列。扰乱器与解扰器原理如图 2-17 所示。

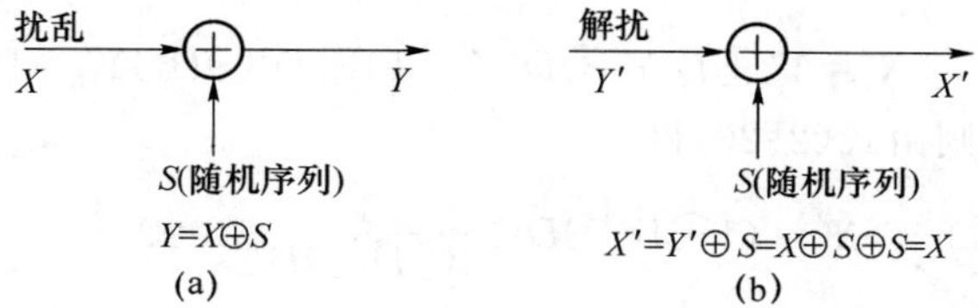

图 2-17　扰乱器与解扰器原理图

如图 2-17(a)所示输入序列 X 与随机序列 S 进行模 2 加处理后即可得扰乱序列 Y，这时的 Y 就具有完全的随机性。接收端的解扰如图 2-17(b)所示，将接收到的已扰序列与随机序列 S 进行模 2 加，即可恢复原始数据序列。

为了解扰，必须在接收端产生一个与发送端完全一致的，并在时间上同步的随机序列。实际上，完全随机的序列是不能再现的，因此一般用伪随机序列来代替完全随机序列进行扰乱与解扰。

3. 自同步扰乱器和解扰器

图 2-18(a)给出一个由 5 级移位存储器组成的扰乱器原理图，图 2-18(b)为相应的解扰器。图中经过一次移位，在时间上延迟一个码元时间，用运算符号 D 表示。

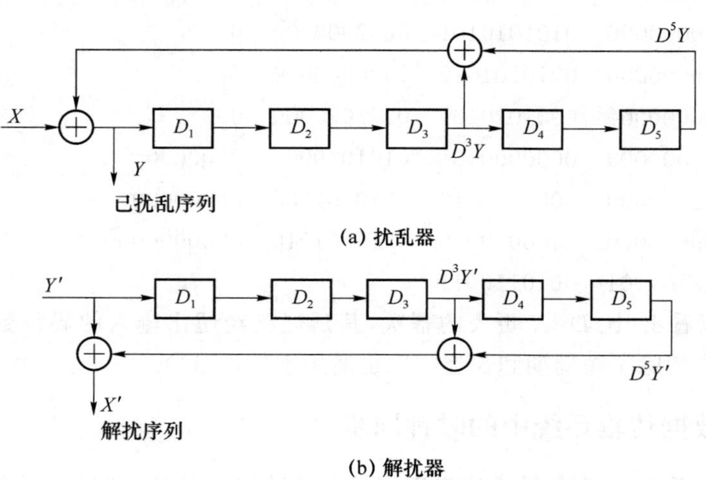

图 2-18　自同步扰乱器与解扰器

设 X 和 Y 分别表示扰乱器的输入和输出序列,X' 和 Y' 分别表示解扰器的输入和输出序列,则如图 2-18 所示逻辑关系,可有

发送端

$$Y=X\oplus D^3Y\oplus D^5Y$$

$$Y\oplus D^3Y\oplus D^5Y=X\oplus D^3Y\oplus D^5Y\oplus D^3Y\oplus D^5Y$$

因为序列自身的模 2 加为 0,所以有

$$Y(1\oplus D^3\oplus D^5)=X$$

$$Y=\frac{1}{1\oplus D^3\oplus D^5}X \qquad (2\text{-}26)$$

接收端

$$X'=Y'\oplus D^3Y'\oplus D^5Y'=(1\oplus D^3\oplus D^5)Y'$$

无误码时 $Y=Y'$,则由式(2-26)得

$$X'=(1\oplus D^3\oplus D^5)\frac{1}{1\oplus D^3\oplus D^5}X=X \qquad (2\text{-}27)$$

例 2-3 如数据序列为 1010101010 0000000000,求该序列通过图 2-18 所示扰乱器的输出序列。

解 将式(2-26)进行展开得

$$Y=(1\oplus D^3\oplus D^5\oplus D^6\oplus D^9\oplus D^{10}\oplus D^{11}\oplus D^{12}\oplus D^{13}\oplus D^{17}\oplus D^{18}\oplus D^{29}\oplus\cdots)X$$

由于 D^nX 只是将 X 序列延迟 n 个码元,所以将上式中各项对应的序列排列如下:

X=1010101010　0000000000

D^3X=0001010101　0100000000　000

D^5X=0000010101　0101000000　00000

D^6X=0000001010　1010100000　000000

D^9X=0000000001　0101010100　000000000

$D^{10}X$=0000000000　1010101010　0000000000

$D^{11}X$=0000000000　0101010101　0000000000　0

$D^{12}X$=0000000000　0010101010　1000000000　00

$D^{13}X$=0000000000　0001010101　0100000000　000

$D^{17}X$=0000000000　0000000101　0101010000　0000000

$D^{18}X$=0000000000　0000000010　1010101000　00000000

$D^{20}X$=0000000000　0000000000　1010101010　0000000000

得 Y=1011100001　0010110011

从上式可以看出,比 $D^{20}X$ 更大的幂次,其延迟已经超出输入的码位数,可以不计。此时的已扰序列 Y 消除了短周期和长连“0”(也适用于长连“1”)。

2.2.5 数据传输系统中的时钟同步

由前述讨论可知,数据传输系统发送端送出的数据信号是等间隔、逐个传输的,接收端接收数据信号也必须是等间隔、逐个接收的。另外,为了消除码间干扰和获得最大判决信噪比也需在接收信号最大值时刻进行采样。为满足上述两点要求,接收端就需要有一个定时

时钟信号，并且对其要求是：定时时钟信号速率与接收信号码元速率完全相同，并使定时时钟信号与接收信号码元保持固定的最佳相位关系。接收端获得或产生符合这一要求的定时时钟信号的过程称为时钟同步，或称为位同步或比特同步。

在数据通信系统中通常是采用时钟提取的方法实现时钟同步，时钟提取的方法有两类：自同步法和外同步法。在基带数据传输中，多数场合是采用自同步法。

自同步法又称内同步法，是直接从接收的基带信号序列中提取定时时钟信号的方法。采用自同步法，首先要了解接收到的数据码流中是否有定时时钟的频率分量，即定时时钟频率的离散分量。如果存在这个分量，就可以利用窄带滤波器把定时时钟频率信号提取出来，再形成定时信号。如果接收信号序列中不含定时时钟频率分量，就不能直接用窄带滤波器提取。在这种情况下，需要对接收信号序列进行非线性处理，获得所需要的定时时钟频率的离散分量后，就可以通过窄带滤波器来提取定时时钟频率信号，最后经脉冲形成获得定时时钟信号。自同步法的原理如图 2-19 所示。

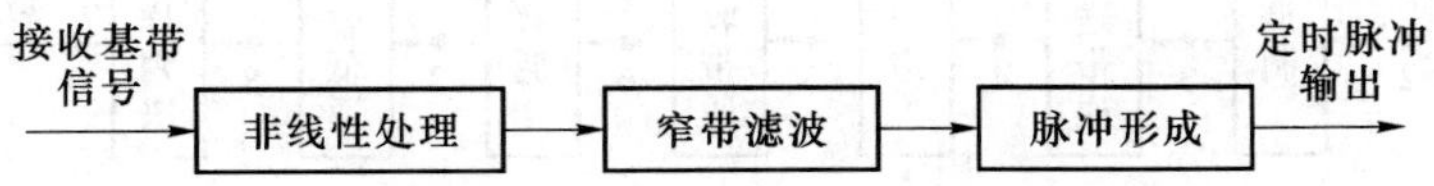

图 2-19　自同步法提取定时信号的原理图

如果接收数据码流中含有定时时钟频率离散分量，图中的非线性处理电路可省略不用。

图 2-19 所示定时提取和形成电路较简单，但当数据序列中出现较长的连“1”或连“0”时，会影响定时信号的准确性。另外，传输过程中信号序列的瞬时中断会使定时时钟信号丢失，造成失步。因此，在实际应用中多采用锁相环的方法，其原理如图 2-20 所示。

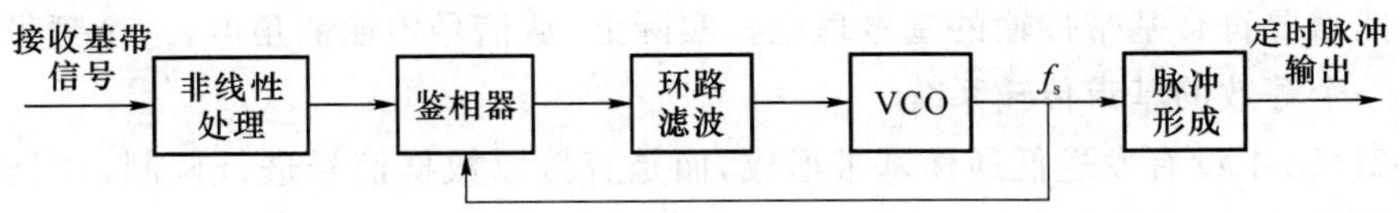

图 2-20　采用锁相环的定时提取原理

加入锁相环电路的作用是当传输信号瞬时中断或幅度衰减时，仍可维持定时时钟信号的输出。另外，锁相环电路还可以平滑或减少定时时钟信号的相位抖动，提高定时信号的精度。

2.3　数据信号的频带传输

虚拟实验

为了能在带通型有线信道或者无线信道中进行传输，需要对基带信号进行调制，将其频谱搬移到适合的信道频带，即与信道频率特性相匹配。

2.3.1　频带传输系统的构成

频带传输系统与基带传输系统的区别在于在发送端增加了调制，在接收端增加了解调，以实现信号的频谱变换。

图2-21给出了频带传输系统的两种基本结构。如图2-21(a)所示,数据信号经发送低通基本上形成所需要的基带信号,再经调制和发送带通形成适合该信道传输的信号并送入信道。接收带通除去信道中的带外噪声,将信号输入解调器,接收低通的功能是除去解调中出现的高次产物并起基带波形形成的功能,最后将恢复的基带信号送入采样判决电路,完成数据信号的传输。

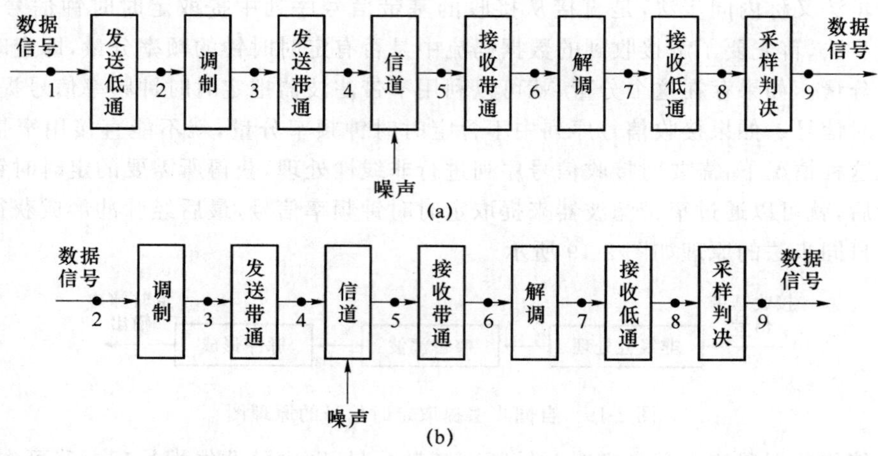

图2-21　频带传输系统的构成

频带传输系统是在基带传输的基础上实现的,如图2-21(a)所示,在发送端把调制和发送带通去掉,在接收端把接收带通和解调去掉就是一个完整的基带传输系统。所以,实现频带传输仍然需要符合基带传输的基本理论。实际上,从信号传输的角度,一个频带传输系统就相当于一个等效的基带传输系统。

图2-21(b)中没有发送低通作基带形成,而是直接以数据信号进行调制,在具体实现上是把发送低通的形成特性放在发送带通中一起实现。即把发送低通的特性合在发送带通特性中,图中的4点所对应的信号和频谱特性与图2-21(a)是完全一样的。尽管没有实际的发送低通,但发送低通的形成特性还是实现了,也是一个等效的基带传输系统。

所谓调制就是用基带信号对载波波形的某些参数进行控制,使这些参量随基带信号的变化而变化。用以调制的基带信号是数字信号,所以又称为数字调制。在调制解调器中一般选择正弦(或余弦)信号作为载波,因为正弦信号形式简单、便于产生和接收。由于正弦(或余弦)信号有幅度、频率、相位三种基本参量,因此可以构成数字调幅、数字调相和数字调频三种基本调制方式。当然也可以利用其中二种方式的结合来实现数字信号的传输,如数字调幅调相等,从而达到更好的特性。

2.3.2　数字调幅

以基带数据信号控制一个载波的幅度,称为数字调幅,又称幅移键控,简写为ASK。

1. 二进制数字调幅

(1) 基本原理

通常,二进制数字调幅(2ASK)信号的产生方法有两种:相乘法和键控法,如图2-22所示。相乘法是将基带信号 $s(t)$ 与载波相乘，而键控法是用基带信号 $s(t)$ 控制载波的开关电路，此时的已调信号一般称为通断键控信号（OOK）。

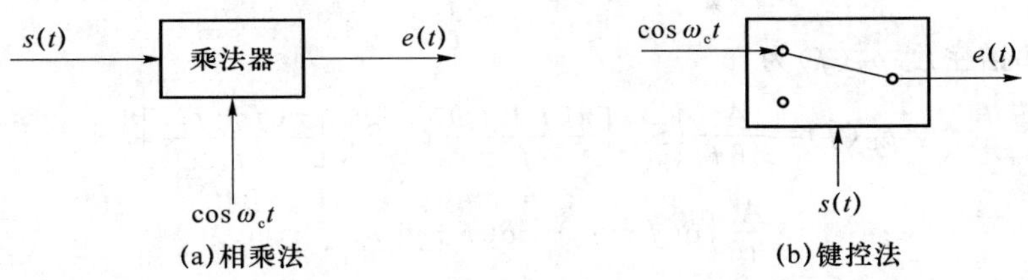

图 2-22　2ASK 的调制方法

下面以相乘法产生 2ASK 信号为例，分析其 2ASK 信号波形及功率谱。设用于调制的信号为 $s(t)$，则已调信号可以表示为

$$e(t)=s(t)\cdot\cos\omega_c t \tag{2-28}$$

其中，$s(t)$ 可以是基带形成信号，也可以是数据终端发出的单、双极性矩形脉冲等形式的信号。为了分析方便，当调制信号 $s(t)$ 分别是单极性不归零信号和双极性不归零信号时，将调制信号和已调信号波形画于图 2-23（假设载波频率与码元速率的关系为 $f_c=2f_s$）。

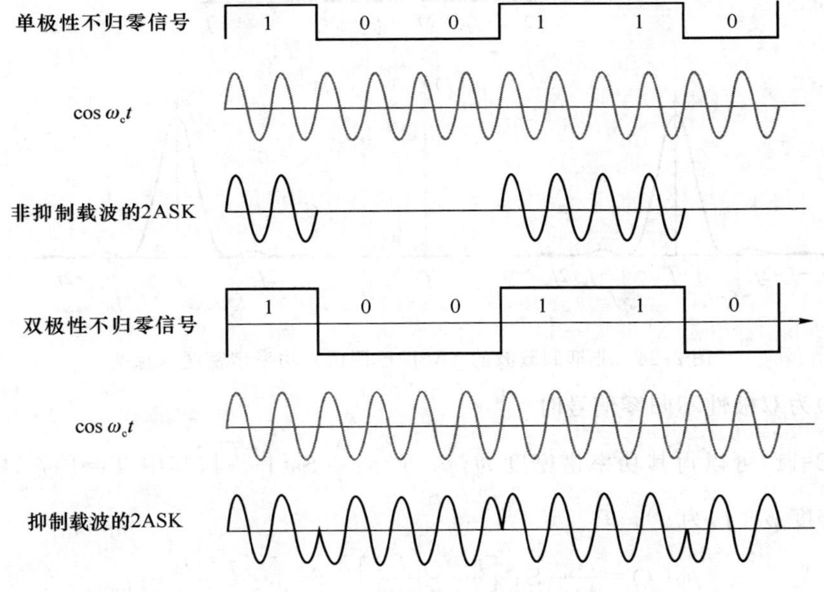

图 2-23　2ASK 信号波形

(2) 2ASK 信号功率谱密度

若设 $s(t)$ 的功率谱密度为 $p_S(f)$，则已调信号 $e(t)$ 的功率谱 $p_E(f)$ 可以表示为

$$p_E(f)=\frac{1}{4}[p_S(f+f_c)+p_S(f-f_c)] \tag{2-29}$$

由此可见，若 $p_S(f)$ 确定，则 $p_E(f)$ 也可确定。下面分别讨论 $s(t)$ 为单极性不归零信号和双极性不归零信号时，已调信号的功率谱密度。为了简便起见，假设“1”码和“0”码等概出现，且前后码元独立。

① $s(t)$为单极性不归零信号时

从式(2-8)可以得其功率谱密度为 $p_S(f)=\frac{A^2}{4f_s}\mathrm{Sa}^2\left(\frac{\pi f}{f_s}\right)+\frac{A^2}{4}\delta(f)$,其中 $T=1/f_s$,则已调信号的功率谱密度 $p_E(f)$为

$$p_E(f)=\frac{A^2}{16f_s}\left\{\mathrm{Sa}^2\left[\frac{\pi(f+f_c)}{f_s}\right]+\mathrm{Sa}^2\left[\frac{\pi(f-f_c)}{f_s}\right]\right\}+\frac{A^2}{16}[\delta(f+f_c)+\delta(f+f_c)] \tag{2-30}$$

其功率谱如图 2-24 所示。可见,2ASK 信号的功率谱密度也由连续谱和离散谱两个部分组成,基带信号的连续谱经调制后形成了双边带谱,离散谱则由基带信号的离散谱确定。其中假设载波频率 f_c 较大,$p_S(f+f_c)$和 $p_S(f-f_c)$在频率轴上没有重叠部分。

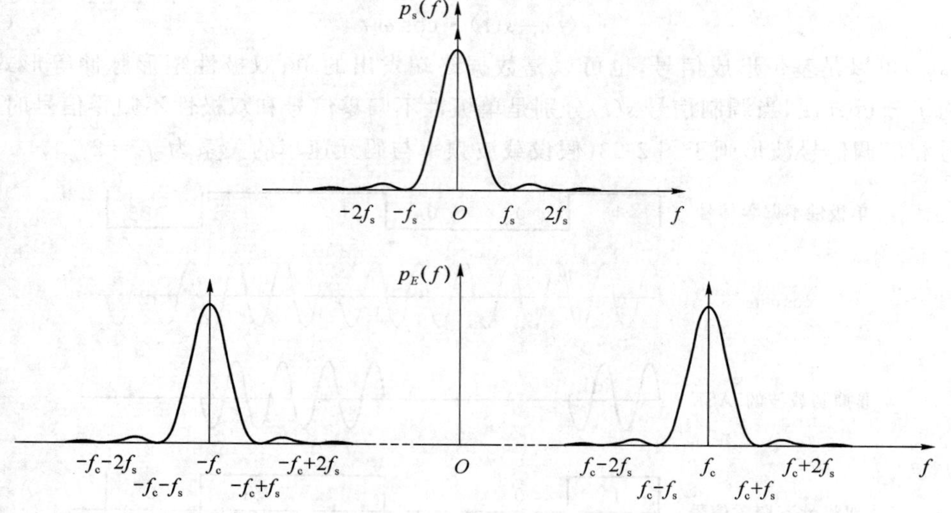

图 2-24 非抑制载波的 2ASK 已调信号功率谱密度示意图

② $s(t)$为双极性不归零信号时

从式(2-11)可以得其功率谱密度为:$p_S(f)=\frac{A^2}{f_s}\mathrm{Sa}^2\left(\frac{\pi f}{f_s}\right)$,其中 $T=1/f_s$,则已调信号的功率谱密度 $p_E(f)$为

$$p_E(f)=\frac{A^2}{4f_s}\left\{\mathrm{Sa}^2\left[\frac{\pi(f+f_c)}{f_s}\right]+\mathrm{Sa}^2\left[\frac{\pi(f-f_c)}{f_s}\right]\right\} \tag{2-31}$$

其功率谱如图 2-25 所示。由于双极性不归零信号中不含有直流分量,所以已调信号的功率谱中,在载波频率处就不含有离散谱分量,这称为抑制载波的 2ASK 调制。

总结 2ASK 调制的特点如下:

- 实现了双边带调制;
- 调制信号功率谱密度决定了已调信号的功率谱密度;
- 调制后的带宽为基带信号带宽的 2 倍。

(3) 单边带和残余边带调制

2ASK 信号具有两个边带,并且两个边带含有相同的信息。为了提高信道频带利用率,

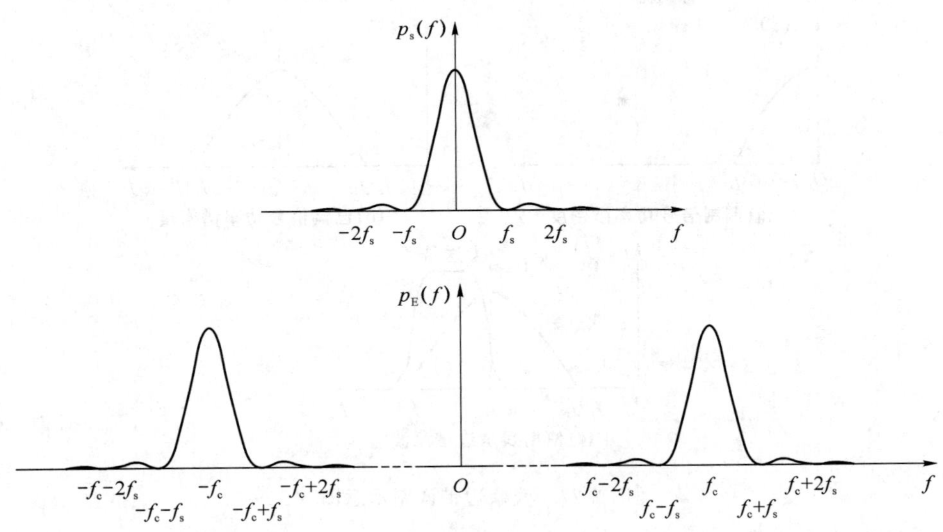

图 2-25　抑制载波的 2ASK 已调信号功率谱密度示意图

可以使用带通滤波器切除一个边带分量，即实现单边带传输，使得频带利用率是双边带传输的两倍。然而从图 2-24 和图 2-25 来看，有些基带信号含有丰富的低频分量，需要在载频 f_c 处用尖锐截止的滤波器才能滤除其中一个边带，从而增加了滤波器的制作难度。实际中，在调制前要对基带信号进行处理，目的是使其不含直流分量，同时低频分量尽可能小。例如，采用 2.2 节中介绍的第四类部分响应系统，如图 2-26 所示，已调信号的功率谱在上、下边带之间有一个明显的分界，且无离散谱分量。

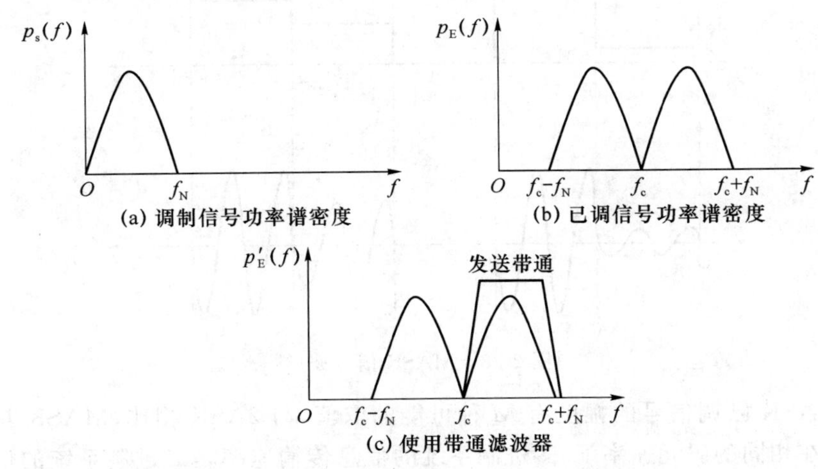

图 2-26　单边带调制示意图

残余边带调制是介于双边带和单边带之间的一种调制方法，它是使已调双边带信号通过一个残余边带滤波器，使其双边带中的一个边带的绝大部分和另一个边带的小部分通过，形成所谓的残余边带信号。残余边带信号所占的频带大于单边带，又小于双边带，所以残余边带系统的频带利用率也是小于单边带，大于双边带的频带利用率，如图 2-27 所示。

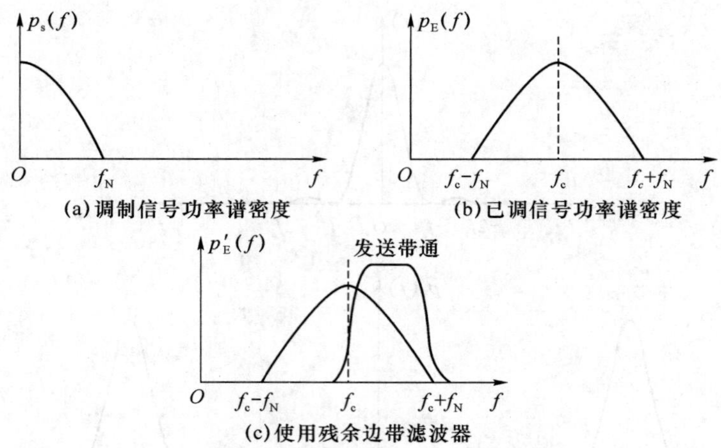

图 2-27　残余边带调制示意图

单边带和残余边带调制曾用于中、高速调制解调器，后来被正交幅度调制 QAM 取代(详见 2.3.5 小节)。

2. 多进制数字调幅

多进制数字调幅(MASK)是利用多进制数字基带信号去调制载波的幅度，在原理上可以看成是 OOK 方式在多进制上的推广。其调制信号(单极性)和已调信号波形如图 2-28 所示。

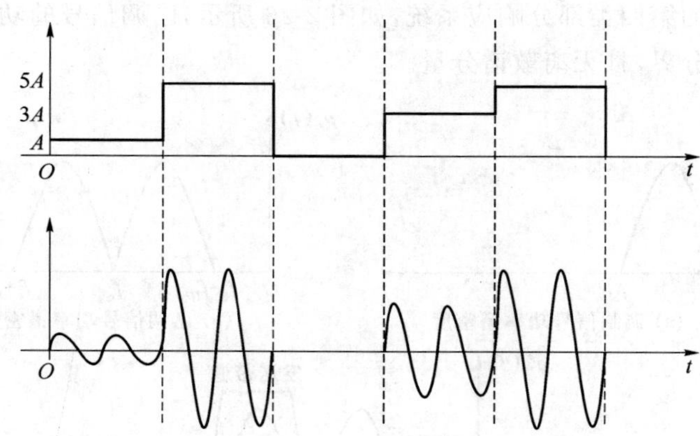

图 2-28　MASK 信号波形

由于 MASK 已调信号的幅度有 M 种可能的取值，与 2ASK 相比，MASK 具有高效率的特点。即在相同的码元速率下，多进制系统的信息传输速率是二进制系统的信息传输速率的 $\log_2 M$ 倍，且可以证明 MASK 和 2ASK 已调信号的带宽相同。但是多进制调幅的抗噪声能力不强，要获得和 2ASK 相同的误码率，需要增加系统的发送功率。目前，实用的多进制调幅形式有多进制残留边带调制、多电平正交幅度调制等。

3. 已调信号的星座图表示

MASK 调制是多进制幅度调制，其已调信号可以写成：

$$e(t)=A_m g(t)\cos\omega_c t \tag{2-32}$$

其中，$A_m=(2m+1-M)A$，$m=0,1,\cdots,M-1$，$2A$ 是两相邻信号幅度之间的差值，假设 $g(t)$ 为单位矩形脉冲的简单情况，每个已调信号的波形可携带 $\log_2 M$ 比特的信息。

若以未调载波的相位作为基准相位或参考相位，则 MASK 已调信号相位有两种，即 0°和 180°，其幅度是 $|A_m|$。将已调信号映射到二维信号空间，用矢量来表示，则可以得到如图 2-29(a)的矢量图，若只画出矢量的端点，则得到相应的星座图表示，如图 2-29(b)所示。

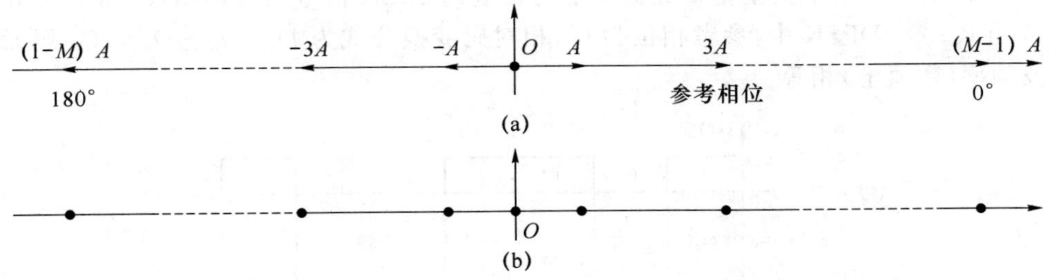

图 2-29　MASK 信号的矢量图与星座图

星座图是某种调制方式的信号点在信号空间分布的一种直观表示，对于判断该调制方式和比较不同调制方式的误码率等有很直观的效用。例如，星座图上各信号点之间的距离越大，抗误码能力越强。

2.3.3　数字调相

以基带数据信号控制载波的相位，称为数字调相，又称相移键控，简写为 PSK。

1. 二进制数字调相

(1) 基本原理

二进制数字调相(2PSK)是用载波的两种相位来表示二进制的“1”和“0”，这种用载波的不同相位直接去表示基带信号的方法，一般称为绝对调相。根据 CCITT(现为 ITU-T)的建议，有 A、B 两种相位变化方式，用矢量图表示如图 2-30 所示。

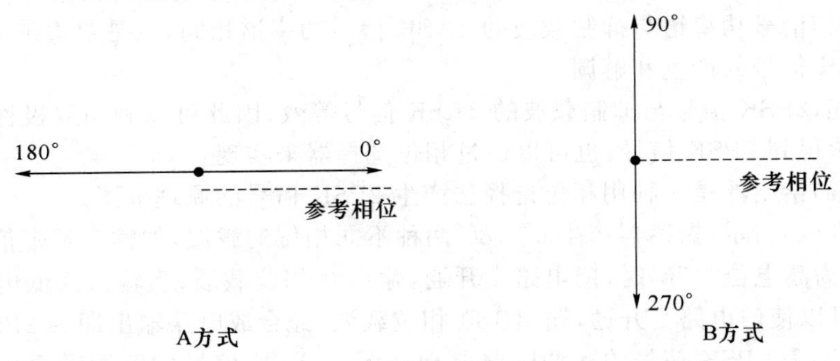

图 2-30　二进制数字调相的移相规则

二进制绝对调相信号的变换规则是：数据信号的“1”对应于已调信号的 0°相位；数据信号的“0”对应于已调信号的 180°相位，或反之。这里的 0°和 180°是以未调载波的 0°作参考相位的。

然而实际应用中,绝对调相的参考相位会发生随机转移(例如,0°变 180°),称为倒相现象,这会使解码出来的“1”和“0”颠倒,而且接收端无法判断是否已经发生了倒相,于是一般不采用绝对调相方式,而采用相对(差分)调相方式。

二进制相对调相信号的变换规则是:数据信号的“1”使已调信号的相位变化 0°相位;数据信号的“0”使已调信号的相位变化 180°相位,或反之。这里的 0°和 180°的变化是以已调信号的前一位码元相位作参考相位的,即利用前后相邻码元的相对相位去表示基带信号。

如图 2-31 所示一个典型基带数据信号与相应的 2PSK 信号的波形图:① 相位变化规则采用 A 方式;② 2DPSK 中,参考相位为 0°,相对码变换公式为 $D_n = a_n \oplus D_{n-1}$;③ 码元速率与载波频率(数值上)相等。

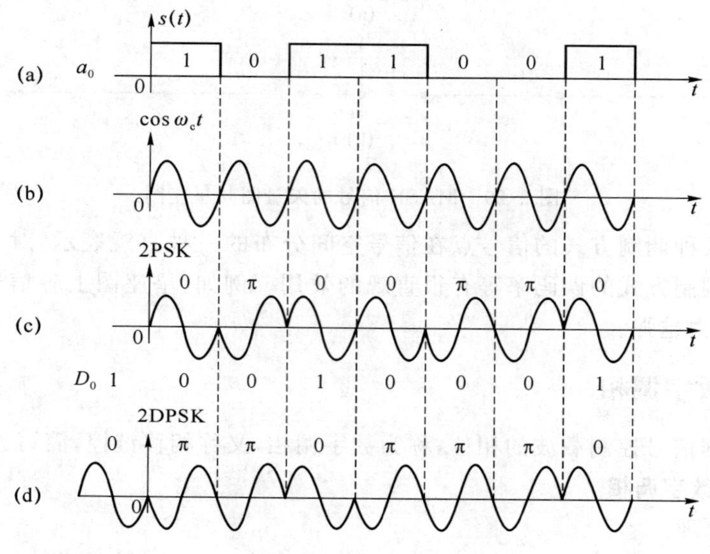

图 2-31　2PSK 信号波形

由图 2-31 可以看出,数字调相信号的每一个码元的波形,如果单独来看就是一个初始相位为 ϕ_n 的数字调幅信号。例如,抑制载波的双边带调幅信号就是二相绝对调相信号。故可知,数字调相信号功率谱与抑制载波的 2ASK 信号功率谱相同,也是双边带调制。

(2) 2PSK 信号的产生和解调

如前所述,2PSK 信号与抑制载波的 2ASK 信号等效,因此可以利用双极性基带信号与载波信号相乘得到 2PSK 信号,也可以通过相位选择器来实现。

图 2-32(a)给出的是一种用相位选择法产生 2PSK 信号的原理框图。

如图 2-32(a)所示,振荡器产生 0°、180°两种不同相位的载波,如输入基带信号为单极性脉冲,当输入为高电位“1”码时,门电路 1 开通,输出 0°相位载波;当输入为低电位“0”码时,经倒相电路可以使门电路 2 开通,输出 180°相位载波,经合成电路输出即为 2PSK 信号。

图 2-32(b)为 2PSK 信号的解调电路原理框图。2PSK 信号的解调需要用相干解调的方式,即接收端需要获得相干载波,并与已调信号相乘。由于 2PSK 信号中无载频分量,无法从接收的已调信号中直接提取相干载波,所以一般采用倍频/分频法。首先将输入 2PSK 信号作全波整流,使整流后的信号中含有 $2f_c$ 频率的周期波。之后利用窄带滤波器取出 $2f_c$ 频率的周期信号,再经二分频电路得到相干载波 f_c。最后经过相乘电路进行相干解调即可得输出基带信号。

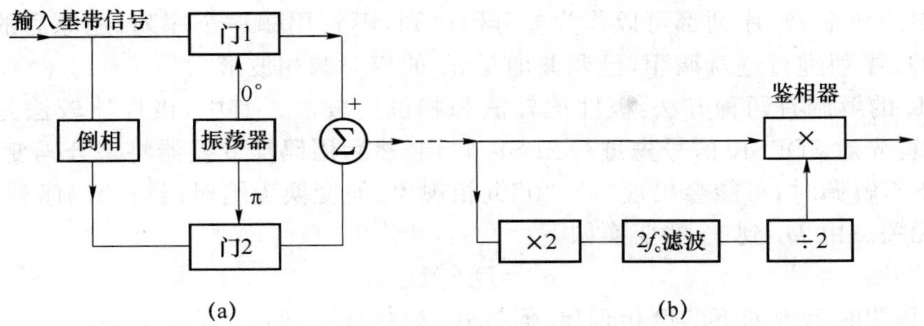

(a)　　(b)

图 2-32　2PSK 信号的产生和解调

但是，这种 2PSK 信号的解调存在一个问题，即二分频器电路的输出存在相位不定性(或称相位模糊)问题，如图 2-33 所示。

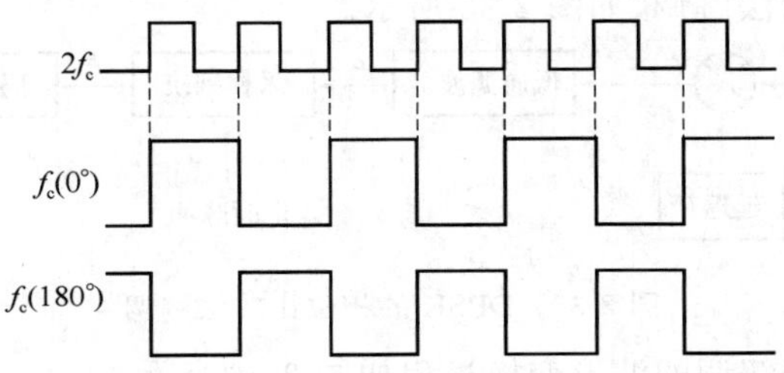

图 2-33　相位不定性示意图

当二分频器电路输出的相位为 0°或 180°不定时，相干解调的输出基带信号就会存在"0"或"1"倒相现象，这就是二进制绝对调相方式不能直接应用的原因。解决这一问题的方法是采用相对调相，即 2DPSK。

(3) 2DPSK 信号的产生和解调

根据 2DPSK 信号和 2PSK 信号的联系，只要将输入的基带数据序列变换成相对序列，然后用相对序列去进行绝对调相，便可得到 2DPSK 信号，如图 2-34(a)所示。

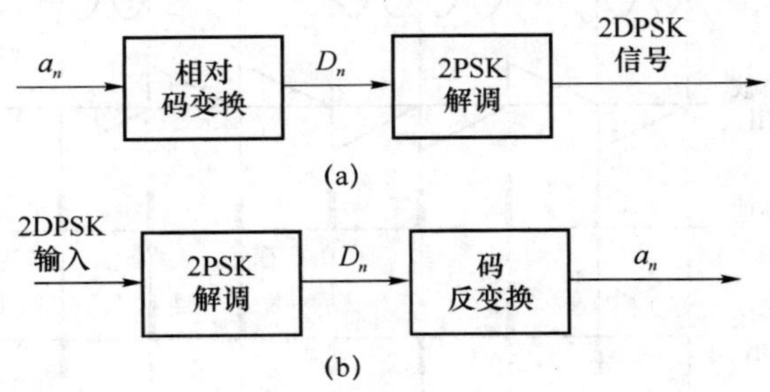

图 2-34　2DPSK 信号的产生和 2DPSK 的极性比较法解调

设 a_n，D_n 分别表示绝对码序列和相对(差分)码序列，它们的转换关系为

$$D_n = a_n \oplus D_{n-1} \tag{2-33}$$

其中，$\oplus$为模 2 加，按式(2-33)计算时，初始值 D_{n-1}可以任意假定，按式(2-33)应有：

a_n		1	0	1	1	0	0	1	0	1
D_n	1	0	0	1	0	0	0	1	1	0
D_n	0	1	1	0	1	1	1	0	0	1

上例中的两个 D_n 序列都可以作为差分码序列,不管用哪一个序列,还原后的结果是一样的。用 D_n 序列进行绝对调相,已调波即是 a_n 的相对调相波形。

2DPSK 的解调有两种方法:极性比较法和相位比较法。其中,极性比较法是比较常用的方法,它首先对 2DPSK 信号先进行 2PSK 解调,然后用码反变换器将差分码变为绝对码。在进行 2PSK 解调时,可能会出现"1","0"倒相现象,但变换为绝对码后的码序列是唯一的,即与倒相无关。由 D_n 到 a_n 的变换如下:

$$a_n = D_n \oplus D_{n-1} \tag{2-34}$$

例如,解调时出现如下的倒相现象,但按式(2-34)还原的 a_n 是唯一的。

D_n	1	0	0	1	0	0	0	1	1	0
$\overline{D}_n$	0	1	1	0	1	1	1	0	0	1
a_n		1	0	1	1	0	0	1	0	1

2DPSK 的相位比较法解调,如图 2-35 所示。

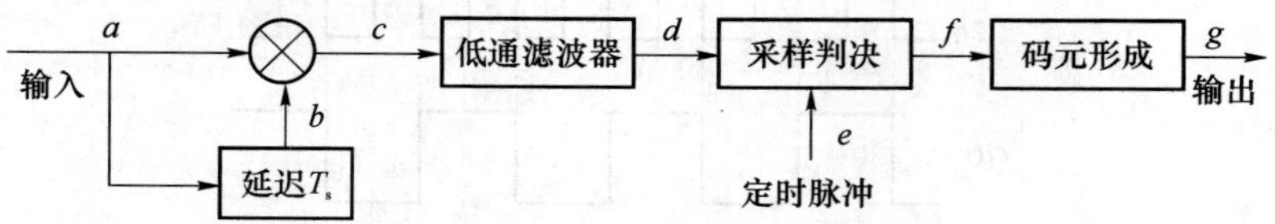

图 2-35　DPSK 的相位比较法解调

2DPSK 相位比较法解调的波形变换过程如图 2-36 所示。

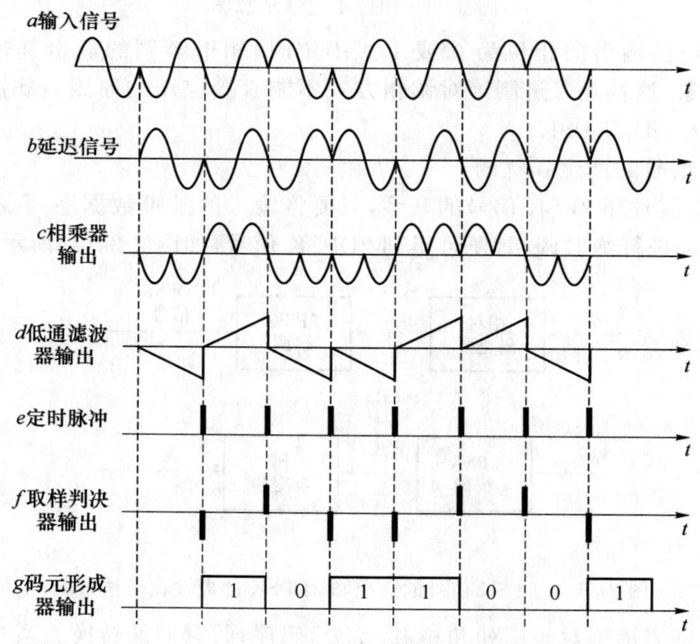

图 2-36　2DPSK 的相位比较法解调的波形变换过程

2. 多进制数字调相

在数字调相中,不仅可以采用二进制数字调制,还可以采用多进制相位调制(简称多相调相),即用多种相位或相位差来表示数字信息。若把输入二进制数据的每 k 个比特编成一组,则构成所谓的 k 比特码元。每一个 k 比特码元都有 2^k 种不同状态,因而必须用 $M=2^k$

种不同相位或相位差来表示。

(1) 四进制数字调相

四进制数字调相(QPSK)，简称四相调相，是用载波的四种不同相位来表征传送的数据信息。在 QPSK 调制中，首先对输入的二进制数据进行分组，将二位编成一组，即构成双比特码元。对于 $k=4$，则 $M=2^2=4$，对应四种不同的相位或相位差。

我们把组成双比特码元的前一信息比特用 A 代表，后一信息比特用 B 代表，并按格雷码排列，以便提高传输的可靠性。按国际统一标准规定，双比特码元与载波相位的对应关系有两种，称为 A 方式和 B 方式，如表 2-2 所示。其矢量表示如图 2-37 所示。

表 2-2　双比特码元与载波相位对应关系

双比特码元		载波相位	
A	B	A 方式	B 方式
0	0	0	$5\pi/4$
1	0	$\pi/2$	$7\pi/4$
1	1	π	$\pi/4$
0	1	$3\pi/2$	$3\pi/4$

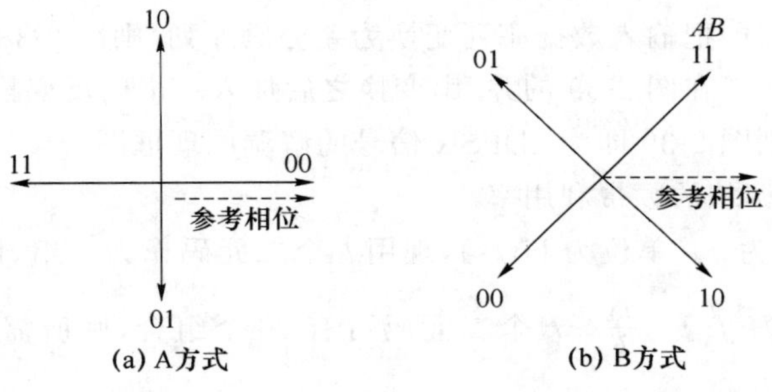

图 2-37　双比特码元与载波相位的对应关系

QPSK 信号可采用调相法产生，产生 QPSK 信号的原理如图 2-38(a)所示。QPSK 信号可以看作两个正交的 2PSK 信号的合成，可用串/并变换电路将输入的二进制序列依次分为两个并行的序列，分别对应双比特码元中 A 和 B 的数据序列。双极性 A 和 B 数据脉冲分别经过平衡调制器，对 0°相位载波 $\cos\omega_c t$ 和与之正交的载波 $\cos\left(\omega_c t+\frac{\pi}{2}\right)$ 进行二相调相，得到如图 2-38(b)所示四相信号的矢量表示图。

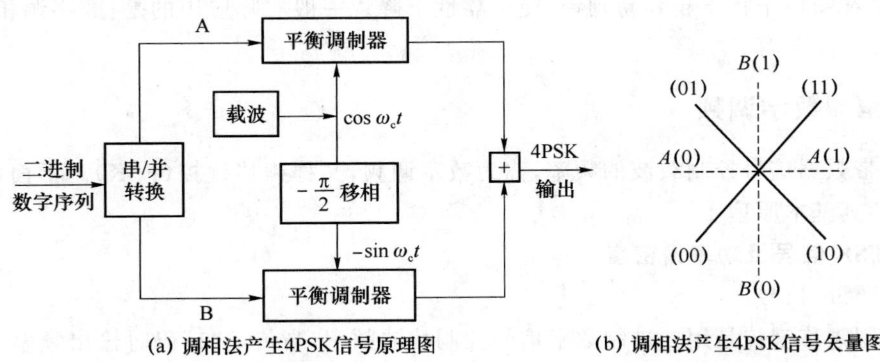

图 2-38　QPSK 调制原理图

QPSK 信号可用两路相干解调器分别解调,而后再进行并/串变换,变为串行码元序列,其原理如图 2-39 所示。图中,上、下两个支路分别是 2PSK 信号解调器,它们分别用来检测双比特码元中的 A 和 B 码元,然后通过并/串变换电路还原为串行数据信息。

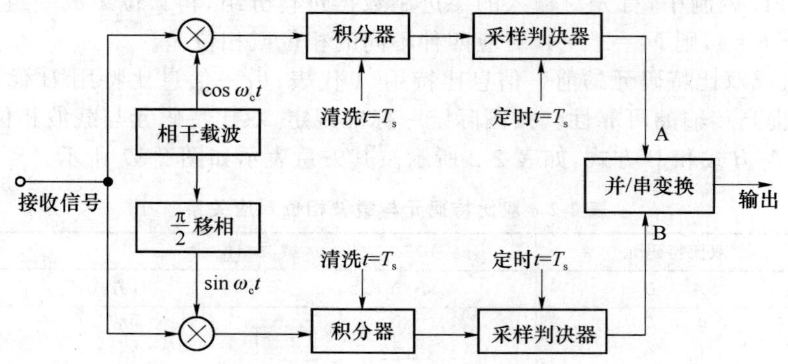

图 2-39　QPSK 解调原理图

图 2-38、图 2-39 分别是 QPSK 信号的产生和解调原理图。若在图 2-38 的串/并变换之前加入一个码变换器,即把输入数据序列变换为差分码序列,则图 2-38 即为 4DPSK 信号产生的原理图。相应地,若在图 2-39 的并/串变换之后加入一个码反变换器,即把差分码序列变换为绝对码序列,则图 2-39 即为 4DPSK 信号的解调原理框图。

(2) 多进制数字调相的频带利用率

设二元码的速率为 f_b(单位为 bit/s),现用 k 个二元码作为一组,即 k 个二元码组成一个符号,则符号速率为 $f_{s,k}=\frac{f_b}{k}$。k 个二元码可有 2^k 个组合,则所需的相位数为 $M=2^k$,即$k=\log_2 M$。

如果采用基带传输,理论上频带利用率可达 2 kbit/(s・Hz)(此处 k 是组成一个符号的二元码的个数)。调制后是双边带,则频带利用率为 1 kbit/(s・Hz)。若基带形成采用滚降低通滤波器,且其滚降系数为 α,则多相调相的频带利用率〔单位为 bit/(s・Hz)〕为

$$\eta=\frac{k}{1+\alpha}=\frac{\log_2 M}{1+\alpha} \tag{2-35}$$

由式(2-35)可以看出,M 越大,频带利用率越高。但 M 越大,已调载波的相位差也就越小,接收端在噪声干扰下越容易判错,使可靠性下降。一般实际应用的是:数字调相中的 M 可以取 2、4、8、16 等。

2.3.4　数字调频

用基带数据信号控制载波的频率,称为数字调频,又称频移键控(FSK)。下面以 2FSK 为例,介绍其基本原理。

1. 2FSK 信号及功率谱密度

(1) 2FSK 信号

二进制频移键控是用二进制数字信号控制载波频率,当传送“1”码时输出频率 f_1;当传送“0”码时输出频率 f_0。根据前后码元载波相位是否连续,可分为相位不连续的频移键控

和相位连续的频移键控，如图 2-40 所示（设相位不连续的 2FSK：$\cos\omega_0 t$ 的初始相位为 0，$\cos\omega_1 t$ 的初始相位为 $\pi/2$）。

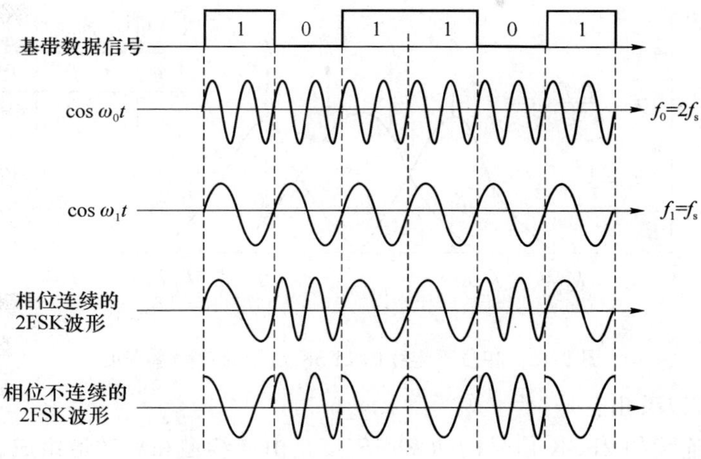

图 2-40　2FSK 信号波形

图 2-41 给出了一个典型的相位不连续的 2FSK 信号波形，它可以看作是载波频率为 f_1 和 f_0 的两个非抑制载波的 2ASK 信号的合成。相位不连续的 2FSK 信号的功率谱密度，可利用 2ASK 信号的功率谱密度求得。

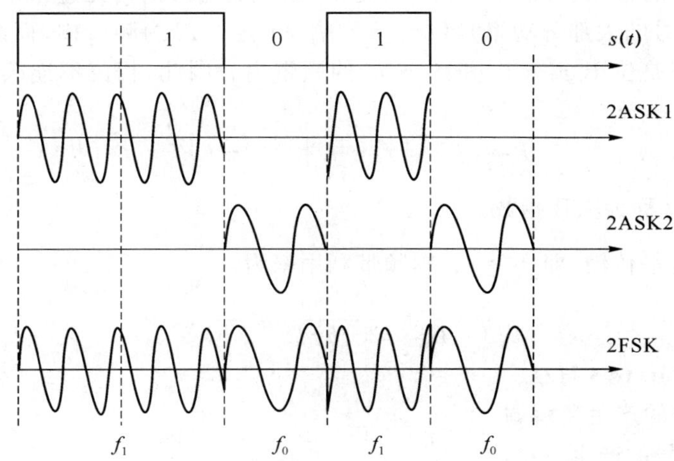

图 2-41　相位不连续的 2FSK 信号波形

（2）2FSK 信号功率谱密度

如前所述，相位不连续的 2FSK 信号是由两个非抑制载波的 2ASK 信号合成，故其功率谱密度也是两个不抑制载波的 2ASK 信号的功率谱密度的合成，如图 2-42 所示（假设无发送低通，其作用由发送带通完成，且仅是简单的频带限制）。

图 2-42 中，曲线 a 所示功率谱密度曲线为两个载波频率之差满足 $f_0-f_1=2f_s$ 的情形，此时两个 2ASK 信号的功率谱密度曲线的连续谱部分刚好在 f_c 相接。若 $f_0-f_1>2f_s$，则两个 2ASK 信号的功率谱密度曲线之间有一段间隔，2FSK 信号功率谱的连续谱呈

现双峰。曲线 b 所示功率谱密度曲线为两个载波频率之差满足 $f_0-f_1=0.8f_s$ 的情形,此时 2FSK 信号功率谱的连续谱呈现单峰。

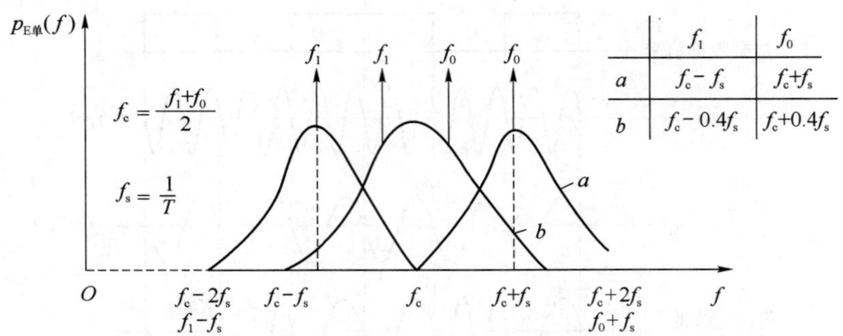

	f_1	f_0
a	f_c-f_s	f_c+f_s
b	$f_c-0.4f_s$	$f_c+0.4f_s$

图 2-42　相位不连续的 2FSK 信号的功率谱密度

由图 2-42 可以看出:

(a) 相位不连续的 2FSK 信号的功率谱密度是由连续谱和离散谱组成。

- 连续谱由两个双边带谱叠加而成;
- 离散谱出现在 f_1 和 f_0 的两个载波频率的位置上。

(b) 若两个载波频率之差较小,连续谱呈现单峰;若两个载波频率之差较大,连续谱呈现双峰。

对 2FSK 信号的带宽,通常是作如下考虑的:若调制信号的码元速率以 f_s 表示,载波频率 f_1 的 2ASK 信号的大部分功率是位于 f_1-f_s 和 f_1+f_s 的频带内,而载波 f_0 的 2ASK 信号的大部分功率是位于 f_0-f_s 和 f_0+f_s 的频带内。因此,相位不连续的 2FSK 的带宽约为

$$B=2f_s+|f_1-f_0|=(2+h)f_s \tag{2-36}$$

其中,$h=\frac{|f_1-f_0|}{f_s}$称为频移指数。

由于采用二电平传输,即 $f_b=f_s$,则频带利用率为

$$\eta=\frac{f_b}{B}=\frac{f_s}{(2+h)f_s}=\frac{1}{2+h} \tag{2-37}$$

其中,η 的单位为 bit/(s · Hz)。

2. 2FSK 信号的产生和解调

(1) 2FSK 信号的产生

前述已说明,2FSK 信号是两个数字调幅信号之和,所以 2FSK 信号的产生可用两个数字调幅信号相加的办法产生。图 2-43 所示为 2FSK 信号产生的原理图。

图 2-43(a)为相位不连续的 2FSK 信号产生的原理,利用数据信号的“1”和“0”分别选通门电路 1 和 2,以分别控制两个独立的振荡源 f_1 和 f_0,并求和即可得到相位不连续的 2FSK 信号。

图 2-43(b)为相位连续的 2FSK 信号产生的原理图,利用数据信号的“1”和“0”的电压的不同控制一个可变频率的电压控制振荡器以产生两个不同频率的信号 f_1 和 f_0,这时两个频率变化时相位就是连续的。

(2) 2FSK 信号的解调

这里讨论两种简单的 2FSK 的解调方法,如图 2-44 所示。

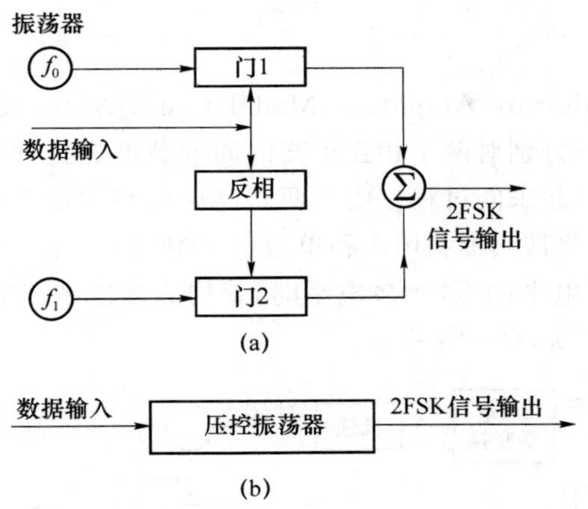

图 2-43　2FSK 信号的产生

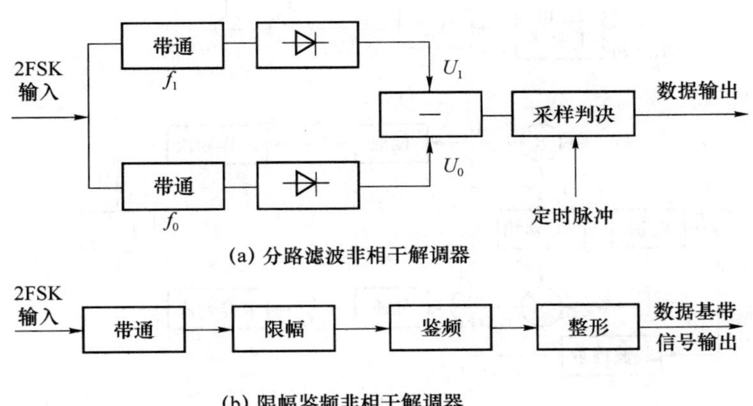

图 2-44　2FSK 的解调方法

图 2-44(a)是采用分路选通滤波器进行 2FSK 信号的非相干解调，当 2FSK 信号的频偏较大时，可以把 2FSK 信号当作两路不同载频的 2ASK 信号接收。为此，需要两个中心频率分别为 f_1 和 f_0 的带通滤波器，利用它们把代表"1"和"0"码的信号分离开，得到两个 2ASK 信号，再经振幅检波器得到两个解调电压，把这两个电压相减即可得到解调信号的输出。这种解调方式要求有较大的频偏指数，故这种解调方式的频带利用率较低。

鉴频器法在频带数据传输中较广泛用于 2FSK 信号的解调，图 2-44(b)是采用鉴频解调方法的简单框图。其中，2FSK 信号先经过带通滤波器滤除信道中的噪声，限幅器用于消除接收信号的幅度变化。

2.3.5　现代数字调制技术

虚拟实验

随着通信容量日益增加，数据通信所用带宽越来越宽，频谱变得越来越拥挤，因此必须研究频谱高效调制技术以在有限的带宽资源下获得更高的传输速率。本节介绍几种现代数字调制技术，分别是正交幅度调制(QAM)、偏移(交错)正交相移调制(OQPSK)和最小频移键控(MSK)。

1. 正交幅度调制

(1) 基本原理

正交幅度调制(Quadrature Amplitude Modulation,QAM),又称正交双边带调制。它是将两路独立的基带波形分别对两个相互正交的同频载波进行抑制载波的双边带调制,所得到的两路已调信号叠加起来的过程。由于两路已调信号频谱正交,可以在同一频带内并行传输两路数据信息,因此其频带利用率和单边带调制相同。在 QAM 方式中,基带信号可以是二电平,又可以为多电平的,若为多电平时,就构成多进制正交幅度调制(MQAM),其调制信号产生和解调原理如图 2-45 所示。

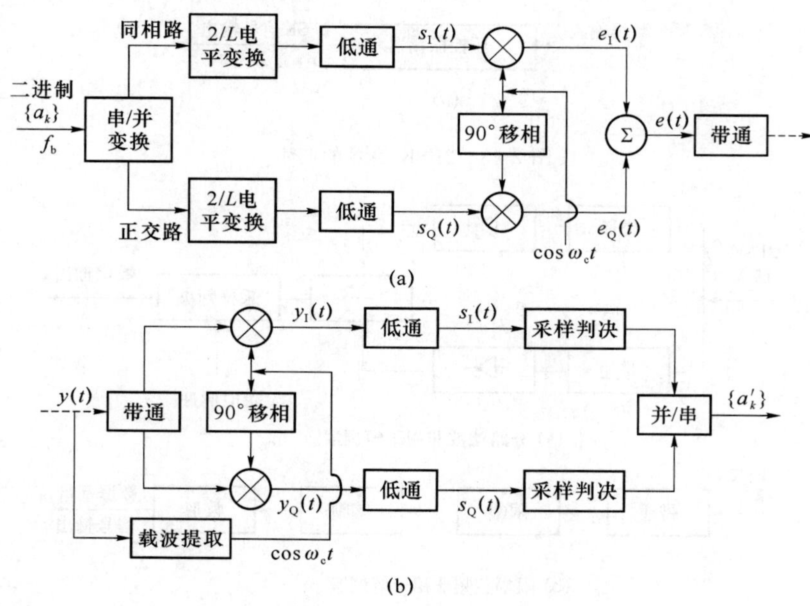

图 2-45 MQAM 调制和解调原理图

MQAM 信号的产生过程如图 2-45(a)所示:输入的二进制序列(总传信速率为 f_b)经串/并变换得到两路数据流,每路的信息速率为总传信速率的二分之一,即 $f_b/2$。因为要分别对同频正交载波进行调制,所以分别称它们为同相路和正交路。接下来两路数据流分别进行 $2/L$ 电平变换,得到码元速率为 $f_b/\log_2 M$ 的 L 电平信号,即两路的电平数 $L=\sqrt{M}$。两路 L 电平信号通过基带形成,产生 $s_I(t)$和 $s_Q(t)$两路独立的基带信号,它们都是不含直流分量的双极性基带信号。

同相路的基带信号 $s_I(t)$与载波 $\cos\omega_c t$ 相乘,形成抑制载波的双边带调幅信号 $e_I(t)$

$$e_I(t)=s_I(t)\cos\omega_c t \tag{2-38}$$

正交路的基带信号 $s_Q(t)$与载波 $\cos\left(\omega_c t+\frac{\pi}{2}\right)=-\sin\omega_c t$ 相乘,形成另外一路抑制载波的双边带调幅信号 $e_Q(t)$

$$e_Q(t)=s_Q(t)\cos\left(\omega_c t+\frac{\pi}{2}\right)=-s_Q(t)\sin\omega_c t \tag{2-39}$$

两路信号合成后即得 MQAM 信号

$$e(t)=e_I(t)+e_Q(t)=s_I(t)\cos\omega_c t-s_Q(t)\sin\omega_c t \tag{2-40}$$

由于同相路的调制载波与正交路的调制载波相位相差 π/2，所以形成两路正交的功率频谱。4QAM 信号的功率谱密度如图 2-46 所示(设同相路基带形成采用余弦低通，正交路基带形成采用正弦低通)，两路都是双边带调制，而且两路信号同处于一个频段之中，可同时传输两路信号，故频带利用率是双边带调制的两倍，即与单边带方式或基带传输方式的频带利用率相同。

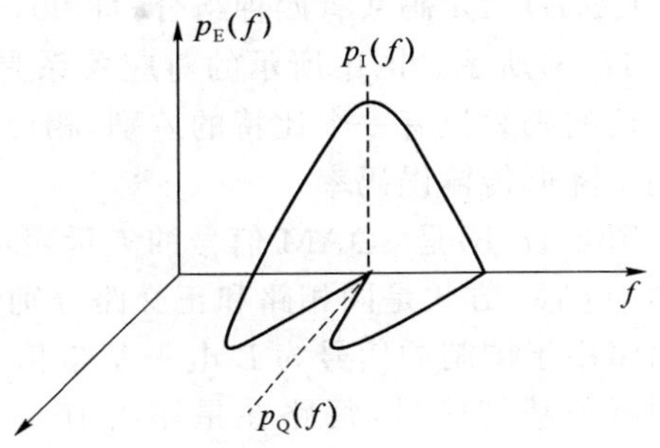

图 2-46　正交幅度调制信号的功率谱示意图

正交幅度调制信号的解调采用相干解调方法，其原理如图 2-45(b)所示。假定相干载波与已调信号载波完全同频同相，且假设信道无失真、带宽不限、无噪声，即 $y(t)=e(t)$，则两个解调乘法器的输出分别为

$$\begin{aligned}y_I(t)&=y(t)\cos\omega_c t=[s_I(t)\cos\omega_c t-s_Q(t)\sin\omega_c t]\cos\omega_c t\\&=\frac{1}{2}s_I(t)+\frac{1}{2}[s_I(t)\cos 2\omega_c t-s_Q(t)\sin 2\omega_c t]\end{aligned} \tag{2-41}$$

$$\begin{aligned}y_Q(t)&=y(t)(-\sin\omega_c t)=[s_I(t)\cos\omega_c t-s_Q(t)\sin\omega_c t](-\sin\omega_c t)\\&=\frac{1}{2}s_Q(t)-\frac{1}{2}[s_I(t)\sin 2\omega_c t+s_Q(t)\cos 2\omega_c t]\end{aligned} \tag{2-42}$$

经低通滤波器滤除高次谐波分量，上、下两个支路的输出信号分别为 $\frac{1}{2}s_I(t)$ 和 $\frac{1}{2}s_Q(t)$，经判决后，两路合成为原二进制数据序列。

(2) QAM 信号星座图

首先，以 4QAM 信号产生为例，其电路方框图及信号的矢量表示如图 2-47(a)所示。

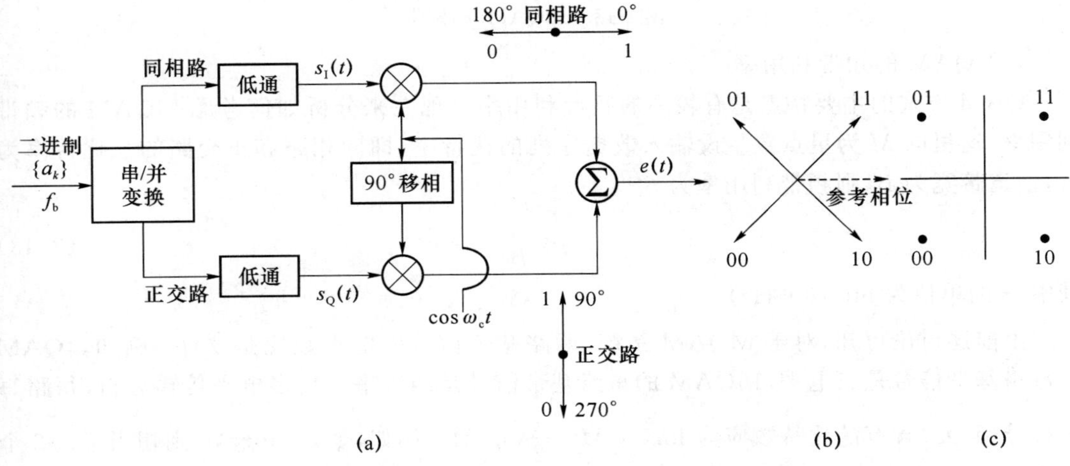

图 2-47　正交调幅信号产生电路方框图及星座图

由图 2-47(a)所示抑制载波双边带调幅的信号的矢量表示可以看出，以未调载波的相位作为基准相位或参考相位，对应－1 或＋1 信号的已调波信号相位相差 180°。同相路的“1”对应于 0°相位，“0”则对应于 180°相位；而正交路的载波与同相路相差 90°，则正交路的“1”

对应于90°相位,“0”对应于270°相位。同相、正交两路调制输出经合成电路合成,则输出信号可有四种不同相位,可以用来表示一个(A,B)二元码组。

(A,B)二元码共有四种组合,即00,01,11,10。这四种组合所对应的相位矢量关系如图2-47(b)所示。图中所示的对应关系是按格雷码规则变换的,这种变换的优点是相邻判决相位的码组只有一个比特的差别,相位判决错误时只造成一个比特的误码,所以这种变换有利于降低传输误码率。

图2-47(b)是4QAM信号的矢量表示,图2-47(c)为QAM信号的星座表示。对前述讨论的4QAM方式是同相路和正交路分别传送的是二电平码的情况。若采用$2/L$电平变换,则两路用于调制的信号为L电平基带信号,这样就能更进一步提高频带利用率。例如,采用四电平基带信号,每路在星座上有4个点,于是$4\times4=16$,组成16个点的星座图,如图2-48所示。这种正交调幅称为16QAM。同理,如果两路采用八电平基带信号,可得64点星座图,称为64QAM,更进一步还有256QAM等。由前述对应的数值可知,MQAM的每路电平数为$L=\sqrt{M}$。

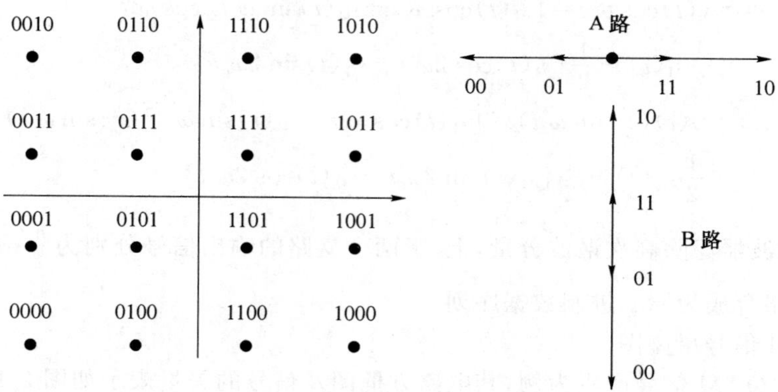

图2-48 16QAM星座图

(3) QAM的频带利用率

QAM方式的主要特点是有较高的频带利用率。现在来分析如何考虑MQAM的频带利用率,这里的M为星点数。设输入数据序列的比特率,即同相路和正交路的总比特率为f_b,信道带宽为B,则频带利用率为

$$\eta=\frac{f_b}{B} \tag{2-43}$$

其中,η的单位为bit/(s·Hz)。

由前述讨论可知,对于MQAM系统,两路基带信号的电平数应是$\sqrt{M}$。例如,4QAM的每路基带信号是二电平,16QAM的每路基带信号是四电平。按多电平传输分析,每路每个符号(码元)含有的比特数应为$\log_2\sqrt{M}=\frac{1}{2}\log_2 M$。例如,令$k=\log_2 M$,则相当于$k/2$个二元码组成一个符号。设码元间隔为$T_{k/2}=\frac{1}{f_{s,k/2}}$,即码元速率为$f_{s,k/2}$。因为总速率为$f_b$,则各路的比特率为$f_b/2$,并有

$$\frac{f_b}{2}=f_{s,k/2}\cdot\frac{1}{2}\log_2 M \tag{2-44}$$

如果基带形成滤波器采用滚降特性，则有

$$(1+\alpha)f_N=(1+\alpha)\frac{1}{2T_{k/2}}=\frac{1+\alpha}{2}f_{s,k/2} \tag{2-45}$$

由于正交调幅是采用双边带传输，所以调制系统带宽应为基带信号带宽的 2 倍，即

$$B=2(1+\alpha)f_N=(1+\alpha)f_{s,k/2} \tag{2-46}$$

将式(2-44)、式(2-46)代入式(2-43)，可得 MQAM 的频带利用率为

$$\eta=\frac{\log_2 M}{1+\alpha} \tag{2-47}$$

其中：M 为星点数，其值可取为 4、16、64、256、512、1 024 及 2 048 等；η 的单位为 bit/(s · Hz)。M 值越大，其频带利用率就越高；在相同的信道带宽下，能够达到的信息传输速率就越高。但是 M 越大，相同信号空间内，星点的空间距离越小，则系统的抗干扰能下降，误码率增高。

例如，利用电话网信道的 600～3 000 Hz 来传输数据信号，此时信道带宽为 $B=3\,000-600=2\,400$ Hz，采用 MQAM 时，其能够达到的极限频带利用率和最大信息传输速率（$\alpha=0$，理想低通的情形）如表 2-3 所示。其中 $f_{bmax}=\eta_{max}\cdot B$。

表 2-3 电话信道中采用 MQAM 调制

调制方式	$\eta_{max}/(\text{bit}\cdot\text{s}^{-1}\cdot\text{Hz}^{-1})$	$f_{bmax}/(\text{kbit}\cdot\text{s}^{-1})$
4QAM	2	4.8
16QAM	4	9.6
32QAM	6	14.4
64QAM	8	19.2

例 2-4 一个正交调幅系统，采用 MQAM，所占频带为 600～3 000 Hz，其基带形成滤波器滚降系数 α 为 1/3，假设总的数据传信速率为 14 400 bit/s，求：(a)码元速率；(b)频带利用率；(c)M 及每路电平数。

解 (a) $B=3\,000-600=2\,400$ Hz

因为 $B=2(1+\alpha)f_N$，所以码元速率

$$f_s=2f_N=\frac{B}{1+\alpha}=\frac{2\,400}{1+\frac{1}{3}}=1\,800\ \text{Baud}$$

(b) $\eta=\frac{f_b}{B}=\frac{14\,400}{2\,400}=6$ bit/(s · Hz)

(c) 因为 $\eta=\frac{\log_2 M}{1+\alpha}$，所以

$$\log_2 M=\eta(1+\alpha)=6\times\left(1+\frac{1}{3}\right)=8$$

$$M=2^8=256$$

每路电平数为 $M^{\frac{1}{2}}=256^{\frac{1}{2}}=16$。

2. 偏移正交相移调制

偏移(交错)正交相移调制(OQPSK)是对四相调相(QPSK)的改进。在 2.3.3 小节中介绍了使用两路正交的 2PSK 信号产生 QPSK，其中两个支路的基带波形在时间上是同步的，如图 2-49 给出了 QPSK 调制的一组数据信号波形表示。

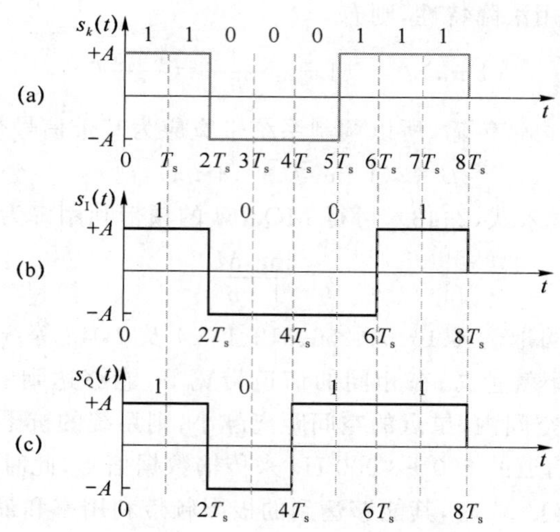

图 2-49 QPSK 的基带数据流

图 2-49 表示的是用于调制的双极性基带数据信号〔如图 2-49(a)所示〕,经过串/并变换,成为两路数据流〔如图 2-49(b)和(c)所示〕,其中原始基带数据信号的码元间隔为 T_s,而分成两路后,每一路的码元间隔为 $2T_s$。对于 QPSK 来说,两路的基带波形是对齐的,分别进行 2PSK 调制,载波相位每隔 $2T_s$ 改变一次。若某一个 $2T_s$ 间隔内,两路数据同时改变相位,则会产生 180°的载波相位改变,这会使信号通过带通滤波器(带限信道)后,产生的波形不再是恒包络(甚至瞬间会变为 0)。这种信号通过采用非线性放大器(如微波中继和卫星通信)的信道后,使已经滤除的带外分量又被恢复出来,导致频谱扩展,对相邻波道产生干扰。

图 2-50 所示为 OQPSK 调制的数据信号波形表示,其中也包括串/并变换和正交调制,但是与 QPSK 不同的是两路基带波形有了 T_s,即半个码元间隔(串/并变换后每路的码元间隔为$2T_s$)的偏移,这使得任何 T_s 内的相位跳变只能是 0°和±90°。滤波后的 OQPSK 信号的包络不会过零点,当通过非线性器件时,产生的包络波动小。因此,在非线性系统中,OQPSK 比 QPSK 的性能优越。

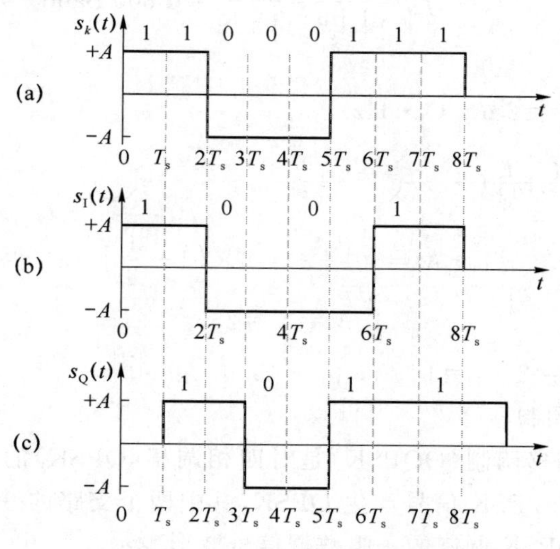

图 2-50 OQPSK 的基带数据流

同 QPSK 信号一样，OQPSK 信号可以表示为两路正交 2PSK 信号的和，如下：

$$e_{\mathrm{OQPSK}}=A\left[s_{\mathrm{I}}(t)\cos\omega_{\mathrm{c}}t-s_{\mathrm{Q}}(t)\sin\omega_{\mathrm{c}}t\right] \tag{2-48}$$

假设数据序列为 11000111，对比 QPSK 和 OQPSK 的已调波波形如图 2-51 所示。

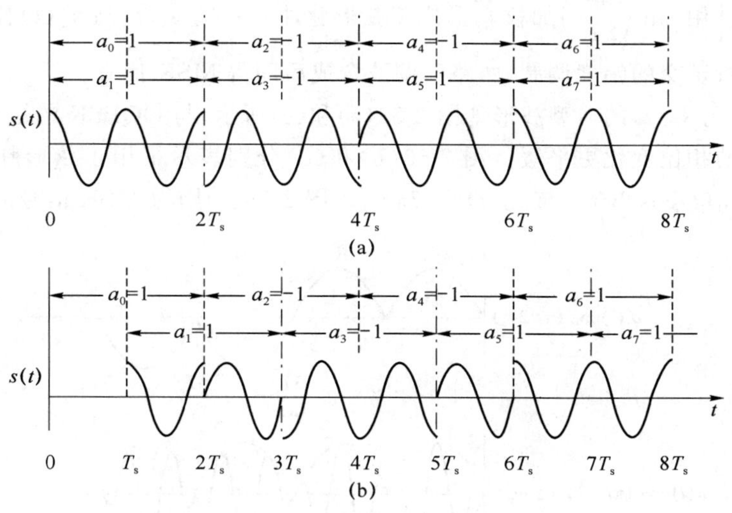

图 2-51　QPSK 与 OQPSK 波形

3. 最小频移键控与高斯最小频移键控

（1）最小频移键控调制

前述 OQPSK 的主要优点是在非线性带限信道中能抑制带外干扰，若能避免间断的相位跳变，则会带来更好的性能。连续相位调制（Continuous-Phase Modulation，CPM）方式由此产生，而最小频移键控（Minimum Shift Keying，MSK）就是这类调制方式，即连续相位频移键控（Continuous-Phase Frequency Shift Keying，CPFSK）的特殊情况。从另外一个角度来看，MSK 可以是有正弦码加权 OQPSK 的特例。

若将 MSK 看成一类特殊的 OQPSK，则可将 MSK 信号表示为

$$e_{\mathrm{MSK}}(t)=A\left[s_{\mathrm{I}}(t)\cos 2\pi f_{\mathrm{c}}t-s_{\mathrm{Q}}(t)\sin 2\pi f_{\mathrm{c}}t\right] \tag{2-49}$$

其中，两路基带信号为正弦形脉冲替代，而非 OQPSK 的矩形波形，其调制的过程如图 2-52 所示。

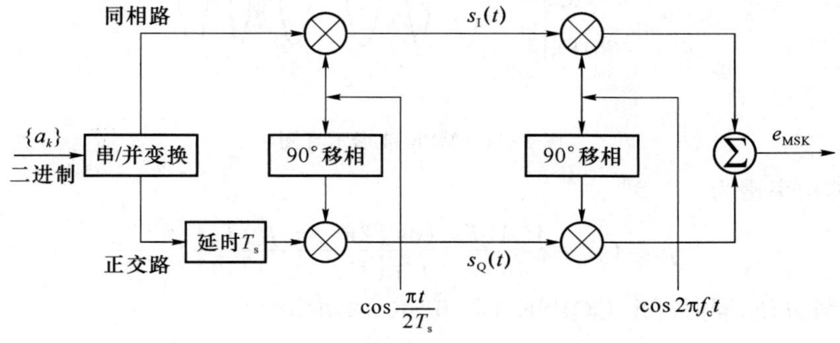

图 2-52　一种 MSK 调制方法

由图 2-52 可知,原始基带数据信号经过串/并变换分成两路,同相路数据流与 $\cos\left(\frac{\pi t}{2T_s}\right)$ 相乘$\left[\text{用} \cos\left(\frac{\pi t}{2T_s}\right)\text{加权}\right]$,形成正弦形脉冲 $s_I(t)$;正交路数据流延时 T_s 后与 $\sin\left(\frac{\pi t}{2T_s}\right)$ 相乘$\left[\text{用} \sin\left(\frac{\pi t}{2T_s}\right)\text{加权}\right]$,形成正弦形脉冲 $s_Q(t)$。$s_I(t)$ 与 $s_Q(t)$ 代替 OQPSK 中的矩形脉冲进行正交的幅度调制,两路已调波合成后即得 MSK 信号。

其中,$s_I(t)$ 与 $s_Q(t)$ 的典型波形如图 2-53(a)和(c)所示,与 OQPSK 的矩形脉冲相比,与正弦波相乘后的相位变化更平缓。图 2-53(b)和(d)分别表示了用正弦形脉冲调制后的相互正交的分量 $s_I(t)\cos 2\pi f_c t$ 与 $s_Q(t)\sin 2\pi f_c t$。图 2-53(e)则为 MSK 信号的波形。

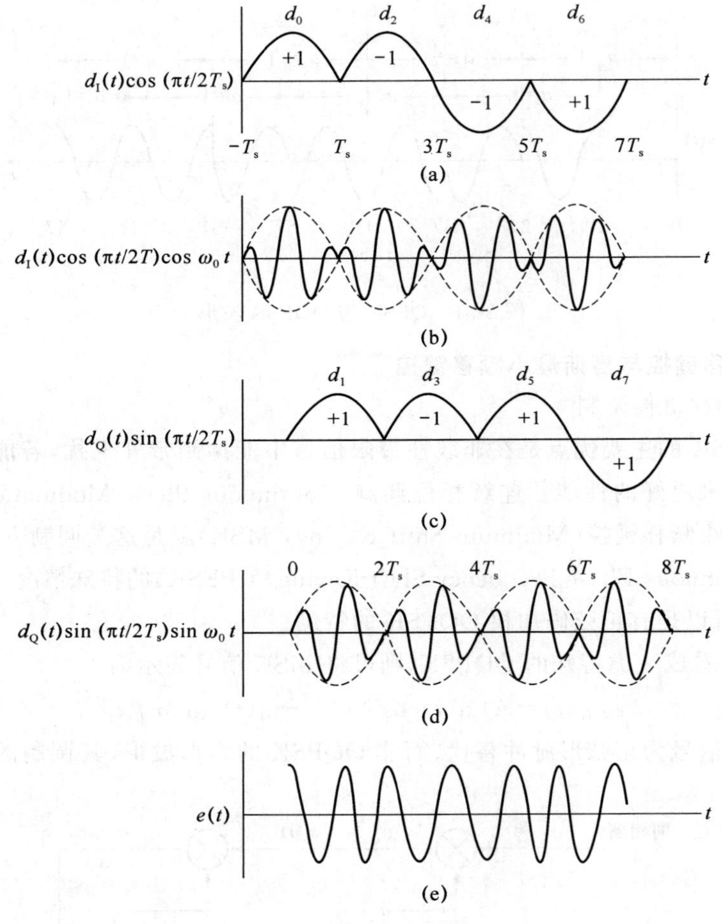

图 2-53 MSK 波形示意图

MSK 的功率谱为

$$p_{\mathrm{MSK}}(f)=\frac{16A^2T_s}{\pi^2}\left\{\frac{\cos\left[2\pi(f-f_c)T_s\right]}{1-\left[4(f-f_c)T_s\right]^2}\right\}^2 \tag{2-50}$$

为了比较方便,同时写出 OQPSK(同 QPSK)的功率谱

$$p_{\mathrm{QPSK}}(f)=2A^2T_s\left\{\frac{\sin\left[2\pi(f-f_c)T_s\right]}{2\pi(f-f_c)T_s}\right\}^2 \tag{2-51}$$

可见，MSK 信号与 OQPSK 信号相比，MSK 信号的功率谱密度有较宽的主瓣，MSK 第一个谱零点在 $f-f_c=\frac{3}{4T_s}$处，而 OQPSK 第一个谱零点在 $f-f_c=\frac{1}{2T_s}$处。在主瓣外，MSK 信号的功率谱曲线比 OQPSK 衰减快，即 MSK 信号的功率谱随$(f-f_c)^4$ 速度下降。

(2) 高斯最小频移键控调制

高斯最小频移键控(GMSK)是 MSK 的改进，它在 MSK 调制器前加入一个高斯低通滤波器，即基带信号首先形成为高斯形脉冲，然后再进行 MSK 调制。

由 MSK 调制的讨论可以看出，MSK 调制的优点是具有恒包络和主瓣外衰减快的特性，而 GMSK 不但具有 MSK 的这些优点，而且具有更好的频谱和功率特性。即经过高斯低通滤波器成形后的高斯脉冲包络无陡峭边沿，亦无拐点，特别适用于功率受限和信道存在非线性、衰落以及多普勒频移的移动通信系统。

GMSK 在 MSK 的基础上得到更平滑的相位路径，但误比特率性能不如 MSK。

2.3.6 数字调制中的载波提取和形成

在数字调制传输系统中，许多类型的解调器都是采用相干解调的方式。这是因为在相当多的情况下，相干解调的接收性能较好。所谓相干解调就是用相关法实现最佳接收的具体应用。其具体实现是：在接收解调时需要产生一个相干载波，以此相干载波与接收信号相乘进行解调。对相干载波的要求是与发送端载波有相同的频率和相同的相位。

要在接收端产生和形成相干载波，需要获得发送载波的频率和相位信息，通常的方法是从接收信号中提取。接收到的已调信号中，有些具有载频分量(线谱)，这样就可以直接获取所需要的频率和相位信息；而有些信号中虽然不存在载频分量，但是通过相应的波形处理，就可以取得所需要的频率和相位信息；另外的一些信号中无法通过以上方式获取频率和相位信息，这时需要通过发送端加入的特殊导频来取得载波信息。从而，接收端获取相干载波的方法主要有两类：直接从已调接收信号中提取(直接法)和利用插入导频提取(插入导频法)。

1. 直接法

从接收的已调信号中提取相干载波，首先要考虑的问题是接收的已调信号中是否含有载频分量。如果接收的已调信号中含有载频分量，就可以直接通过窄带滤波器或锁相环提取。

在数据传输中，因为载频分量本身不负载信息，所以多数调制方式中都采用抑制载频分量的方式，即已调信号中不直接含有载频分量，这时无法直接从接收信号中提取载波的频率和相位信息。但是对于某些信号，如 2PSK、QAM 等，只要对接收信号波形进行适当的非线性处理，就可以使处理后的信号中含有载波的频率和相位信息，然后通过窄带滤波器或锁相环获得相干载波。

例如，2PSK 信号可以表示为 $e(t)=s(t)\cos\omega_c t$，其中 $s(t)$为双极性基带信号，不含有直流分量(假设“1”“0”等概出现)，所以 $e(t)$中不含载频分量。如果对 $e(t)$进行平方处理(或全波整流)，即

$$e^2(t)=s^2(t)\cos^2\omega_c t=\frac{1}{2}s^2(t)+\frac{1}{2}s^2(t)\cos 2\omega_c t \tag{2-52}$$

式(2-52)所示即为平方处理后的波形,可见不论 $s(t)$ 是什么波形,$s^2(t)$ 中必然存在直流分量。因而,它与 $\cos 2\omega_c t$ 相乘就成为载波频率的 2 倍频项,只要用一只中心频率为 $2f_c$ 的窄带滤波器就能获取载波频率的 2 倍频的信息,再用一个二分频器就可得到频率为 f_c 的载波频率,如图 2-54 所示。

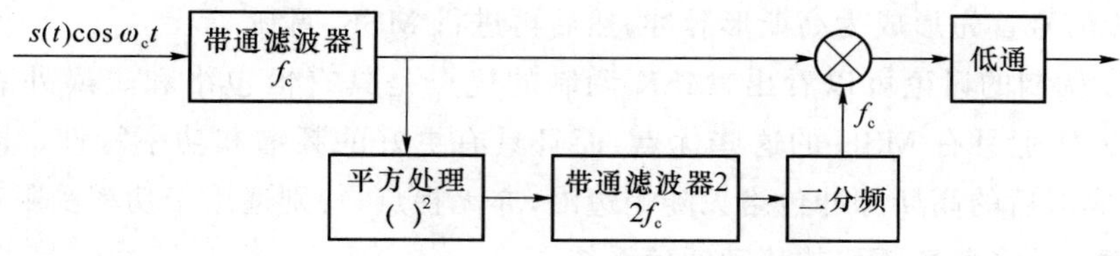

图 2-54 平方处理提取相干载波

利用这种方法提取的载波,频率能完全跟踪发送载频,而且由于直接处理接收信号,包括由信道引入的频率偏移在内的各种频率变化也能很好地跟踪,这是一种比较简单而又可靠的方法。这种方法的主要缺点是由于二分频电路输出的频率为 f_c 载波频率信号存在 0°和 180°的相位不定性,用这样的相干载波进行解调就会存在"1"和"0"反相的问题。为了克服这一缺点,在传输中可以采用相对码变换技术,如 DPSK 方式。

接收信号幅度波动和接收信号瞬时中断,会所造成提取的相干载波的频率和相位不稳定,也会引起相干载波的相位抖动,这时多采用锁相环的方式,如图 2-55 所示。

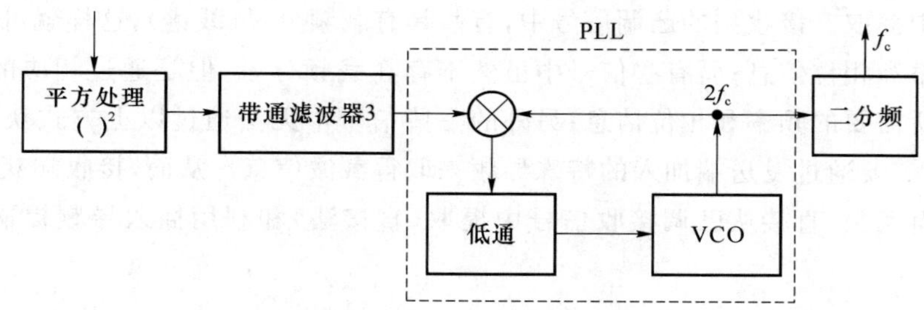

图 2-55 锁相环方式提取相干载波

图 2-55 中虚线框内部分为锁相环(PLL),PLL 代替了图 2-54 中的带通滤波器 2。恰当地选择锁相环的增益,可以使静态相位差足够小,并使输出的提取载波相位抖动控制在许可的范围内。锁相环的另一作用是当接收信号瞬时中断时,由于锁相环内的压控振荡器的作用可以维持本地输出的相干载波不中断,以保持系统稳定。

2. 插入导频法

在某些情况下可能无法从接收的已调信号中获取所需要的相干载波的频率和相位信息。这时,只能利用发送端加入的特殊导频来取得载波的信息。所谓插入导频,就是在已调信号频谱中额外地加入一个低功率的载频或与其有关的频率的线谱,其对应的正弦波就称为导频信号。在接收端利用窄带滤波器把它提取出来,经过锁相、变频、形成等处理,即可获得接收端的相干载波。

2.3.7　数字信号的最佳接收

1. 最佳接收的概念

通信系统中信道特性的不理想及信道噪声的存在，会直接影响接收系统的性能，而一个通信系统的质量优劣在很大程度上取决于接收系统的性能。把接收问题作为研究对象，研究在噪声条件下如何最好地提取有用信号，且在某个准则下构成最佳接收机，使接收性能达到最佳，这就是通信理论中十分重要的最佳接收。

最佳接收是从提高接收机性能角度出发，研究在输入相同信噪比的条件下，如何使接收机最佳地完成接收信号的任务。因此要研究最佳接收机的原理，讨论它们在理论上的最佳性能，并与现有各种接收方法比较。这里“最佳”或“最好”并不是一个绝对的概念，而是在相对意义上说的，使之在某一个“标准”或“准则”下是最佳，而对其他条件下，不同的准则也可能是等效的。数字通信中常用的“最佳”准则是指最小差错概率准则、最小均方误差准则、最大输出信噪比准则等。

2. 最小差错概率准则

在数字通信中最直观和最合理的准则应该是“最小差错概率准则”。在数字通信系统中，假设发送消息的信号空间为$\{s_1, s_2, \cdots, s_m\}$，若在传输过程中没有任何干扰以及其他可能的畸变，则在发送端就一定能够被无差错地做出相应判决结果$\{y_1, y_2, \cdots, y_m\}$，注意这里信号空间和所期望的判决结果空间是一一对应的。实际上，由于信道畸变和传输系统引入的噪声，这种理想情况是不可能发生的，例如发送 s_i 而可能判为非 y_i 的任何一个，即存在错误接收和判决。

为简便起见，以 $m=2$ 即二进制数字信号接收为例（“1”码发信号 s_1，“0”码发信号 s_2），讨论最佳接收准则。此时，传输差错率为

$$P_e = P(s_1)P(y_2|s_1) + P(s_2)P(y_1|s_2) \tag{2-53}$$

其中，$P(s_1)$和 $P(s_2)$为先验概率，即发送 s_1 和发送 s_2 的概率；$P(y_2|s_1)$和 $P(y_1|s_2)$为错误概率，即发送 s_1 而判决成 y_2 的概率和发送 s_2 而判决成 y_1 的概率。这样即可得到一个最简单的最小差错概率准则，从而去设计一个最佳接收系统，使得传输发生差错的概率最小。

3. 二进制确知信号的最佳接收

在数据通信中，所传输的信号波形形式是确定的，如 2PSK 中的 $A\cos\omega_c t$ 表示“1”；$A\cos(\omega_c t+\pi)$表示“0”。因此，接收端的任务是在一个码元间隔时间 T_s 内确定发送的是哪一个确知信号，即在有噪声和信道畸变情况下，以最小错误概率来对信号进行判决。

较为简单的情况是二进制确知信号的最佳接收。假设接收机收到的两个可能信号为 $s_1(t)$和 $s_2(t)$，即“1”码信号为 $s_1(t)$，“0”码信号为 $s_2(t)$，系统中的噪声为加性高斯白噪声 $n(t)$。这时，在 $0\sim T_s$ 时间内，接收到的信号 $y(t)$可写成

$$y(t) = s(t) + n(t) \tag{2-54}$$

其中，$s(t)$可能是 $s_1(t)$或者是 $s_2(t)$，即 $y(t)=s_1(t)+n(t)$或 $y(t)=s_2(t)+n(t)$。

接收机预先知道 $s_1(t)$和 $s_2(t)$的具体波形，但需要判断在 $0\sim T_s$ 内收到的究竟是哪一个。所以，接收机的任务是根据 $0\sim T_s$ 内收到的 $y(t)$来判定信号是 $s_1(t)$还是 $s_2(t)$，从而判定是“1”码还是“0”码。这里，最佳接收方法是使在高斯白噪声环境中的判决误码率最小。

可以证明，在高斯白噪声作用下，若发“1”码和“0”码的概率相等且前后码元独立时，

采用最小均方误差准则可使接收判决的误码率最小。由于接收端已知 $s_1(t)$ 和 $s_2(t)$ 的波形,在接收端可以在一个码元间隔内,分别计算均方误差 $\int_0^{T_s}[y(t)-s_1(t)]^2\mathrm{d}t$ 和 $\int_0^{T_s}[y(t)-s_2(t)]^2\mathrm{d}t$,并用下列规则来判决:

$$\int_0^{T_s}[y(t)-s_1(t)]^2\mathrm{d}t<\int_0^{T_s}[y(t)-s_2(t)]^2\mathrm{d}t \tag{2-55}$$

则判为 $s_1(t)$ 出现,即认为发送端发送的是"1"码;若满足

$$\int_0^{T_s}[y(t)-s_2(t)]^2\mathrm{d}t<\int_0^{T_s}[y(t)-s_1(t)]^2\mathrm{d}t \tag{2-56}$$

则判为 $s_2(t)$ 出现,即认为发送端发送的是"0"码。这一准则就是最小均方误差准则。式(2-55)和式(2-56)的物理意义是:$y(t)$ 与 $s_1(t)$ 的均方误差小时,$y(t)$ 波形更像 $s_1(t)$,所以判为"1";$y(t)$ 与 $s_2(t)$ 的均方误差小时,$y(t)$ 波形更像 $s_2(t)$,所以判为"0"。

按最小均方误差准则构成的接收机即为最佳接收机,其构成如图 2-56 所示。

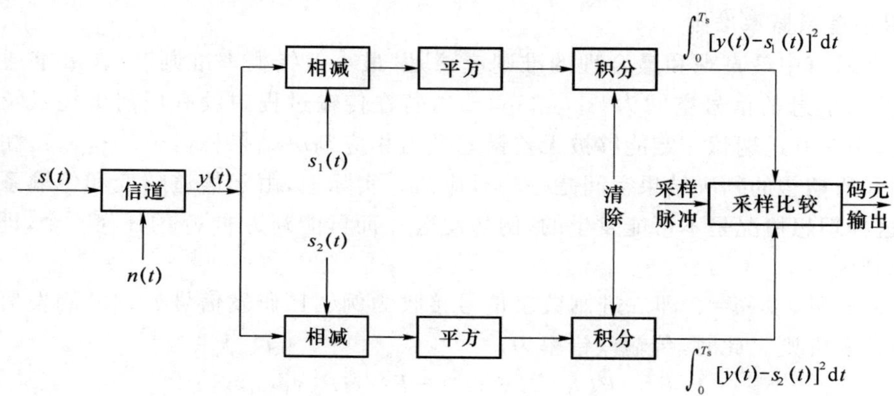

图 2-56 最佳接收机构成示意图

式(2-55)和式(2-56)的平方项展开可有

$$\begin{cases}\int_0^{T_s}[y^2(t)+s_1^2(t)-2y(t)s_1(t)]\mathrm{d}t<\int_0^{T_s}[y^2(t)+s_2^2(t)-2y(t)s_2(t)]\mathrm{d}t, & 判为\ s_1(t)\\ \int_0^{T_s}[y^2(t)+s_1^2(t)-2y(t)s_1(t)]\mathrm{d}t>\int_0^{T_s}[y^2(t)+s_2^2(t)-2y(t)s_2(t)]\mathrm{d}t, & 判为\ s_2(t)\end{cases} \tag{2-57}$$

对于许多实际通信系统,如采用抑制载波的 2ASK、PSK 等调制方式时,则到达接收机的两个确知信号 $s_1(t)$ 和 $s_2(t)$ 的持续时间相同,且有相等的能量,即

$$\int_0^{T_s}s_1^2(t)\mathrm{d}t=\int_0^{T_s}s_2^2(t)\mathrm{d}t=E \tag{2-58}$$

将式(2-58)代入式(2-57),则展开式(2-57)可变为下述判别式

$$\begin{cases}-2\int_0^{T_s}y(t)s_1(t)\mathrm{d}t<-2\int_0^{T_s}y(t)s_2(t)\mathrm{d}t, & 判为\ s_1(t)\\ -2\int_0^{T_s}y(t)s_1(t)\mathrm{d}t>-2\int_0^{T_s}y(t)s_2(t)\mathrm{d}t, & 判为\ s_2(t)\end{cases} \tag{2-59}$$

去掉式(2-59)不等式两边的负号，则大于、小于号反向，则有

$$\begin{cases} \int_0^{T_s} y(t)s_1(t)\mathrm{d}t > \int_0^{T_s} y(t)s_2(t)\mathrm{d}t, & \text{判为 } s_1(t) \\ \int_0^{T_s} y(t)s_1(t)\mathrm{d}t < \int_0^{T_s} y(t)s_2(t)\mathrm{d}t, & \text{判为 } s_2(t) \end{cases} \tag{2-60}$$

这一判别式称为相关接收判别式，其物理意义为：$\int_0^{T_s} y(t)s(t)\mathrm{d}t$ 的值表示两个信号的相关程度，$y(t)$与 $s_1(t)$的相关性大时，$y(t)$波形更像 $s_1(t)$，所以判决为“1”码；$y(t)$与 $s_2(t)$的相关性大时，$y(t)$波形更像 $s_2(t)$，所以判决为“0”码。

按式(2-60)构成的接收机称为相关接收机，其构成如图 2-57 所示。

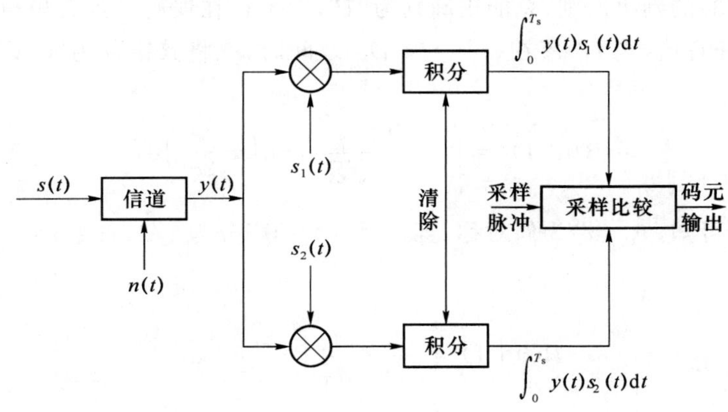

图 2-57　相关接收机构成示意图

4. 最佳接收时的误码率

图 2-57 中的两个积分器输出用 $u_1(T_s)$和 $u_2(T_s)$表示，即

$$u_1(T_s) = \int_0^{T_s} y(t)s_1(t)\mathrm{d}t \tag{2-61}$$

$$u_2(T_s) = \int_0^{T_s} y(t)s_2(t)\mathrm{d}t \tag{2-62}$$

图中采样比较可视为相减电路，即

$$D = u_1(T_s) - u_2(T_s) \tag{2-63}$$

此时，判决规则为：$D>0$ 时判为“1”，$D<0$ 时判为“0”。

若输入信号为 $y(t)=s(t)+n(t)$，则 D 中应包括两部分：一部分来自信号 $s(t)$；另一部分来自噪声 $n(t)$，这时式(2-63)可写为

$$D = D_s + D_n \tag{2-64}$$

当输入信号为 $y(t)=s_1(t)+n(t)$时，

$$D_s = \int_0^{T_s} s_1^2(t) - \int_0^{T_s} s_1(t)s_2(t)\mathrm{d}t \tag{2-65}$$

令 ρ 为相关系数，则 ρ 可以表示为

$$\rho = \frac{\int_0^{T_s} s_1(t)s_2(t)\mathrm{d}t}{E} \tag{2-66}$$

则有

$$D_s=E(1-\rho) \tag{2-67}$$

由于 $n(t)$是均值为零的高斯噪声,所以 D_n 是一个均值为零的随机变量,其概率密度函数为

$$f_{D_n}(x)=\frac{1}{\sqrt{2\pi\sigma}}\exp\left(-\frac{x^2}{2\sigma^2}\right) \tag{2-68}$$

其中,$\sigma^2=N_0E(1-\rho)$,N_0 为高斯白噪声的功率谱密度。

当没有噪声时,即 $D_n=0$,因为 $\rho<1$,所以

$$D=D_s=E(1-\rho)>0 \tag{2-69}$$

根据式(2-63)的判决准则,总能正确判为“1”,即不存在误码。当有噪声时,由于 D_n 为随机变量,可取任意值,当 D_n 落在$(-\infty,-D_s]$之间时,就将其错判为“0”码,即引起误码。其误码概率为

$$P(0\mid 1)=\int_{-\infty}^{-E(1-\rho)}\frac{1}{\sqrt{2\pi\sigma}}\exp\left(-\frac{x^2}{2\sigma^2}\right)\mathrm{d}x \tag{2-70}$$

由式(2-68)可知,$f_{D_n}(x)$为偶对称,且$(-\infty,0]$的积分为 1/2,若令 $t=\frac{x}{\sqrt{2}\sigma}$,则式(2-68)可写为

$$P(0\mid 1)=\frac{1}{2}-\frac{1}{\sqrt{\pi}}\int_0^{\frac{E(1-\rho)}{\sqrt{2}\sigma}}\mathrm{e}^{-t^2}\,\mathrm{d}t \tag{2-71}$$

利用误差函数 $\mathrm{erf}(x)=\frac{2}{\sqrt{\pi}}\int_0^x\mathrm{e}^{-t^2}\,\mathrm{d}t$,得

$$P(0|1)=\frac{1}{2}\left[1-\mathrm{erf}\left(\frac{E(1-\rho)}{\sqrt{2}\sigma}\right)\right] \tag{2-72}$$

再将 $\sigma^2=N_0E(1-\rho)$带入式(2-72),则有

$$P(0|1)=\frac{1}{2}\left[1-\mathrm{erf}\left(\sqrt{\frac{E(1-\rho)}{2N_0}}\right)\right] \tag{2-73}$$

同理,可求得输入信号为 $y(t)=s_2(t)+n(t)$时,误判为“1”码的概率 $P(1|0)$。

当 $s_1(t)$和 $s_2(t)$的码元能量相同时,可得 $P(0|1)=P(1|0)$,于是总误码率为

$$P_e=P(1)\,P(0|1)+P(0)P(1|0) \tag{2-74}$$

当“1”和“0”以等概率发送时,即 $P(1)=P(0)=\frac{1}{2}$,则 $P_e=P(0|1)=P(1|0)$,总误码率为

$$P_e=\frac{1}{2}\left[1-\mathrm{erf}\left(\sqrt{\frac{E(1-\rho)}{2N_0}}\right)\right] \tag{2-75}$$

式(2-75)还可以用互补误差函数 erfc(x)和 Q 函数来表示:

$$P_e=\frac{1}{2}\mathrm{erfc}\left(\sqrt{\frac{E(1-\rho)}{2N_0}}\right) \tag{2-76}$$

$$P_e=Q\left[\sqrt{\frac{E(1-\rho)}{N_0}}\right] \tag{2-77}$$

其中，$Q(x)=\frac{1}{\sqrt{2\pi}}\int_x^{\infty}e^{-\frac{t^2}{2}}dt$，可以查表求值，可见 $Q(x)$ 与 x 成反比。

由式(2-77)可见，误码率与信号能量 E、噪声功率谱密度 N_0 和相关系数 ρ 有关。E 越大，误码率越小，P_e 与 $\frac{E}{N_0}$ 成反比 $\left(\frac{E}{N_0}\right.$ 与信噪比成正比$\left.\right)$，即与信噪比反比；$s_1(t)$ 和 $s_2(t)$ 选择得差别越大，即相关系数 ρ 越小，接收机越容易分辨它们，因而误码率越小，$\rho=-1$ 是 ρ 的最小值。

5. 二进制数字调相的误码率

下面以 2PSK 调制为例，计算其在最佳接收时的误码率。

2PSK 信号表示为："1"码对应的波形为 $s_1(t)=A\cos(\omega_c t+\theta)$；"0"码对应的波形为 $s_1(t)=-A\cos(\omega_c t+\theta)$，则由式(2-77)得

$$P_e=Q\left[\sqrt{\frac{E(1-\rho)}{N_0}}\right]$$

其中，

$$E=\int_0^{T_s}s_1^2(t)\,dt=\int_0^{T_s}s_2^2(t)\,dt$$

则，

$$\rho=\frac{\int_0^{T_s}s_1(t)s_2(t)\,dt}{E}=-1$$

可得

$$P_e=Q\left[\sqrt{\frac{2E}{N_0}}\right]$$

在给定 E 和 N_0 的条件下，查 Q 函数表，即可求得误码率。

例 2-5　某卫星传输气象云图数据系统，速率为 1.75 Mbit/s，采用 2PSK 调制方式。假设 $N_0=1.26\times10^{-20}$ W/Hz，若总的传输损失为 144 dB。试求 $P_e=10^{-7}$ 时，最小的卫星发射功率应为多少？

解　按式 $P_e=Q\left[\sqrt{\frac{2E}{N_0}}\right]$，又 $E=S_R T_s$，其中 E 为一个码元间隔内的能量，单位为 W，S_R 为接收信号功率，单位为 W，T_s 为码元间隔，单位为 s。则有

$$P_e=Q\left[\sqrt{\frac{2S_R T_s}{N_0}}\right]=10^{-7}$$

查表得 $\sqrt{\frac{2S_R T_s}{N_0}}=5.2$，则

$$S_R=\frac{(5.2)^2N_0}{2T_s}$$

其中，$N_0=1.26\times10^{-20}$ W/Hz，$T_s=\frac{1}{f_s}=\frac{1}{f_b}$，

则

$$S_R=\frac{(5.2)^2\times(1.26\times10^{-20})\times(1.75\times10^6)}{2}$$

又

$$10\lg\frac{S_T}{S_R}=144\ \text{dB}$$

则

$$S_T=S_R\cdot 10^{14.4}=\frac{(5.2)^2\times(1.26\times10^{-20})\times(1.75\times10^6)\times10^{14.4}}{2}\approx75\ \text{W}$$

2.3.8 数字调制系统的比较

在选择数字调制方式时，要考虑的主要因素有频带利用率、已调信号的功率谱特性、高斯白噪声下的误码性能和设备的复杂性等，另外还应根据通信场景来考虑信道非线性、信道衰落特性、临道干扰等因素。下面从频带利用率、误码性能和设备复杂性三个方面对各种调制方式做简要的分析和比较。

1. 频带利用率

频带利用率是衡量数据传输系统效率的指标，定义为单位频带内能够传输的信息速率，即 $\eta=f_b/B$，单位是 bit/(s · Hz)(以下关于频带利用率的描述略去了单位)。其中 f_b 为传信速率，B 为该传输系统带宽(最佳接收时为接收机带宽，与信号带宽一致，其定义不唯一，这里使用最常用、最简单的谱零点带宽，即以信号功率谱的主瓣宽度为带宽)，对于采用等效的滚降低通基带波形形成的传输系统，假设其滚降系数为 α。

以基带传输系统为例，二电平传输时，其频带利用率为$\frac{2}{1+\alpha}$，理论上的最大频带利用率为 2 bit/(s · Hz)($\alpha=0$ 时)；M 电平传输时，其频带利用率为$\frac{\log_2 M}{1+\alpha}$。前面我们讨论了几种调制方式的能够达到的极限频带利用率($\alpha=0$ 时)，例如 MPSK 的极限频带利用率 $\eta_{\max}$，即多进制系统的频带利用率随 M 而增加，或者说在相同的信息传输速率下，可以占用较小的带宽。然而，带宽或频带利用率不是衡量的唯一指标，下面将讨论和比较不同调制方式在最佳接收时的误码性能。

2. 高斯白噪声下的误码性能

在数字信号的最佳接收中，我们讨论了最佳接收准则下二进制调制方式的误码率，为了在相同的平均信号发送功率、单边功率谱密度为 N_0 的高斯白噪声下比较各种调制方式的抗噪声性能，表 2-4 列出了各种调制方式的误比特率公式，并计算了在误比特率为10^{-4}时各种调制方式所需的 E_b/N_0 值，其中 E_b 为单位比特的平均信号能量，E_s 为单位符号的平均信号能量，且 $E_b=E_s/\log_2 M$。

由表 2-4 对比可见，2PSK 相干解调的抗噪声性能优于 2ASK 和 2FSK 相干解调，即在相同误码率下，采用 2PSK 相干解调，可以降低发送信号能量；多进制调制方式与二进制调制相比，虽然提高了频带利用率，但是需要增大发送信号功率以获得所需的误码率或误比特率(图 2-58 是误比特率为 10^{-6}时在理想情况下，不同调制方式的频带利用率与所需 E_b/N_0 的关系)，可见误差性能同频带利用率(带宽)性能之间需要权衡；另外，$M>4$ 时，MQAM 的性能要优于 MPSK，例如 16QAM 比 16PSK 有 3.8dB 的 E_b/N_0 增益，因此在频带利用率要求高的场合，QAM 比较常用。

表 2-4　各种数字调制方式误比特率计算公式及所需 E_b/N_0 值(误比特率 10^{-4})

调制方式	解调方式	误比特率计算公式	$\frac{E_b}{N_0}$/dB
OOK	相干解调	$Q\left(\sqrt{\frac{E_b}{N_0}}\right)$	11.4
2PSK	相干解调	$Q\left(\sqrt{\frac{2E_b}{N_0}}\right)$	8.4
2DPSK	相位比较	$\frac{1}{2}\exp(-E_b/N_0)$	9.3
2DPSK	极性比较	$2Q\left(\sqrt{\frac{2E_b}{N_0}}\right)$	8.9
QPSK	相干解调	$\frac{1}{\log_2 M}\left\{2Q\left[\sqrt{\frac{2E_s}{N_0}\sin^2\left(\frac{\pi}{M}\right)}\right]\right\}, M=4$	8.4
4DPSK	差分相干解调	$\frac{1}{\log_2 M}\left\{2Q\left[\sqrt{\frac{2E_s}{N_0}\sin^2\left(\frac{\pi}{\sqrt{2}M}\right)}\right]\right\}, M=4$	10.7
8PSK	相干解调	同 QPSK,$M=8$	11.8
16PSK	相干解调	同 QPSK,$M=16$	16.2
2FSK($\rho=0$)	相干解调	$Q\left(\sqrt{\frac{E_b}{N_0}}\right)$	11.4
2FSK	非相干解调	$\frac{1}{2}\exp(-E_b/2N_0)$	12.5
4QAM	相干解调	$\frac{2(1-L^{-1})}{\log_2 L}Q\left[\sqrt{\left(\frac{3\log_2 L}{L^2-1}\right)\frac{2E_b}{N_0}}\right], L=M^{\frac{1}{2}}=2$	8.4
16QAM	相干解调	同 4QAM,$L=4$	12.4
MSK	相干解调	同 QPSK,$M=4$	8.4

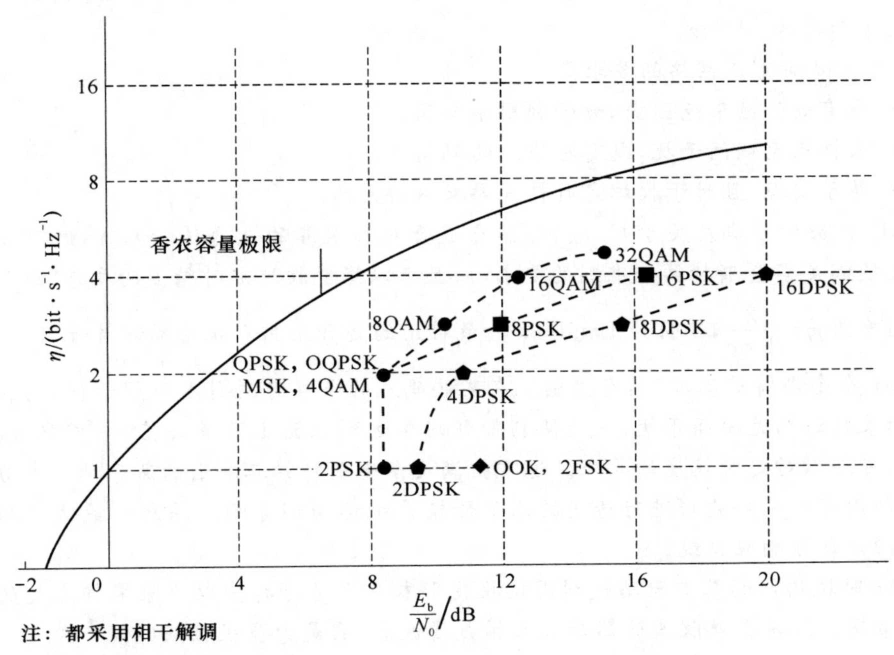

图 2-58　几种调制方式的频带利用率与 E_b/N_0 的关系

3. 设备的复杂性

除了频带利用率、误码性能，设备的复杂性也是一个重要因素，图 2-59 给出了各种数字调制设备复杂性的比较。

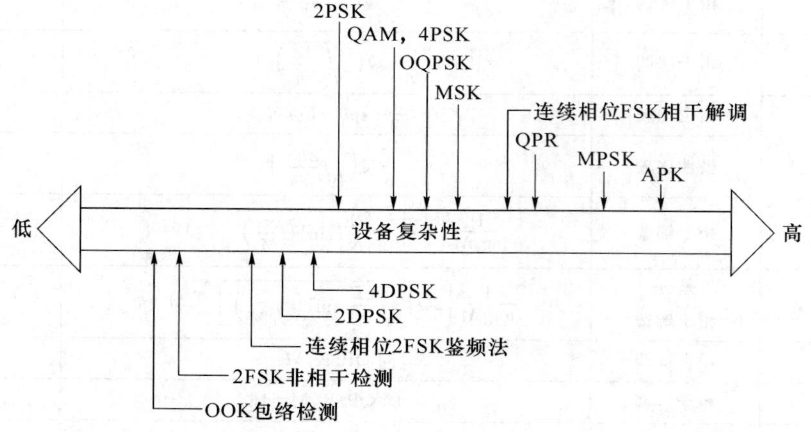

图 2-59　各种数字调制方式的相对复杂性比较

小　结

(a) 对应于三种类型的传输信道，有三种数据信号传输的基本方法，即基带传输、频带传输及数字数据传输。

(b) 奈奎斯特第一准则：若系统等效网络具有理想低通特性，其截止频率为 f_N 时，则该系统中允许的最高码元(符号)速率为 $2f_N$，这时系统输出波形在峰值点上不产生前后码元干扰。其中，f_N 称为奈奎斯特频带、$2f_N$ 称为奈奎斯特速率，且系统的最高频带利用率为 2 Baud/Hz。

(c) 对基带形成网络的要求是：

- 在有效的频带范围内，频带利用率要高；
- 采样点无码间干扰，或有可消除的码间干扰；
- 易于实现，且对于收端定时精度要求不能太高。

(d) 幅频特性满足关于 $C(f_N, 1/2)$ 点成奇对称滚降的低通传输系统，既可以物理实现又能满足奈奎斯特第一准则的要求，而且可以降低收端定时精度的要求，这时的频带利用率为 $\eta=\frac{2}{1+\alpha}$，单位为 Baud/Hz。最常用的是升余弦形状的幅频特性。

(e) 奈奎斯特第二准则：有控制地在某些码元的采样时刻引入码间干扰，而在其余码元的采样时刻无码间干扰，就能使频带利用率达到理论上的最大值——2 Baud/Hz，同时又可降低对定时精度的要求。通常把满足奈奎斯特第二准则的波形称为部分响应波形，利用部分响应波形进行传送的基带传输系统称为部分响应系统。最常采用的是第一、四类部分响应系统。

(f) 时域均衡的基本思路是利用接收波形本身来进行补偿以消除采样点处的码间干扰，常用方法是在接收滤波器后加入横截滤波器，它是由多级抽头($2N+1$)

迟延线、可变增益电路和求和器组成的线性系统。通过适当调整抽头加权系数 C_k，可以达到消除码元干扰的目的。

(g) 扰乱器的作用是在发端将发送的数据序列中存在的短周期序列、全“0”或全“1”序列，按照某种规律变换(扰乱)为长周期、“0”“1”等概率且前后独立的随机序列。

(h) 数据传输系统中时钟同步是必需的。时钟同步又称为位同步、比特同步。位同步就是使收端定时信号的间隔与接收信号码元间隔完全相等，并使定时信号与接收信号码元保持固定的最佳关系。

(i) 当通过带通型信道传输数据信号时，必须采用调制解调方式。调制解调的作用就是进行频带搬移，即将数据信号的基带搬移到与信道相适应的带通频带中去。基本的数字调制的方式有：数字调幅、数字调相和数字调频。

(j) 以基带数据信号控制载波的幅度，称为数字调幅。若用于调制的二进制序列是单极性码，则称为非抑制载波的 2ASK；若用于调制的是双极性码，则称为抑制载波的 2ASK。调制后实现了双边带调制，可以取出其中一个边带进行传输，也可以取一个边带的绝大部分和另一个边带的小部分进行传输，分别称为单边带调制和残余边带调制。

(k) 以基带数据信号控制载波的相位，称为数字调相。数字调相按照参考相位分为：绝对调相和相对调相。绝对调相的参考相位是未调载波相位；相对调相的参考相位是前一符号的已调载波相位。二进制绝对调相的解调存在相位不确定问题，实际中使用 2DPSK。

(l) 用基带数据信号控制载波的频率，称为数字调频。根据前后码元载波相位是否连续，可分为相位不连续的移频键控和相位连续的移频键控。相位不连续的 2FSK 信号是由两个非抑制载波的 2ASK 信号合成，故其功率谱密度也是两个不抑制载波的 2ASK 信号的功率谱密度的合成。

(m) 正交幅度调制是两路正交的抑制载波的双边带调制的叠加，对 MQAM 系统，两路基带信号的电平数是 $\sqrt{M}$，其频带利用率为 $\eta=\frac{\log_2 M}{1+\alpha}$，单位为 bit/(s·Hz)。

(n) 对接收端相干载波的要求是：与发送端的载波有相同的频率和相位。相干载波的获得方法是从接收的信号中提取载波的频率和相位信息，具体有两种方法：直接从已调接收信号中提取相干载波，利用插入导频提取相干载波。

(o) 最佳接收就是在信道中存在加性高斯白噪声条件下，接收端判决的误码率最小。最佳接收的准则有：最佳接收判别式(均方误差准则)和相关接收判别式。

习　　题

2-1　设二进制数据序列为 11000111，试以矩形脉冲为例，分别画出单极性不归零、单极性归零、双极性不归零、双极性归零及差分信号的波形。

2-2　某一基带传输系统特性如题图 2-1 所示，试求：

(a) 奈奎斯特频带 f_N;

(b) 系统滚降系数 α;

(c) 码元速率 N_{Bd};

(d) 采用四电平传输时信息传输速率 R;

(e) 频带利用率 η。

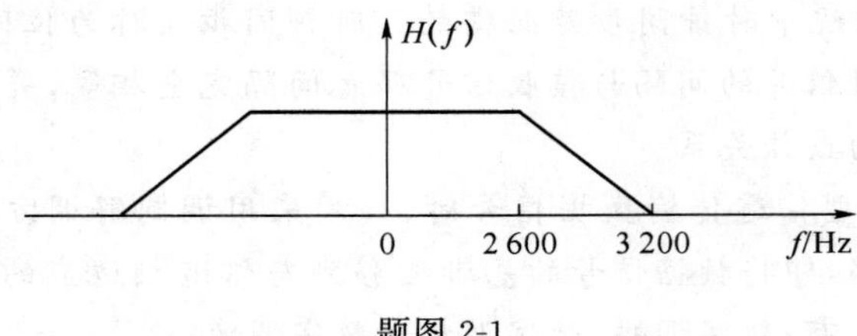

题图 2-1

2-3 形成滤波器幅度特性如题图 2-2 所示,求:

(a) 如果符合奈奎斯特第一准则,其码元速率为多少 Baud?

(b) 采用四电平传输时,传信速率为多少 bit/s?

(c) 其传信效率为多少 bit/(s·Hz)? 频带利用率为多少 Baud/Hz?

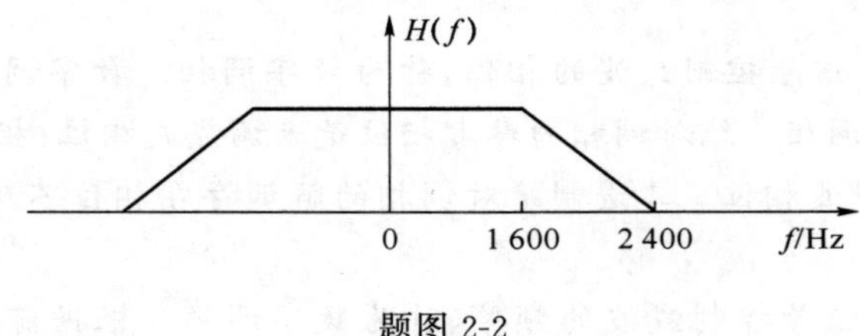

题图 2-2

2-4 设一个三抽头的时域均衡器,可变增益加权系数分别为 $c_{-1}=-\frac{1}{3}$,$c_0=1$,$c_1=-\frac{1}{4}$。$x(t)$在各采样点的值依次为 $x_{-2}=\frac{1}{8}$、$x_{-1}=\frac{1}{3}$、$x_0=1$、$x_1=\frac{1}{4}$、$x_2=\frac{1}{16}$,在其他采样点均为零,试求输出波形 $y(t)$在各采样点的值。

2-5 一个抑制载波的 2ASK 传输系统,带宽为 2 400 Hz,基带调制信号为不归零数据信号,如考虑该系统可通过基带频谱的第一个零点,求该系统的码元速率为多少?

2-6 一个相位不连续的 2FSK 系统(设仅是简单的频带限制),其 $f_1=980$ Hz,$f_0=1\,180$ Hz,$f_s=300$ Baud,计算它占用的频带宽度及频移指数。

2-7 设发送数据信号为 011010,分别画出非抑制载波 2ASK 和抑制载波的 2ASK 波形示意图。

2-8 设发送数据信号为 1001101,试画出其 2PSK 和 2DPSK 波形〔假设(a) 数据信号为“1”时,载波相位改变 0,数据信号为“0”时,载波相位改变 π;(b)2DPSK 的初始相位为 0;(c)设 $f_c=2N_{Bd}$〕。

2-9 一个正交幅度调制系统采用 16QAM 调制,带宽为 2 400 Hz,滚降系数 $\alpha=1$,试求每路有几个电平,码元速率、总比特率、频带利用率各为多少?

2-10 某一调相系统占用频带为 600~3 000 Hz,其基带形成滚降系数 $\alpha=0.5$,若要数据传信率为 4 800 bit/s,问应采用几相的相位调制?

2-11　某一 QAM 系统，占用频带为 600～3 000 Hz，其基带形成 $\alpha=0.5$，若采用 16QAM 方式，求该系统传信速率可达多少？

2-12　一个 4DPSK 系统，其相位变换关系按 B 方式工作，设已调载波信号初相 $\theta=0$，试求输入双比特码元序列为 00,01,11,00,10 等的已调载波信号对应的相位 θ。

2-13　利用微波线路传送二进制数据信息，采用 2DPSK 调制方式。已知码元速率为 10^6 Baud，接收机输入端的 $N_0=2\times10^{-10}$ W/Hz，当要求系统误码率 $P_e=10^{-5}$ 时，求采用极性比较法解调时，接收机输入端的信号最小功率。

2-14　试求误码率为 10^{-4} 时，2PSK 相干解调时所需要的信噪比为多少 dB?

习题解答

第 3 章　差错控制

章导学

第 2 章讨论了数据信号的几种传输方式,不同的传输方式具有不同的传输性能,要提高传输的可靠性,除了根据不同信道条件选择合适的传输方式之外,还要依赖于差错控制技术。

本章首先讨论差错控制的基本概念及原理,然后详细介绍几种简单的差错控制编码、汉明码和循环码,并具体分析线性分组码的一般特性,接着研究卷积码的相关内容,探讨交织技术,最后介绍简单差错控制协议。

重点难点讲解

3.1　差错控制的基本概念及原理

数据通信要求信息传输具有高度的可靠性,即要求误码率足够低。然而,数据信号在传输过程中不可避免地会发生差错,即出现误码。造成误码的原因很多,但主要原因可以归结为两个方面:

- 信道不理想造成的码间干扰——由于信道不理想使得接收波形发生畸变,在接收端抽样判决时会造成码间干扰,若此干扰严重时则导致误码。这种原因造成的误码可以通过均衡方法予以改善以至消除。
- 噪声对信号的干扰——信道等噪声叠加在接收波形上,对接收端信号的判决造成影响,如果噪声干扰严重时也会导致误码。消除噪声干扰产生误码的方法就是进行差错控制。

3.1.1　差错控制的基本概念

1. 差错分类

数据信号在信道中传输,会受到各种不同的噪声干扰。噪声大体分为两类:随机噪声和脉冲噪声。前者包括热噪声、散弹噪声和传输介质引起的噪声等;后者是指突然发生的噪声,比如雷电、开关引起的瞬态电信号变化等。随机噪声导致传输中的随机差错;脉冲噪声使传输出现突发差错。

随机差错又称独立差错,它是指那些独立地、稀疏地和互不相关地发生的差错。存在这种差错的信道称为无记忆信道或随机信道。

突发差错是指一串串，甚至是成片出现的差错，差错之间有相关性，差错出现是密集的。例如，传输的数据信号序列为 00000000…，由于噪声干扰，接收端收到的数据信号序列为 01110100…，其中 11101 为一串互相关联的差错，即一个突发差错。突发长度为第一个差错与最后一个差错之间的长度（中间可能有少数不错的码），本例中突发长度等于 5。

产生突发差错的信道称为有记忆信道或突发信道。

实际信道是复杂的，所出现的差错也不是单一的，而是随机差错和突发差错并存的，只不过有的信道以某种差错为主而已，这两类差错形式并存的信道称为组合信道或复合信道。

2. 差错控制的基本思路

差错控制的核心是抗干扰编码，或差错控制编码，简称纠错编码，也叫信道编码。

差错控制的基本思路是：在发送端被传送的信息码序列（本身无规律）的基础上，按照一定的规则加入若干监督码元后进行传输，这些加入的码元与原来的信息码序列之间存在某种确定的约束关系。在接收数据信号时，检验信息码元与监督码元之间的既定的约束关系，若该关系遭到破坏，则收端可以发现传输中的差错，乃至纠正差错。一般在 k 位信息码后面加 r 位监督码构成一个码组，码组的码位数为 n。即：

$$信息码(k)+监督码(r)=码组(n)$$

可以看出，用纠（检）错进行控制差错的方法来提高数据通信系统的可靠性是以牺牲有效性为代价换取的。

一般来说，针对随机差错的编码方法及设备比较简单，成本较低，且效果较显著；而纠正突发差错的编码方法和设备较复杂，成本较高，效果不如前者显著。因此，要根据差错的性质设计编码方案和选择差错控制的方式。

3. 差错控制方式

在数据通信系统中，差错控制方式一般可以分为 4 种类型，如图 3-1 所示。

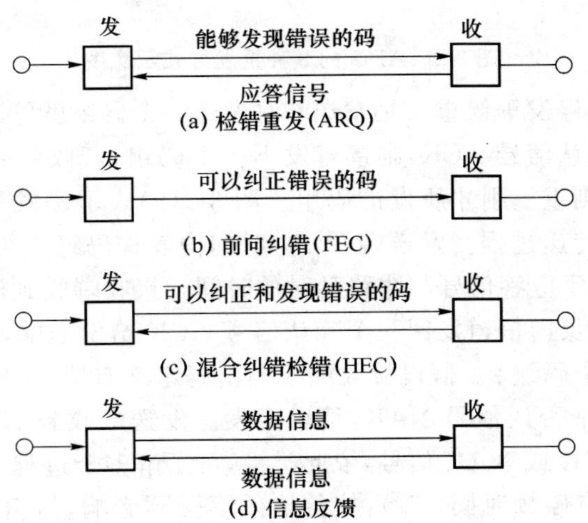

图 3-1　差错控制方式的 4 种类型

（1）检错重发

检错重发又称为自动重发请求（ARQ）。

① ARQ 的思路

图 3-1(a)表示检错重发(ARQ)方式。这种差错控制方式在发送端对数据信号序列进行分组编码,加入若干位监督码元使之具有一定的检错能力,成为能够发现差错的码组。接收端收到码组后,按一定规则对其进行有无差错的判别,并把判决结果(应答信号)通过反向信道送回发送端。如有差错,发送端把前面发出的信息重新传送一次,直到接收端认为已正确接收到信息为止。

② ARQ 的重发方式

在具体实现检错重发系统时,通常有 3 种重发方式,即停发等候重发、返回重发和选择重发,图 3-2 给出了这 3 种重发方式的工作原理。

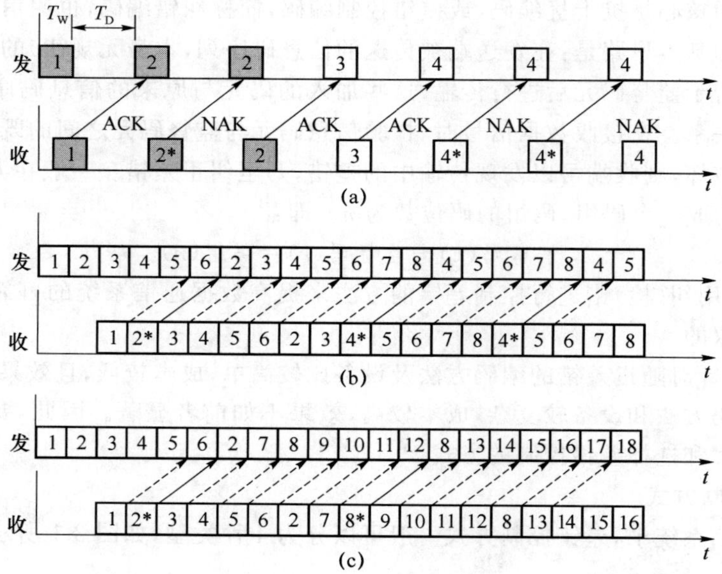

图 3-2　ARQ 的 3 种重发方式示意图

- 停发等候重发:停发等候重发是发送端每发送一个码组就停下来等候接收端的应答信号,若收到确认信号 ACK,则接着发下一个码组;若收到否认信号 NAK(说明所发码组有错),则重发刚才所发的码组。图 3-2(a)表示停发等候重发系统发送端和接收端信号的传递过程。发送端在 T_W 时间内发送码组 1 给接收端,然后停止一段时间 T_D,T_D 大于应答信号和线路延时的时间。接收端收到码组 1 后经检验若未发现错误,则通过反向信道发回一个确认信号 ACK 给发送端,发送端收到 ACK 信号后再发出下一个码组 2。假设接收端检测出码组 2 有错(图中用 * 号表示),则由反向信道发回一个否认信号 NAK,请求重发。发送端收到 NAK 信号,重发码组 2。并再次等候 ACK 或 NAK 信号,依此类推,可了解整个过程。这种工作形式在发送两个码组之间有停顿时间(T_D),使传输效率受到影响,但由于工作原理简单,在数据通信中仍得到一定的应用。
- 返回重发:返回重发系统的工作原理如图 3-2(b)所示。与停发等候重发不同,其发送端无停顿地发送一个个连续码组,不再等候接收端返回的 ACK 信号,一旦接收端发现某个码组有错并返回 NAK 信号,发送端则从下一个码组开始重发前一段 N 组信号，N 的大小取决于信号传输及处理所带来的延时(图中用虚线表示 ACK 信号，实线表示 NAK 信号)。图 3-2(b)中，假设 $N=5$。接收端收到码组 2 有错，返回 NAK 信号，当码组 2 的 NAK 到达发送端时，发送端正在发送或刚发送完码组 6，等发完码组 6 后重发码组 2、3、4、5、6，接收端重新接收。图中码组 4 连续两次出错，发送端重发两次。这种返回重发系统的传输效率比停发等候重发系统有很大改进，在许多数据传输系统中得到应用。

- 选择重发：图 3-2(c)表示选择重发系统的工作原理。它也是连续不断地发送一个个码组，接收端检测到某个码组有错后返回 NAK 信号。与返回重发系统不同的是，选择重发系统发送端不是重发前面的所有 N 个码组，而是只重发有错的那一个码组。图 3-2(c)中显示发送端只重发接收端检出有错的码组 2 和 8，对其他码组不再重发。接收端已认可的码组，从缓冲存储器读出时重新排序，恢复出正常的码组序列。显然，选择重发系统的传输效率最高，但它的成本也最贵，因为它要求较复杂的控制，在发送端和接收端都要求有数据缓存器。

根据不同思路，ARQ 还可以有其他的工作形式，如混合发送形式，它是将等候发送与连续发送结合起来的一种形式。发送端连续发送多个码组以后，再停下来等候接收端的应答信号，以决定是重发还是发送新的码组。在国际标准化组织(ISO)建议的高级数据链路控制规程(HDLC)中就推荐采用这一工作形式。

③ ARQ 的优缺点

- ARQ 方式中，接收端要通过反向信道发回应答信号，若接收端检测到差错后，会要求发送端重发，所以需反向信道，实时性较差。
- ARQ 方式在信息码后面所加的监督码不多，所以信息传输效率较高。
- 译码设备较简单。

(2) 前向纠错(FEC)

① FEC 的思路

图 3-1(b)表示前向纠错(FEC)方式。前向纠错系统中，发送端的信道编码器将输入数据序列变换成能够纠正差错的码，接收端的译码器根据编码规律检验出差错的位置并自动纠正。

② FEC 的优缺点

- 前向纠错方式不需要反向信道；由于能自动纠错，不要求重发，因而延时小，实时性好。
- 缺点是所选择的纠错码必须与信道的错码特性密切配合，否则很难达到降低错码率的要求。
- 为了纠正较多的错码，译码设备会相应地较复杂；而要求附加的监督码也较多，传输效率则较低。

(3) 混合纠错检错(HEC)

① HEC 的思路

图 3-1(c)表示混合纠错检错(HEC)方式。混合纠错检错方式是前向纠错方式和检错重发方式的结合。在这种系统中，发送端发出同时具有检错和纠错能力的码组，接收端收到码组后，检查差错情况，若差错少于纠错能力，则自行纠正；若干扰严重，差错很多，超出纠正

能力,但能检测出来,则经反向信道要求发送端重发。

② HEC的优缺点

混合纠错检错方式在实时性和译码复杂性方面是前向纠错和检错重发方式的折中,因而近年来,在数据通信系统中采用较多。

(4) 信息反馈(IRQ)

① IRQ的思路

图3-1(d)表示信息反馈(IRQ)方式。信息反馈方式又称回程校验,这种方式在发送端不进行纠错编码,接收端把收到的数据序列全部由反向信道送回发送端,发送端自己比较发送的数据序列与送回的数据序列,从而发现是否有差错,并把认为有差错的数据序列的原数据再次传送,直到发送端没有发现差错为止。

② IRQ的优缺点

- 这种方式的优点是不需要纠错、检错的编译码器,设备简单。
- 缺点是需要和前向信道相同的反向信道,实时性差。
- 发送端需要一定容量的存储器以存储发送码组,环路时延越大,数据速率越高,所需存储容量越大。

因而IRQ方式仅使用于传输速率较低,数据信道差错率较低,且具有双向传输线路及控制简单的系统中。

上述几种差错控制方式应根据实际情况合理选用。除IRQ方式外,都要求发送端发送的数据序列具有纠错或检错能力。为此,必须对信息源输出的信息码序列以一定规则加入多余码元(监督码)。对于纠错编码的要求是加入的多余码元(监督码)尽量少而纠错能力却很高,而且实现方便,设备简单,成本低。

3.1.2 差错控制的基本原理

1. 差错控制的原理

前面介绍了差错控制的基本思路,那为什么加了监督码后,码组就具有检错和纠错能力了呢?

下面举例说明这个问题。

例如,要传送A和B两个消息,可以用"0"码来代表A,用"1"码来代表B。在这种情况下,若传输中产生错码,即"0"错成"1",或"1"误为"0",接收端都无从发现,因此这种情况没有检错和纠错能力。

如果分别在"0"和"l"后面附加1个"0"和"1",变为"00"和"11",即"00"表示A,"11"表示B。这时,在传输"00"和"11"时,若发生1位错码,则接收端收到"01"或"10",译码器将可判决为有错,因为没有规定使用"01"或"10"码组。这表明附加1位码(称为监督码)以后码组具有了检出1位错码的能力。但因译码器不能判决哪位是错码,所以不能予以纠正,这表明没有纠正错码的能力。本例中"01"和"10"称为禁用码组,而"00"和"11"称为许用码组。

进一步,若在信息码之后附加2位监督码,即用"000"代表消息A,用"111"表示B,这时,码组成为长度为3的二进制码,而3位的二进制码有$2^3=8$种组合,本例中选择"000"和"111"为许用码组。此时,如果传输中产生1位错码,接收端将收到"001"或"010"或"100"或"011"或"101"或"110",这些(余下的6组)均为禁用码组,因此接收端可以判决传输有错。

不仅如此，接收端还可以根据“大数”法则来纠正1个差错，即3位码组中如有2个或3个“0”码判为“000”码组(消息A)，如有2个或3个“1”码判为“111”码(消息B)，所以此时还可以纠正1位错码。如果在传输中产生2位错码，也将变为上述的禁用码组，译码器仍可以判为有错。

归纳起来，若要传送A和B两个消息：若用1位码表示，则没有检错和纠错能力；若用2位码表示(加1位监督码)，则可以检错1位；若用3位码表示(加2位监督码)，则最多可以检错2位或纠错1位。

由此可见，纠错编码之所以具有检错和纠错能力，是因为在信息码之外附加了监督码，即码的检错和纠错能力是用信息量的冗余度来换取的。监督码不载荷信息，它的作用是用来监督信息码在传输中有无差错，对用户来说是多余的，最终也不传送给用户，它提高了传输的可靠性。但是，监督码的加入，降低了信息传输效率。一般说来，加入监督码越多，码的检错、纠错能力越强，但信息传输效率下降也越多。

在纠错编码中，信息传输效率也称为编码效率，定义为

$$R=\frac{k}{n} \tag{3-1}$$

显然，R越大编码效率越高，它是衡量码性能的一个重要参数。对于一个好的编码方案，不但希望它的抗干扰能力高(即检错纠错能力强)，而且还希望它的编码效率高，但这两个方面的要求是矛盾的，在设计中要全面考虑。人们研究的目标是寻找一种编码方法使所加的监督码元最少，而检错、纠错能力又高，且便于实现。

2. 汉明距离与检错和纠错能力的关系

(1) 几个概念

在信道编码中，定义码组中非零码元的数目为码组的重量，简称码重。例如，“010”码组的码重为1，“011”码组的码重为2。把两个码组中对应码位上具有不同二进制码元的个数定义为两个码组的距离，简称码距；而在一种编码中，任意两个许用码组间距离的最小值，称为这一编码的汉明(Hamming)距离，以$d_{\min}$表示。

(2) 汉明距离与检错和纠错能力的关系

为了说明汉明距离与检错和纠错能力的关系，把3位码元构成的8个码组用一个三维立方体来表示，如图3-3所示。图中立方体的各顶点分别为8个码组，3位码元依次表示为A_1，A_2，A_3轴的坐标。

在这个3位码组例子中，若8种码组都作为许用码组时，任两组码间的最小距离为1，即这种编码的最小码距为$d_{\min}=1$；若只选用最小码距$d_{\min}=2$的码组，则有4种码组为许用码组；若只选用$d_{\min}=3$的码组，则有2种码组为许用码组。由图3-3可以看到，码距就是从一个顶点沿立方体各边移动到另一个顶点所经过的最少边数。图中粗线表示“000”与“111”之间的最短路径。

下面我们将具体讨论一种编码的最小码距(汉明距离)$d_{\min}$与这种编码的检错和纠错能力的数量关系。在一般情况下，对于分组码有以下结论。

(a) 为检测e个错码，要求最小码距为

$$d_{\min}\geqslant e+1 \tag{3-2}$$

或者说，若一种编码的最小距离为$d_{\min}$，则它能检出$e\leqslant d_{\min}-1$个错码。

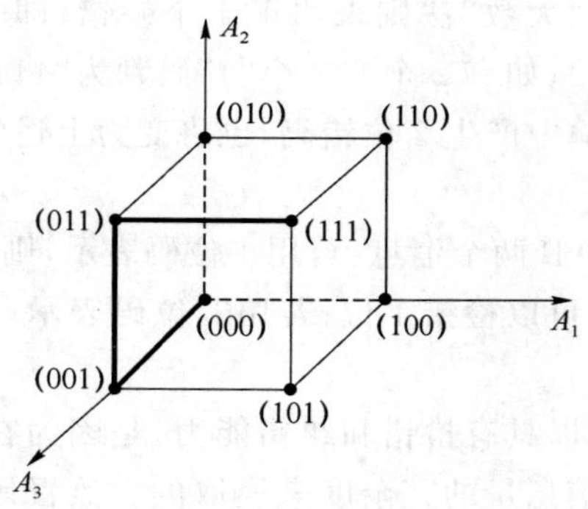

图 3-3 码距的几何解释

式(3-2)可以通过图 3-4(a)来证明。图中 c 表示某码组,当错码不超过 e 个时,该码组的位置将不超过以 c 为圆心以 e 为半径的圆(实际上是多维的球)。只要其他任何许用码组都不落入此圆内,则 c 码组发生 e 个错码时就不可能与其他许用码组相混。这就证明了其他许用码组必须位于以 c 为圆心,以 $e+1$ 为半径的圆上或圆外,所以该码的最小码距 $d_{\min}$ 为 $e+1$。

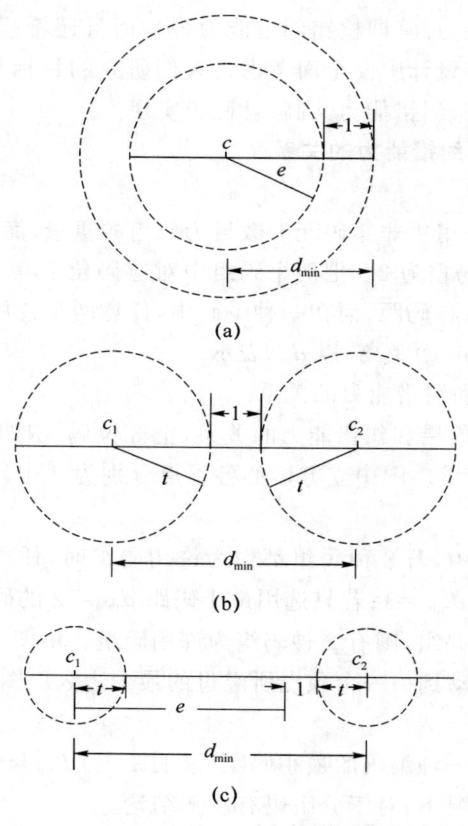

图 3-4 汉明距离与检错和纠错能力的关系

(b) 为纠正 t 个错码,要求最小码距为

$$d_{\min} \geqslant 2t+1 \tag{3-3}$$

或者说,若一种编码的最小距离为 $d_{\min}$,则它能纠正 $t \leqslant \frac{d_{\min}-1}{2}$ 个错码。

式(3-3)可以用图 3-4(b)来说明。图中 c_1 和 c_2 分别表示任意两个许用码组,当各自错码不超过 t 个时,发生错码后两个许用码组的位置移动将分别不会超过以 c_1 和 c_2 为圆心,以 t 为半径的圆。只要这两个圆不相交,则当错码小于 t 个时,可以根据它们落在哪个圆内就能判断为 c_1 或 c_2 码组,即可以纠正差错。而以 c_1 和 c_2 为圆心的两个圆不相交的最近圆心距离为 $2t+1$,这就是纠正 t 个错码的最小码距了。

(c) 为纠正 t 个错码,同时检测 $e(e>t)$个错码,要求最小码距为

$$d_{\min} \geqslant e+t+1 \tag{3-4}$$

在解释此式之前,先来说明什么是"纠正 t 个错码,同时检测 e 个错码"(简称纠检结合)。在某些情况下,要求对于出现较频繁但错码数很少的码组,按前向纠错方式工作,以节省反馈重发时间;同时又希望对一些错码数较多的码组,在超过该码的纠错能力后,能自动按检错重发方式工作,以降低系统的总误码率,这种方式就是"纠检结合"。

在上述"纠检结合"系统中,差错控制设备按照接收码组与许用码组的距离自动改变工作方式。若接收码组与某一许用码组间的距离在纠错能力 t 范围内,则将按纠错方式工作;若与任何许用码组间的距离都超过 t,则按检错方式工作。

我们可以用图 3-4(c)来证实式(3-4)。图中 c_1 和 c_2 分别为两个许用码组,在最不利情况下,c_1 发生 e 个错码,而 c_2 发生 t 个错码,为了保证这时两个码组仍不发生相混,则要求以 c_1 为圆心、e 为半径的圆必须与以 c_2 为圆心、t 为半径的圆不发生交叠,即要求最小码距 $d_{\min} \geqslant e+t+1$。同时,还可以看到若错码超过 t 个,两圆有可能相交,因而不再有纠错的能力,但仍可检测 e 个错码。

在讨论了差错控制编码的纠错检错能力之后,现在转过来简要分析一下采用差错控制编码的效用,以便使读者有一些数量的概念。

设在随机信道中发送"0"时的差错概率和发送"1"的差错概率相等,均为 P_e,且 $P_e \ll 1$,则容易证明,在码长为 n 的码组中恰好发生 r 个错码的概率为

$$P_n(r) = C_n^r P_e^r (1-P_e)^{n-r} \approx \frac{n!}{r!\,(n-r)!} P_e^r \tag{3-5}$$

例如,当码长 $n=7$ 时,$P_e = 10^{-3}$,则有

$$P_7(1) \approx 7P_e = 7\times 10^{-3}$$

$$P_7(2) \approx 21P_e^2 = 2.1\times 10^{-5}$$

$$P_7(3) \approx 35P_e^3 = 3.5\times 10^{-8}$$

可见,采用差错控制编码后,即使只能纠正(或检测)这种码组中 1～2 个差错,也可以使误码率下降几个数量级。这就表明,就算是较简单的差错控制编码也具有较大实际应用价值。当然,如在突发信道中传输,由于错码是成串集中出现的,所以上述只能纠正码组中 1～2 个错码的编码,其效用就不像在随机信道中那样显著了,需要采用更为有效的纠错编码。

3. 差错控制编码的分类

从不同的角度出发,差错控制编码可有不同的分类方法。

(a) 按照码组的功能分,差错控制编码可分为检错码和纠错码两类。一般地说,能在译

码器中发现差错的,称为检错码,它没有自动纠正差错的能力。既能在译码器中发现差错,又能自动纠正差错的,则称为纠错码,纠错码是最重要的一种抗干扰码。

(b) 按照码组中监督码元与信息码元之间的关系分,差错控制编码可分为线性码和非线性码两类。线性码是指监督码元与信息码元之间呈线性关系,即可用一组线性代数方程联系起来,几乎所有得到实际运用的都是线性码;非线性码指的是监督码元与信息码元之间呈非线性关系,非线性码实现起来比较困难。

(c) 按照信息码元与监督码元的约束关系分,差错控制编码可分为分组码和卷积码两类。所谓分组码是将 k 个信息码元划分为一组,然后由这 k 个码元按照一定的规则产生 r 个监督码元,从而组成长度 $n=k+r$ 的码组。在分组码中,监督码元仅监督本码组中的码元,或者说监督码元仅与本码组的信息码元有关。分组码一般用符号(n,k)表示,并且将分组码的结构规定为图 3-5 所示的形式,图中前面 k 位$(a_{n-1},a_{n-2},\cdots,a_r)$为信息位,后面附加 r 个监督位$(a_{r-1},a_{r-2},\cdots,a_0)$。

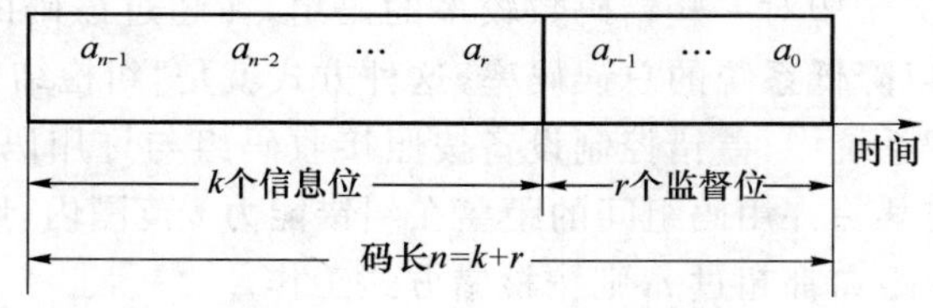

图 3-5 分组码的结构

在卷积码中,每组的监督码元不但与本组码的信息码元有关,而且还与前面若干组信息码元有关,即不是分组监督,而是每个监督码元对它的前后码元都实行监督,前后相连,因此有时也称为连环码。

(d) 按照信息码元在编码前后是否保持原来的形式不变,差错控制编码可分为系统码和非系统码。系统码中信息码元不改变原来的信号形式,而非系统码中信息码元则改变了原来的信号形式。由于非系统码中的信息位改变了原有的信号形式,这给观察和译码都带来了麻烦,因此很少应用,而系统码的编码和译码相对比较简单,所以得到广泛应用。

(e) 按照纠正差错的类型分,差错控制编码可分为纠正随机差错的码和纠正突发差错的码。

(f) 按照每个码元取值分,差错控制编码可分为二进制码与多进制码。

3.2 简单的差错控制编码

这里介绍几种出现较早也较为实用的简单的差错控制编码,它们都属于线性分组码,而且是行之有效的。

3.2.1 奇偶监督码

奇偶监督码是最简单的一种检错码,又称奇偶校验码,在数据通信中得到广泛的应用。其编码规则是先将所要传输的数据码元(信息码)分组,在分组信息码元后面附加 1 位监督码,使得该码组中信息码与监督码合在一起“1”的个数为偶数(称为偶校验)或奇数(称为奇校验),表 3-1 是按照偶监督规则插入监督位的。

表 3-1 奇偶监督码举例

消息	信息位	监督位
晴	0 0	0
云	0 1	1
阴	1 0	1
雨	1 1	0

在接收端检查码组中"1"的个数,若发现不符合编码规律,则说明产生了差错,但是不能确定差错的具体位置,即不能纠错。

奇偶监督码的这种监督关系可以用公式表示。设码组长度为 n,表示为($a_{n-1}, a_{n-2}, \cdots, a_1, a_0$),其中前 $n-1$ 位为信息码元,第 n 位为监督位 a_0。在偶检验时有

$$a_0 \oplus a_1 \oplus \cdots \oplus a_{n-1} = 0 \tag{3-6}$$

其中,$\oplus$表示模 2 加,监督码元 a_0 可由下式产生

$$a_0 = a_1 \oplus a_2 \oplus \cdots \oplus a_{n-1} \tag{3-7}$$

在奇校验时有

$$a_0 \oplus a_1 \oplus \cdots \oplus a_{n-1} = 1 \tag{3-8}$$

监督码元 a_0 可由下式产生

$$a_0 = a_1 \oplus a_2 \oplus \cdots \oplus a_{n-1} \oplus 1 \tag{3-9}$$

这种奇偶检验只能发现单个或奇数个差错,而不能检测出偶数个差错,因而它的检错能力不高,但这并不表明它对随机奇数个差错的检错率和偶数个差错的漏检率相同。由式(3-5)容易证明,当 $n \ll \frac{1}{P_e}$ 时,出错位数为 $2t-1$ 奇数的概率总比出错位数为 $2t$ 偶数(t 为正整数)的概率大得多,即错 1 位码的概率比错 2 位码的概率大得多,错 3 位码的概率比错 4 位码的概率大得多。因此,绝大多数随机差错都能用简单奇偶检验查出,这正是奇偶校验码被广泛用于以随机差错为主的数据通信系统的原因。但这种奇偶校验码难于对付突发差错,所以在突发差错很多的信道中不能单独使用。最后指出,奇偶校验码的最小码距为 $d_{\min}=2$。

3.2.2 水平奇偶监督码

为了提高上述奇偶监督码的检错能力,特别是不能检测突发差错的缺点,引出了水平奇偶监督码。它的构成思路是:将信息码序列按行排成方阵,每行后面加 1 个奇或偶监督编码,即每行为一个奇偶监督码组(见表 3-2,以偶监督为例),但发送时则按列的顺序传输:111011100110000…10101,接收端仍将码元排成与发送端一样的方阵形式,然后按行进行奇偶校验。由于这种差错控制编码是按行进行奇偶校验,因此称为水平奇偶监督码。

表 3-2 水平偶监督码举例

信息码元										监督码元
1	1	1	0	0	1	1	0	0	0	1
1	1	0	1	0	0	1	1	0	1	0
1	0	0	0	0	1	1	1	0	1	1

0	0	0	1	0	0	0	0	1	0	0
1	1	0	0	1	1	1	0	1	1	1

由于发送端是按列发送码元而不是按码组发送码元,因此把本来可能集中发生在某一个码组的突发差错分散在了方阵的各个码组中。水平奇偶监督码可以检测某一行上所有奇数个差错以及所有长度不大于方阵中行数(表 3-2 例中为 5)的突发差错。

3.2.3 二维奇偶监督码

二维奇偶监督码是将水平奇偶监督码推广而得,又称水平垂直奇偶监督码、行列监督码和方阵码。它的方法是在水平监督基础上对表 3-2 方阵中每一列再进行奇偶校验,就可得到表 3-3(以偶监督为例)所示的方阵。发送端是按列或按行的顺序传输,接收端重新将码元排成发送时的方阵形式,然后每行、每列都进行奇偶校验。

表 3-3 二维偶监督码举例

	信息码元										监督码元
	1	1	1	0	0	1	1	0	0	0	1
	1	1	0	1	0	0	1	1	0	1	0
	1	0	0	0	0	1	1	1	0	1	1
	0	0	0	1	0	0	0	0	1	0	0
	1	1	0	0	1	1	1	0	1	1	1
监督码元	0	1	1	0	1	1	0	0	0	1	1

显然,二维奇偶监督码比水平奇偶监督码具有更强的检错能力。它能发现某行或某列上奇数个差错和长度不大于方阵中行数(或列数)的突发差错;这种码还有可能检测出一部分偶数个差错,当然,若偶数个差错恰好分布在矩阵的 4 个顶点上时,这样的偶数个差错是检测不出来的;此外,这种码还可以纠正一些差错,例如当某行某列均不满足监督关系而判定该行该列交叉位置的码元有错,从而纠正这一位上的差错。

二维奇偶监督码检错能力强,又具有一定纠错能力,且实现容易,因而得到广泛的应用。

3.3 汉明码及线性分组码

虚拟实验

3.3.1 汉明码

汉明码是一种能够纠正 1 位错码且编码效率较高的线性分组码。它是 1950 年由美国贝尔实验室提出来的,是第一个设计用来纠正差错的线性分组码,汉明码及其变型已广泛应用于数据存储系统中作为差错控制码。

1. (n,k)汉明码

在前面讨论奇偶校验时,如按偶校验,由于使用了 1 位监督位 a_0,故它就能和信息位 $a_{n-1}, a_{n-2}, \cdots, a_1$ 一起构成一个代数式,如式(3-6)所示。在接收端解码时,实际上就是在计算

$$S=a_{n-1}\oplus a_{n-2}\oplus\cdots\oplus a_1\oplus a_0 \tag{3-10}$$

式(3-10)称为监督关系式(也叫监督方程),S 称为校正子(校正子的个数与 r 相等)。若 $S=0$,则无错;若 $S=1$,则有错。由于校正子 S 的取值只有两种,它就只能代表“有错”和“无错”这两种信息,而不能指出错码的位置。不难推想,若监督位增加 1 位,即变成 2 位,则能增加一个类似于式(3-10)的监督关系式。由于两个校正子的可能值有 4 种组合:00,01,10,11,故能表示 4 种不同信息。若用其中 1 种表示无错,则其余 3 种就有可能用来指示一位错码的 3 种不同位置。同理,r 个监督关系式能指示一位错码的(2^r-1)个可能位置。

一般来说,若码长为 n,信息位数为 k,则监督位数 $r=n-k$。若希望用 r 个监督位构造出 r 个监督关系式来指示一位错码的 n 种可能位置,则要求

$$2^r-1\geqslant n \quad 或 \quad 2^r\geqslant k+r+1 \tag{3-11}$$

设分组码(n,k)中 $k=4$,为了纠正 1 位错码,由式(3-11)可知,要求监督位数 $r\geqslant3$。若取 $r=3$,则 $n=k+r=7$,这就是(7,4)汉明码。

2. (7,4)汉明码

(7,4)汉明码的码组为 $a_6a_5a_4a_3a_2a_1a_0$,其中 $a_6a_5a_4a_3$ 是信息码,$a_2a_1a_0$ 是监督码。

(1) (7,4)汉明码的纠检错

(7,4)汉明码 $r=3$,所以有 3 个校正子,用 S_1,S_2,S_3 表示 3 个监督关系式中的校正子。规定 S_1,S_2,S_3 的值与错码位置的对应关系如表 3-4 所列(自然,我们也可以规定成另一种对应关系,这不影响讨论的一般性)。

表 3-4 较正子与错码位置

S_1	S_2	S_3	错码位置	S_1	S_2	S_3	错码位置
0	0	0	无错	0	1	1	a_3
0	0	1	a_0	1	0	1	a_4
0	1	0	a_1	1	1	0	a_5
1	0	0	a_2	1	1	1	a_6

由表 3-4 的规定可知,当发生 1 个错码,其位置在 a_2,a_4,a_5 或 a_6 时,校正子 S_1 为“1”;否则“0”。这就意味着 a_2,a_4,a_5 和 a_6 4 个码元构成偶数监督关系,即

$$S_1=a_6\oplus a_5\oplus a_4\oplus a_2 \tag{3-12}$$

同理,a_1,a_3,a_5 和 a_6 以及 a_0,a_3,a_4 和 a_6 也分别构成偶数监督关系,于是有

$$S_2=a_6\oplus a_5\oplus a_3\oplus a_1 \tag{3-13}$$

$$S_3=a_6\oplus a_4\oplus a_3\oplus a_0 \tag{3-14}$$

纵上所述,(7,4)汉明码是这样纠检错的:接收端收到某个(7,4)汉明码的码组,首先按照式(3-12)、式(3-13)和式(3-14)计算出校正子 S_1,S_2,S_3,然后根据表 3-4 便可知道此(7,4)汉明码是否有错以及差错的确切位置,既而纠正差错。

例 3-1 接收端收到某(7,4)汉明码为 1001010,此(7,4)汉明码是否有错?错码位置为哪一位?

解 计算较正子

$$S_1=a_6\oplus a_5\oplus a_4\oplus a_2=1\oplus0\oplus0\oplus0=1$$

$$S_2=a_6\oplus a_5\oplus a_3\oplus a_1=1\oplus 0\oplus 1\oplus 1=1$$
$$S_3=a_6\oplus a_4\oplus a_3\oplus a_0=1\oplus 0\oplus 1\oplus 0=0$$

较正子为 110,根据表 3-4 可知此(7,4)汉明码有错,错码位置为 a_5。

这里有一个问题需要说明:从表 3-4 可以看出,(7,4)汉明码无论是信息码还是监督码有错,都能够检测出来,即 r 个监督码对整个码组的 n 个码元都起监督作用。

(2) (7,4)汉明码的产生

以上我们知道了(7,4)汉明码是如何纠检错的了,但是(7,4)汉明码是如何产生的呢?下面加以介绍。

在发送端进行编码时,信息位 a_6,a_5,a_4,a_3 是数据终端输出的,它们的值是已知的。而监督位 a_2,a_1,a_0 应根据信息位的取值按监督关系来确定,即监督位应使式(3-12)、式(3-13)和式(3-14)中的校正子 S_1,S_2,S_3 均为零(表示码组中无错,是正确的码组),于是有下列方程组

$$\begin{aligned}&a_6\oplus a_5\oplus a_4\oplus a_2=0\\&a_6\oplus a_5\oplus a_3\oplus a_1=0\\&a_6\oplus a_4\oplus a_3\oplus a_0=0\end{aligned}\qquad(3\text{-}15)$$

由上式经移项运算,解出监督位为

$$\begin{aligned}&a_2=a_6\oplus a_5\oplus a_4\\&a_1=a_6\oplus a_5\oplus a_3\\&a_0=a_6\oplus a_4\oplus a_3\end{aligned}\qquad(3\text{-}16)$$

已知信息位后,就可直接按式(3-16)计算出监督位。3 个监督位附在 4 个信息位后面便可得到(7,4)汉明码的整个码组。由此可得出(7,4)汉明码的 $2^4=16$ 个许用码组,如表 3-5 所示。

表 3-5 (7,4)汉明码的许用码组

信息码				监督码			信息码				监督码		
a_6	a_5	a_4	a_3	a_2	a_1	a_0	a_6	a_5	a_4	a_3	a_2	a_1	a_0
0	0	0	0	0	0	0	1	0	0	0	1	1	1
0	0	0	1	0	1	1	1	0	0	1	1	0	0
0	0	1	0	1	0	1	1	0	1	0	0	1	0
0	0	1	1	1	1	0	1	0	1	1	0	0	1
0	1	0	0	1	1	0	1	1	0	0	0	0	1
0	1	0	1	1	0	1	1	1	0	1	0	1	0
0	1	1	0	0	1	1	1	1	1	0	1	0	0
0	1	1	1	0	0	0	1	1	1	1	1	1	1

例 3-2 已知信息码为 1101,求所对应的(7,4)汉明码。

解 由式(3-16)求监督码

$$a_2=a_6\oplus a_5\oplus a_4=1\oplus 1\oplus 0=0$$
$$a_1=a_6\oplus a_5\oplus a_3=1\oplus 1\oplus 1=1$$
$$a_0=a_6\oplus a_4\oplus a_3=1\oplus 0\oplus 1=0$$

此(7,4)汉明码为 1101010。

(3) (7,4)汉明码的汉明距离及编码效率

① 汉明距离

汉明码属于线性分组码，根据线性分组码的性质可以求出(7,4)汉明码的汉明距离 $d_{\min}=3$(线性分组码的概念及性质见后)。因此，由式(3-2)和式(3-3)可知，这种码能纠正 1 个错码或检测 2 个错码。

② 编码效率

(7,4)汉明码的编码效率为

$$R=\frac{k}{n}=\frac{4}{7}=57\%$$

可以算出，当 n 很大时，(7,4)汉明码的编码效率接近于 1。与码长相同的能纠正 1 位错码的其他分组码比，汉明码的编码效率最高，且实现简单。因此，至今在码组中纠正 1 个错码的场合还广泛使用。

3.3.2 线性分组码

前面已经提到，线性码是指监督码元与信息码元之间满足一组线性方程的码；分组码是监督码元仅对本码组中的码元起监督作用，或者说监督码元仅与本码组的信息码元有关。既是线性码又是分组码的编码就叫线性分组码。

在差错控制编码中，线性分组码是非常重要的一大类码，前面所介绍的各种差错控制编码都属于线性分组码。下面研究线性分组码的一般问题。

1. 监督矩阵

这里以(7,4)汉明码为例引出线性分组码监督矩阵的概念。

式(3-15)就是一组线性方程，现在将它改写成

$$\left.\begin{aligned}1\cdot a_6+1\cdot a_5+1\cdot a_4+0\cdot a_3+1\cdot a_2+0\cdot a_1+0\cdot a_0=0\\1\cdot a_6+1\cdot a_5+0\cdot a_4+1\cdot a_3+0\cdot a_2+1\cdot a_1+0\cdot a_0=0\\1\cdot a_6+0\cdot a_5+1\cdot a_4+1\cdot a_3+0\cdot a_2+0\cdot a_1+1\cdot a_0=0\end{aligned}\right\}\tag{3-17}$$

式(3-17)中已将“⊕”简写为“+”，仍表示“模 2 加”，本章以后各部分除非另加说明，这类式中的“+”都指“模 2 加”。式(3-17)还可以写成矩阵形式

$$\begin{pmatrix}1&1&1&0&1&0&0\\1&1&0&1&0&1&0\\1&0&1&1&0&0&1\end{pmatrix}\begin{bmatrix}a_6\\a_5\\a_4\\a_3\\a_2\\a_1\\a_0\end{bmatrix}=\begin{pmatrix}0\\0\\0\end{pmatrix}(\text{模 }2)\tag{3-18}$$

令

$$\boldsymbol{H}=\begin{pmatrix}1&1&1&0&1&0&0\\1&1&0&1&0&1&0\\1&0&1&1&0&0&1\end{pmatrix}\tag{3-19a}$$

$$\boldsymbol{A}=(a_6\quad a_5\quad a_4\quad a_3\quad a_2\quad a_1\quad a_0)\tag{3-19b}$$

$$\boldsymbol{0}=(0\quad 0\quad 0)\tag{3-19c}$$

式(3-18)可以简记为

$$H \cdot A^{T}=0^{T} \quad \text{或} \quad A \cdot H^{T}=0 \tag{3-20}$$

右上标“T”表示将矩阵转置。例如,H^{T} 是 H 的转置,即 H^{T} 的第一行为 H 的第一列,H^{T} 的第二行为 H 的第二列等。由于式(3-17)来自监督方程,因此称 H 为线性分组码的监督矩阵。从式(3-17)和式(3-18)都可看出,H 的行数就是监督关系式的数目,它等于监督位的数目 r,而 H 的列数就是码长 n,这样 H 为 $r\times n$ 阶矩阵。监督矩阵 H 的每行元素“1”表示相应码元之间存在着监督关系,由此各监督码元是共同对整个码组进行监督,称为一致监督。例如,H 的第一行 1110100 表示监督位 a_2 是由信息位 a_6,a_5,a_4 之和(模二和)决定的。

式(3-19a)中的监督矩阵 H 可以分成两部分

$$H=\left(r\left\{\begin{array}{cccc:ccc} 1 & 1 & 1 & 0 & 1 & 0 & 0 \\ 1 & 1 & 0 & 1 & 0 & 1 & 0 \\ \underbrace{1 \quad 0 \quad 1 \quad 1}_{k} & & & & 0 & 0 & 1 \end{array}\right.\right)=(P \cdot I_{r}) \tag{3-21}$$

其中,H 为 $r\times n$ 阶矩阵,I_r 为 $r\times r$ 阶单位方阵。我们将具有 $[P \cdot I_r]$ 形式的 H 矩阵称为典型形式的监督矩阵。

类似于式(3-15)改变成式(3-18)中矩阵形式那样,式(3-16)也可以改写成

$$\begin{pmatrix} a_2 \\ a_1 \\ a_0 \end{pmatrix}=\begin{pmatrix} 1 & 1 & 1 & 0 \\ 1 & 1 & 0 & 1 \\ 1 & 0 & 1 & 1 \end{pmatrix}\begin{pmatrix} a_6 \\ a_5 \\ a_4 \\ a_3 \end{pmatrix} \tag{3-22}$$

比较式(3-21)和式(3-22),可以看出式(3-22)等式右边前部矩阵即为 P。对式(3-22)两侧作矩阵转置,得

$$(a_2 a_1 a_0)=(a_6 a_5 a_4 a_3)\begin{pmatrix} 1 & 1 & 1 \\ 1 & 1 & 0 \\ 1 & 0 & 1 \\ 0 & 1 & 1 \end{pmatrix}=(a_6 a_5 a_4 a_3)Q \tag{3-23}$$

其中,Q 为一 $k\times r$ 阶矩阵,它是矩阵 P 的转置,即

$$Q=P^{T} \tag{3-24}$$

式(3-23)表明,信息位给定后,用信息位的行矩阵乘 Q 矩阵就可计算出各监督位,即

$$[\text{监督码}]=[\text{信息码}]\cdot Q \tag{3-25}$$

纵上所述,可以得到一个结论,已知信息码和典型形式的监督矩阵 H,就能确定各监督码元。具体过程为:由 H 根据式(3-21)得出矩阵 P,然后求 P 的转置 Q,再根据式(3-25)即可求出监督码。

值得说明的是,虽然式(3-25)是由(7,4)汉明码推导得出的,但这个公式适合所有的线性分组码。

由线性代数理论得知,H 矩阵的各行应该是线性无关的,否则将得不到 r 个线性无关的监督关系式,从而也得不到 r 个独立的监督码位。若一矩阵能写成典型矩阵形式 $[P \cdot I_r]$,则其各行一定是线性无关的。因为容易验证单位方阵 $[I_r]$ 的各行是线性无关的,故 $[P \cdot I_r]$ 的各行也是线性无关的。

2. 生成矩阵

要求得整个码组，我们将 $\boldsymbol{Q}$ 的左边加上一个 $k\times k$ 阶单位方阵，就构成一个新的矩阵 $\boldsymbol{G}$，即

$$\boldsymbol{G}=[\boldsymbol{I}_k\boldsymbol{Q}] \tag{3-26}$$

式(3-26)的 $\boldsymbol{G}$ 称为典型的生成矩阵，由它可以产生整个码组 $\boldsymbol{A}$，即有

$$\boldsymbol{A}=[a_{n-1}a_{n-2}\cdots a_0]=[\text{信息码}]\cdot\boldsymbol{G}(\text{典型的}) \tag{3-27}$$

因此，若找到了码的典型的生成矩阵 $\boldsymbol{G}$，则编码的方法就完全确定了。由典型的生成矩阵得出的码组 $\boldsymbol{A}$ 中，信息位不变，监督位附加于其后，这种码称为系统码。

以(7,4)汉明码为例可以验证式(3-27)的正确性。上述可知(7,4)汉明码的 $\boldsymbol{Q}$ 矩阵为

$$\boldsymbol{Q}=\begin{pmatrix}1&1&1\\1&1&0\\1&0&1\\0&1&1\end{pmatrix} \tag{3-28}$$

由式(3-26)可求出(7,4)汉明码典型的生成矩阵为

$$\boldsymbol{G}=(\boldsymbol{I}_k\boldsymbol{Q})=\left(\begin{array}{cccc:ccc}1&0&0&0&1&1&1\\0&1&0&0&1&1&0\\0&0&1&0&1&0&1\\0&0&0&1&0&1&1\end{array}\right) \tag{3-29}$$

取表 3-5 中第 3 个码组中的信息码 0010，根据式(3-27)可求出整个码组 $\boldsymbol{A}$ 为

$$\begin{aligned}\boldsymbol{A}&=(a_6a_5a_4a_3a_2a_1a_0)=(a_6a_5a_4a_3)\cdot\boldsymbol{G}\\&=(0010)\cdot\left(\begin{array}{cccc:ccc}1&0&0&0&1&1&1\\0&1&0&0&1&1&0\\0&0&1&0&1&0&1\\0&0&0&1&0&1&1\end{array}\right)=(0010101)\end{aligned} \tag{3-30}$$

可见，所求得的码组正是表 3-5 中第 3 个码组。

与 $\boldsymbol{H}$ 矩阵相似，我们也要求生成矩阵 $\boldsymbol{G}$ 的各行是线性无关的。因为由式(3-27)可以看出，任一码组 $\boldsymbol{A}$ 都是 $\boldsymbol{G}$ 的各行的线性组合。$\boldsymbol{G}$ 共有 k 行，若它们线性无关，则可组合出 2^k 种不同的码组 $\boldsymbol{A}$，它们恰好是有 k 位信息位的全部码组；若 $\boldsymbol{G}$ 的各行线性相关，则不可能由 $\boldsymbol{G}$ 生成 2^k 种不同的码组了。

实际上，$\boldsymbol{G}$ 的各行本身就是一个码组。下面还是以(7,4)汉明码为例说明这一点，在式(3-29)中，若 $a_6a_5a_4a_3=1000$，则码组 $\boldsymbol{A}$ 就等于 $\boldsymbol{G}$ 的第一行；若 $a_6a_5a_4a_3=0100$，则码组 $\boldsymbol{A}$ 就等于 $\boldsymbol{G}$ 的第二行；等等。因此，若已有 k 个线性无关的码组，则可以用其作为生成矩阵 $\boldsymbol{G}$，并由它生成其余的码组。

线性代数理论还指出，非典型形式的生成矩阵若它的各行是线性无关的，则可以经过运算化成典型形式。因此，若生成矩阵是非典型形式的，则首先转化成典型形式后，再用式(3-27)求得整个码组。

3. 监督矩阵与生成矩阵的关系

典型的监督矩阵 $\boldsymbol{H}$ 与典型的生成矩阵 $\boldsymbol{G}$ 之间的关系可用式(3-21)、式(3-24)和式(3-26)表示，为方便读者学习，现重写于下：

$$\boldsymbol{H}=[\boldsymbol{P}\cdot\boldsymbol{I}_r],\quad \boldsymbol{Q}=\boldsymbol{P}^{\mathrm{T}},\boldsymbol{G}=[\boldsymbol{I}_k\boldsymbol{Q}]$$

例 3-3 某(7,4)线性分组码,监督方程如下,求监督矩阵 $\boldsymbol{H}$ 和典型的生成矩阵 $\boldsymbol{G}$。如信息码为 0010,求整个码组 $\boldsymbol{A}$。

$$a_2=a_6\oplus a_5\oplus a_3$$
$$a_1=a_6\oplus a_4\oplus a_3$$
$$a_0=a_5\oplus a_4\oplus a_3$$

解 将已知监督方程改写为

$$1\cdot a_6\oplus 1\cdot a_5\oplus 0\cdot a_4\oplus 1\cdot a_3\oplus 1\cdot a_2\oplus 0\cdot a_1\oplus 0\cdot a_0=0$$
$$1\cdot a_6\oplus 0\cdot a_5\oplus 1\cdot a_4\oplus 1\cdot a_3\oplus 0\cdot a_2\oplus 1\cdot a_1\oplus 0\cdot a_0=0$$
$$0\cdot a_6\oplus 1\cdot a_5\oplus 1\cdot a_4\oplus 1\cdot a_3\oplus 0\cdot a_2\oplus 0\cdot a_1\oplus 1\cdot a_0=0$$

由此可得出监督矩阵 $\boldsymbol{H}$ 为

$$\boldsymbol{H}=\begin{pmatrix}1101100\\1011010\\0111001\end{pmatrix}=(\boldsymbol{P}\cdot\boldsymbol{I}_r)$$

$$\boldsymbol{Q}=\boldsymbol{P}^{\mathrm{T}}=\begin{bmatrix}110\\101\\011\\111\end{bmatrix}$$

典型的生成矩阵 $\boldsymbol{G}$ 为

$$\boldsymbol{G}=(\boldsymbol{I}_k\boldsymbol{Q})=\begin{bmatrix}1000110\\0100101\\0010011\\0001111\end{bmatrix}$$

信息码为 0010 时,整个码组 $\boldsymbol{A}$ 为

$$\boldsymbol{A}=[\text{信息码}]\cdot\boldsymbol{G}=[0010]\cdot\begin{bmatrix}1000110\\0100101\\0010011\\0001111\end{bmatrix}=[0010011]$$

4. 线性分组码的主要性质

线性分组码具有如下一些主要性质。

(1) 封闭性

所谓封闭性,是指一种线性分组码中的任意两个码组之逐位模 2 加仍为这种码中的另一个许用码组。这就是说,若 $\boldsymbol{A}_1$ 和 $\boldsymbol{A}_2$ 是一种线性分组码中的两个许用码组,则 $\boldsymbol{A}_1+\boldsymbol{A}_2$ 仍为其中的另一个许用码组。这一性质的证明很简单,若 $\boldsymbol{A}_1$,$\boldsymbol{A}_2$ 为许用码组,则按式(3-20)有

$$\boldsymbol{A}_1\cdot\boldsymbol{H}^{\mathrm{T}}=\boldsymbol{0},\quad \boldsymbol{A}_2\cdot\boldsymbol{H}^{\mathrm{T}}=\boldsymbol{0}$$

将上两式相加,可得

$$\boldsymbol{A}_1\cdot\boldsymbol{H}^{\mathrm{T}}+\boldsymbol{A}_2\cdot\boldsymbol{H}^{\mathrm{T}}=(\boldsymbol{A}_1+\boldsymbol{A}_2)\cdot\boldsymbol{H}^{\mathrm{T}}=\boldsymbol{0}$$

可见,$\boldsymbol{A}_1+\boldsymbol{A}_2$ 必定也是一许用码组。

(2) 码的最小距离等于非零码的最小重量

因为线性分组码具有封闭性，因而两个码组之间的距离必是另一码组的重量，故码的最小距离即是码的最小重量（除全"0"码组外）。

重点难点讲解

3.4 循环码

循环码是线性分组码中一类重要的码，它是以现代代数理论作为基础建立起来的。循环码的编码和译码设备都不太复杂，且检错纠错能力较强，目前在理论和实践上都有较大的发展。这里，我们仅讨论二进制循环码。

3.4.1 循环码的循环特性

循环码属于线性分组码，它除了具有线性分组码的一般性质外，还具有循环性。在具体研究循环码的循环性之前，我们首先要了解码的多项式的含义。

1. 码的多项式

为了便于用代数理论来研究循环码，把长为 n 的码组与 $n-1$ 次多项式建立一一对应的关系，即把码组中各码元当作是一个多项式的系数，若码组 $\mathbf{A}=(a_{n-1},a_{n-2}\cdots a_1,a_0)$，则相应的多项式表示为

$$A(x)=a_{n-1}x^{n-1}+a_{n-2}x^{n-2}+\cdots+a_1x^1+a_0x^0 \tag{3-31}$$

这种多项式中，x 的幂次仅是码元位置的标记。多项式中 x^i 的存在只表示该对应码位上是"1"码，否则为"0"码，我们称这种多项式为码的多项式。由此可知码组和码的多项式本质上是一回事，只是表示方法不同而已。

例如，一个码组为 $\mathbf{A}=1011011$，它所对应的多项式为

$$A(x)=x^6+x^4+x^3+x+1$$

2. 循环码的循环特性

循环码的循环性是指循环码中任一许用码组经过循环移位后（将最右端的码元移至左端，或反之）所得到的码组仍为它的一个许用码组。

表 3-6 给出一种(7,3)循环码的全部码组，由此表可直观看出这种码的循环性。例如，表中的第 2 个码组向右循环移一位即得到第 5 个码组，第 2 个码组向左循环移一位即得到第 3 个码组。

表 3-6　(7,3)循环码的一种码组

码组编号	信息位	监督位	码组编号	信息位	监督位
	$a_6a_5a_4$	$a_3a_2a_1a_0$		$a_6a_5a_4$	$a_3a_2a_1a_0$
1	0 0 0	0 0 0 0	5	1 0 0	1 0 1 1
2	0 0 1	0 1 1 1	6	1 0 1	1 1 0 0
3	0 1 0	1 1 1 0	7	1 1 0	0 1 0 1
4	0 1 1	1 0 0 1	8	1 1 1	0 0 1 0

表 3-6 中的(7,3)循环码中的任一码组$(a_6,a_5,\cdots,a_1,a_0)$所对应的多项式可以表示为

$$A(x)=a_6x^6+a_5x^5+a_4x^4+a_3x^3+a_2x^2+a_1x^1+a_0x^0 \tag{3-32}$$

对于循环码,一般来说,若$\boldsymbol{A}=(a_{n-1},a_{n-2},\cdots,a_1,a_0)$是一个$(n,k)$循环码的码组,则

$$\boldsymbol{A}^1=(a_{n-2},a_{n-3},\cdots,a_0,a_{n-1}) \quad (\text{循环左移1位})$$

$$\boldsymbol{A}^2=(a_{n-3},a_{n-4},\cdots,a_{n-1},a_{n-2}) \quad (\text{循环左移2位})$$

$$\boldsymbol{A}^i=(a_{n-i-1},a_{n-i-2},\cdots,a_0,a_{n-1},\cdots,a_{n-i}) \quad (\text{循环左移}\,i\,\text{位})$$

也都是该编码中的码组($\boldsymbol{A}$的上标i表示移位次数)。它们所对应的多项式分别为

$$\left.\begin{aligned}A(x)&=a_{n-1}x^{n-1}+a_{n-2}x^{n-2}+\cdots+a_1x^1+a_0\\A^1(x)&=a_{n-2}x^{n-1}+a_{n-3}x^{n-2}+\cdots+a_0x^1+a_{n-1}\\A^i(x)&=a_{n-i-1}x^{n-1}+a_{n-i-2}x^{n-2}+\cdots+a_0x^i+a_{n-1}x^{i-1}+\cdots+a_{n-i}\end{aligned}\right\} \tag{3-33}$$

我们来看$A^1(x)$,它等于$xA(x)$用x^n+1多项式除后所得余式,即

$$xA(x)=a_{n-1}x^n+a_{n-2}x^{n-1}+\cdots+a_1x^2+a_0x^1$$

$$\begin{array}{r@{}l} & \quad a_{n-1} \\ x^n+1 \,\big) & \overline{a_{n-1}x^n+a_{n-2}x^{n-1}+\cdots+a_1x^2+a_0x^1} \\ & a_{n-1}x^n+a_{n-1} \\ \hline & \text{余式}=a_{n-2}x^{n-1}+a_{n-3}x^{n-2}+\cdots+a_0x^1+a_{n-1} \end{array}$$

注意,在模2运算中可用加法代替减法。

依此类推,可以得到一个重要结论:在循环码中,若$A(x)$对应一个长为n的许用码组,则$x^iA(x)$用x^n+1多项式除后所得余式为$A^i(x)$(习惯说成按模x^n+1运算),它对应的码组也是一个许用码组。记作

$$x^iA(x)\equiv A^i(x) \quad (\text{模}\ x^n+1) \tag{3-34}$$

以上介绍了循环码的循环性,借助于其循环性,已知一个码组,可以很方便地求出其他许用码组,下面举例说明。

例3-4 已知(7,3)循环码的一个许用码组,试将所有其余的许用码组填入下表。

序号	信息位			监督位				序号	信息位			监督位			
	a_6	a_5	a_4	a_3	a_2	a_1	a_0		a_6	a_5	a_4	a_3	a_2	a_1	a_0
1	0	0	1	0	1	1	1								

解 将表中所给第1个码组循环左移一位后得到第2个码组,第2个码组循环左移一位后得到第3个码组,依此类推,可得到第4个码组~第7个码组,第8个码组为全"0"。

序号	信息位			监督位				序号	信息位			监督位			
	a_6	a_5	a_4	a_3	a_2	a_1	a_0		a_6	a_5	a_4	a_3	a_2	a_1	a_0
1	0	0	1	0	1	1	1	5	1	1	1	0	0	1	0
2	0	1	0	1	1	1	0	6	1	1	0	0	1	0	1
3	1	0	1	1	1	0	0	7	1	0	0	1	0	1	1
4	0	1	1	1	0	0	1	8	0	0	0	0	0	0	0

3.4.2 循环码的生成多项式和生成矩阵

1. 生成多项式 $g(x)$

由前述已知,对于线性分组码,有了典型的生成矩阵$\boldsymbol{G}$,就可以由k个信息码得出整个

码组。如果知道监督方程，便可得到监督矩阵 $\boldsymbol{H}$，而由监督矩阵 $\boldsymbol{H}$ 和生成矩阵 $\boldsymbol{G}$ 之间的关系则可以求出生成矩阵 $\boldsymbol{G}$。这里介绍求生成矩阵 $\boldsymbol{G}$ 的另一种方法，即根据循环码的基本性质来找出它的生成矩阵。

由于 $\boldsymbol{G}$ 的各行本身就是一个码组，如果能找到 k 个线性无关的码组，就能构成生成矩阵 $\boldsymbol{G}$。

如何来寻找这 k 个码组呢？

一个(n,k)循环码共有 2^k 个码组，其中有一个码组前 $k-1$ 位码元均为“0”，第 k 位码元和第 n 位（最后一位）码元必须为“1”，其他码元不限制（既可以是“0”，也可以是“1”）。此码组可以表示为

$$(\underbrace{000\cdots0}_{k-1}\ 1\ g_{n-k-1}\cdots g_2 g_1\ 1)$$

第 k 位码元和第 n 位码元之所以必须为“1”的原因是：

- 在(n,k)循环码中除全“0”码组外，连“0”的长度最多只能有 $k-1$ 位，否则，在经过若干次循环移位后将得到一个 k 位信息位全为“0”，但监督位不全为“0”的码组，这在线性码中显然是不可能的（信息位全为“0”，监督位也必定全为“0”）。
- 若第 n 位码元不为“1”，该码组（前 $k-1$ 位码元均为“0”）循环右移后将成为前 k 位信息位都是“0”、而后面 $n-k$ 监督位不都为“0”的码组，这是不允许的。

以上证明$(000\cdots0\ 1\ g_{n-k-1}\cdots g_2 g_1\ 1)$为$(n,k)$循环码的一个许用码组，其对应的多项式为

$$g(x)=0+0+\cdots+x^{n-k}+g_{n-k-1}x^{n-k-1}+\cdots+g_1 x+1 \tag{3-35}$$

根据循环码的循环特性及式(3-35)，$xg(x)$，$x^2g(x)$，…，$x^{k-1}g(x)$所对应的码组都是(n,k)循环码的一个许用码组，连同 $g(x)$对应的码组共构成 k 个许用码组。这 k 个许用码组便可构成生成矩阵 $\boldsymbol{G}$，所以我们将 $g(x)$称为生成多项式。

归纳起来，(n,k)循环码的 2^k 个码组中，有一个码组前 $k-1$ 位码元均为“0”，第 k 位码元为“1”，第 n 位（最后一位）码元为“1”，此码组对应的多项式即为生成多项式 $g(x)$，其最高幂次为 x^{n-k}。

例 3-5 求表 3-6 所示(7,3)循环码的生成多项式。

解 表 3-6 所示(7,3)循环码对应生成多项式的码组为第 2 个码组 0010111，生成多项式为

$$g(x)=x^4+x^2+x+1$$

2. 生成矩阵 $\boldsymbol{G}$

由循环码的生成多项式 $g(x)$可得到生成矩阵 $\boldsymbol{G}(x)$，为

$$\boldsymbol{G}(x)=\begin{bmatrix} x^{k-1}g(x) \\ x^{k-2}g(x) \\ \vdots \\ xg(x) \\ g(x) \end{bmatrix} \tag{3-36}$$

生成矩阵 $\boldsymbol{G}(x)$的每一行都是一个多项式，我们将每一行写出对应的码组则得到生成矩

阵 $\boldsymbol{G}$,这样求得的生成矩阵一般不是典型的生成矩阵,要将其转换为典型的生成矩阵。典型的生成矩阵为

$$\boldsymbol{G}=[\boldsymbol{I}_k\boldsymbol{Q}]$$

可以通过线性变换将非典型的生成矩阵转换为典型的生成矩阵,具体方法是:任意几行模2加取代某一行,下面举例说明。

例如,我们要求表3-6所给的(7,3)循环码的典型的 $\boldsymbol{G}$。

首先求其生成多项式,上例已求出表3-6所给的(7,3)循环码的生成多项式,为

$$g(x)=x^4+x^2+x+1$$

根据式(3-36)得到生成矩阵 $\boldsymbol{G}(x)$,为

$$\boldsymbol{G}(x)=\begin{pmatrix}x^{k-1}g(x)\\x^{k-2}g(x)\\\vdots\\xg(x)\\g(x)\end{pmatrix}=\begin{pmatrix}x^2g(x)\\xg(x)\\g(x)\end{pmatrix}=\begin{pmatrix}x^6+x^4+x^3+x^2\\x^5+x^3+x^2+x\\x^4+x^2+x+1\end{pmatrix}$$

每一行写出对应的码组可得生成矩阵 $\boldsymbol{G}$,为

$$\boldsymbol{G}=\begin{pmatrix}101\ 1100\\010\ 1110\\001\ 0111\end{pmatrix}$$

这个生成矩阵 $\boldsymbol{G}$ 是非典型的,要将其转换为典型的生成矩阵。根据观察,第1行⊕第3行取代第1行,则得到

$$\boldsymbol{G}=\left(\begin{array}{c:c}100 & 1011\\010 & 1110\\001 & 0111\end{array}\right)$$

此生成矩阵 $\boldsymbol{G}$ 虚线前是一个3行3列的单位方阵,所以它是典型的生成矩阵。

将3位信息码 $a_6a_5a_4$(000,001,010,011,…,111)与典型的生成矩阵 $\boldsymbol{G}$ 相乘便可得到全部码组,即表3-6所示。

3. 生成多项式 $g(x)$ 的另一种求法

利用式(3-27),我们可以写出表3-6循环码组所对应的多项式,即

$$\begin{aligned}A(x)&=(a_6a_5a_4)\cdot\boldsymbol{G}(x)=(a_6a_5a_4)\cdot\begin{pmatrix}x^2g(x)\\xg(x)\\g(x)\end{pmatrix}\\&=(a_6x^2+a_5x+a_4)g(x)\end{aligned}\tag{3-37}$$

由此可见,任一循环码的多项式 $A(x)$ 都是 $g(x)$ 的倍数,即都可被 $g(x)$ 整除,而且任一幂次不大于 $k-1$ 的多项式乘 $g(x)$ 都是码的多项式。

这样,循环码组的 $A(x)$ 也可写成

$$A(x)=h(x)\cdot g(x)\tag{3-38}$$

其中,$h(x)$ 是幂次不大于 $k-1$ 的多项式。

已知生成多项式 $g(x)$ 本身就对应循环码的一个码组，令

$$A_g(x)=g(x) \tag{3-39}$$

因为 $A_g(x)$ 是一个 $n-k$ 次多项式，所以 $x^kA_g(x)$ 为一个 n 次多项式。由式(3-34)可知，在模 x^n+1 运算下也是一个许用码组(即它的余式为一许用码组)，故可以写成

$$\frac{x^kA_g(x)}{x^n+1}=Q(x)+\frac{A(x)}{x^n+1} \tag{3-40}$$

式(3-40)左边的分子和分母都是 n 次多项式，所以其商式 $Q(x)=1$，这样，式(3-40)可简化成

$$x^kA_g(x)=(x^n+1)+A(x) \tag{3-41}$$

将式(3-38)和式(3-39)代入式(3-41)，并化简后可得

$$x^n+1=g(x)[x^k+h(x)] \tag{3-42}$$

式(3-42)表明，生成多项式 $g(x)$ 必定是 x^n+1 的一个因式。这一结论为我们寻找循环码的生成多项式指出了一条道路，即循环码的生成多项式应该是 x^n+1 的一个 $n-k$ 次因子。

例如，x^7+1 可以分解为

$$x^7+1=(x+1)(x^3+x^2+1)(x^3+x+1) \tag{3-43}$$

为了求出(7,3)循环码的生成多项式 $g(x)$，就要从式(3-43)中找到一个 $n-k=7-3=4$ 次的因式。从式(3-43)不难看出，这样的因式有两个，即

$$(x+1)(x^3+x^2+1)=x^4+x^2+x+1 \tag{3-44}$$

$$(x+1)(x^3+x+1)=x^4+x^3+x^2+1 \tag{3-45}$$

式(3-44)和式(3-45)都可以作为(7,3)循环码的生成多项式 $g(x)$ 用。不过，选用的生成多项式不同，产生出的循环码码组也不同，用式(3-44)作为生成多项式产生的(7,3)循环码即为表 3-6 所列。

3.4.3　循环码的编码方法

编码的任务是在已知信息位的条件下求得循环码的码组，而我们要求得到的是系统码，即码组前 k 位为信息位，后 $n-k$ 位是监督位。设信息位对应的码的多项式为

$$m(x)=m_{k-1}x^{k-1}+m_{k-2}x^{k-2}+\cdots+m_1x+m_0 \tag{3-46}$$

其中，系数 m_i 为 1 或 0。

我们知道(n,k)循环码的码的多项式的最高幂次是 $n-1$ 次，而信息位是在它的最前面的 k 位，因此信息位在循环码的码多项式中应表现为多项式 $x^{n-k}m(x)$(最高幂次为 $n-k+k-1=n-1$)。显然

$$x^{n-k}m(x)=m_{k-1}x^{n-1}+m_{k-2}x^{n-2}+\cdots+m_1x^{n-k+1}+m_0x^{n-k} \tag{3-47}$$

它从幂次 x^{n-k-1} 起至 x^0 的 $n-k$ 位的系数都为 0。

如果用 $g(x)$ 去除 $x^{n-k}m(x)$，可得

$$\frac{x^{n-k}m(x)}{g(x)}=q(x)+\frac{r(x)}{g(x)} \tag{3-48}$$

其中，$q(x)$ 为幂次小于 k 的商多项式，而 $r(x)$ 为幂次小于 $n-k$ 的余式。

式(3-48)可改写成

$$x^{n-k}m(x)+r(x)=q(x)\cdot g(x) \tag{3-49}$$

式(3-49)表明:多项式 $x^{n-k}m(x)+r(x)$ 为 $g(x)$ 的倍式。根据式(3-37)或式(3-38),$x^{n-k}m(x)+r(x)$ 必定是由 $g(x)$ 生成的循环码中的码组,而余式 $r(x)$ 即为该码组的监督码对应的多项式。

根据上述原理,编码步骤可归纳如下。

(1) 用 x^{n-k} 乘 $m(x)$ 得到 $x^{n-k}m(x)$

这一运算实际上是把信息码后附上 $n-k$ 个"0"。例如,信息码为 110,它相当于 $m(x)=x^2+x$。当 $n-k=7-3=4$ 时,$x^{n-k}m(x)=x^4(x^2+x)=x^6+x^5$,它相当于 1100000。

(2) 用 $g(x)$ 除 $x^{n-k}m(x)$,得到商 $q(x)$ 和余式 $r(x)$,即

$$\frac{x^{n-k}m(x)}{g(x)}=q(x)+\frac{r(x)}{g(x)}$$

例如,若选用 $g(x)=x^4+x^2+x+1$ 作为生成多项式,则

$$\frac{x^{n-k}m(x)}{g(x)}=\frac{x^6+x^5}{x^4+x^2+x+1}=(x^2+x+1)+\frac{x^2+1}{x^4+x^2+x+1} \tag{3-50}$$

显然,$r(x)=x^2+1$。

(3) 求多项式 $A(x)=x^{n-k}m(x)+r(x)$

$$A(x)=x^{n-k}m(x)+r(x)=x^6+x^5+x^2+1 \tag{3-51}$$

式(3-51)对应的码组即为本例编出的码组 $A=1100101$,这就是表 3-6 中的第 7 个码组。读者可按此方法编出其他码组。可见,这样编出的码就是系统码了。

上述编码方法,在用硬件实现时,可以由除法电路来实现。除法电路的主体由一些移位寄存器和模 2 加法器组成,码的多项式中 x 的幂次代表移位的次数,例如,图 3-6 给出了上述(7,3)循环码编码器的组成。

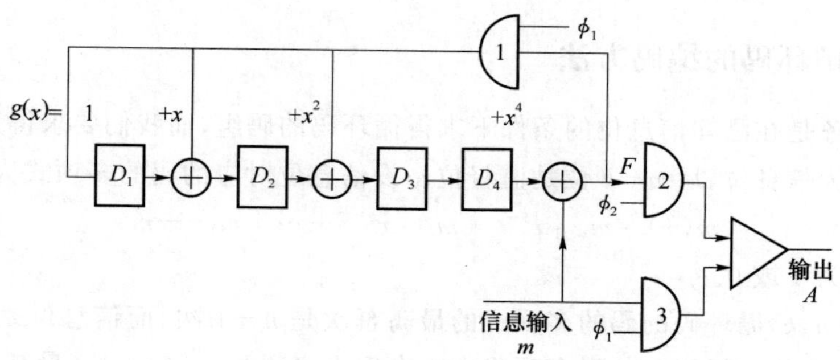

图 3-6 (7,3)循环码编码器的组成

图中对应 $g(x)$ 有 4 级移位寄存器,分别用 D_1,D_2,D_3 和 D_4 表示。$g(x)$ 多项式中系数是 1 或 0 表示该位上反馈线的有无,另外,图中信号 ϕ_1 和 ϕ_2 控制门电路 1~3。当信息位输入时,控制信号使门 1、门 3 打开,门 2 关闭,输入信息码元一方面送入除法器进行运算,另一方面直接输出。在信息位全部进入除法器后,控制信号使门 1、门 3 关闭,门 2 打开,这时移位寄存器通过门 2 直接输出,将移位寄存器中存储的除法余项依次取出,即将监督码元附加在信息码元之后。因此,编出的码组前面是原来的 k 个信息码元,后面是$(n-k)$个监督码元,从而得到系统分组码。为了便于理解,上述编码器的工作过程示于表 3-7。这里设信息

码元为 110，编出的监督码元为 0101，循环码组为 1100101。

表 3-7　(7,3)循环码编码器的工作过程

输入 m	移位寄存器				反馈 F	输出 A	
	D_1	D_2	D_3	D_4			
0	0	0	0	0	0	0	
1	1	1	1	0	1	1	与输入 m 相同
1	1	0	0	1	1	1	
0	1	0	1	0	1	0	
0	0	1	0	1	0	0	与 F 相同，即监督码元
0	0	0	1	0	1	1	
0	0	0	0	1	0	0	
0	0	0	0	0	1	1	

顺便指出，由于微处理器和数据信号处理器的应用日益广泛，目前一般采用这些先进器件和相应的软件来实现上述编码。

3.4.4　循环码的解码方法

1. 检错的实现

接收端解码的要求有两个：检错和纠错，达到检错目的的解码原理十分简单。由于任一码组的多项式 $A(x)$ 都应能被生成多项式 $g(x)$ 整除，所以在接收端可以将接收码组的多项式 $R(x)$ 用原生成多项式 $g(x)$ 去除。当传输中未发生差错时，接收码组与发送码组相同，即 $R(x)=A(x)$，故接收码组的多项式 $R(x)$ 必定能被 $g(x)$ 整除；当码组在传输中发生差错时，$R(x)\neq A(x)$，$R(x)$ 被 $g(x)$ 除时可能除不尽而有余项，即有

$$\frac{R(x)}{g(x)}=Q'(x)+\frac{r'(x)}{g(x)} \tag{3-52}$$

因此，我们就以余项是否为零来判别码组中有无错码。这里还需指出一点，如果信道中错码的个数超过了这种编码的检错能力，恰好使有错码的接收码组能被 $g(x)$ 所整除，这时的错码就不能检出了，这种差错称为不可检差错。

下面举例说明循环码的编码和解码。

例 3-6　一组 8 比特的数据 11100110(信息码)通过数据传输链路传输，采用 CRC(循环冗余检验)进行差错检测，如采用的生成多项式对应的码组为 11001，写出：

(a) 监督码的产生过程；

(b) 监督码的检测过程。

解　根据题意，信息码的码位 $k=8$，由生成多项式对应的码组 11001 可写出生成多项式 $g(x)=x^4+x^3+1$，由此得出 $n-k=4$，所以 $n=12$，故 $r=4$。

对应于 11100110(信息码)的监督码的产生如图 3-7(a)所示。

开始，4 个“0”被加于信息码末尾，这等于信息码的多项式乘以 x^4。然后被生成多项式模 2 除，结果得到的 4 位(0110)余数即为监督码，把它加到 11100110(信息码)的末尾发送。

在接收机上，整个接收的比特序列对应的多项式被同一生成多项式除，举两个例子如图 3-7(b)所示。第一个例子中没发生差错，得到的余数为 0；第二个例子中，在发送比特序

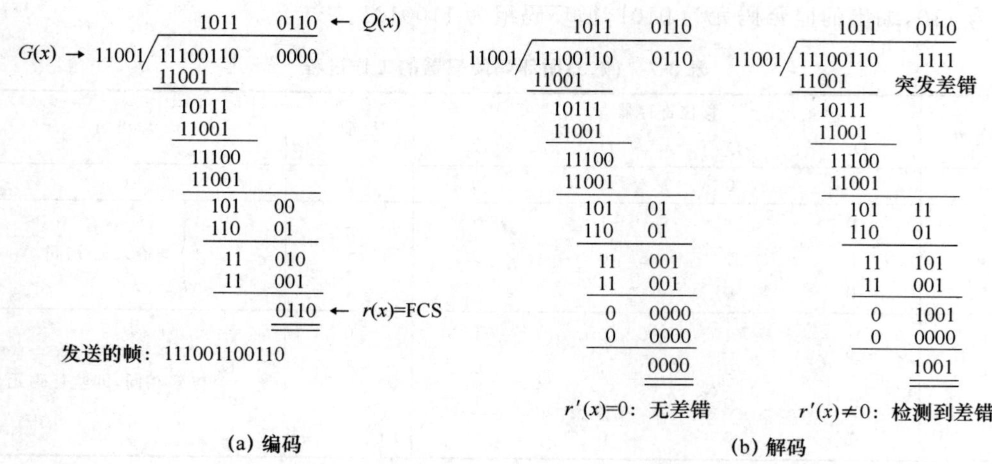

图 3-7 循环码的编码和解码过程举例

列的末尾发生了 4 比特的突发差错，得到的余数不为 0，说明传输出现差错。

根据上述原理构成的解码器如图 3-8 所示。

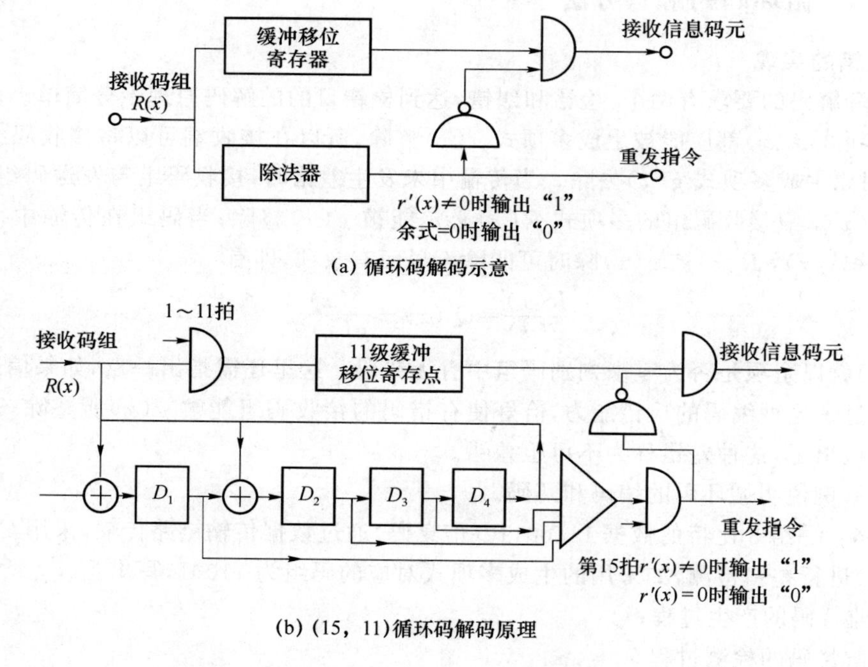

图 3-8 循环码解码原理举例

由图 3-8 可见，解码器的核心就是一个除法电路和缓冲移存器，而且这里的除法电路与发送端编码器中的除法电路相同。若在此除法器中进行$\dfrac{R(x)}{g(x)}$运算的结果，余项为 0，则认为码组 $R(x)$ 无错，这时将暂存于缓冲移存器的接收码组送出到解码器输出端；若运算结果余项不等于 0，则认为 $R(x)$ 中有错，但错在何位不知道，这时就可以将缓冲移存器中的接收码组删除，并向发送端发出一个重发指令，要求重发一次该码组。图 3-8(b)中还给出了稍具体一些的(15,11)循环码的解码原理图,这里移位寄存器级数 $k=11$,$g(x)=x^4+x+1$,在第 $n=15$ 拍时检查余式 $r'(x)$是否为 0。当然,实际电路还要复杂些,图 3-8 只是用来说明循环码的检错功能。

2. 纠错的实现

在接收端为纠错而采用的解码方法自然比检错时复杂。为了能够纠错,要求每个可纠正的差错图样必须与一个特定余式有一一对应关系。余式是指接收码组的多项式 $R(x)$被生成多项式 $g(x)$除后所得的余式 $r'(x)$,这里解释一下差错图样的概念。

设发送码组为 $A=(a_{n-1},a_{n-2},\cdots,a_1,a_0)$,接收码组为 $R=(r_{n-1},r_{n-2},\cdots,r_1,r_0)$,由于发送码组 A 在传输中可能出现误码,因此接收码组 R 不一定与发送码组 A 相同。接收码组 R 与发送码组 A 之差为差错码组

$$R-A=E \quad (\text{模 } 2) \tag{3-53}$$

其中,

$$E=(e_{n-1},e_{n-2},\cdots,e_1,e_0) \tag{3-54}$$

$$e_i=\begin{cases}0, & r_i=a_i\\ 1, & r_i\neq a_i\end{cases} \tag{3-55}$$

差错图样是指式(3-54)中差错码组的各种具体取样的图样。只有当差错图样与上述余式存在一一对应关系,才可能从余式唯一地决定差错图样,从而纠正错码。因此,原则上纠错可按下述步骤进行:

(a) 用生成多项式 $g(x)$除接收码组多项式 $R(x)=A(x)+E(x)$,得出余式 $r'(x)$。

(b) 根据余式 $r'(x)$用查表的方法或通过某种运算得到差错图样 E。例如,通过计算校正子 S 和利用类似表 3-4 的关系,就可确定错码的位置。

(c) 从 $R(x)$中减去 $E(x)$,便得到已纠正差错的原发送码组 $A(x)$。

上述第一步运算和检错解码时的相同,第三步也很简单。只是第二步可能需要较复杂的设备,并且在计算余式和决定 $E(x)$的时候需要把整个接收码组 $R(x)$暂时存储起来。第二步要求的计算,对于纠正突发差错或单个差错的编码还算简单,但对于纠正多个随机差错的编码却是十分复杂的。

通过前面介绍过的表 3-6 的(7,3)循环码,可以看出,其码距为 4,因此它有纠正 1 个差错的能力。这里,我们以此码为例给出一种硬件实现的纠错解码器的原理方框图,如图 3-9 所示。

图中上部为一个 4 级反馈移位寄存器组成的除法电路,它和图 3-6 中编码器的组成基本一样。接收到的码组,除了送入此除法电路外,同时还送入一缓冲寄存器暂存。假定现在接收码组为 1000101,其中左边第 2 位为错码。此码组进入除法电路后,移位寄存器各级的状态变化过程列于表 3-8 中。当此码组的 7 个码元全部进入除法电路后,移位寄存器的各级状态自右向左依次为 0100。其中移位寄存器 c 的状态为"1",它表示接收码组中第 2 位有错(接收码组无错时,移位寄存器中状态应为全"0",即表示接收码组可被生成多项式整除)。在此时刻以后,输入端使其不再进入信码,即保持输入为"0",而将缓冲寄存器中暂存的信码开始逐位移出。在信码第 2 位(错码)输出时刻,反馈移位寄存器的状态(自右向左)为 1000。"与门"输入为$\overline{abcd}$,故仅当反馈移位寄存器状态为 1000 时,"与门"输出为"1"。输出

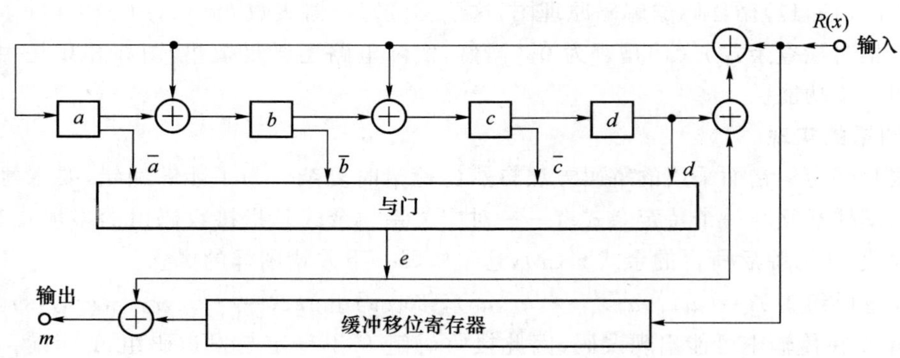

图 3-9 解码器的原理方框图

"1"有两个功用:一是与缓冲寄存器输出的有错信码模 2 相加,从而纠正错码;二是与反馈移位寄存器 d 级输出模 2 相加,达到清除各级反馈移位寄存器的目的。

表 3-8 移位寄存器各级的状态变化过程

输 入	移位寄存器				"与门"输出
$R(x)$	a	b	c	d	e
0	0	0	0	0	0
1	1	1	1	0	0
0*	0	1	1	1	0
0	1	1	0	1	0
0	1	0	0	0	0
1	1	0	1	0	0
0	0	1	0	1	0
1	0	0	1*	0	0
0	0	0	0	1	1
0	0	0	0	0	0

注:* 表示错码位。

在实际应用中,一般情况下码组不是孤立传输的,而是一组组连续传输的。但是,由以上解码过程可知,除法电路在一个码组的时间内运算求出余式后,尚需在下一个码组时间中进行纠错。因此,实际的解码器需要两套除法电路(和"与门"电路等)配合一个缓冲寄存器,这两套除法电路由开关控制交替接收码组。此外,在解码器输出端也需有开关控制只输出信息位,删除监督位。这些开关图中均未示出。目前,解码器一般采用微处理器或数据信号处理器实现。

上述解码方法称为捕错解码法。通常,一种编码可以有几种纠错解码法。对于循环码来说,除了采用捕错解码、多数逻辑解码等方法外,其判决方法有所谓硬判决解码与软判决解码。在这里,只举例说明了捕错解码方法的解码过程,使我们看到错码是可以自动纠正以及是如何自动纠正的。

在数据通信中广泛采用的循环冗余检验(Cyclic Redundancy Checks,CRC)简称 CRC 校验,循环冗余检验码简称 CRC 码。在常用的 CRC 生成器协议中采用的标准生成多项式如

表 3-9 所示，数字 12、16 是指 CRC 余数的长度。对应地，CRC 除数分别是 13、17 位长。

表 3-9　常用的 CRC 码

码	生成多项式
CRC-12	$x^{12}+x^{11}+x^3+x^2+x+1$
CRC-16	$x^{16}+x^{15}+x^2+1$
CRC-ITU	$x^{16}+x^{12}+x^5+1$

3.5　卷积码

卷积码又称连环码，是由伊利亚斯(P. Elias)于 1955 年提出来的，它与前面各节中讨论的分组码不同，它是一种非分组码。在同等码率和相似的纠错能力下，卷积码的实现往往要比分组码简单。由于在数据通信中，数据通常是以组的形式传输或重传，因此分组码似乎更适合于检测差错，并通过反馈重传进行纠错，而卷积码将主要应用于前向纠错(FEC)数据通信系统中。另外，卷积码不像分组码有严格的代数结构，至今尚未找到严密的数学手段，把纠错性能与码的结构十分有规律地联系起来。因此本节仅讨论卷积码的基本原理。

3.5.1　卷积码的基本概念

1. 卷积码的概念

在分组码中，任何一段规定时间内编码器产生的 n 个码元的一个码组，其监督位完全决定于这段时间中输入的 k 个信息位，这个码组中的 $n-k$ 个监督位仅对本码组起监督作用。

卷积码则不然，编码器在任何一段规定时间内产生的 n 个码元，其监督位不仅取决于这段时间中的 k 个信息位，而且还取决于前 $N-1$ 段规定时间内的信息位。换句话说，监督位不仅对本码组起监督作用，还对前 $N-1$ 个码组也起监督作用。

这 N 段时间内的码元数目 nN 称为这种卷积码的约束长度。通常把卷积码记作(n,k,N)，其编码效率为 $R=\frac{k}{n}$。

2. 卷积码的编码

下面我们通过一个简单例子来说明卷积码的编码和解码原理，图 3-10 是一个简单的卷积码的编码器，它由两个移位寄存器 D_1，D_2 和模 2 加电路组成。

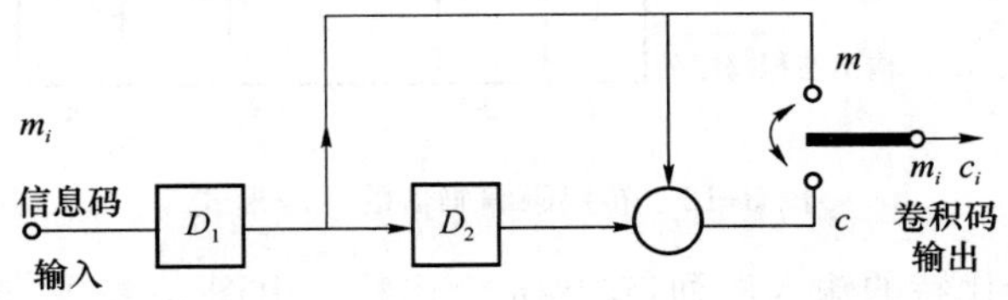

图 3-10　简单的卷积码的编码器

图 3-10 所示编码器的输入信息位一方面可以直接输出，另一方面还可以暂存在移位寄存器中。每当输入编码器一个信息位，就立即计算出一个监督位，并且此监督位紧跟此信息

位之后发送出去,如图 3-11 所示。

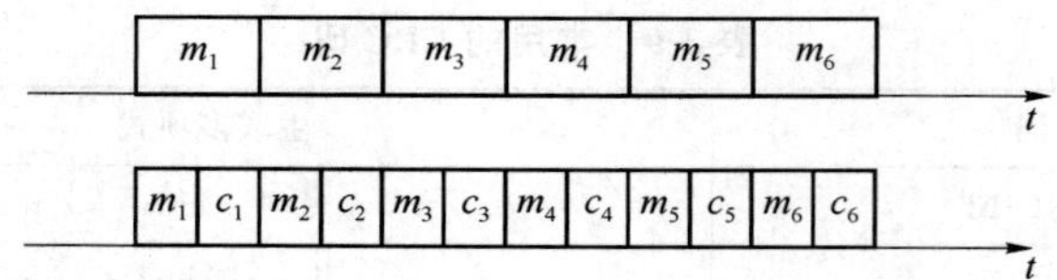

图 3-11　编码器的输入与输出关系

编码器工作过程是这样的:移位寄存器按信息位的节拍工作,输入一位信息,电子开关倒换一次,即前半拍(半个输入码元宽)接通 m 端,后半拍接通 c 端。因此,若输入信息为 $m_1, m_2, m_3, \cdots$,则输出卷积码为 $m_1, c_1, m_2, c_2, m_3, c_3, \cdots$,其中 c_i 为监督码元。由图 3-11 可见:

$$\left.\begin{aligned} c_1 &= 0 + m_1 \\ c_2 &= m_1 + m_2 \\ c_3 &= m_2 + m_3 \\ &\vdots \\ c_i &= m_{i-1} + m_i \end{aligned}\right\} \tag{3-56}$$

显然,卷积码的结构是:"信息码、监督码、信息码、监督码…"。本例中 1 个信息码与 1 个监督码组成一组,但每组中的监督码除了与本组信息码有关外,还与上一组信息码有关。或者说,每个信息码除受本组监督码监督外,还受下一组监督码的监督。本例中 $n=2, k=1, n-k=1$, $N=2$,可记作(2,1,2)卷积码。

为理解卷积码编码器的一般结构,图 3-12 给出了它的一般形式,包括:一个由 N 段组成的输入移位寄存器,每段有 k 级,共 Nk 位寄存器;一组 n 个模 2 和加法器;一个由 n 级组成的输出移位寄存器。

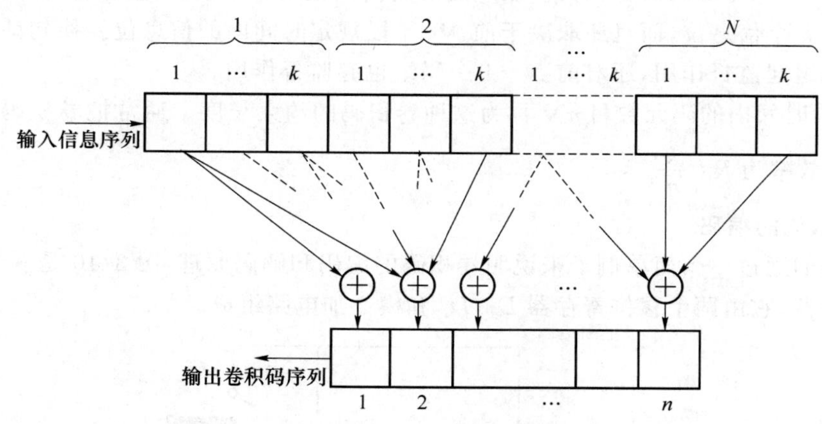

图 3-12　卷积码编码器的一般形式

对应于每段 k 个比特的输入序列,输出 n 个比特。由图 3-12 可知,n 个输出比特不但与当前的 k 个输入比特有关,而且与以前的 $(N-1)k$ 个输入比特有关。整个编码过程可以看成是输入信息序列与由移位寄存器模 2 和连接方式所决定的另一个序列的卷积,故称为卷积码。

3. 卷积码的解码

现在来讨论卷积码的解码，一般说来，卷积码有两类解码方法：

- 代数解码，这是利用编码本身的代数结构进行解码，不考虑信道的统计特性；
- 概率解码，此种解码方法在计算时要用到信道的统计特性。

这里，我们先结合上例介绍门限解码原理。门限解码属于代数解码，它对于约束长度较短的卷积码最为有效，而且设备较简单，还可以应用于一些分组码的解码。可见，这种解码方法是有典型意义的。

图 3-13 是与图 3-10 对应的解码器。设接收到的码元序列为 $m_1'c_1', m_2'c_2', m_3'c_3', \cdots$，解码器输入端的电子开关按节拍把信息码元与监督码元分接到 m' 端与 c' 端，3 个移位寄存器的节拍比码序列的节拍低一倍。其中移位寄存器 D_1, D_2 在信息码元到达时移位，监督码元到达期间保持原状；而移位寄存器 D_3 在监督码元到达时移位，信息码元到达期间保持原状。移位寄存器 D_1, D_2 和模 2 加电路构成与发送端一样的编码器，它从接收到的信息码元序列中计算出对应的监督码元序列。模 2 加法器把上述计算的监督码元序列与接收到的监督码元序列进行比较：若两者相同，则输出"0"；若两者不同，则输出"1"。

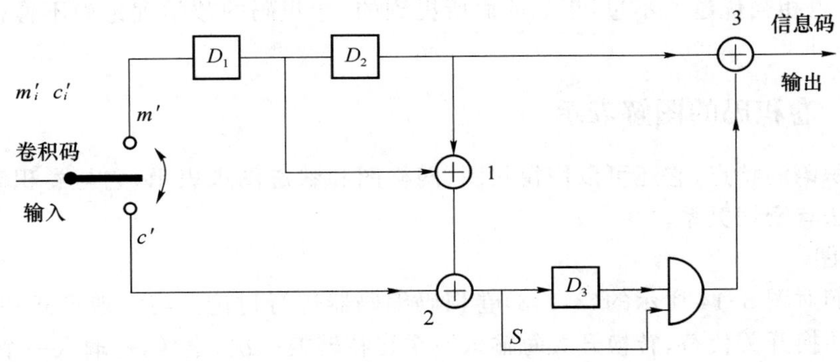

图 3-13 与图 3-10 对应的解码器

显然，当按接收到的信息码元计算出的监督码元与实际收到的监督码元不符时，必定出现了差错，要确定差错的位置，将模 2 加法器输出记作 S(校正子)，根据图 3-13 可以写出 S 的方程为

$$\left.\begin{aligned} S_0 &= (0+m_1')+c_1' \\ S_1 &= (m_1'+m_2')+c_2' \\ S_2 &= (m_2'+m_3')+c_3' \\ &\vdots \\ S_i &= (m_i'+m_{i+1}')+c_{i+1}' \end{aligned}\right\} \tag{3-57}$$

由式(3-57)可见，每个信息码元出现在两个 S 方程中。例如，m_2'就与 S_1 和 S_2 有关，m_3'就与 S_2 和 S_3 有关，……，m_i'就与 S_{i-1} 和 S_i 有关。我们来分析 m_2'，在判决 m_2'是否有差错时，应根据 S_1 和 S_2 的值。决定 S_1 和 S_2 值的共有 5 个码元：m_1', m_2', m_3', c_2'及 c_3'，但其中只有 m_2'与 S_1 和 S_2 两个值都有关，而其他码元只与一个值有关。这种情况称为方程 S_1 与 S_2 正交于 m_2'，或者说校验子方程 S_1 与 S_2 构成 m_2'的正交方程组。在差错不超过一个的条件下，根据正交性得到判决规则如下：

(a) 当 S_1,S_2 都为"0"时,解码方程式(3-57)与编码方程式(3-56)完全一致,可判决无错;

(b) 当 S_1,S_2 都为"1"时,必定是 m_2'出错,可判 m_2'有错(从而可纠正);

(c) 当 S_1,S_2 中只有一个"1"时,必定是 m_1',m_3',c_2'及 c_3'中有一个出错,所以可判决 m_2'无错。

对于其他信息码元也可根据两个相对应的 S 值来判决是否有错。

完成上述判决规则的电路就是图 3-13 中的移位寄存器 D_3、与门及模 2 加法器 3。例如,在判决 m_2'时,D_1 寄存 m_3',D_2 寄存的是 m_2',而 D_3 寄存的是 S_1。当 m_3'到达时,模 2 加法器 2 中就输出 S_2,与门判断 S_1 和 S_2 是否都是"1"。如果都是"1",那么它的输出为"1";否则输出为"0"。与门输出与 D_3 输出相加,即为 m_2 的解码输出。当 $S_1=S_2=1$ 时,表示m_2'有错,与门输出"1",在模 2 加法器 3 中将该信码纠正;当与门输出为"0"时,表明 m_2'无错,将该信码输出。其余各信码的解码与纠错依此类推。在这一例子中可以看到,在解码时的正交方程组中,涉及 5 个码元,即 3 个码组,所以这个简单的卷积码可以在连续 3 个码组中纠正 1 位差错。

从以上介绍可以看出,卷积码是一种非分组码,但它是线性码。卷积码的构造比较简单,在性能上也相当优越。不过,正如前面所提到的,卷积码的数学理论尚不像循环码那样完整严密。

3.5.2 卷积码的图解表示

根据卷积码的特点,它还可以用树状图、网格图和状态图来表示,它与卷积码的编码过程和解码方法有密切关系。

1. 树状图

下面我们对图 3-14 所示的(2,1,3)卷积码编码器进行讨论。与一般形式相比,输出移位寄存器用转换开关代替,转换开关每输入一个比特转换一次,这样,每输入一个比特,经编码器产生两个比特。图 3-14 中 m_1,m_2,m_3 为移位寄存器,假设移位寄存器的起始状态全为"0",即 m_1,m_2,m_3 为 000。c_1 与 c_2 表示为

$$\left.\begin{aligned} c_1 &= m_1+m_2+m_3 \\ c_2 &= m_1+m_3 \end{aligned}\right\} \tag{3-58}$$

m_1 表示当前的输入比特,而移位寄存器 m_3,m_2 存储以前的信息,表示编码器状态。

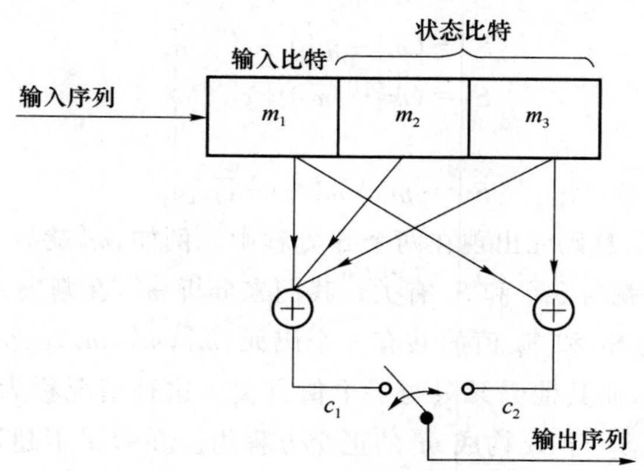

图 3-14 (2,1,3)卷积码编码器

为了说明编码器的状态，表 3-10 列出了它的状态变化过程：第 1 个输入比特为“1”，这时 $m_1=1$，因为 $m_3m_2=00$，所以输出码元 $c_1c_2=11$；第 2 个输入比特为“1”，这时 $m_1=1$，$m_3m_2=01$，$c_1c_2=01$；依此类推，为保证输入的全部信息位 11010 都能通过移位寄存器，还必须在输入信息位后加 3 个“0”。

表 3-10　(2,1,3)卷积码编码器的状态变化过程

m_1	1	1	0	1	0	0	0	0
m_3m_2	00	01	11	10	01	10	00	00
c_1c_2	11	01	01	00	10	11	00	00
状态	a	b	d	c	b	c	a	a

编码器中移位过程可能产生的各种序列可以用树状图来表示，如图 3-15 所示。

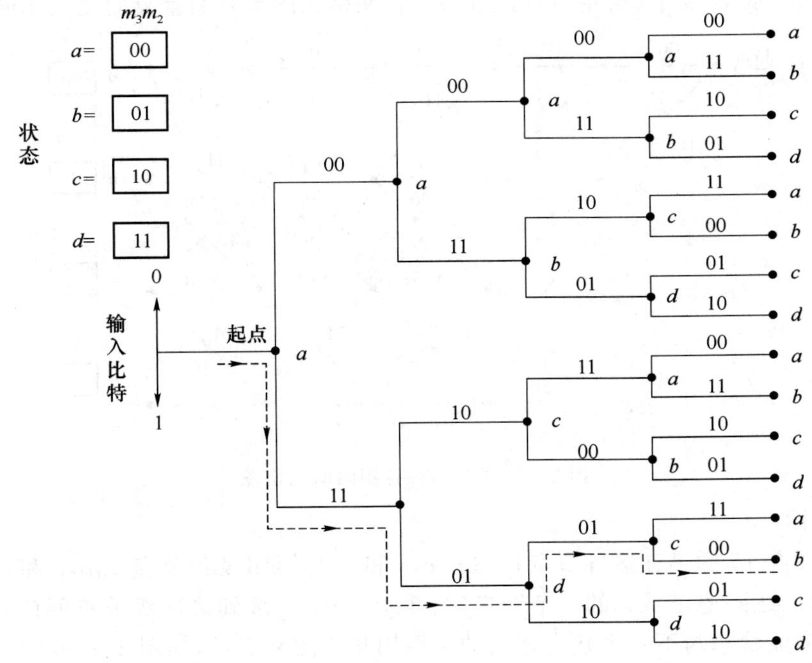

图 3-15　(2,1,3)卷积码的树状图

图 3-15 中和表 3-10 中用 a,b,c 和 d 分别表示 m_3m_2 的 4 种可能状态，即 a 表示 $m_3m_2=00$，b 表示 $m_3m_2=01$，c 表示 $m_3m_2=10$ 和 d 表示 $m_3m_2=11$。树状图从节点 a 开始画，此时移位寄存器状态（即存储内容）为 00。当输入第 1 个比特 $m_1=0$ 时，输出比特 $c_1c_2=00$；若 $m_1=1$，则 $c_1c_2=11$，因此，从 a 点出发有两条支路（树叉）可供选择，$m_1=0$ 时取上面一条支路，$m_1=1$ 则取下面一条支路。当输入第 2 个比特时，移位寄存器右移 1 位后，上支路情况下移位寄存器的状态仍为 00，下支路的状态则为 01，即 b 状态。再输入比特时，随着移位寄存器和输入比特的不同，树状图继续分叉成 4 条支路，2 条向上，2 条向下，上支路对应于输入比特为“0”，下支路对应于输入比特为“1”，如此继续下去，即可得到图 3-15 所示的树状图。

树状图上,每条树叉标注的码元为输出比特,每个节点上标注的 a,b,c 和 d 为移位器(m_3m_2)的状态。从该图可以看出,从第 4 条支路开始,树状图呈现出重复性,即图中标明的上半部与下半部完全相同。这表明从第 4 位输入比特开始,输出码元已与第 1 位输入比特无关,正说明(2,1,3)卷积码的约束长度为 $nN=2\times3=6$ 的含义。当输入序列为 11010 时,在树状图上用虚线标出了它的轨迹,并得到输出码元序列为 11010100…,可见,该结果与表 3-10 一致。

2. 网格图

网格图又称格状图。卷积码的树状图中存在着重复性,据此可以得到更为紧凑的图形表示。在网格图中,把码树中具有相同的节点合并在一起,码树中的上支路对应于输入比特"0",用实线表示;下支路对应于输入比特"1",用虚线表示。网格图中支路上标注的码元为输出比特,自上而下 4 行节点分别表示 a,b,c 和 d 4 种状态,如图 3-16 所示。一般情况下,有 2^{N-1} 种状态,从第 N 节(从左向右计数)开始,网格图图形开始重复而完全相同。

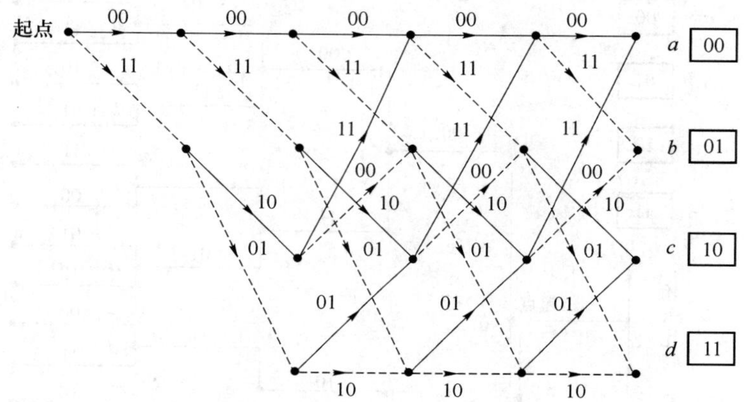

图 3-16 (2,1,3)卷积码的网格图

3. 状态图

从树状图 3-15 的第三级各节点状态 a,b,c 和 d 与第四级各节点 a,b,c 和 d 之间的关系,或者取出已达到稳定状态的一节网格(图 3-16 中第三级到第四级节点间的一节网格),我们就可将当前状态与下一个状态之间的关系用状态图来表示,如图 3-17(a)所示。

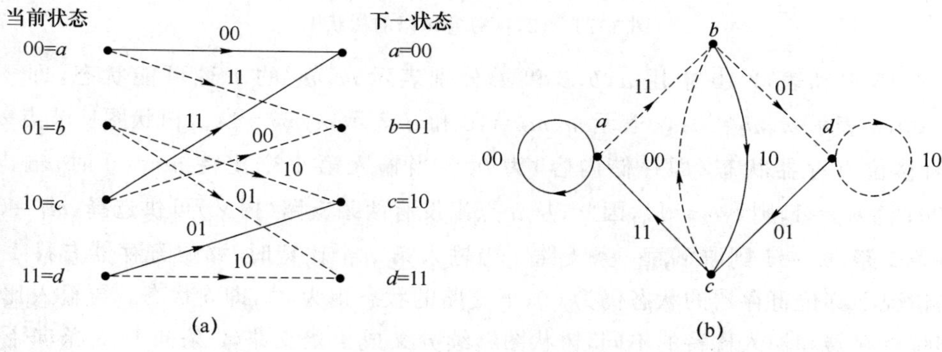

图 3-17 (2,1,3)卷积码的状态图

图中实线表示输入比特为“0”的路径，虚线表示输入比特为“1”的路径，并在路径上写出了相应的输出码元，再把当前状态与下一个状态重叠起来，即可得到图 3-17(b)所示的反映状态转移的状态图。在图(b)中有 4 个节点，即 a,b,c 和 d，其对应取值与图(a)相同。每个节点有两条离开的弧线，实线表示输入比特为 0，虚线表示输入比特为 1，弧线旁的数字为输出码元。当输入比特序列为 11010 时，状态转移过程为 $a \to b \to d \to c \to b$，相应输出码元序列为 11010100…，与表 3-10 的结果相一致。注意，图(b)中两个自闭合圆环分别表示 $a \to a$ 和 $d \to d$ 状态转移。

由上述可见，当给定输入信息比特序列和起始状态时，可以用上述 3 种图解表示法的任何一种，找到输出序列和状态变化路径。

例 3-7　图 3-14 所示卷积码，若起始状态为“0”，输入比特序列为 110100，求输出序列的状态变化路径。

解　由卷积码的网格图 3-16，找出编码时网格图中的路径如图 3-18 所示，由此可得到输出序列和状态变化路径，示于同一图中的上部。

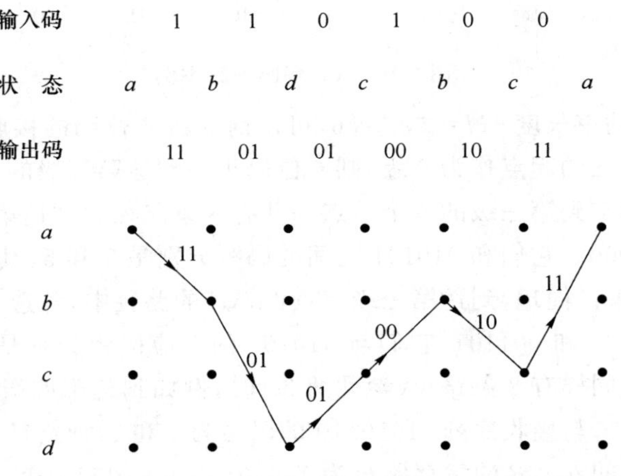

图 3-18　(2,1,3)卷积码的编码过程和路径

3.5.3　卷积码的概率解码

前面提到过，卷积码的解码方法一般有两类：代数解码和概率解码。有关代数解码已经做过介绍，如图 3-13 所示。

这里讨论概率解码，我们知道它要利用信道的统计性质进行解码。

在卷积码的概率解码中，有一类称为最大似然算法，其思路是：把接收序列与所有可能的发送序列(相当于网格图中的所有路径)相比较，选择一种码距最小的序列作为发送序列。在这一思路下，若发送一个 k 位序列，则有 2^k 种可能序列，计算机应存储这些序列，以便用作比较。因此，当 k 较大时，存储量和计算量太大，受到限制。1967 年维特比(Viterbi)对最大似然解码作了简化，称为维特比算法(简称 VB 算法)。VB 算法不是一次比较网格图上所有可能的序列(路径)，而是根据网格图每接收一段就计算一段，比较一段后挑出并存储码距小的路径，最后选择出的那条路径就是具有最大似然函数(或最小码距)的路径，即为解码器的输出序列。

我们用一个例子来说明VB算法的概念。当发送序列为11010时,为了使全部信息位能通过编码器,在发送序列后加上3个“0”,使输入编码器序列变为11010000。经过卷积编码,编码器输出序列为1101010010110000,如表3-10所示。假设接收序列有差错,序列变成0101011010010001。现在我们对照图3-16的网格图来介绍VB的解码过程,如图3-19所示。

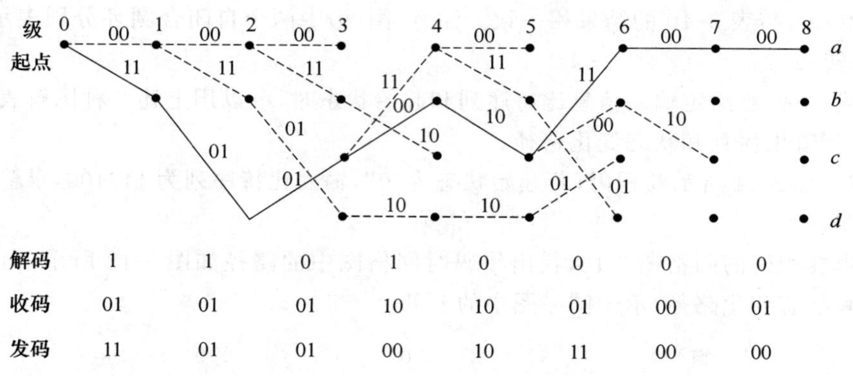

图3-19 VB解码图解举例

在本例中,编码约束长度$nN=2\times3=6$,可以前3段6位码的接收序列010101作为计算的标准。若把网格图的起点作为0级,则6位码正好到达第三级的4个节点(状态),从网格图上可知从0级起点到第三级的4个节点一共有8条路径。到达第三级节点a的路径有两条:000000与111000。它们和010101之间的码距分别是3和5,其中码距较小的路径称为幸存路径,保留下来。同理,到达第三级节点b,c,d的路径中,各选一条幸存路径,分别为000000,000011,110101和001101,它们与010101的对应码距分别是3,3,1和2。从第三级再推进到第四级也同样有8条路径(参见图3-16),例如到达第四级节点a的两条路径为00000000和11010111,与接收序列01010110的码距为4和2,把路径11010111作为幸存路径,同理,到达第四级的b,c,d的幸存路径为11010100,00001110和00110110,逐步按级依次选择幸存路径。由于本例中,要求发送端在发送信息序列后面加上3个“0”,因此最后路径必然终结于a状态(见表3-10)。这样,在到达第七级时只要选出节点a和c的两条路径即可,因为到达终点a只可能从第七级的节点a或c出发。在比较码距后,得到一条通向终点a的幸存路径,即解码路径,如图中实线所示。再对照图3-16中的实线表示“0”码,虚线表示“1”码,可确定每段解码幸存路径所对应的码元是“1”或是“0”,即得到解码码元,如图中的11010000,与发送信息序列一致。

3.6 交织技术

3.6.1 交织技术基本概念

1. 交织技术的概念

在陆地移动通信这种变参信道上,由于持续较长的深衰落谷点会影响到相继一串的比特，所以比特差错经常是成串发生的。而信道编码仅在检测和校正单个差错和不太长的差错串（突发差错）时才有效。为了解决这一问题，引出了交织技术。

交织技术是将一数据序列中的相继比特以非相继方式发送出去，以减小信道中差错的相关性，这样即使在传输过程中发生了成串差错，恢复成一条相继比特串的数据序列时，差错也就变成单个（或长度很短），即把长突发差错离散成短突发差错或随机差错，这时再用信道编码纠错功能纠正差错，恢复原信息。

交织技术与其他编码方式（如分组编码）组合在一起，不仅可以纠正随机差错，还可以用来纠正突发差错，进一步提高抗干扰性能。

2. 交织技术的一般原理

假定由一些 4 比特组成的信息分组，把 4 个相继分组中的第 1 个比特取出来，并让这 4 个第 1 比特组成一个新的 4 比特分组，称作第一帧，4 个信息分组中的比特 2～4，也作同样处理，如图 3-20 所示。

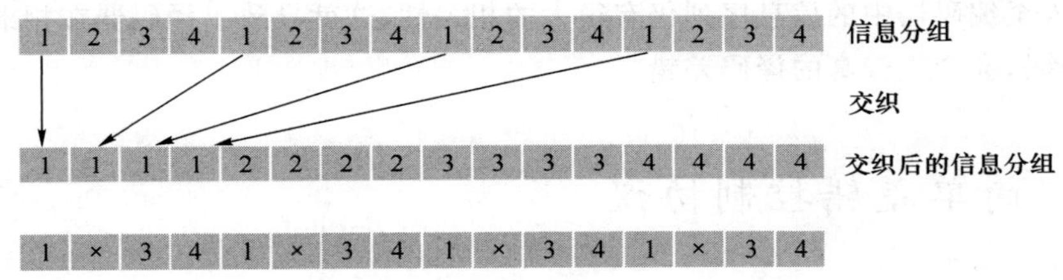

图 3-20　交织技术原理

然后依次传送第 1 比特组成的帧，第 2 比特组成的帧，……。假如在传输期间，第二帧丢失，若没有交织，则会丢失某一整个信息分组，但由于采用了交织技术，只是每个信息分组的第 2 比特丢失，再利用信道编码，全部分组中的信息仍能得以恢复，这就是交织技术的基本原理。概括地说，交织就是把分组的 b 个比特分散到 m 个帧中，以改变比特间的邻近关系。m 值越大，传输特性越好，但传输时延也越大，所以在实际使用中必须作折中考虑。

3. 交织技术的分类

按交织方式交织技术可分为分组交织和卷积交织两种，下面重点介绍分组交织。

3.6.2　分组交织

1. 分组交织原理

分组交织又称矩阵交织或块交织，编码后的码组序列被按行填入一个大小为 $m \times n$ 的矩阵，矩阵填满以后，再按列发出（即把待交织的码组序列按行写成一个 m 行 n 列的矩阵，再按列读出）。同样，接收端的解交织器将接收到的信号按列填入 $m \times n$ 的矩阵，填满后再按行读出（即在接收端则按列写入再按行读出，便可得到解交织后的数据信号），然后送往解码器进行正常解码。这样，信道中的连续突发差错被解交织器以 m 个比特为周期进行分隔再送往解码器，如图 3-21 所示。

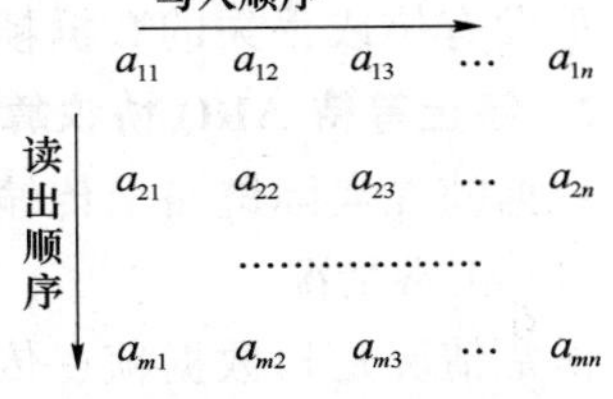

图 3-21　分组交织原理示意图

其中,m 为交织深度,n 为交织约束长度或宽度。

2. 分组交织特性

分组交织具有以下几个重要特性。

(a)任何长度 $b \leqslant m$ 的突发差错经解交织后,成为至少被 n 个比特所隔开的一些单个差错。

(b) 任何长度 $b=rm(r>1)$的突发差错经解交织后,成为至少被 $n-r$ 个比特所隔开的长度低于 r 的突发差错。

(c) 若纠错编码能纠正码组中的 t 个差错,则采用分组交织技术可纠正任何长度为 $b \leqslant tm$ 的单个突发差错或纠正 t 个长度为 $b \leqslant tm$ 的突发差错。

分组交织的优点是原理简单,易于硬件实现。分组交织的主要缺点是由于交织矩阵的深度和宽度固定,不能够根据信道(特别是变参信道)中突发差错长度、纠错码的约束长度、纠错能力做出调整,这样,信息序列中出现的突发差错就不能够尽量随机分布在数据帧内。交织后,输入至编码器中的信息序列仍有很大的相关性,这就导致了译码器在相继译码中不能正确地译码,会产生较高的译码差错。

3.7 简单差错控制协议

本章3.1节介绍了差错控制方式的4种类型,其中检错重发(ARQ)和混合纠错检错(HEC)(若工作在检错重发状态时)都涉及当接收端发现有错,发送端要重发。我们知道重发方式有3种:停发等候重发、返回重发和选择重发。数据通信针对这3种重发方式制定了相应的协议,即自动重发请求(ARQ)协议。

ARQ协议是OSI参考模型中数据链路层的错误纠正协议之一,它包括停止等待ARQ协议和连续ARQ协议。

3.7.1 停止等待ARQ协议

1. 停止等待ARQ协议的概念

当重发方式采用停发等候重发时,应该遵循停止等待ARQ协议。

停止等待ARQ协议规定:发送端每发送一个数据帧(对应一个码组)就暂停下来,等待接收端的应答。接收端收到数据帧进行差错检测,若数据帧没错,则向发送端返回一个确认帧ACK,发送端再发送下一个数据帧;若接收端检验出数据帧有错或数据帧丢失,则发送端需要重发有错或丢失的数据帧,直到没错为止。

2. 停止等待ARQ协议算法

数据帧在实际链路上传输有4种情况,如图3-22所示。

(1) 正常情况

正常情况是指数据帧在传输时没出现差错,也没丢失。接收端B(终端B)接收到一个数据帧后,经差错检验是正确的,向发送端A(终端A)发送一个确认帧ACK。当终端A收到确认帧ACK后,则可继续发送下一数据帧,如图3-22(a)所示。

(2) 数据传输出错

接收端B检验出收到的数据帧出现差错时,向终端A发送一个否认帧NAK,告诉终端A应重发出错的该数据帧。终端A可多次重发,直至接收到终端B发来的确认帧ACK为止,如图3-22(b)所示。

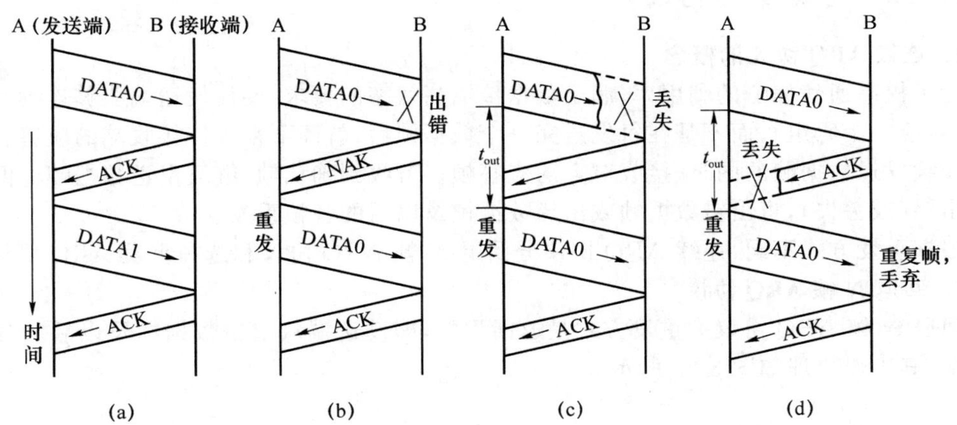

图3-22 数据帧在实际链路上传输的几种情况

(3) 数据帧丢失

由于各种原因,终端B收不到终端A发来的数据帧,这种情况称为数据帧丢失。发生数据帧丢失时,终端B一直在等待接收数据帧,是不会向终端A发送任何应答帧的。终端A由于收不到应答帧,或是应答帧发生了丢失,它就会一直等待下去。这时,系统就会出现死锁现象。

解决死锁问题的方法是设置超时定时器。当终端A发送完一个数据帧时,就启动一个超时定时器。若超时定时器规定的定时时间t_{out}到了,仍没有收到终端B的任何应答帧,终端A就重发这一数据帧。若终端A在超时定时时间内收到了确认帧,则将超时定时器停止计时并清零。超时定时器的定时时间一般设定为略大于"从发完数据帧到收到应答帧所需的平均时间",如图3-22(c)所示。

(4) 确认帧丢失的情况

当确认帧丢失时,超时重发将会使终端B收到两个相同的数据帧。若终端B无法识别重发的数据帧,则会导致在其收到的数据中出现重复帧的差错。

重复帧是一种不允许出现的差错。解决的方法是在发送端给每一个数据帧带上不同的发送序号。若接收端连续收到发送序号相同的数据帧,则认为是重复帧,将其丢掉。同时,必须向终端A发送一个确认帧ACK,如图3-22(d)所示。

这里有两点需要说明:

(a) 在实际应用中,停止等待ARQ协议往往这样处理:当数据帧出现差错时,将其丢弃,不向终端A发送任何信息(即不通知终端A收到有差错的数据帧)。终端A发送完一个数据帧时,就启动一个超时定时器,若在超时定时器规定的定时时间内,没有收到终端B的任何应答帧,终端A就重发这一数据帧。

(b) 由于停止等待ARQ协议发送端每发送完一个数据帧就停下来,等待接收端的应答信息,因此数据帧编号只需用一个比特就够了。这样,有"0"和"1"两种不同的序号交替出现在数据帧中,可以使接收端分辨出是新的数据帧还是重发的数据帧。任何一个编号系统所占用的比特数都会增加系统的额外开销,所以应使编号的比特数尽量少。

通过以上分析可以看出:停止等待协议的优点是简单,但由于是停止等待发送,所以数据传输效率太低。

3.7.2 连续 ARQ 协议

1. 连续 ARQ 协议的概念

为了提高通信信道的利用率,满足数据传输高效率的要求,要使发送端能够连续发送数据帧(对应一个码组),而不是在每发送完一个数据帧后,就停下来等待接收端的应答。发送端在连续发送数据帧的同时,接收对方的应答帧。若收到确认帧,继续发送数据帧。但若数据帧出错(或丢失),将出错数据帧或出错数据帧及以后的各帧重发。

根据重发方式不同,连续 ARQ 协议分回退 N 帧 ARQ 协议和选择重发 ARQ 协议。

2. 回退 N 帧 ARQ 协议

回退 N 帧 ARQ 协议的重发方式是返回重发,即发送端从出错数据帧及以后的各帧都要重发,其工作原理如图 3-23 所示。

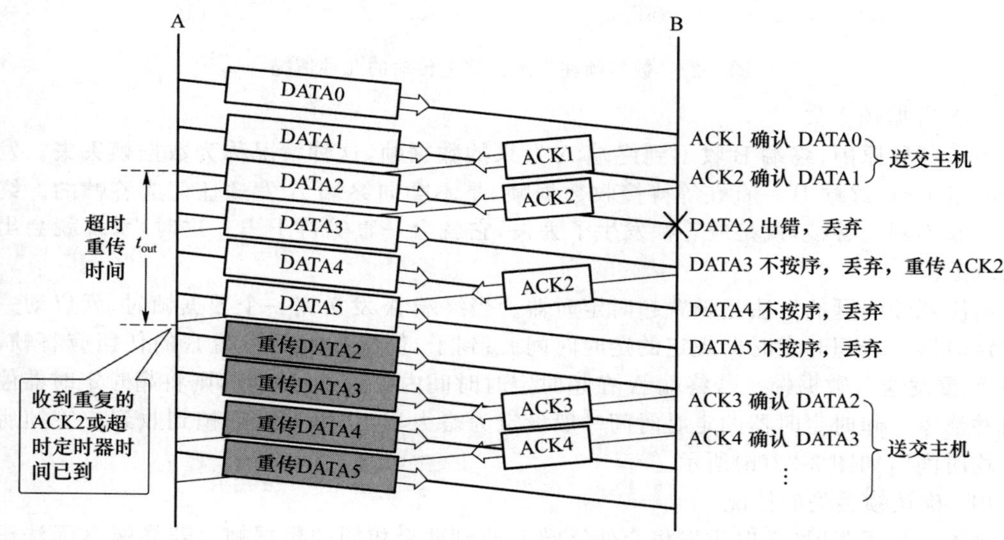

图 3-23 回退 N 帧 ARQ 协议的工作原理(数据帧出错)

由图 3-23 可见,终端 A 向终端 B 发送数据帧,发完 0 号数据帧后,不是停下来等待,而是继续发送后续的 1 号、2 号、3 号等数据帧。同时终端 A 每发送完一个数据帧就要为该帧设置超时定时器。终端 B 连续接收各个数据帧,并经过差错检验后向终端 A 发回应答帧。由于发送端是连续发送,在应答帧中要说明对哪个数据帧的确认,所以应答帧需要编号。

值得注意的是,前面 3.1.1 简单介绍了返回重发(及选择重发)系统的工作原理。为了与 TCP/IP 参考模型中传输层协议 TCP 的可靠传输原理相一致,在回退 N 帧 ARQ 协议(及选择重发 ARQ 协议)中,应答只采用确认帧,不用否认帧。ACK n 表示对 $n-1$ 号帧的确认,即通知发送端准备接收 n 号帧。例如,确认帧 ACK2,即通知发送端 1 号数据帧已正确到达接收端,接收端等待接收 2 号数据帧。

另外,在回退 N 帧 ARQ 协议中,接收端必须按序接收数据。当连续接收时发现数据帧出错,将出错帧丢弃(不向发送端 A 发送任何信息,即不通知终端 A 收到有差错的数据帧),

由于失序要将后续再接收到的正确帧也一并丢弃，直到出错帧重发并正确后，再连续接收。

例如，在图 3-23 中，假设 2 号数据帧出错，终端 B 将其丢弃（不返回确认帧）。后面接收到 3 号数据帧，顺序不对也要丢弃，但要返回确认帧 ACK2。再后面又连续接收到两个正确的数据帧（4 号、5 号数据帧），则将这两个数据帧都丢弃，不再返回确认帧。若终端 A 所发 2 号数据帧的超时定时器设置的时间已到或收到重复的 ACK2，则重发 2 号、3 号、4 号、5 号数据帧。可见，在回退 N 帧 ARQ 协议中，出错重发需连续重发“N”个帧。

回退 N 帧 ARQ 协议处理数据帧丢失与处理数据帧出错的方法一样，如图 3-24 所示。

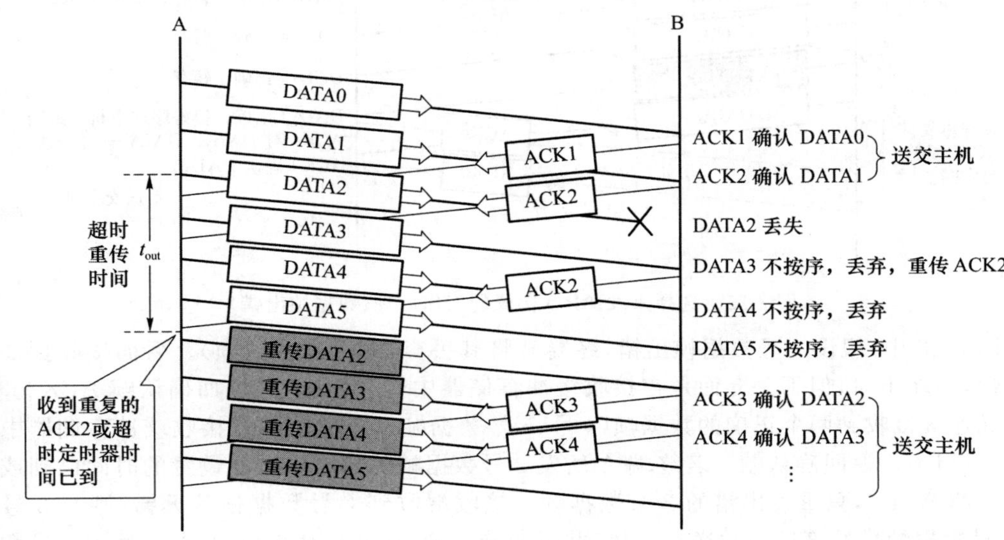

图 3-24　回退 N 帧 ARQ 协议的工作原理（数据帧丢失）

回退 N 帧 ARQ 协议采用连续发送方式提高了数据传输效率，但出错重传的数据帧较多时，又将使传输效率降低。所以回退 N 帧 ARQ 协议适用于传输质量较高的通信信道使用。

这里也有两点需要说明：

(a) 在回退 N 帧 AQR 协议的实际应用中，为减少接收端的开销，不必对每个接收正确的数据帧立即应答，而是在连续收到多个正确的数据帧后，只对最后的一个发出确认帧，表示为 ACKn。其中序号 n 有两层意思：一是向发送端表明确认发送序号为 $n-1$ 及以前各个数据帧；二是向发送端表明期望接收序号为 n 的数据帧。例如，若发送端收到确认帧 ACK4，则知道 3 号及以前的各个数据帧已正确到达接收端；接收端等待接收 4 号数据帧。

(b) 连续 ARQ 协议（包括回退 N 帧 AQR 协议和选择重发 ARQ 协议）的应用范围较广泛，它既可以用在 OSI 参考模型的数据链路层，也可以用在 TCP/IP 参考模型的传输层。在实际应用中，根据数据传输效率等需求，接收端返回确认帧的具体方法可能略有差别，但是其基本原理、基本思路是一致的。

3. 选择重发 ARQ 协议

选择重发 ARQ 协议与回退 N 帧 ARQ 协议不同的是，发送端只重传有错（或丢失）的数据帧，接收端只丢弃有错的数据帧，其后的数据帧先在缓冲存储器中暂时存储，等重新收到刚才有错、现在正确的数据帧（或丢失的数据帧），按序排好后，一并送交主机。

选择重发 ARQ 协议的工作原理如图 3-25 所示。

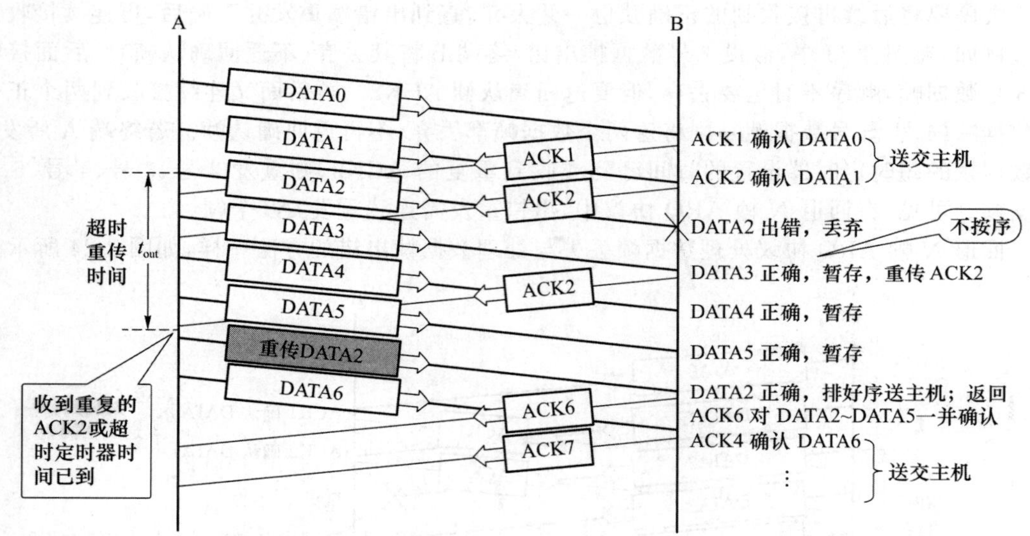

图 3-25 选择重发 ARQ 协议的工作原理(数据帧出错)

图 3-25 中,假设 2 号数据帧出错,终端 B 将其丢弃(不返回确认帧)。后面接收到 3 号数据帧,顺序不对,但不丢弃而是在接收缓冲存储器中暂存下来,并返回确认帧 ACK2。再后面又连续接收到两个正确的数据帧(4 号、5 号数据帧),将它们都在接收缓冲存储器中暂时存储,但不再返回确认帧。若终端 A 所发 2 号数据帧的超时定时器设置的时间已到或收到重复的 ACK2,只重发出错的 2 号数据帧。接收端收到 2 号数据帧若无错,则与 3 号、4 号、5 号数据帧排好序后一并送交主机,并返回确认帧 ACK6,对 2 号、3 号、4 号和 5 号数据帧一并确认。

选择重发 ARQ 协议在处理数据帧丢失时的方法与处理数据帧出错的方法相同,仍是采用超时定时器,发送端只重发丢失的某个数据帧,如图 3-26 所示。

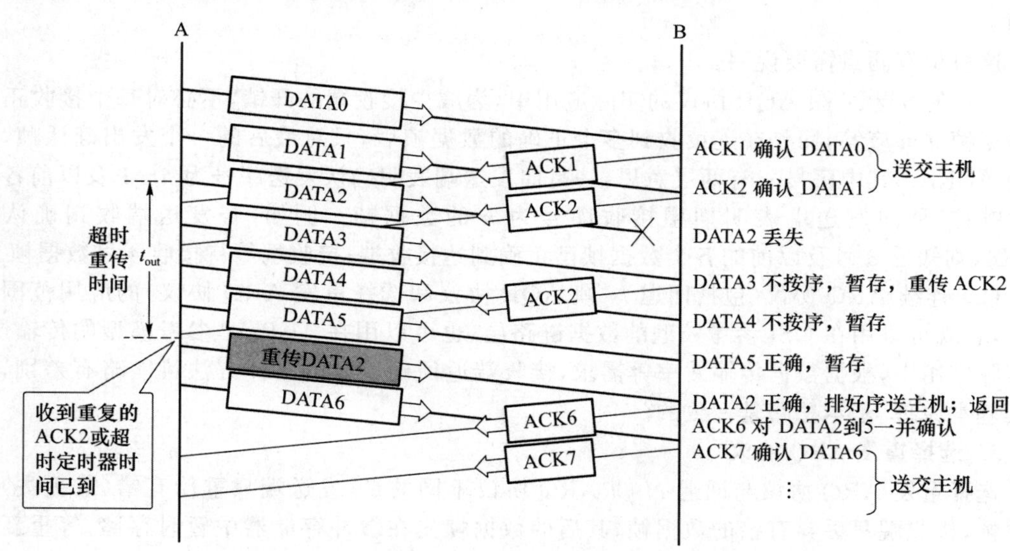

图 3-26 选择重发 ARQ 协议的工作原理(数据帧丢失)

选择重发 ARQ 协议可以避免重复传送那些本来已经正确到达接收端的数据帧，数据传输效率最高，但是要求在接收端占用更多的缓冲区。

4. 回退 *N* 帧 ARQ 协议与选择重发 ARQ 协议的比较

以上介绍了回退 *N* 帧 ARQ 协议与选择重发 ARQ 协议，下面将它们做个简单的比较，如表 3-11 所示。

表 3-11 回退 *N* 帧 ARQ 协议与选择重发 ARQ 协议的比较

项目	协议	
	回退 *N* 帧 ARQ 协议	选择重发 ARQ 协议
发送方式	连续发送	连续发送
传输效率	比较高	最高
控制方法	比较简单	比较复杂
缓冲存储器	发送端有	发送端和接收端都要求有
成本	比较低	比较高

由此可见，回退 *N* 帧 ARQ 协议与选择重发 ARQ 协议各有利弊，实际中根据具体情况决定采用哪种 ARQ 协议。

小 结

(a) 差错分为随机差错和突发差错两类。随机差错是指那些独立地、稀疏地和互不相关地发生的差错；突发差错是指一串串，甚至是成片出现的差错。

(b) 差错控制的基本思路是：在发送端被传送的信息码序列的基础上，按照一定的规则加入若干监督码元后进行传输，这些加入的码元与原来的信息码序列之间存在着某种确定的约束关系。在接收数据信号时，检验信息码元与监督码元之间的既定的约束关系，若该关系遭到破坏，则收端可以发现传输中的差错，乃至纠正差错。

(c) 差错控制方式分为 4 种类型：检错重发（ARQ）、前向纠错（FEC）、混合纠错检错（HEC）和信息反馈（IRQ）。其中，实时性最好的是 FEC，实时性最差的是 IRQ，不需要反向信道的是 FEC，不需要纠错、检错编译码器的是 IRQ。

ARQ 的重发方式有 3 种：停发等候重发、返回重发和选择重发。

(d) 码的检错和纠错能力是用信息量的冗余度来换取的。一般在 k 位信息码后面加 r 位监督码构成一个码组，码组的码位数为 n。加入的监督码越多，码的检错、纠错能力越强，但信息传输效率（编码效率）下降也越多。编码效率的定义为 $R=\frac{k}{n}$。

(e) 在一种编码中，任意两个许用码组间距离的最小值，称为这一编码的汉明距离，用 $d_{\min}$ 表示。汉明距离越大，纠检错能力越强，具体关系可以用 3 个公式来体现〔见式(3-2)～式(3-4)〕。

(f) 差错控制编码可从不同的角度分类：

- 按照码组的功能分，有检错码和纠错码两类。
- 按照码组中监督码元与信息码元之间的关系分，有线性码和非线性码两类。

- 按照信息码元与监督码元的约束关系分,可分为分组码和卷积码两类。
- 按照信息码元在编码前后是否保持原来的形式不变,可分为系统码和非系统码。
- 按照纠正差错的类型分,可分为纠正随机差错的码和纠正突发差错的码。
- 按照每个码元取值分,可分为二进制码与多进制码。

(g)几种简单的差错控制编码主要包括奇偶监督码、水平奇偶监督码和二维奇偶监督码,它们都属于线性分组码,其中二维奇偶监督码的检错能力最强。

(h) 汉明码是一种能够纠正1位错码且编码效率较高的线性分组码。(n,k)汉明码r个监督位与码长n的关系为:$2^r-1\geqslant n$。

(7,4)汉明码是一种简单的汉明码。根据监督关系可以确定监督位a_2,a_1,a_0,继而可以产生(7,4)汉明码。(7,4)汉明码的汉明距离$d_{\min}=3$,这种码能纠正1个错码或检测2个错码。

(i) 线性码是指监督码元与信息码元之间满足一组线性方程的码;分组码是监督码元仅对本码组中的码元起监督作用,或者说监督码元仅与本码组的信息码元有关。既是线性码又是分组码的编码就叫线性分组码。

线性分组码的主要性质有两个:

- 封闭性(是指一种线性分组码中的任意两个码组之逐位模2和仍为这种码中的另一个许用码组)。
- 码的最小距离等于非零码的最小重量。

(j) 循环码属于线性分组码,它除了具有线性分组码的一般性质外,还具有循环性。循环性是指循环码中任一许用码组经过循环移位后(将最右端的码元移至左端,或反之)所得到的码组仍为它的一个许用码组。

循环码的生成多项式$g(x)$的定义为:(n,k)循环码的2^k个码组中,有一个码组前$k-1$位码元均为0,第k位码元为1,第n位(最后一位)码元为1,此码组对应的多项式即为生成多项式$g(x)$,其最高幂次为x^{n-k}。

根据式(3-36),由生成多项式可以求生成矩阵$\boldsymbol{G}(x)$,经过变换可以得到典型的生成矩阵,最终可求出整个码组。

(k) 卷积码是编码器在任何一段规定时间内产生的n个码元,其监督位不仅取决于这段时间中的k个信息位,而且还取决于前$N-1$段规定时间内的信息位。换句话说,监督位不仅对本码组起监督作用,还对前$N-1$个码组也起监督作用。这N段时间内的码元数目nN称为这种卷积码的约束长度。通常把卷积码记作(n,k,N),其编码效率为$R=\frac{k}{n}$。

(l) 交织技术是将一数据信号序列中的相继比特以非相继方式发送出去,以减小信道中差错的相关性,这样即使在传输过程中发生了成串差错,恢复成一条相继比特串的数据信号序列时,差错也就变成单个(或长度很短),即把长突发差错离散成短突发差错或随机差错,这时再用信道编码纠错功能纠正差错,恢复原信息。

交织技术按交织对象分可分为符号交织和比特交织；按交织方式可分为分组交织和卷积交织两种。

分组交织又称矩阵交织或块交织，编码后的码组序列被按行填入一个大小为$m\times n$的矩阵，矩阵填满以后，再按列发出。同样，接收端的解交织器将接收到的信号按列填入$m\times n$的矩阵，填满后再按行读出。

(m) ARQ协议包括停止等待ARQ协议和连续ARQ协议，根据重发方式的不同，连续ARQ协议又分回退N帧ARQ协议和选择重发ARQ协议。

停止等待ARQ协议规定：发送端每发送一个数据帧就暂停下来，等待接收端的应答。若数据帧没错，则接收端向发送端返回一个确认帧ACK，发送端再发送下一个数据帧；若接收端检验出数据帧有错或数据帧丢失，则发送端需要重发有错或丢失的数据帧。

连续ARQ协议是发送端在连续发送数据帧的同时，接收对方的应答帧。若收到确认帧，则继续发送数据帧；若数据帧出错或丢失，则需要重发。回退N帧ARQ协议的重发方式是返回重发，即发送端从出错(或丢失)数据帧及以后的各帧都要重发；选择重发ARQ协议的重发方式是选择重发，即发送端只重发出错(或丢失)的数据帧。

习　题

3-1　已知发送数据序列和接收数据序列如下，求差错序列。

发送数据序列：1 0 0 1 0 1 1 1 0 0 1

接收数据序列：1 1 1 1 1 0 0 1 1 1 0

3-2　差错控制方式有哪几种？比较它们的主要优缺点。

3-3　已知线性分组码的8个码组为000000，001110，010101，011011，100011，101101，110110，111000，求该码组的最小码距。

3-4　上题给出的码组若用于检错，能检出几位错码？若用于纠错，能纠正几位错码？若同时用于检错与纠错，纠错、检错的性能如何？

3-5　某系统采用水平奇监督码，其信息码元如下表，试填上监督码元，并写出发送的数据序列。

信息码元										监督码元
1	0	0	0	0	1	1	1	0	1	
0	0	0	1	0	0	0	0	1	0	
1	1	0	1	0	0	1	1	0	1	
1	1	1	0	0	1	1	0	0	0	
1	1	0	0	1	1	1	0	1	1	

3-6　某系统采用水平垂直奇监督码，其信息码元如下表，试填上监督码元，并写出发送的数据序列(按行发送)。

	信息码元								监督码元
	1	1	0	0	1	1	1	0	
	1	0	0	1	1	0	0	1	
	0	1	1	0	0	0	1	1	
	1	0	1	1	0	0	0	1	
监督码元									

3-7　某系统采用水平垂直偶校验码,试填出下列矩阵中5个空白码位。

0　1　0　1　1　0　1　0

1　1　1　0　0　0　0　( )

0　0　0　( )　1　1　0　0

1　0　( )　1　1　1　0　1

0　0　0　0　( )　0　1　( )

3-8　如信息位为7位,要构成能纠正1位错码的汉明码,至少要加几位监督码?其编码效率为多少?

3-9　已知信息码为1100,求所对应的(7,4)汉明码。

3-10　接收端收到某(7,4)汉明码为1011010,此(7,4)汉明码是否有错?错码位置为何?

3-11　已知(7,3)循环码的一个许用码组,试将所有其余的许用码组填入下表。

信息位			监督位				信息位			监督位			
a_6	a_5	a_4	a_3	a_2	a_1	a_0	a_6	a_5	a_4	a_3	a_2	a_1	a_0
1	1	1	0	0	1	0							

3-12　接上题,求上表循环码的典型的生成矩阵 **G**,设信息码为101,求整个码组。

3-13　已知循环码的生成多项式为 $g(x)=x^3+x+1$,当信息位为1000时,写出它的监督位和整个码组。

3-14　某(n,k,N)卷积码,设约束长度为35,$N=5$,监督位$r=3$,求此卷积码的编码效率。

3-15　交织技术的概念是什么?

3-16　简述连续ARQ协议的概念及分类。

习题解答

第4章 数据通信网络的体系结构

章导学

数据通信是在各种类型的数据终端设备之间进行的，其通信控制比较复杂，因此必须有一系列行之有效的、共同遵守的通信协议。

本章首先介绍网络体系结构的基本概念，然后系统详细地论述开放系统互连参考模型(OSI-RM)和TCP/IP参考模型的各层协议。

4.1 网络体系结构概述

4.1.1 网络体系结构的定义及分类

1. 通信协议及分层

数据通信是机器(数据终端设备)之间的通信，是利用物理线路和交换设备等将若干台计算机连接成网络来实现的。但是要顺利地进行信息交换，仅有这些硬件设备是不够的，还必须事先制定一些通信双方共同遵守的规则、约定，我们将这些规则、约定的集合称为通信协议。

协议比较复杂，为了描述和双方共同遵守方便，通常将协议分层，每一层对应着相应的协议，各层协议的集合就是全部协议。

2. 网络体系结构的定义

网络体系结构是数据通信网络的各组成部分及网络本身所必须实现的功能的精确定义，更直接地说，网络体系结构是数据通信网络中的层次、各层的功能及协议、层间的接口的集合。

3. 网络体系结构的分类

应用比较广泛的网络体系结构主要有OSI参考模型和TCP/IP参考模型。

我们知道数据通信系统中的终端设备主要是计算机，而不同厂家生产的计算机的型号和种类不同，为了使不同类型的计算机能互连，以便相互通信和资源共享。1977年，国际标准化组织(ISO)提出了OSI参考模型，并于1983年春定为正式国际标准，同时也得到了国际电报电话咨询委员会(CCITT)的支持。

随着 Internet 的飞速发展,TCP/IP 参考模型的应用越来越广泛。本章具体介绍 OSI 参考模型和 TCP/IP 参考模型。

4.1.2 网络体系结构相关的概念

为了帮助大家更好地理解 OSI 参考模型和 TCP/IP 参考模型,在此首先介绍几个与网络体系结构相关的概念。

1. 开放系统

所谓开放系统是指能遵循 OSI 参考模型等实现互连通信的计算机系统。

2. 实体

网络体系结构的每一层都是若干功能的集合,可以看成是由许多功能块组成,每一个功能块执行协议规定的一部分功能,具有相对的独立性,我们称之为实体。实体即可以是软件实体(如一个进程),也可以是硬件实体(如智能输入输出芯片)。每一层可能有许多个实体,相邻层的实体之间可能有联系,相邻层之间通过接口通信。

3. 服务访问点

在同一系统中,一个第 N 层实体和一个第 $N+1$ 层实体相互作用时,信息必须穿越上、下两层之间的边界。OSI 参考模型中将第 N 层与第 $N+1$ 层这样上、下相邻两层实体信息交换的地方,称为服务访问点(Service Access Point,SAP),表示为(N)SAP。(N)SAP 实际上就是 N 实体与 $N+1$ 实体之间的逻辑接口。

4. *N* 服务

网络体系结构中的服务是指某一层及其以下各层通过接口提供给上层的一种能力。网络体系结构包含一系列的服务,而每个服务则是通过某一个或某几个协议来实现。

N 服务是由一个 N 实体作用在一个(N)SAP 上来提供的;或者,$N+1$ 实体通过(N)SAP 取得 N 实体提供的 N 服务。

5. 协议数据单元

协议数据单元(Protocol Data Unit,PDU)是指在不同开放系统的各层对等实体之间,为实现该层协议所交换的信息单元(通常称为本层的数据传送单位)。一般将第 N 层的协议数据单元记为(N)PDU。

(N) PDU 由两部分组成:

- 本层的用户数据,记为(N)用户数据;
- 本层的协议控制信息(Protocol Control Information,PCI),记为(N)PCI。

4.2 开放系统互连参考模型

重点难点讲解

OSI 参考模型涉及的是为完成一个公共(分布的)任务而相互配合的系统能力及开放式系统之间的信息交换,但它不涉及系统的内部功能和与系统互连无关的其他方面,也就是说系统的外部特性必须符合 OSI 的网络体系结构,而其内部功能不受此限制。采用分层结构的开放系统互连大大降低了系统间信息传递的复杂性。应当理解 OSI 参考模型仅仅是一个概念性和功能性结构,它并不涉及任何特定系统互连的具体实现、技术或方法。

具体地说，OSI 参考模型是将计算机之间进行数据通信全过程的所有功能逻辑上分成若干层，每一层对应有一些功能，完成每一层功能时应遵照相应的协议，所以 OSI 参考模型是功能模型，也是协议模型。

4.2.1　OSI 参考模型的分层结构及各层功能概述

1. OSI 参考模型的分层结构

OSI 参考模型共分 7 层。这 7 个功能层自下而上分别是：物理层，链路层，网络层，传输层，会话层，表示层，应用层。

图 4-1 表示两个计算机通过交换网络相互连接和它们对应的 OSI 参考模型分层的例子，交换网络包括若干数据交换机以及连接它们的链路。

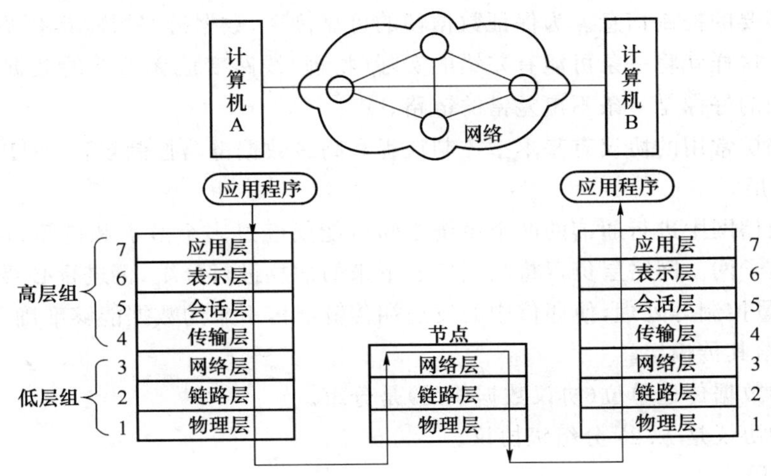

图 4-1　OSI 参考模型的分层结构

其中计算机的功能和协议逻辑上分为 7 层；而节点（即数据交换机）仅起通信中继和交换的作用，其功能和协议最多有 3 层。通常把 1～3 层称为低层或下 3 层，它是由计算机和交换网络共同执行的功能，而把 4～7 层称为高层，它是计算机 A 和计算机 B 共同执行的功能。

通信过程是：发端信息从上到下依次完成各层功能，收端从下到上依次完成各层功能，如图 4-1 中箭头所示。

系统中为某一具体应用而执行信息处理功能的一个元素称为应用进程。应用进程可以是手控进程、计算机控制进程或物理进程。例如，正在操纵的某自动银行终端的操作员，属于手控应用进程；在某 PC 上正在运行的、访问远端数据库的应用程序，属于计算机控制进程；工业控制系统中的专用计算机上执行的过程控制程序，属于物理应用进程。

2. OSI 参考模型各层功能及协议概述

(1) 物理层

物理层并不是物理媒体（传输介质）本身，它是开放系统利用物理媒体实现物理连接的功能描述和执行连接的规程。物理层提供用于建立、保持和断开物理连接的机械的、电气的、功能的和规程的手段。简而言之，物理层提供有关同步和全双工比特流在物理媒体上的传输手段。

物理层传送数据的基本单位(简称数据传送单位)是比特。

物理层典型的协议有 RS-232C、RS-449/422/423、V. 24、V. 28、X. 20 和 X. 21 等。

(2) 数据链路层

我们在第1章介绍了数据链路的概念,并指出只有建立了数据链路,才能有效可靠地进行数据通信。数据链路层(简称链路层)的一个功能就是负责数据链路的建立、维持和拆除。

数据链路层的数据传送单位(协议数据单元)一般是帧。

在物理层提供比特流传送服务的基础上,数据链路层负责建立数据链路连接,将它上一层(网络层)传送下来的信息组织成"数据帧"进行传送。每一数据帧中包括一定数量的数据信息和一些必要的控制信息。为保证数据帧的可靠传送,数据链路层应具有差错控制、流量控制等功能。这样就将一条可能有差错的实际(物理)线路变成无差错的数据链路,即从网络层向下看到的好像是一条不出差错的链路。

数据链路层常用的协议有基本型控制规程和高级数据链路控制规程(HDLC)。

(3) 网络层

在数据通信网中进行通信的两个系统之间可能要经过多个节点和链路,也可能还要经过若干个通信子网。网络层负责将高层传送下来的信息进行分组,再进行必要的路由选择、差错控制、流量控制等处理,使通信中的发送端传输层传下来的数据能够准确无误地到达接收端,并交付给其传输层。

网络层的数据传送单位(协议数据单元)是分组。

网络层的协议是 X. 25 分组级协议。

(4) 传输层

传输层也称计算机-计算机(端-端)层,是开放系统之间的传送控制层,实现用户的端到端的或进程之间数据的透明传送,使会话层实体不需要关心数据传送的细节,同时,还用于弥补各种通信子网的质量差异,对经过下3层仍然存在的传输差错进行恢复。另外,该层给予用户一些选择,以便从网络获得某种等级的通信质量。具体来说其功能包括端到端的顺序控制、流量控制、差错控制及监督服务质量。

传输层的数据传送单位(协议数据单元)是报文。

(5) 会话层

为了完成两个进程之间的协作,必须在两个进程之间建立一个逻辑连接,我们称这种逻辑连接为会话。会话层作为用户进入传输层的接口,负责进程间建立会话和终止会话,并且控制会话期间的对话。提供诸如会话建立时会话双方资格的核实和验证,由哪一方支付通信费用,以及对话方向的交替管理、故障点定位和恢复等各种服务。简而言之,会话层的主要功能是提供建立通信和维护应用的机制,会话层不参与具体的数据传输。

会话层及以上各层的数据传送单位(协议数据单元)也称为报文,但与传输层的报文有本质的不同。

(6) 表示层

表示层的主要功能有:代码转换、数据格式转换、数据加密与解密、数据压缩与恢复等。

(7) 应用层

应用层是 OSI 参考模型的最高层，它直接面向用户以满足用户的不同需求，是与用户应用进程的接口，利用网络资源向应用进程直接提供服务。

应用层的主要功能是提供网络与用户应用软件之间的接口服务，包括文件传送、存取和管理、远程数据库访问等。

3. 信息在 OSI 参考模型各层的传递过程

OSI 参考模型中，不同系统的应用进程在进行数据传送时，其信息在各层之间的传递过程及所经历的变化如图 4-2 所示。

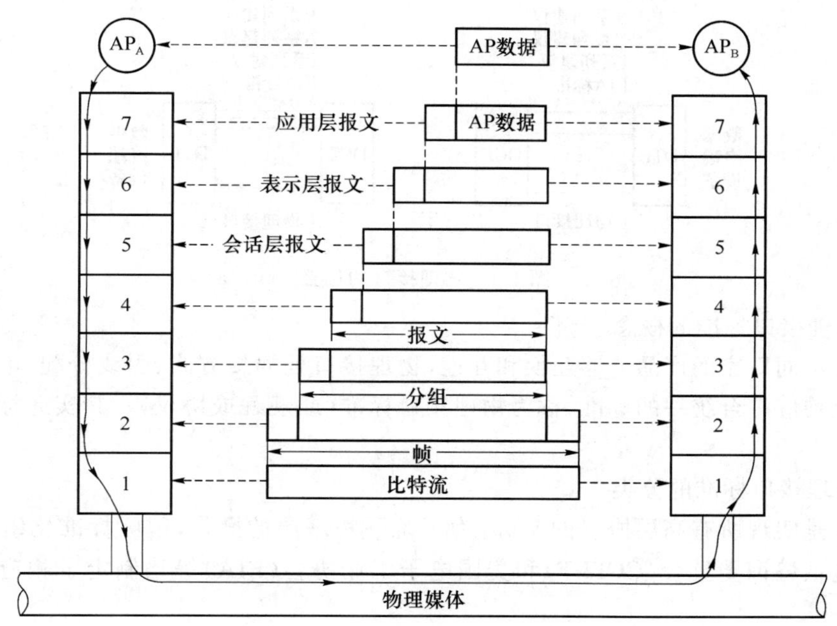

图 4-2　信息在各层之间的传递过程

为了叙述方便，在图 4-2 中假定两个开放系统(计算机系统 A 和计算机系统 B)是直接相连的。由计算机系统 A 的应用进程 AP_A 向计算机系统 B 的应用进程 AP_B 传送数据。

由计算机系统 A 的应用进程 AP_A 先将用户数据送至最高层(应用层)，该层在用户数据前面加上必要的控制信息，形成应用层的协议数据单元后送至第六层(表示层)。第六层收到这一协议数据单元后，在前面加上本层的控制信息，形成表示层的协议数据单元后送至第五层(会话层)。信息按这种方式逐层向下传送，第四层的协议数据单元称为报文，第三层的协议数据单元称为分组，到达第二层(数据链路层)，在此层控制信息分为两个部分，分别加在本层用户数据的首部和尾部，构成数据帧送达最低层(物理层)。物理层实现比特流传送，不需再加控制信息。

当这样一串比特流经过物理媒体到达计算机系统 B 后，再从最低层逐层向上传送，且在每一层都依照相应的控制信息完成指定操作，再去掉本层的控制信息，将剩下的用户数据上交给高一层。依此类推，当数据到达最高层时，再由应用层将用户数据提交给应用进程 AP_B。最终实现了应用进程 AP_A 与应用进程 AP_B 之间的通信。

4.2.2 物理层协议

1. 物理层协议基本概念

(1) 物理接口的位置

由前述可知,物理层是OSI参考模型中的最低层,它建立在物理媒体的基础上,实现系统与物理媒体的接口。物理层通过物理媒体来建立、维持和断开物理连接,提供比特流的同步和全双工传输。数据通信系统中物理接口指的是数据终端设备(主要包括计算机)与物理线路的接口,其实就是第1章介绍的DTE与DCE之间的接口,如图4-3所示。

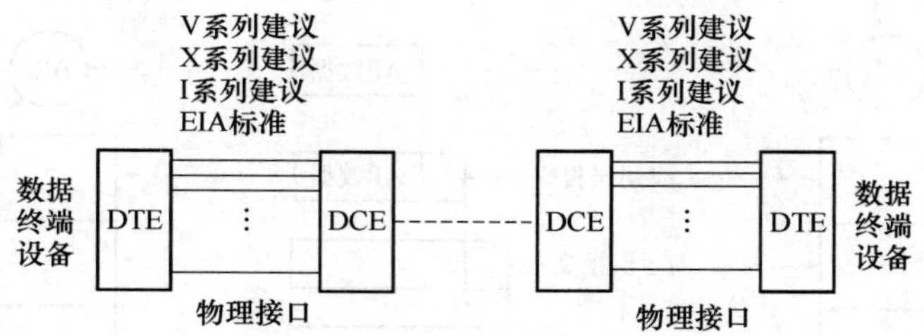

图4-3 物理接口的位置

(2) 物理接口标准的概念

为了使不同厂家的产品能够互换和互连,物理接口处插接方式、引线分配、电气特征和应答关系上均应符合统一的标准,称为物理接口标准(或规程或协议)。其实此标准就是物理层协议。

(3) 物理接口标准的分类

物理层是实现所有高层协议的基础,为了统一物理层的操作,国际标准化组织(ISO)、国际电报电话咨询委员会(CCITT)和美国电子工业协会(EIA)等均制定了相应的标准和建议。

① ISO制定的物理接口标准

ISO提出的是ISO系列物理接口标准,主要包括ISO 1177、ISO 2110和ISO 4902等。

② CCITT制定的物理接口标准

CCITT制定了通过电话网进行数据传输的V系列建议、通过公用数据网进行数据传输的X系列建议及有关综合业务数字网的I系列建议。物理接口标准具体有V.24、V.28、X.20、X.21、I.430和I.431等。

③ EIA制定的物理接口标准

EIA提出的是RS系列物理接口标准,如RS-232C、RS-449等。

2. 物理接口标准的基本特性

物理接口标准描述了物理接口的4种基本特性:机械特性、电气特性、功能特性和规程特性。

(1) 机械特性

机械特性描述连接器即接口接插件的插头(阳连接器)、插座(阴连接器)的规格、尺寸、针的数量与排列情况等,如图4-4所示。这些机械特性标准主要由ISO制定,具体如下。

- ISO 2110——规定25芯DTE/DCE接口接线器及引线分配。ISO 2110用于串行和并行音频调制解调器、公用数据网接口、电报网接口和自动呼叫设备。

- ISO 2593——规定 34 芯高速数据终端设备备用接口接线器和引线分配。ISO 2593 用于 CCITT V. 35 的宽带调制解调器。
- ISO 4902——规定 37 芯和 9 芯 DTE/DCE 接线器及引线分配。ISO 4902 用于音频调制解调器和宽带调制解调器。
- ISO 4903——规定 15 芯 DTE/DCE 接线器及引线分配。ISO 4903 用于 CCITT X. 20、X. 21 和 X. 22 建议所规定的公用数据网接口。

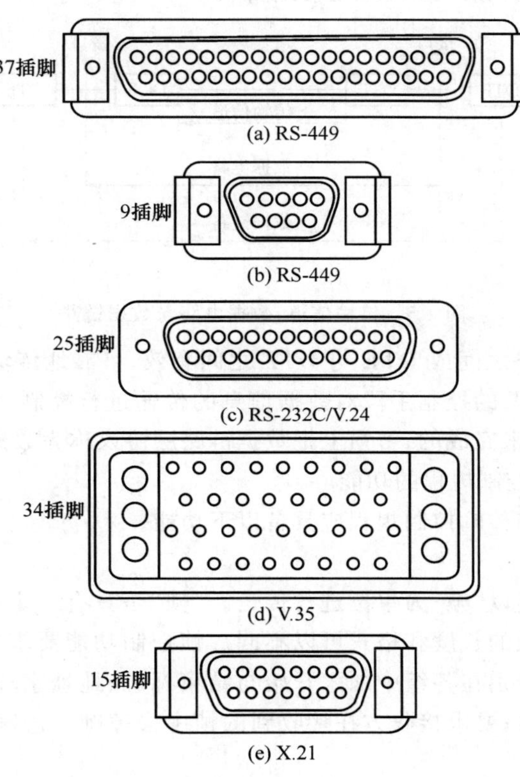

图 4-4　ISO 物理层连接器

(2) 电气特性

物理接口的电气特性描述接口的电气连接方式(不平衡型、半平衡型和平衡型)和电气参数,如信号源侧和负载侧的电压(或电流)值、阻抗值和等效电路、分布电容值、信号上升时间等。相关建议有 CCITT V. 28、V. 35、V. 10/X. 26 和 V. 11/X. 27。

(3) 功能特性

物理接口的功能特性描述了接口电路的名称和功能定义。相关建议有 CCITT V. 24 和 X. 24。

(4) 规程特性

物理接口的规程特性描述了接口电路间的相互关系、动作条件及在接口传输数据需要执行的事件顺序。相关建议有 CCITT V. 24、V. 55 和 V. 54。

4.2.3　数据链路层协议

OSI 参考模型数据链路层的功能比较多,需要进行差错控制(包括检错和纠错)、流量控制等,所以其协议复杂,称为数据链路传输控制规程。

1. 数据链路传输控制规程

(1) 数据链路传输控制规程的概念

第 1 章介绍过,数据链路由数据电路和两端的传输控制器(在 DTE 内)构成,如图 4-5 所示。数据链路是在数据电路已建立的基础上,通过两端的控制装置使发送方和接收方之间交换握手信号,双方确认后可开始传输数据信号。

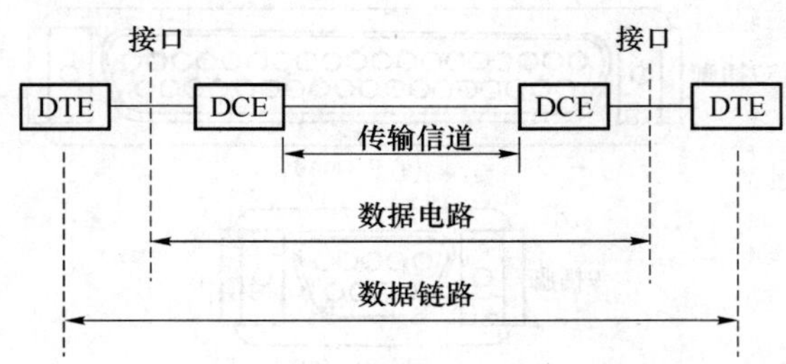

图 4-5 传输信道、数据电路与数据链路

为了在 DTE 与网络之间或 DTE 与 DTE 之间有效、可靠地传输数据信息,必须在数据链路这一层次上采取必要的控制手段对数据信息的传输进行控制,即传输控制。传输控制是遵照数据链路层协议来完成的,习惯上把数据链路层协议称为数据链路传输控制规程。

(2) 数据链路传输控制规程的功能

概括起来,数据链路传输控制规程应具备以下功能。

① 帧控制

在数据链路中,数据以"帧"为单位进行传送。"帧"是具有一定长度和一定格式的信息块。在不同的应用中,帧的长度和格式可以不同。帧控制功能要求发送方把从上层来的数据信息分为若干组,并分别在各组中加入开始与结束标志、地址字段、必要的控制信息字段以及校验字段,组成一帧;要求接收方在接收到的帧中去掉帧标志和地址等字段,还原成原始数据信息后送到上层。

② 透明传送

在所传输的信息中,若出现了与帧开始、结束标志等相同的字符序列,在组帧过程中要采取措施打乱这些序列,以区别以上各种标志字符等,这样可保证用户传输的信息不受限制,即不必考虑可能出现的任何比特组合的含义(详见后述)。

③ 差错控制

数据链路传输控制规程应能采用纠错编码技术(如水平和垂直冗余校验、循环冗余校验等)进行差错检测,同时对正确接收的帧进行认可,对接收有差错的帧要求发方重发。为了防止帧的重收和漏收,发送时必须对帧进行编号,接收时按编号认可。

④ 流量控制

为了避免链路阻塞,数据链路传输控制规程应能对数据链路上的信息流量进行调节,能够决定暂停、停止或继续接收信息。

⑤ 链路管理

链路管理包括控制信息的传输方向,建立和结束链路的逻辑连接,显示数据终端设备的工作状态等。

⑥ 异常状态的恢复

当链路发生异常情况时，如收到含义不清的序列、数据帧不完整或超时收不到响应时，能够自动地重新启动恢复到正常工作状态。

(3) 数据链路传输控制规程的种类

目前已采用的传输控制规程基本上分为两大类：基本型控制规程和高级数据链路控制规程。

基本型控制规程是面向字符型的传输控制规程，具有如下特征：

- 以字符作为传输信息的基本单位，并规定了 10 个控制字符用于传输控制。
- 差错控制方式采用检错重发(ARQ)，具体重发方式是停止等待发送，即发送端在送出一组信息之后要等待对方的应答，收到肯定应答后，再发送下一组信息，不然则重发刚才发送的信息。
- 多半采用半双工通信方式，这样在双方在进行通信时往往有多次收发状态的转换，会影响线路和通道的利用率。
- 可以采用异步(起止式)和同步传输方式。
- 传输代码采用国际 5 号码。
- 一般采用二维奇偶监督码(即水平垂直奇偶监督码)检错。

基本型控制规程与高级数据链路控制规程相比，可靠性和传输效率均较低，所以高级数据链路控制规程应用较广泛。下面重点介绍高级数据链路控制规程(HDLC)。

2. 高级数据链路控制规程

(1) HDLC 的特征

HDLC 是面向比特的传输控制规程，以帧为单位传输数据信息和控制信息，其发送方式为连续发送(一边发一边等对方的回答)，传输效率比较高；而且 HDLC 采用循环码进行差错校验，可靠性高。

(2) HDLC 帧结构

HDLC 帧的基本格式(帧结构)如图 4-6 所示。

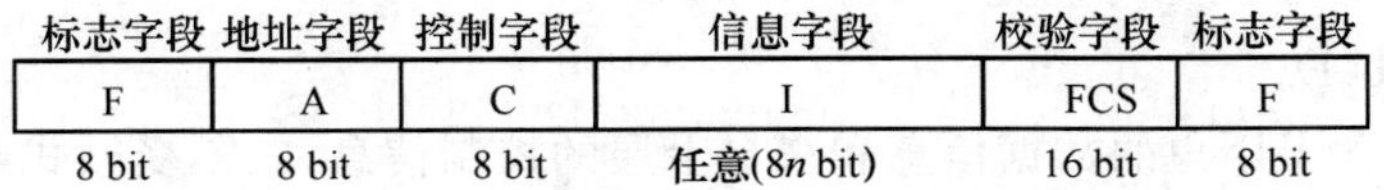

图 4-6　HDLC 帧的基本格式

各字段的作用如下。

① 标志字段(F)

HDLC 规程指定采用 8 bit 组 01111110 为标志序列，称为 F 标志，用于帧同步，表示一帧的开始和结束。相邻两帧之间的 F，既可作为前一帧的结束，又可作为下一帧的开始。标志序列也可作帧间填充字符，因而在数据链路上的各个数据站(数据终端)都要不断地搜索 F 标志，以判断帧的开始和结束。

因为 F 的特殊作用，若一帧内两个 F 之间的其他各字段 A、C、I、FCS 中出现类似标志序列的比特组合，接收端则会错误地认为一帧结束，即过早地终止帧。必须避免这种现象发生，所以在一帧内两个 F 之间的各字段 A、C、I、FCS 不允许出现类似标志序列的比特组合，但又要保证数据信号的透明传输(所谓透明传输是针对终端而言的，即对终端发出的数据序列不加以任何限制)，这显然是矛盾的。

为了解决这个矛盾,HDLC 规程所采取的措施是“0”插入和删除技术。即在发送端将数据信息和控制信息组成帧后,检查两个 F 之间的字段,若有 5 个连“1”,就在第 5 个“1”之后插入一个“0”。在接收端根据 F 识别出一个帧的开始和结束后,对接收帧的比特序列进行检查,当发现起始标志和结束标志之间的比特序列中有连续 5 个“1”时,自动将其后的“0”删去,如图 4-7 所示。这样使 HDLC 帧所传送的用户信息内容不受任何限制,从而达到数据信号的透明传输,又可避免过早地终止帧。

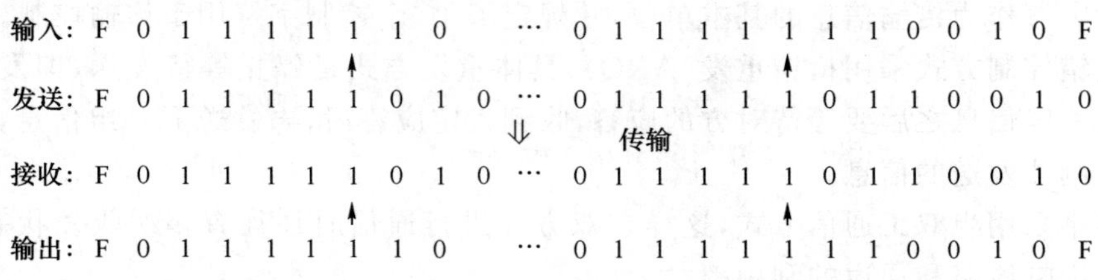

图 4-7 “0”比特插入和删除示意图

② 地址字段(A)

地址字段表示数据链路上发送终端和接收终端的地址,一般为 8 bit,共可表示 $2^8=256$ 个终端的地址。

当终端的个数大于 256 个时,可使用扩充字段,扩充为两个字节。这时,每个地址字节的最低比特位用作扩充指示,即最低位置“0”,表示后续字节为扩充字段;最低位为“1”时,后续字节不是扩充字段。扩充的 8 bit 字节格式和基本地址的 8 bit 格式一样,这样就扩展了地址范围。当然,每一组 8 bit 可表示的地址只有 $2^7=128$ 个。

③ 控制字段(C)

控制字段为 8 bit,用于表示帧类型、帧编号以及命令、响应等。根据 C 字段的构成不同,可以把 HDLC 帧分成 3 种类型:信息帧(简称 I 帧)、监控帧(简称 S 帧)和无编号帧(简称 U 帧)。另外,C 字段也可扩充到 2 个字节。

④ 信息字段(I)

信息字段包含了用户的数据信息和来自上层的控制信息,它不受格式或内容的限制,其长度没有具体规定,但必须是 8 bit 的整倍数,而且最大长度受限。在实际应用中,信息长度受收发终端缓冲存储区大小和信道差错率的限制。

⑤ 帧校验字段(FCS)

帧校验字段(FCS)用于对帧进行循环冗余校验,校验的范围包括除标志字段之外的所有字段,但为了进行透明传输而插入的“0”不在校验范围内。该字段一般为 16 bit,其生成多项式为 $x^{16}+x^{12}+x^5+1$。对于要求较高的场合,FCS 可以用 32 bit,其生成多项式为 $x^{32}+x^{26}+x^{23}+x^{22}+x^{16}+x^{12}+x^{11}+x^{10}+x^8+x^7+x^5+x^4+x^2+x+1$。

4.2.4 网络层协议

OSI 参考模型网络层协议采用的是 X.25 建议的分组级协议。分组交换网的协议是由 CCITT 提出的 X 系列建议,其中最重要的一个协议是 X.25 建议。(有关分组交换的基本概念参见本书 5.3 节)

1. X. 25 建议的概念

X. 25 建议是公用数据网上以分组方式工作的数据终端设备(DTE)与数据电路终接设备(DCE)之间的接口规程。

需要注意的是,X. 25 建议有 3 个内含:

(a) DTE 通常是计算机、智能终端等分组型终端(以分组的形式发送和接收信息,或者说发送和接收的是分组)。

(b) X. 25 建议的 DCE 是指与 DTE 连接的网络中的分组交换机,即入口交换节点机。若 DTE 与入口交换节点之间的传输线路采用模拟线路(即频带传输),则 DCE 也包括调制解调器。

(c) DTE 经租用专线接入分组网。

X. 25 建议如图 4-8 所示。

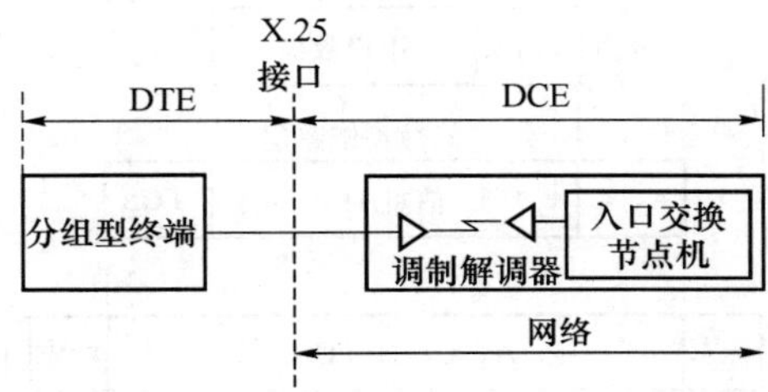

图 4-8　X. 25 建议示意图

2. X. 25 建议的分层结构

X. 25 建议的分层结构如图 4-9 所示,它包含 3 个独立的层(物理层、数据链路层和分组层),分别对应于 OSI 参考模型的下 3 层,只是将 OSI 参考模型的网络层改为分组层,其基本功能是一致的。

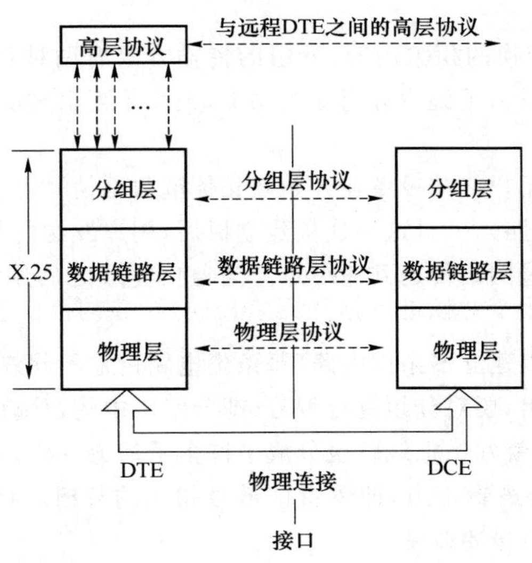

图 4-9　X. 25 建议的分层结构

X. 25 建议的物理层定义了 DTE 与 DCE 之间的电气接口和建立物理的信息传输通路

的过程,其标准有 X.21、X.21bis 和 V 系列建议,后两者实际上是兼容的,因此认为 X.25 建议的物理层有两种物理接口标准。

X.25 建议的数据链路层协议采用 LAPB(平衡型链路访问规程),它是 HDLC 规程的一个子集。平衡型链路结构为点-点结构,链路两端处于同等地位,共同负责链路控制,每一端均能以半双工或全双工的方式向对方发送命令、响应和数据。

X.25 建议的分组层协议采用 X.25 建议分组级协议。

3. 通过 X.25 建议各层的信息

X.25 建议各层之间的信息关系如图 4-10 所示。

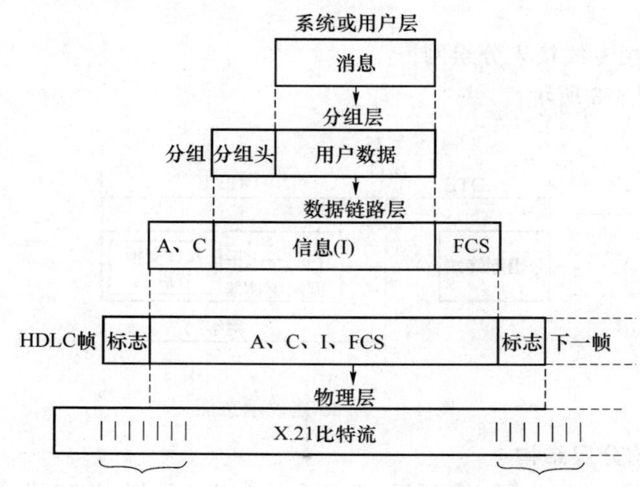

图 4-10　通过 X.25 各层的信息

4. X.25 分组层(级)协议

(1) 分组层的功能

5.3 节将介绍分组交换的相关内容,分组的传输方式有两种:数据报和虚电路方式,一般采用虚电路方式。这里为了说明分组层的功能,先简单列出虚电路方式的几个要点(详见 5.3.3 小节)。

虚电路方式是两个用户终端设备在开始互相传输数据信号之前必须通过网络建立一条逻辑上的连接(称为虚电路),一旦这种连接建立以后,用户发送的数据信号(以分组为单位)将通过该路径按顺序通过网络传送到达终点。当通信完成之后用户发出拆链请求,网络拆除连接。

一条物理链路上可以建立多条虚电路(每条虚电路传输不同终端的分组)。为了区分一条线路上不同终端的分组,要对分组进行编号(即分组头中的逻辑信道号),不同终端送出的分组其逻辑信道号不同,就好像把线路也分成了许多子信道一样,每个子信道用相应的逻辑信道号表示,我们称之为逻辑信道,即逻辑信道号相同的分组就认为占的是同一个逻辑信道。经过交换机逻辑信道号要改变。

虚电路可以分为两种:交换虚电路(SVC)和永久虚电路(PVC)。一般的虚电路属于交换虚电路,若虚电路长时间不拆除,则为永久虚电路。

下面来看 X.25 分组层的功能。

X. 25 建议的分组层利用数据链路层提供的服务在 DTE-DCE(注意是指 X. 25 环境下的 DCE,即本地交换机)接口交换分组,定义了 DTE 和 DCE 之间传输分组的过程。分组的传输方式一般采用虚电路方式,所以 X. 25 分组层的主要功能是建立和拆除虚电路,具体功能如下。

(a) 在 X. 25 接口为每个用户呼叫提供一个逻辑信道(LC)(所谓"呼叫"是指一次通信过程)。

(b) 通过逻辑信道号(LCN)区分与每个用户呼叫有关的分组。

(c) 为每个用户的呼叫连接提供有效的分组传输,包括顺序编号、分组的确认和流量控制过程。

(d) 提供交换虚电路(SVC)和永久虚电路(PVC)连接。

(e) 提供建立和清除交换虚电路的方法。

(f) 检测和恢复分组层的差错。

(2) 分组类型

分组可以按照其所执行的功能进行分类,主要有以下几种类型。

(a) 呼叫建立分组:用于在两个 DTE 之间建立交换虚电路。这类分组有呼叫请求分组/呼入分组、呼叫接收分组/呼叫连通分组。

(b) 数据传输分组:用于在两个 DTE 之间实现数据传输。这类分组有数据分组、流量控制分组、中断分组和在线登记分组。

(c) 恢复分组:实现分组层的差错恢复,包括复位分组、再启动分组和诊断分组。

(d) 呼叫释放分组:用于在两个 DTE 之间断开虚电路,包括呼叫释放请求分组/释放指示分组和释放确认分组。

(3) 分组的一般格式

在分组层,分组是传送由传输层来的数据信息或控制信息的基本单位,它们送入数据链路层后,在链路层的帧中的 I 字段进行透明传输。

分组包括分组头和用户数据两部分,其长度随分组类型不同而有所不同。所有分组都有一个共同的部分——分组头,它一般由 3 个字节构成,包括 4 个部分:通用格式识别符、逻辑信道组号、逻辑信道号和分组类型识别符。分组头格式如图 4-11 所示。

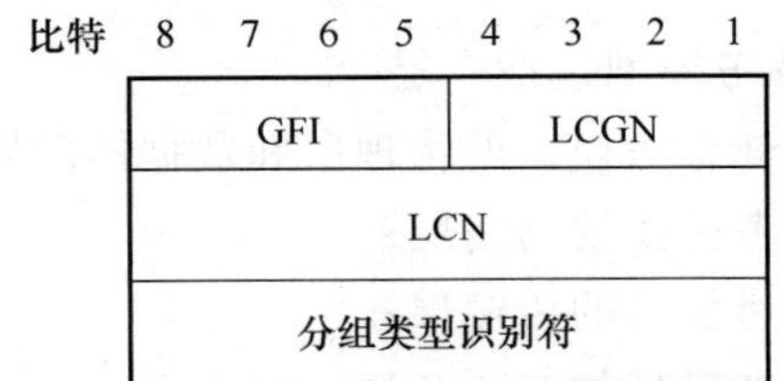

GFI—通用格式识别符；LCGN—逻辑信道群号；LCN—逻辑信道号

图 4-11　分组头格式

- 通用格式识别符(GFI):由分组头第一个字节的 5～8 位组成,它为分组定义了一些通用的功能。
- 逻辑信道组号(LCGN):由第一个字节的 1～4 位组成,系统对每个交换虚电路(SVC)和永久虚电路(PVC)都分配一个逻辑信道组号和逻辑信道号。它们合起来表示为分组所分配的逻辑信道号,用来区分 DTE-DCE 接口中许多不同的逻辑子信道。在重新开始分组和登记分组中 LCGN 这 4 个比特均为 0。

- 逻辑信道号(LCN):除了重新开始分组、诊断分组和登记分组之外,分组的第二个字节均为逻辑信道号。LCGN 为 4 bit,LCN 为 8 bit,共 12 bit,可以表示 4 096 个逻辑信道。
- 分组类型识别符:它位于分组头的第三个字节,用于区分各种不同的分组。

以上介绍了分组的一般格式,由于篇幅所限,各种分组的具体格式不再赘述。

4.3 TCP/IP 参考模型

TCP/IP 协议是 Internet 的基础与核心,Internet 采用的网络体系结构是 TCP/IP 参考模型,下面加以详细介绍。

重点难点讲解

4.3.1 TCP/IP 参考模型的分层结构

1. TCP/IP 参考模型

TCP/IP 参考模型(也称 TCP/IP 分层模型)及与 OSI 参考模型的对应关系如图 4-12 所示。

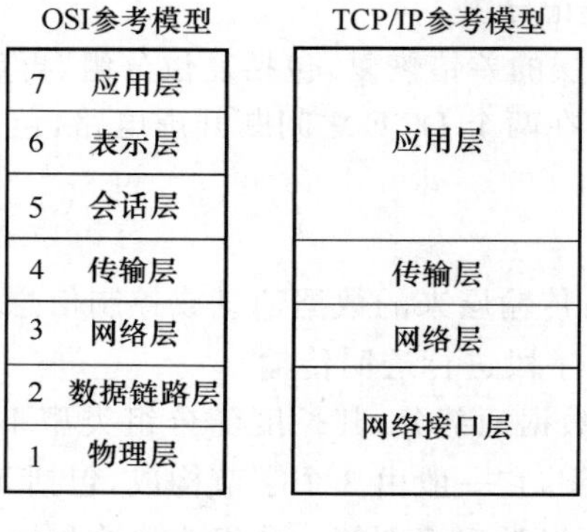

OSI参考模型	TCP/IP参考模型
7 应用层	应用层
6 表示层	
5 会话层	
4 传输层	传输层
3 网络层	网络层
2 数据链路层	网络接口层
1 物理层	

图 4-12 TCP/IP 参考模型及与 OSI 参考模型的对应关系

由图 4-12 可见,TCP/IP 参考模型包括 4 层:

- 网络接口层——对应 OSI 参考模型的物理层和数据链路层;
- 网络层——对应 OSI 参考模型的网络层;
- 传输层——对应 OSI 参考模型的传输层;
- 应用层——对应 OSI 参考模型的 5、6、7 层。

值得强调的是,TCP/IP 参考模型并不包括物理层,网络接口层下面是物理网络。下面概要地介绍 TCP/IP 参考模型各层功能及协议。

2. TCP/IP 参考模型各层功能及协议概述

(1) 应用层

应用层的作用是为用户提供访问 Internet 的高层应用服务,如文件传送、远程登录、电子邮件和 WWW 服务等。为了便于传输与接收数据信息,应用层要对数据进行格式化。

应用层的协议就是一组应用高层协议，即一组应用程序，主要有文件传输协议（FTP）、远程终端协议（TELNET）、简单邮件传输协议（SMTP）和超文本传送协议（HTTP）等。

（2）传输层

传输层的作用是提供应用程序间（端到端）的通信服务，确保源主机传送的数据正确到达目的主机。

TCP/IP 参考模型中，传输层最初有 2 个并列的协议：用户数据报协议（User Datagram Protocol，UDP）和传输控制协议（Transmission Control Protocol，TCP）。Internet 工程任务组（IETF）在 2000 年新定义了一个传输层协议：流控制传输协议（Stream Control Transmission Protocol，SCTP）。

（a）用户数据报协议（UDP）：负责提供高效率的、无连接的服务，用于一次传送少量的报文，如数据查询等。

（b）传输控制协议（TCP）：负责提供高可靠的、面向连接的数据传送服务，主要用于一次传送大量报文，如文件传送等。

（c）流控制传输协议（SCTP）：是 TCP 的改进协议，它是面向连接的基于分组的可靠传输协议，主要用于在 IP 网上传输 7 号信令，以及需要高可靠性、高安全性的场合。

传输层的数据传送单位是 UDP 报文、TCP 报文段或 SCTP 数据报。

（3）网络层

网络层的作用是提供主机间的数据传送能力（给主机编址以及选择数据信号从源主机到达目的主机的路径），其数据传送单位是 IP 数据报。

网络层的核心协议是 IP。它非常简单，提供的是不可靠、无连接的 IP 数据报传送服务。

网络层的辅助协议可协助 IP 更好地完成数据报传送，主要有如下 4 种。

（a）地址转换协议（ARP）——用于将 IP 地址转换成物理地址。连在网络中的每一台主机都要有一个物理地址，物理地址也叫硬件地址，即 MAC 地址，它固化在计算机的网卡上。

（b）逆向地址转换协议（RARP）——与 ARP 的功能相反，用于将物理地址转换成 IP 地址。

（c）Internet 控制报文协议（ICMP）——用于报告差错和传送控制信息，其控制功能包括：差错控制、拥塞控制和路由控制等。

（d）Internet 组管理协议（IGMP）——IP 多播用到的协议，利用 IGMP 使路由器知道多播组成员的信息。

（4）网络接口层

网络接口层的数据传送单位是物理网络帧（简称物理帧或帧）。

网络接口层主要功能有：

（a）发送端负责接收来自网络层的 IP 数据报，将其封装成物理帧并且通过特定的网络进行传输；

（b）接收端从网络上接收物理帧，抽出 IP 数据报，上交给网络层。

网络接口层没有规定具体的协议。请读者注意,TCP/IP 参考模型的网络接口层对应 OSI 参考模型的物理层和数据链路层,不同的物理网络对应不同的网络接口层协议。

有关 TCP/IP 参考模型的各层协议,这里还有两个问题需要说明:

- TCP/IP 是一个协议集,IP 和 TCP 是其中两个重要的协议。
- 严格地说,应用程序并不是 TCP/IP 协议的一部分,用户可以在传输层之上,建立自己的专用程序。但设计使用这些专用应用程序要用到 TCP/IP 协议,所以将它们作为 TCP/IP 的内容,其实它们不属于 TCP/IP 协议。

4.3.2 网络接口层协议

由上述可知,TCP/IP 参考模型的网络接口层对应 OSI 参考模型的物理层和数据链路层,所以 TCP/IP 参考模型的网络接口层协议包括物理层协议和数据链路层协议。物理层协议即 4.2.2 小节介绍的 OSI 参考模型的物理层协议;在 Internet 中广泛使用的数据链路层协议有 SLIP、PPP 和 PPPoE 等。

- 串行线路 IP(SLIP)是 1984 年提出的,由于缺点较多,难以普及。
- 点对点协议(Point-to-Point Protocol,PPP)是 IETF 于 1992 年制定的,经过两次修订,在 1994 年已经成为 Internet 的正式标准(RFC 1661),它是一种目前用得比较多的数据链路层协议。
- PPPoE 通过把以太网和点对点协议(PPP)的可扩展性及管理控制功能结合在一起(它基于两种广泛采用的标准:以太网标准和 PPP),实现对用户的接入认证和计费等功能。采用 PPPoE,用户以虚拟拨号方式接入宽带接入服务器,通过用户名密码验证后才能得到 IP 地址并连接网络。

下面重点介绍 PPP。

1. PPP 的作用

PPP 是 TCP/IP 协议包的一个成员,是 TCP/IP 协议的扩展,它可以通过串行接口传输 IP 数据报。用户使用拨号电话线接入 Internet 时,用户到 ISP(Internet 服务提供商)的链路一般都使用 PPP,如图 4-13 所示。

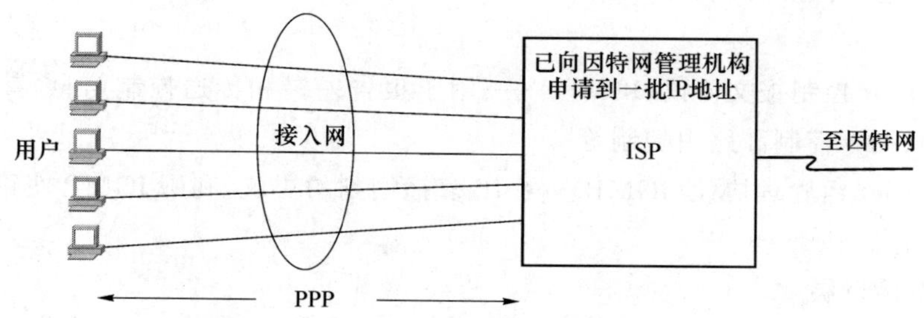

图 4-13 用户到 ISP 的链路使用 PPP

2. PPP 的特点

与 OSI 参考模型中数据链路层广泛采用的高级数据链路控制规程(HDLC)不同,PPP 具有以下几个特点。

(1) 简单

在 IP 网络体系结构中，把保证可靠传输、流量控制等最复杂的部分放在 TCP 中，IP 则非常简单，它提供的是不可靠、无连接的 IP 数据报传送服务，因此数据链路层没有必要提供比 IP 更多的功能。所以采用 PPP 时，数据链路层检错，但不再纠错和流量控制，PPP 帧也不需要序号。

(2) 保证透明传输

与 HDLC 相同的是，PPP 也可以保证数据传输的透明性(具体措施后述)。

(3) 支持多种网络层协议

PPP 能够在同一条物理链路上同时支持多种网络层协议(如 IP、IPX 等，IPX 是指互联网分组交换协议，提供分组寻址和选择路由的功能，保证可靠到达)。

(4) 支持多种类型链路

PPP 能够在多种类型的链路上运行，即可以采用串行或并行传输、可以同步或异步传输、可以低速或高速传输、可以利用电或光信号传输等。

但是值得强调的是，PPP 只支持点对点的链路通信，不支持多点链路，而且只支持全双工链路。

(5) 设置最大传送单元(MTU)

PPP 对每一种类型的点对点链路设置了最大传送单元(MTU)的标准默认值(MTU 指数据部分的最大长度，其默认值至少是 1 500 字节)，若高层的协议数据单元超过 MTU 的值，PPP 就要丢弃此协议数据单元，并返回差错。

(6) 网络层地址协商

PPP 提供了一种机制，使通信的两个网络层的实体通过协商知道或能够配置彼此的网络层地址(如 IP 地址)，可以保证网络层能够传送数据报。

(7) 可以检测连接状态

PPP 能够及时自动检测出链路是否处于正常工作状态。

3. PPP 的组成

PPP 有以下 3 个组成部分。

(1) 一个将 IP 数据报封装到串行链路 PPP 帧的方法

PPP 既支持异步链路，也支持面向比特的同步链路，IP 数据报放在 PPP 帧的信息部分。

(2) 一套链路控制协议(Link Control Protocol，LCP)

LCP 用来建立、配置、测试和释放数据链路连接。

(3) 一套网络控制协议(Network Control Protocol，NCP)

NCP 用来建立、释放网络层连接，并分配给接入 ISP 的 PC 的 IP 地址。由于 PPP 能够在同一条物理链路上同时支持多种网络层协议，因此对应有一套 NCP，其中的每一个 NCP 支持不同的网络层协议。

4. PPP 帧格式

PPP 帧格式与 HDLC 帧格式相似，如图 4-14 所示。

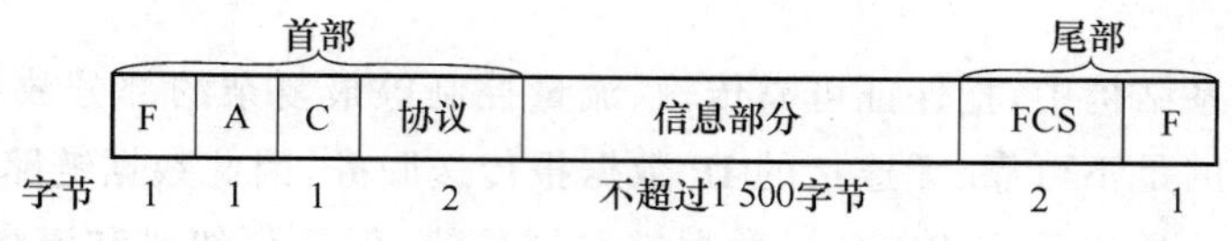

图4-14 PPP帧格式

PPP帧格式(帧结构)各字段的作用如下。

(1) 标志字段F(01111110)

F表示一帧的开始和结束。PPP规定连续两帧之间只需要用一个标志字段,它既可表示上一个帧的开始,又可表示下一个帧的结束。

PPP与HDLC一样要保证透明传输,具体措施如下。

当PPP用在同步传输链路时,透明传输的措施与HDLC的一样,即"0"插入和删除技术。具体是在发送端将数据信息和控制信息组成帧后,检查两个F之间的字段,若有5个连"1"就在第5个"1"之后插入一个"0"。在接收端根据F识别出一个帧的开始和结束后,对接收帧的比特序列进行检查,当发现起始标志和结束标志之间的比特序列中有连续5个"1"时,自动将其后的"0"删去。

当PPP用于异步传输时,就使用一种特殊的字节填充法。字节填充是在FCS计算完后进行的,在发送端把除标志字段以外的其他字段中出现的标志字节0x7E(即01111110)置换成双字节序列0x7D、0x5E;若其他字段中出现一个0x7D字节,则将其转变成为双字节序列(0x7D,0x5D)等。接收端完成相反的变换。

(2) 地址字段A(11111111)

由于PPP只能用在点到点的链路上,没有寻址的必要,因此把地址域设为"全站点地址",即二进制序列11111111,表示所有的站都接受这个帧(其实这个字段无意义)。

(3) 控制字段C(00000011)

PPP帧的控制字段不使用编号,用00000011表示。

PPP帧不使用编号是因为PPP不使用序号和确认机制,这主要出于以下的考虑:

- 在数据链路层出现差错的概率不大时,使用比较简单的PPP较为合理;
- 在Internet环境下,PPP的信息字段放入的是IP数据报,数据链路层的可靠传输并不能够保证网络层的传输也是可靠的;
- 帧检验序列(FCS)字段可保证无差错接收。

(4) 协议字段(2字节)

PPP帧与HDLC帧不同的是多了2个字节的协议字段。当协议字段为0x0021时,表示信息字段是IP数据报;当协议字段为0xC021时,表示信息字段是链路控制数据;当协议字段为0x8021时,表示信息字段是网络控制数据。

(5) 信息字段

信息字段长度是可变的,但应是整数个字节且最长不超过1 500字节。

(6) 帧校验序列(FCS)字段(2字节)

FCS是对整个帧进行差错校验的,其校验的范围是地址字段、控制字段、信息字段和FCS本身,但不包括为了透明传输而填充的某些比特和字节等。

5. PPP 的工作过程

PPP 的工作过程如下。

(a) 当用户拨号接入 ISP 时，路由器对拨号做出确认，并建立一条物理连接。

(b) PC 向路由器发送一系列的 LCP 分组(封装成多个 PPP 帧)，路由器向 PC 返回响应分组(LCP 分组及其响应选择一些 PPP 参数)，此时建立起 LCP 连接。

(c) NCP 给新接入的 PC 分配一个临时的 IP 地址，使 PC 成为 Internet 上的一个主机，且建立网络层连接。

(d) 通信完毕时，NCP 释放网络层连接，收回原来分配出去的 IP 地址；接着 LCP 释放数据链路层连接；最后释放的是物理层的连接。

4.3.3 网络层协议

前已述及，TCP/IP 参考模型中网络层的核心协议是 IP，另外还有 4 个辅助协议，这里重点介绍网络层的核心协议 IP。

目前为止 Internet 广泛采用的 IP 是 IPv4。为了解决 IPv4 地址资源紧缺问题，1996 年，国际互联网工程任务组(IETF)研究制定了 IPv6。下面介绍 IPv4，在 4.3.6 小节将会讨论 IPv6。

为了叙述方便，下面将 IPv4 简写为 IP。

1. IP 的特点

IP 的主要特点有：

- 仅提供不可靠、无连接的数据报传送服务；
- IP 是点对点的，所以要提供路由选择功能；
- IP(IPv4)地址长度为 32 bit。

2. IP 地址

Internet 为每一个上网的主机分配一个唯一的标识符，即 IP 地址。IP 地址有两种——分类的 IP 地址和无分类编址(CIDR)。这里介绍分类的 IP 地址。

(1) IP 地址的结构

IP 地址是分等级的，其地址结构如图 4-15 所示。

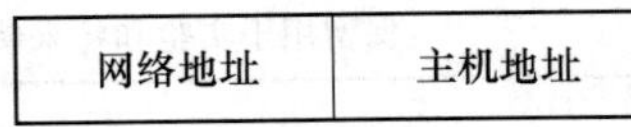

图 4-15　IP 地址的结构

IP 地址长 32 bit(现在由 Internet 名字与号码指派公司 ICANN 进行分配)，包括两部分：网络地址(网络号)——用于标识连入 Internet 的网络；主机地址(主机号)——用于标识特定网络中的主机。

IP 地址分两个等级的好处是：

- IP 地址管理机构在分配 IP 地址时只分配网络号，而剩下的主机号则由得到该网络号的单位自行分配，这样方便 IP 地址的管理；

- 路由器仅根据目的主机所连接的网络号来转发 IP 数据报(而不考虑目的主机号),这样就可以使路由表中的项目数大幅度减少,从而减小了路由表所占的存储空间。

(2) IP 地址的表示方法

IP 地址用点分十进制表示。所谓点分十进制是 32 bit 长的 IP 地址以 X. X. X. X 格式表示,X 为 8 bit,其值为 0~255。即:

××××××××　××××××××　××××××××　××××××××

十进制值 . 十进制值 . 十进制值 . 十进制值

点分十进制表示的好处是可以提高 IP 地址的可读性,而且可很容易地识别 IP 地址类别。下面介绍 IP 地址的类别。

(3) IP 地址的类别

根据网络地址和主机地址各占多少位,IP 地址分成为五类,即 A 类到 E 类,如图 4-16 所示。

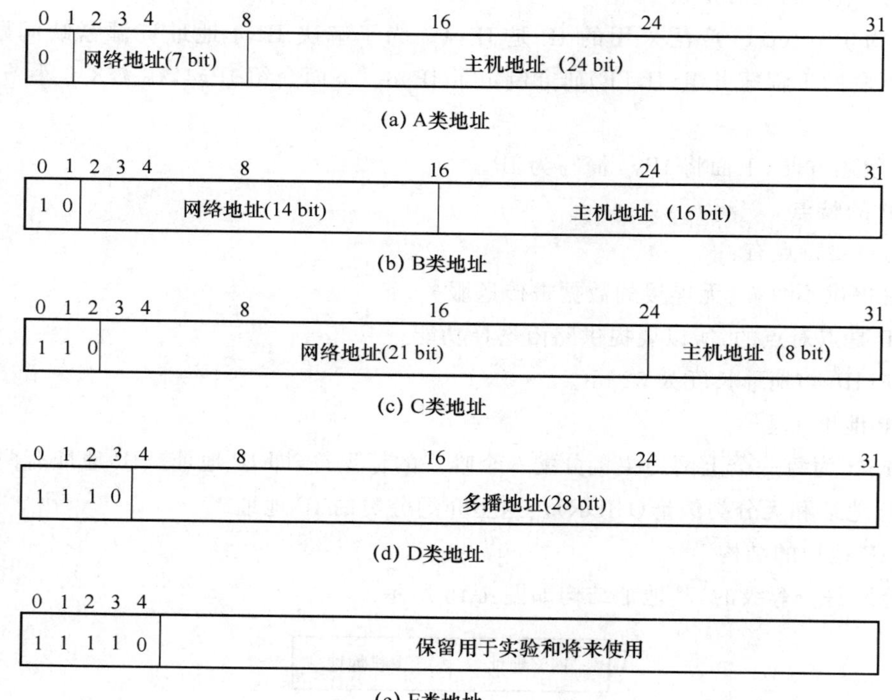

图 4-16　IP 地址的类别

Internet 地址格式中,前几个比特用于标识地址是哪一类。A 类地址第 1 个比特为 0;B 类地址的前 2 个比特为 10;C 类地址的前 3 个比特为 110;D 类地址的前 4 个比特为 1110;E 类地址的前 5 个比特为 11110。由于 Internet 地址的长度限定于 32 个比特,所以类的标识符占用位数越多,可使用的地址空间就越小。

Internet 的五类地址中,A、B、C 三类为主类地址,D、E 为次类地址。目前 Internet 中一般采用 A、B、C 类地址。下面根据图 4-16 将这三类地址做个归纳,如表 4-1 所示。

表 4-1　A、B、C 三类 IP 地址归纳

类别	类别比特	网络地址空间	主机地址空间	起始地址	标识的网络种类	每网主机数	适用场合
A类	0	7	24	1～126	126 (2^7-2)	16 777 214 ($2^{24}-2$)	大型网络
B类	10	14	16	128～191	16 384 (2^{14})	65 534 ($2^{16}-2$)	中型网络
C类	110	21	8	192～223	2 097 152 (2^{21})	254 (2^8-2)	小型网络

这里有几点说明：

(a) 起始地址是指前 8 个比特表示的地址范围。

(b) A 类地址标识的网络种类为 2^7-2，减 2 的原因有两个：第一，IP 地址中的全 0 表示“这个”(this)。网络号字段为全 0 的 IP 地址是个保留地址，意思是“本网络”；第二，网络号字段 127(即 01111111)保留作为本地软件环回测试本主机用(后面 3 个字节的二进制数字可任意填入，但不能都是 0 或都是 1)。

(c) 每网主机数 2^n-2，减 2 的原因是：全 0 的主机号字段表示该 IP 地址是本主机所连接到的“单个网络”地址(例如，一主机的 IP 地址为 116.16.32.5，该主机所在网络的 IP 地址就是 116.0.0.0)。而全 1 表示“所有的(all)”，因此全 1 的主机号字段表示该网络上的所有主机。

(d) 实际上 IP 地址是标志一个主机(或路由器)和一条链路的接口。当一个主机同时连接到两个网络上时，该主机就必须同时具有两个相应的 IP 地址，其网络号必须是不同的。这种主机称为多接口主机(其实就是路由器)。由于一个路由器至少应当连接到两个网络，因此一个路由器至少应当有两个不同的 IP 地址。

(e) 另外，D 类地址不标识网络，起始地址为 224～239，用于特殊用途(做为多播地址)。E 类地址的起始地址为 240～255，该类地址暂时保留，用于进行某些实验及将来扩展之用。

以上介绍的是两级结构的 IP 地址，此种两级 IP 地址存在一些缺点：一是 IP 地址空间的利用率有时很低，比如 A 类和 B 类地址每个网络可标识的主机很多，如果这个网络中同时上网的主机没那么多，显然主机地址资源空闲浪费；二是两级的 IP 地址不够灵活。为了解决这些问题，Internet 采用子网地址，由此 IP 地址结构由两级发展到三级。

(4) 子网地址和子网掩码

① 划分子网和子网地址

为了便于管理，一个单位的网络一般划分为若干子网，子网是按物理位置划分的。为了标识子网和解决两级的 IP 地址的缺点，采用子网地址。

子网编址技术是指在 IP 地址中，对于主机地址空间采用不同方法进行细分，通常是将主机地址的一部分分配给子网作为子网地址。采用子网编址后，IP 地址结构变为三级，如图 4-17 所示。

网络地址	子网地址	主机地址

图 4-17 三级 IP 地址结构

② 子网掩码

子网掩码是一个网络或一个子网的重要属性,其作用有两个:一是表示子网和主机地址位数;二是将某台主机的 IP 地址和子网掩码相与可确定此主机所在的子网地址。

子网掩码的长度也为 32 bit,与 IP 地址一样用点分十进制表示。

如果已知一个网络的子网掩码,那么我们将其点分十进制转换为 32 bit 的二进制,其中:"1"代表网络地址和子网地址字段;"0"代表主机地址字段。举例说明如下。

例 4-1 某网络 IP 地址为 168.5.0.0,子网掩码为 255.255.248.0,求:(a) 子网地址、主机地址各占多少位;(b) 此网络最多能容纳的主机总数(设子网和主机地址的全 0、全 1 均不用)。

解 (a) 此网络采用 B 类 IP 地址

B 类地址网络地址空间为 14,再加 2 位标志位共 16 位;后 16 位为子网地址和主机地址字段

子网掩码对应的二进制:11111111 11111111 11111000 00000000

子网地址占 5 位,主机地址占 11 位

(b) 此网络最多能容纳的主机数为:$(2^5-2)(2^{11}-2)=61\ 380$

例 4-2 某主机 IP 地址为 165.18.86.10,子网掩码为 255.255.224.0,求此主机所在的子网地址。

解 主机 IP 地址 165.18.86.10 的二进制为

10100101 00010010 01010110 00001010

子网掩码 255.255.224.0 的二进制为

11111111 11111111 11100000 00000000

将主机的 IP 地址与子网掩码相与,可得此主机所在的子网地址为

10100101 00010010 01000000 00000000

其点分十进制为:165.18.64.0

需要说明的是,Internet 中为了简化路由器的路由选择算法,不划分子网时也要使用子网掩码。此时子网掩码:1 bit 的位置对应 IP 地址的网络号字段;0 bit 的位置对应 IP 地址的主机号字段。

(5) 公有 IP 地址和私有 IP 地址

① 公有 IP 地址

公有 IP 地址是接入 Internet 时所使用的全球唯一的 IP 地址,必须向 Internet 的管理机构申请。其分配方式有两种:

- 静态分配方式——是给用户固定分配 IP 地址。
- 动态分配方式——是用户访问 Internet 资源时,从 IP 地址池中临时申请到一个 IP 地址,使用完后再归还到 IP 地址池中。而 IP 地址池可以位于客户管理系统上,也

可以集中放置在 RADIUS 服务器上。

普通用户的公有 IP 地址一般采用动态分配方式。

② 私有 IP 地址

私有 IP 地址是仅在机构(网络)内部使用的 IP 地址,可以由本机构(网络)自行分配,而不需要向 Internet 的管理机构申请。私有 IP 地址的分配方式也有两种:

- 静态分配方式——是为机构(网络)内部的每台主机固定分配私有 IP 地址。
- 动态分配方式——是利用 DHCP 为机构(网络)内部新加入的主机自动配置私有 IP 地址。

虽然私有 IP 地址可以随机挑选,但是通常使用的是 RFC 1918 规定的私有 IP 地址,如表 4-2 所示。

表 4-2　RFC1918 规定的私有 IP 地址

序号	IP 地址范围	类别	包含 C 类地址个数	IP 地址个数
1	10.0.0.0～10.255.255.255	A	包含 256 个 B 类或 65 536 个 C 类	约 1 677 万个 IP 地址
2	172.16.0.0～172.31.255.255	B	包含 4 096 个 C 类	约 104 万个 IP 地址
3	192.168.0.0～192.168.255.255	C	包含 256 个 C 类	约 65 536 个 IP 地址

③ 私有 IP 地址转换为公有 IP 地址的方式

使用私有 IP 地址的用户在访问 Internet 时,需要网络地址转换(NAT)设备将私有 IP 地址转换为公有 IP 地址,转换方式包括以下 3 种:

- 静态转换方式——是在 NAT 表中事先为每一个需要转换的内部地址(私有 IP 地址)创建固定的映射表,建立私有 IP 地址与公有 IP 地址的一一对应关系,即内部网络中的每个主机都被永久映射成外部网络中的某个合法的地址。这样每当内部节点与外界通信时,网络边缘路由器或者防火墙可以做相应的变换。这种方式用于接入外部网络的用户数比较少时。
- 动态转换方式——是将可用的公有地址集定义成 NAT Pool(NAT 池)。对于要与外界进行通信的内部节点,如果还没有建立转换映射,那么网络边缘路由器或者防火墙将会动态地从 NAT 池中选择一个公有 IP 地址替换其私有 IP 地址,而在连接终止时再将此地址回收。
- 复用动态方式——利用公有 IP 地址和 TCP 端口号来标识私有 IP 地址和 TCP 端口号,即把内部地址(私有 IP 地址)映射到外部网络的一个 IP 地址的不同端口上。TCP 规定使用 16 位的端口号,除一些保留的端口外,一个公有 IP 地址可以区分多达 6 万个采用私有 IP 地址的用户端口号。(TCP 端口号的内容详见 4.3.4 小节)

由于一般运营商申请到的公有 IP 地址比较少,而用户数却可能很多,因此一般都采用复用动态方式。

3. IP 数据报格式

IP 数据报的格式如图 4-18 所示。

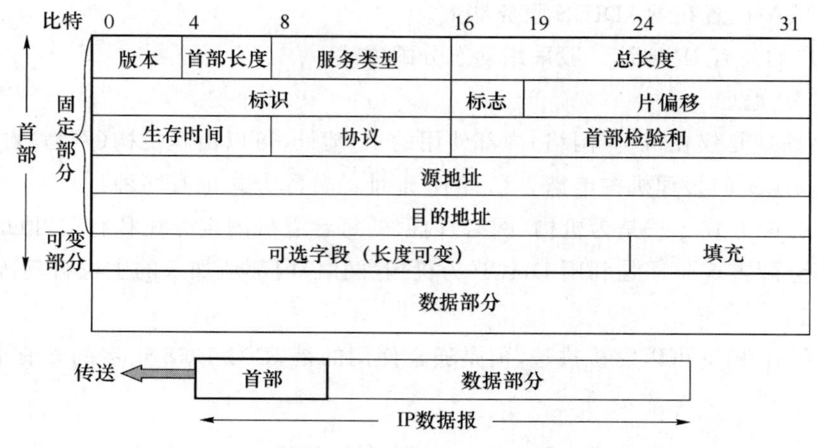

图4-18 IP数据报格式

IP数据报由报头(也称为首部)和数据两部分组成,其中首部又包括固定长度字段(共20字节,是所有IP数据报必须具有的)和可选字段(长度可变)。

下面介绍IP数据报首部各字段的作用。

- 版本(4 bit)——指出IP的版本,目前的IP版本号为4(即IPv4)。
- 首部长度(4 bit)——以32 bit(4 B)为单位指示IP数据报首部的长度。如果首部只有固定长度字段,那么首部最短为20 B;首部长度字段占用4 bit,首部长度的最大值为15,而它又以4 B为单位指示,所以IP数据报首部的最大长度为60 B,即首部长度为20～60 B。
- 服务类型(8 bit)——用来表示用户所要求的服务类型,具体包括优先级、可靠性、吞吐量和时延等。
- 总长度(16 bit)——以字节为单位指示数据报的长度,数据报的最大长度为65 535 B。
- 标识、标志和片偏移(共32 bit)——控制分片和重组(分片和重组的概念后述)。
- 生存时间(8 bit)——记为TTL,控制数据报在网络中的寿命,其单位为秒。
- 协议(8 bit)——指出此数据报携带的数据使用何种协议(即数据部分装入的数据类型),以便目的主机的网络层决定将数据部分上交给哪个处理过程。
- 首部检验和(16 bit)——对数据报的首部(不包括数据部分)进行差错检验。
- 源地址和目的地址——各占4 B,即发送主机和接收主机的IP地址。
- 可选字段——长度可变,用来支持排错、测量以及安全等措施。
- 填充——IP数据报报头长度为32 bit的整倍数,若不是,则由填充字段添“0”补齐。

4. IP数据报的传输

前面我们已经学习了IP地址的相关内容,在具体探讨IP数据报的传输之前,首先简单介绍一下硬件地址的概念及IP地址与硬件地址的区别。

在IP网络中,每台上网的主机和路由器都要分配IP地址,IP地址放在IP数据报的首部;而在物理网络中每台主机和路由器都有自己的物理地址,也叫硬件地址(固化在网卡中)，硬件地址放在物理网络帧的首部。

(1) 在发送端

源主机在网络层将传输层送下来的报文段(UDP 报文、TCP 报文段或 SCTP 数据报统称为报文段)组装成 IP 数据报(IP 数据报首部的源 IP 地址是源主机的 IP 地址；目的 IP 地址是目的主机的 IP 地址，不是沿途经过的路由器的 IP 地址)，然后将 IP 数据报送到网络接口层。

在网络接口层对 IP 数据报进行封装，即将数据报作为物理网络帧的数据部分，前面加上首部，后面加上尾部，形成可以在物理网络中传输的帧，然后送到物理网络中传输。

这里有两点需要说明：

- 每个物理网络都规定了物理帧的大小，物理网络不同，帧的大小限制也不同，物理帧的最大长度称为最大传输单元(MTU)。一个物理网络的 MTU 由硬件决定，通常情况下是保持不变的。而 IP 数据报的大小由软件决定，在一定范围内可以任意选择。可通过选择适当的 IP 数据报大小以适应 Internet 中不同物理网络的 MTU，使一个 IP 数据报封装成一个物理帧。
- 另外，物理帧首部中的地址是硬件地址，其目的地址是下一个路由器的硬件地址，在网络接口层由网络接口软件调用 ARP 得到下一个路由器的硬件地址(即利用 ARP 将 IP 地址转换为物理地址)。

(2) 在网络中传输

源主机所发送的 IP 数据报(已封装成物理网络帧，但习惯说成 IP 数据报)在到达目的主机前，可能要经过由若干个路由器连接的许多不同种类的物理网络。路由器对 IP 数据报要进行以下处理：路由选择、传输延迟控制和分片(需要的话进行分片)等，下面分别具体介绍。

① 路由选择

每个路由器都要根据目的主机的 IP 地址对 IP 数据报进行路由选择。

② 传输延迟控制

为避免由于路由器路由选择错误，至使 IP 数据报进入死循环的路由，而无休止地在网中流动，IP 对数据报传输延迟要进行特别的控制。为此，每当产生一个新的数据报，其报头中“生存时间”字段均设置为本数据报的最大生存时间，单位为秒。随着时间流逝，路由器从该字段减去消耗的时间。一旦 TTL 小于 0，便将该数据报从网中删除，并向源主机发送出错信息。

③ 分片

(a) 分片的概念

IP 数据报要通过许多不同种类的物理网络传输，而不同的物理网络 MTU 大小的限制不同。为了选定最佳的 IP 数据报大小，以实现所有物理网络的数据报封装，IP 提供了分片机制，在 MTU 较小的网络上，将数据报分成若干片进行传输。为了说明这个问题，参见图 4-19。

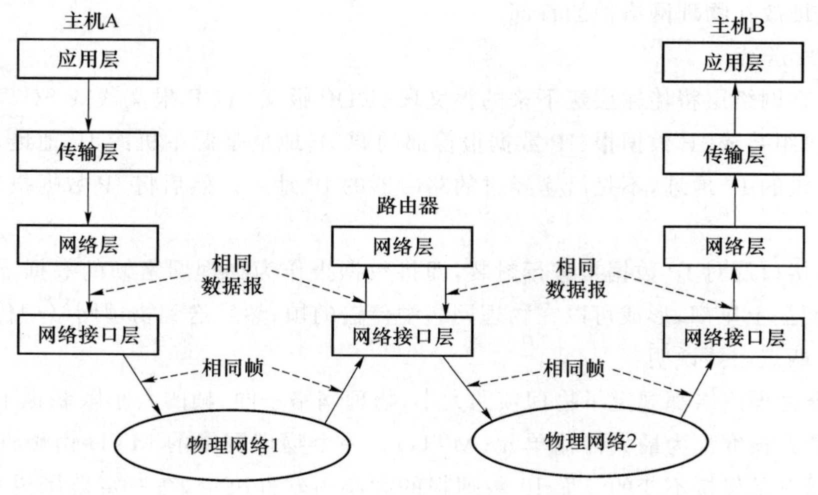

图 4-19 数据报分片图示

设主机 A 要和主机 B 通信。

假如网 1 的 MTU 较大,网 2 的 MTU 较小。源主机 A 根据网 1 的 MTU 选择合适的 IP 数据报大小,即一个 IP 数据报封装成网 1 的一个物理帧。但是此 IP 数据报对于网 2 来说就长了,所以在路由器(的网络层)中要将 IP 数据报进行分片,每一片在网络接口层封装成短的物理帧,然后送往网 2 传输。在目的主机中再将各片重组为原始 IP 数据报。

值得说明的是,分片是在 MTU 不同的两个网络交界处路由器中进行的,而片重组是由目的主机完成。IP 数据报在传输过程中可以多次分片,但不能重组。这种重组方式使各片独立路由选择,不要求中间路由器存储和重组片,简化了路由器协议,减轻了路由器负担,使得 IP 数据报能以最快速度到达目的主机。

(b) 分片方法

每片与原始 IP 数据报具有相同的格式,每片中包括片头和部分数据报数据。其中,片头大部分是复制原始数据报的报头,只增加了少量表示分片信息的比特(我们认为片头=报头);而片数据≤MTU－片头,另外在求片数据大小时,注意分片必须发生在 8 B 的整倍数(原因后述)。

例 4-3 一个 IP 数据报长为 1 132 B,报头长 32 B,现要在 MTU 为 660 B 的物理网络中传输,如何分片? 画出各片结构示意图。

解 数据区长 1 132－32＝1 100 B

片头＋片数据≤MTU

片数据≤MTU－片头＝660－32＝628 B

因为分片必须发生在 8 B 的整倍数,所以每片数据取 624 B。

各片结构如图 4-20 所示。

图 4-20 中的偏移量是指在原始 IP 数据报中每片数据首字节与报头最后一个字节的间隔。

(c) 分片控制

IP 数据报报头中,与控制分片和重组有关的 3 个字段为标识、标志和片偏移。

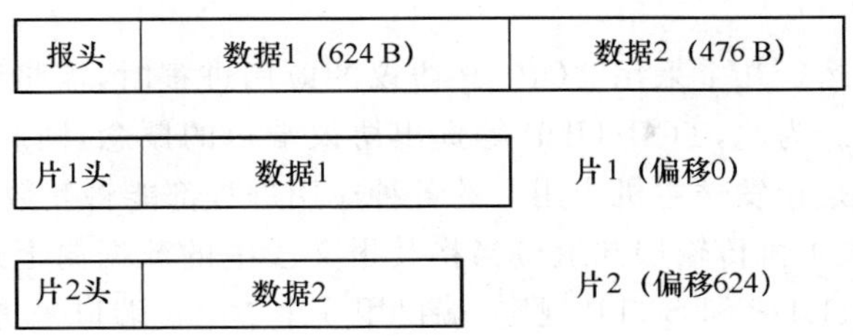

图 4-20　分片示意图

- 标识——占 16 bit，标识字段是目的主机赋予 IP 数据报的标识符，其作用是确保目的主机能重组分片为数据报。分片时，该字段必须原样复制到新的片头中。当分片到达时，目的主机使用标识字段和源地址来识别分片属于哪个 IP 数据报。
- 标志——占 3 bit，如图 4-21 所示。

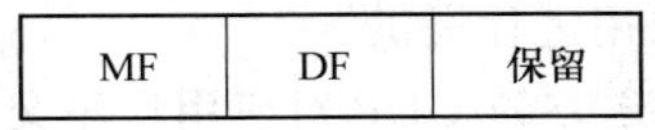

图 4-21　标志字段的意义

标志字段目前只有前两位有意义。标志字段的最低位是 MF(More Fragment)，MF=1 表示后面"还有分片"，MF=0 表示这已是最后一个分片；标志字段中间的一位是 DF(Don't Fragment)，意思是"不能分片"，只有当 DF=0 时才允许分片。

- 片偏移——占 13 bit，指出某片数据在初始 IP 数据报数据区中的偏移量，其偏移量以8 B为单位指示（所以分片必须发生在 8 B 的整倍数）。由于各片按独立数据报的方式传输，到达目的主机的过程是无序的，所以重组的片顺序由片偏移字段提供。如果有一片或多片丢失，那么整个数据报必须废弃。

(3) 在接收端

当所传数据流到达目的主机时，首先在网络接口层识别出物理帧，然后去掉帧头，抽出 IP 数据报送给网络层。

在网络层需对数据报目的 IP 地址和本主机的 IP 地址进行比较。如果相匹配，那么 IP 软件接收该数据报并将其交给本地操作系统，由高级协议的软件处理；如果不匹配（说明本主机不是此 IP 数据报的目的地），那么 IP 会将数据报报头中的生存时间减去一定的值，结果若大于 0，则为其进行路由选择并转发出去。

如果 IP 数据报在传输过程中进行了分片，那么目的主机会进行重组。

4.3.4　传输层协议

前已述及，TCP/IP 传输层有 3 个协议：用户数据报协议（UDP）、传输控制协议（TCP）和流控制传输协议（SCTP）。在具体介绍这 3 个协议之前，首先说明协议端口的概念。

1. 协议端口

(1) 协议端口的概念

协议端口简称端口，它是 TCP/IP 参考模型传输层与应用层之间的逻辑接口，即传输层服务访问点（TSAP）。

(2) 端口的作用

当某台主机同时运行几个采用TCP/IP协议的应用进程时,需将到达特定主机上的若干应用进程相互分开。为此,TCP/UDP等提出协议端口的概念,同时对端口进行编址,用于标识应用进程。就是让发送主机应用层的各种应用进程都能将其数据通过端口向下交付给传输层,以及让接收主机传输层知道应当将其报文段中的数据向上通过端口交付给应用层相应的进程。TCP、UDP和SCTP规定,端口用一个16 bit端口号进行标识,每个端口拥有一个端口号。

2. 用户数据报协议(UDP)

(1) UDP的特点

UDP具有以下特点:

- 提供协议端口来保证进程通信(区分进行通信的不同的应用进程)。
- 提供不可靠、无连接、高效率的数据传输。UDP本身没有拥塞控制和差错恢复机制等,其传输的可靠性由应用进程提供。
- UDP是面向报文的。发送方的UDP对应用程序交下来的报文,在添加首部后就向下交付给网络层,既不拆分,也不合并,而是保留这些报文的边界,因此应用程序需要选择合适的报文大小。

基于UDP的特点,它特别适于高效率、低延迟的网络环境。在不需要TCP全部服务的时候,可以用UDP代替TCP。

Internet中采用UDP的应用协议主要有简单传输协议(TFTP)、网络文件系统(NFS)和简单网络管理协议(SNMP)等。

(2) UDP报文格式

UDP报文格式如图4-22所示。

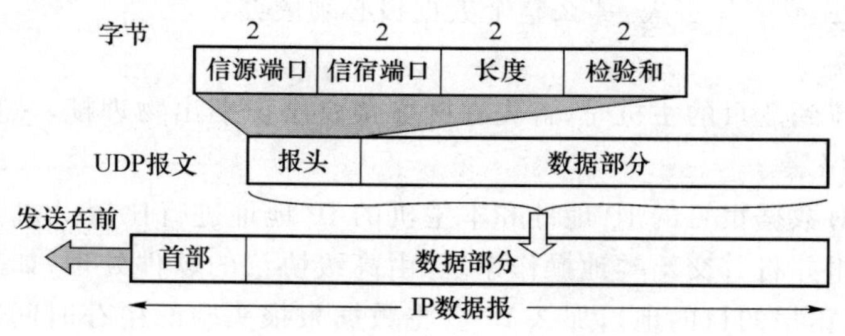

图4-22 UDP报文格式

UDP报文由UDP报头和UDP数据部分组成,其中UDP报头由4个16 bit字段组成,各部分的作用如下:

- 信源端口字段——用于标识信源端应用进程的地址,即对信源端协议端口编址。
- 信宿端口字段——用于标识信宿端应用进程的地址,即对信宿端协议端口编址。
- 长度字段——以字节为单位表示整个UDP报文长度,包括报头和数据部分,最小值为8(报头长)。
- 校验和字段——此为任选字段,其值置“0”时表示不进行校验和计算;全为“1”时表示校验和为“0”。UDP校验和字段对整个报文即包括报头和数据部分进行差错校验。

- 数据字段——该字段包含由应用协议产生的真正的用户数据。

由图 4-22 可见，UDP 报文是封装在 IP 数据报中传输的。

3. 传输控制协议(TCP)

(1) TCP 的特点

TCP 是 Internet 最重要的协议之一，它具有以下特点：

- 提供协议端口来保证进程通信。
- 提供面向连接的全双工数据传输。采用 TCP 时，数据通信经历连接建立、数据传送和连接释放 3 个阶段。
- 提供高可靠的按序传送数据的服务。为实现高可靠传输，TCP 提供了确认与超时重传(差错控制)、流量控制、拥塞控制等机制。

需要说明的是，OSI 参考模型的数据链路层要负责可靠传输，即要进行检错、纠错及流量控制。但在 Internet 环境下，网络层的核心协议 IP 提供的是不可靠的数据报传输，数据链路层(指的是网络接口层，TCP/IP 参考模型的网络接口层对应 OSI 参考模型的物理层和数据链路层)没有必要提供比 IP 更多的功能，而且数据链路层的可靠传输并不能够保证网络层的传输也是可靠的。所以在 TCP/IP 协议中，可靠传输(纠错及端到端的流量控制)由传输层的 TCP 等负责。TCP 在确认与超时重传机制(差错控制)中采用选择重发 ARQ 协议。

(2) TCP 报文段的格式

TCP 报文段的格式如图 4-23 所示。

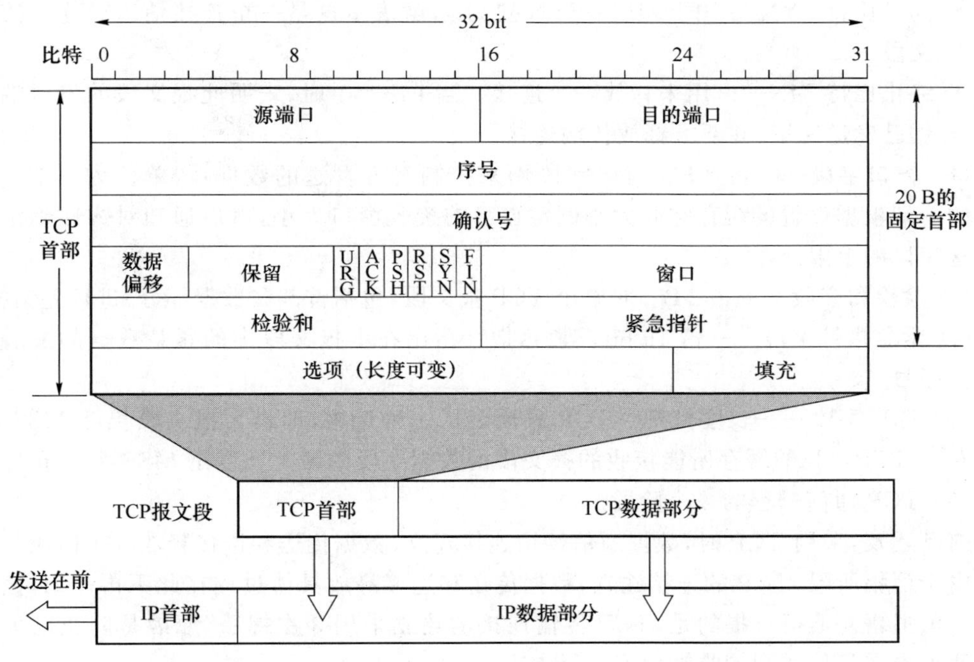

图 4-23　TCP 报文段的格式

TCP 报文段包括两个字段：首部字段和数据字段。

首部各字段的作用如下。

(a) 源端口字段——占2 B,用于标识信源端应用进程的地址。

(b) 目的端口字段——占2 B,用于标识目的端应用进程地址。

(c) 序号字段——占4 B。TCP连接中传送的数据流的每一个字节都编有一个序号,序号字段的值指的是本报文段所发送数据的第一个字节的序号。

(d) 确认号字段——占4 B,是期望收到对方的下一个报文段的数据部分第一个字节的序号。(在数据传送时,TCP利用序号字段和确认号字段对报文段进行确认,以便差错控制。)

(e) 数据偏移——占4 bit,它指出TCP报文段的数据起始处距离TCP报文段的起始处有多少个字节。即指示首部长度,以4 B为单位指示。

(f) 保留字段——占6 bit,保留为今后使用,但目前应置为0。

(g) 6个比特集——说明报文段性质的控制比特,具体为:

- 紧急比特URG——当URG=1时,表明紧急指针字段有效。它告诉系统此报文段中有紧急数据,应尽快传送(相当于高优先级的数据)。
- 确认比特ACK——只有当ACK=1时,确认号字段才有效;当ACK=0时,确认号无效。
- 推送比特PSH——接收端TCP收到推送比特置1的报文段,就尽快地交付给接收应用进程,而不再等到整个缓存都填满了后再向上交付。
- 复位比特RST——当RST=1时,表明TCP连接中出现严重差错(如由于主机崩溃或其他原因),必须释放连接,然后再重新建立传输连接。
- 同步比特SYN——同步比特SYN置为1,就表示这是一个连接请求或连接接受报文段。
- 终止比特FIN——用来释放一个连接。当FIN=1时,表明此报文段的发送端的数据已发送完毕,并要求释放传输连接。

(h) 窗口字段——占2 B。窗口字段用来控制对方发送的数据量,单位为字节。TCP连接的一端根据设置的缓存空间大小确定自己的接收窗口大小,然后通知对方以确定对方的发送窗口的上限。

(i) 检验和字段——占2 B。对整个TCP报文段(包括首部和数据部分)进行差错检验。

(j) 紧急指针字段——占16 bit。紧急指针指出在本报文段中的紧急数据的最后一个字节的序号。

(k) 选项字段——长度可变。TCP只规定了一种选项,即最大报文段长度MSS,MSS告诉对方TCP:“我的缓存所能接收的报文段的数据字段的最大长度是MSS个字节”。

(3) TCP通信过程的3个阶段

前已述及,采用TCP时,数据通信经历连接建立、数据传送和连接释放3个阶段。

由于篇幅所限,TCP的连接建立、数据传送和连接释放具体过程在此不再介绍,读者可参阅相关书籍。值得一提的是,TCP传输连接的建立采用3次握手,原因是防止已失效的连接请求报文又传送到接收端而产生错误。

(4) TCP的流量控制

TCP中,数据的流量控制是由接收端进行的,即由接收端决定接收多少数据,发送端据此调整传输速率。

接收端实现控制流量的方法是采用“滑动窗口”，在 TCP 报文段首部的窗口字段写入的数值就是当前给对方设置的发送窗口数值的上限。

一般介绍滑动窗口原理时，发送窗口的尺寸 W_T 代表在还没有收到对方确认的条件下，发送端最多可以发送的报文段个数。TCP 采用滑动窗口进行流量控制时，窗口大小的单位是字节，道理与一般原理介绍的是一样的。为了便于理解，我们在分析时往往将以字节为单位的窗口值等效成报文段个数。

TCP 采用大小可变的滑动窗口进行流量控制。在通信的过程中，接收端可根据自己的资源情况，随时动态地调整对方的发送窗口上限值（可增大或减小），这样使传输高效且灵活。

滑动窗口的原理如图 4-24 所示。

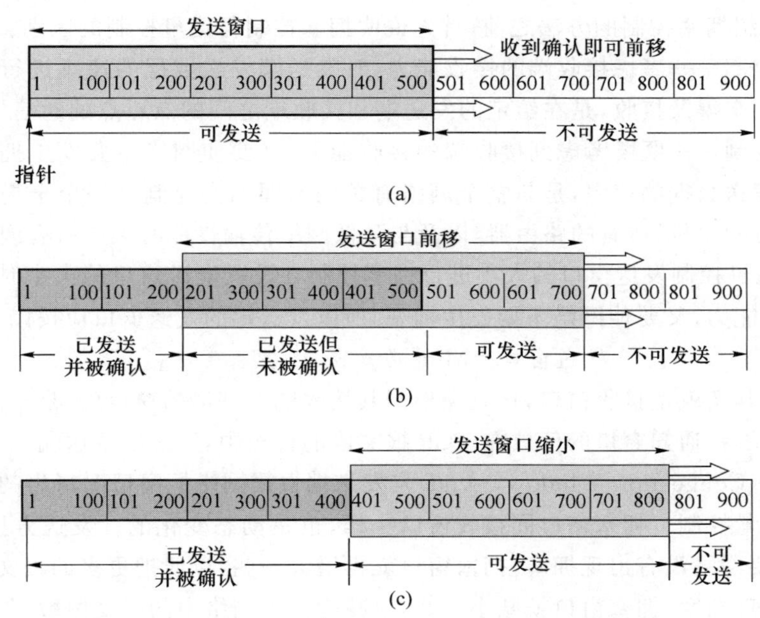

图 4-24　滑动窗口的原理示意图

图 4-24 中假设每次传输的 TCP 报文段中的数据字段为 100 B，且初始发送窗口为 500 B（指数据部分）。这可以理解为：在还没有收到对方确认的条件下，发送端最多可以发送的 TCP 报文段个数为 5 个。

发送端要发送 900 B 长的数据，划分为 9 个数据部分为 100 B 长的报文段。

当发送完 5 个报文段（500 B），对应图 4-24(a) 中的数据 1～100、101～200、201～300、301～400、401～500，若没有收到对方的确认，则停止发送。

若收到了对方对前两个 TCP 报文段〔对应图 4-24(b) 中的数据 1～100、101～200〕的确认，同时窗口大小不变。发送窗口可前移两个 TCP 报文段（200 B），即又可以发送两个报文段〔对应图 4-24(b) 中的数据 501～600、601～700〕。

接着又收到了对方对两个 TCP 报文段〔对应图 4-24(c) 中的数据 201～300、301～400〕的确认，但对方通知发送端必须把窗口减小到 400 B。现在发送端最多可发送 400 B 的数据，即与图 4-24(b) 相比发送窗口只能前移 1 个 TCP 报文段（100 B），又可发送 701～800 数据的 TCP 报文段。

这里解释一个问题,TCP 的滑动窗口机制是基于字节来实现的,滑动窗口在字节流上滑动,滑动窗口的大小也以字节为单位计算。但是数据字节流是要组装成 TCP 报文段传输的,所以为了说明方便,图 4-24 以 TCP 报文段为单位解释滑动窗口原理。

(5) TCP 的拥塞控制

当大量数据进入网络时,就会致使路由器或链路过载,而引起严重延迟的现象即为拥塞。一旦发生拥塞,路由器将丢弃数据报,导致重传。而大量重传又进一步加剧拥塞,这种恶性循环将导致整个 Internet 无法工作,即"拥塞崩溃"。

TCP 提供的有效的拥塞控制措施是采用滑动窗口技术,通过限制发送端向 Internet 输入报文段的速率,以达到控制拥塞的目的。

在具体介绍拥塞控制的方法之前,首先说明拥塞控制与流量控制的区别:

- 流量控制——考虑接收端的接收能力,对发送端发送数据的速率进行控制,以便使接收端来得及接收,是在给定的发送端和接收端之间的点对点的通信量的控制。
- 拥塞控制——既要考虑到接收端的接收能力,又要使网络不要发生拥塞,以控制发送端发送数据的速率,是与整个网络有关的。即拥塞控制是一个全局性的过程,涉及所有的主机、所有的路由器,以及与降低网络传输性能有关的所有因素。

TCP 是通过控制发送窗口的大小进行拥塞控制。设置发送窗口的大小时,既要考虑到接收端的接收能力,又要使网络不要发生拥塞,所以发送端的发送窗口应按以下方式确定:

发送窗口=Min[通知窗口,拥塞窗口]

通知窗口其实就是接收窗口,接收端根据其接收能力许诺的窗口值,是来自接收端的流量控制。接收端将通知窗口的值放在 TCP 报文段的首部中,传送给发送端。

拥塞窗口(Congestion Window,cwnd)是发送端根据网络拥塞情况得出的窗口值,是来自发送端的流量控制。拥塞窗口同接收窗口一样,也是动态变化的。发送方控制拥塞窗口的原则是:只要网络没有出现拥塞,拥塞窗口就再增大一些,以便把更多的报文段发送出去。但只要网络出现拥塞,拥塞窗口就减小一些,以减少注入网络中的报文段数。

4. 流控制传输协议(SCTP)

流控制传输协议(Stream Control Transmission Protocol,SCTP)是 IETF 于 2000 年 10 月在 RFC 2960 中制定的一个新的传输层协议。SCTP 吸取了 TCP 和 UDP 的优点,并对 TCP 的缺陷进行了完善,它是面向连接的基于分组的可靠传输协议,提供差错控制、流量控制和拥塞控制机制,可防止泛滥和伪装攻击;作为新的特性,SCTP 还提供了对多宿主机和多重流的支持。

(1) SCTP 的基本特性

SCTP 的基本特性主要包括:

- 多宿主;
- 多重流;
- 面向报文与面向连接相结合;
- 安全机制;
- 证实和避免拥塞等。

① 多宿主

在说明 SCTP 的多宿主特性之前，首先介绍几个概念。

- 传送地址——SCTP 传送地址由 IP 地址加 SCTP 端口号决定。一个传送地址唯一标识一个端点，一个端点可以由多个传送地址进行定义。
- 偶联(Association)——偶联是两个 SCTP 端点通过 SCTP 规定的 4 次握手机制建立起来的进行数据传送的逻辑联系或者通道。SCTP 规定在任何时刻两个端点之间能且仅能建立一个偶联，偶联由两个端点的传送地址来定义。
- 通路——通路是一个端点将 SCTP 数据报发送到对端端点特定目的传送地址的路由，一个偶联可以包括多条通路。

所谓多宿主(即多地址性)是一个偶联的两个 SCTP 端点都可以配置多个 IP 地址，这样一个偶联的两个端点之间具有多条通路。SCTP 偶联的多地址性是 SCTP 与 TCP 最大的不同，TCP 是单地址连接的。

一个偶联可以包括多条通路，但只有一条首选通路。如图 4-25 所示，设一个端点 A 包括两个传送地址(180.15.26.16:2908 和 180.15.26.17:2908)，而另一个端点 B 也包括两个传送地址(180.15.26.18:2907 和 180.15.26.19:2907)。此两个端点决定了一个偶联，该偶联包括 4 条通路(Path0、Path1、Path2 和 Path3)，首选通路为 Path0。

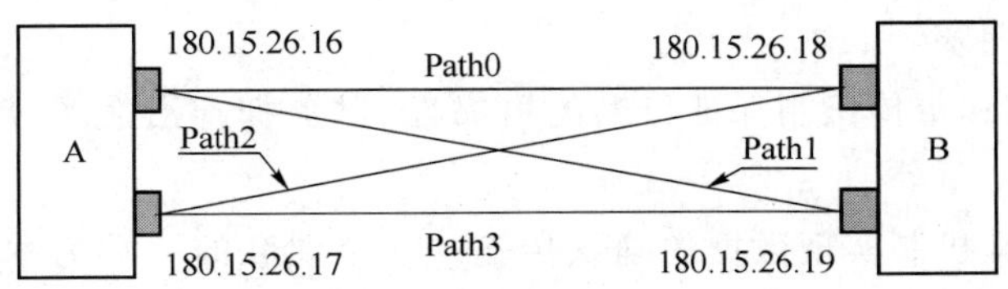

图 4-25　SCTP 多宿主示意图

本端端点 A 发送的 SCTP 数据报通过首选通路发送到对端端点 B。当首选通路出现故障时，SCTP 可以自动切换到其他备用通路上(优先切换对端端点的传送地址，再次切换本端端点的传送地址)，继续传输数据，而且这种切换对应用进程是透明的。

② 多重流

SCTP 偶联中的流用来指示需要按顺序递交到高层协议的用户消息的序列，在同一个流中的消息需要按照其顺序进行递交。

SCTP 是面向流的可靠传输层协议，一个偶联中可以包含多个流(即多重流)，而一个流只能属于一个偶联。各个流之间相对独立，每个流可以单独发送数据信号而不受其他流的影响，即支持流间消息的并行处理，从而避免队头拥塞。

SCTP 偶联的多重流也是 SCTP 与 TCP 最大的不同，TCP 每一个连接只能包含一个单独的流。SCTP 的多重流特性，非常适合传输实时性比较强的音频或视频数据。

SCTP 的每个流包含一系列用户所需的数据(DATA)块。SCTP 采用两个字段来标识和流有关的量：流标识号(SI)用于唯一地标识出偶联中的某个流，而流序号(SSN)则用来标识特定的流中的每一个数据块。使用 SI 和 SSN 就可以对传输的数据进行编号，以便接收方准确地接收数据并上交应用进程。

③ 面向报文与面向连接相结合

SCTP既汲取了TCP面向连接的优点,又采用了类似UDP面向报文的特点。

在SCTP中,使用数据(DATA)块来携带应用进程的数据,而且一个DATA块所携带的数据不能超过一个应用进程报文,但一个应用进程报文可以由多个DATA块来携带(即分片)。这实质上借鉴了UDP保留报文边界以及IP分片的特性,可以在传输层就将比较大的应用进程报文进行分片,避免了在IP层(网络层)再次分片。

SCTP集成了TCP和UDP的优点,面向连接的方式保证了可靠性,而面向报文的方式提高了数据传输的简洁性,减轻了应用程序的负担。

④ 安全机制

在网络安全方面,SCTP增加了防止恶意攻击的措施。

SCTP是面向连接的协议,在传输数据前要有偶联的建立,数据传输结束后还需要关闭偶联。

在TCP中,连接的建立需要3次握手。而SCTP偶联的建立过程相对于TCP连接而言比较复杂,是个4次握手的过程,并引入了COOKIE的机制。COOKIE是一个含有端点初始信息和加密信息的数据块,通信的双方在偶联建立时需要处理并交换,从而增加协议的安全性,有效地防止了拒绝服务和伪装等潜在的攻击。

⑤ 证实和避免拥塞

SCTP采用证实和重传机制保证传输的可靠性,避免拥塞沿袭了TCP的窗口机制,进行合适的流量控制。

SCTP使用TSN机制实现数据的确认传输。一个偶联的一端为本端发送的每个数据块顺序分配一个32位的传输顺序号(TSN),以便对端收到数据块时进行确认,保证传输的可靠性。

需要说明的是:传输顺序号(TSN)与流序号(SSN)不同。SSN是SCTP为本端在某个流中发送的每个数据块顺序分配的一个16位的流序号,以便保证流内的顺序传递。TSN和SSN的分配是相互独立的。

⑥ SCTP数据报的有效性

SCTP数据报的有效性是SCTP提供无差错传输的基石。SCTP数据报的公共报头包含一个验证标签(Verification Tag)和一个可选的32位校验码(Checksum)。

验证标签的值由偶联两端在偶联启动时选择。如果收到的SCTP数据报中没有期望的验证标签值,那么接收端将丢弃这个SCTP数据报,以阻止攻击和失效的SCTP数据报。

校验码由SCTP数据报的发送方设置,以提供附加的保护,用来避免由网络造成的数据差错。接收端将丢弃包含无效校验码的SCTP数据报。

(2) SCTP数据报格式

如果长度很短的用户数据被加上很大一个SCTP报头,那么其传递效率会很低。因此,SCTP将几个用户数据绑定在一个SCTP数据报里面传输,以提高带宽的利用率。

SCTP数据报由公共报头和一个/多个信息块组成,信息块既可以是用户数据,也可以是SCTP控制信息。SCTP数据报格式如图4-26所示。

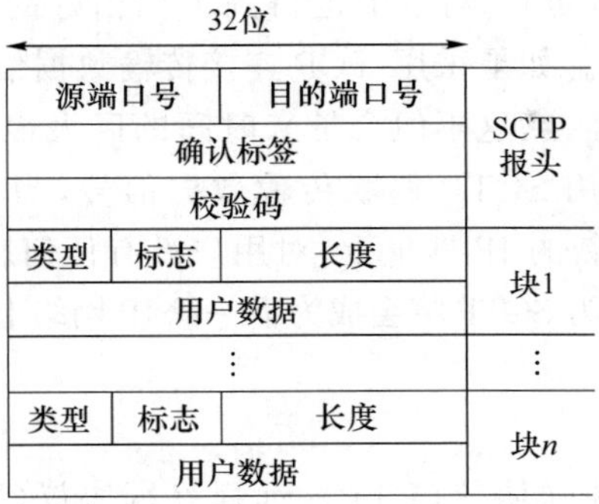

32位

<table>
<tr><td>源端口号</td><td colspan="2">目的端口号</td><td rowspan="3">SCTP
报头</td></tr>
<tr><td colspan="3">确认标签</td></tr>
<tr><td colspan="3">校验码</td></tr>
<tr><td>类型</td><td>标志</td><td>长度</td><td rowspan="2">块1</td></tr>
<tr><td colspan="3">用户数据</td></tr>
<tr><td colspan="3">⋮</td><td>⋮</td></tr>
<tr><td>类型</td><td>标志</td><td>长度</td><td rowspan="2">块n</td></tr>
<tr><td colspan="3">用户数据</td></tr>
</table>

图 4-26　SCTP 数据报格式

① 公共报头的格式

SCTP 公共报头中包括了源端口号、目的端口号、验证(确认)标签和校验码。

- 源端口号(16 bit)——发送端点的 SCTP 端口号。接收方可以使用源端口号、源 IP 地址、目的端口号和目的 IP 地址标识该 SCTP 数据报所属的偶联。
- 目的端口号(16 bit)——目的端点的 SCTP 端口号。接收主机可以使用目的端口号将 SCTP 数据报解复用到正确的端点或应用中。
- 验证(确认)标签(32 bit)——验证(确认)标签是偶联建立时,本端端点为这个偶联生成的一个随机标识。偶联建立过程中,双方会交换这个标签,到了数据传输时,发送端必须在公共报头中带上这个标签,以备校验。
- 校验码(32 bit)——SCTP 通过对用户数据使用 ADLER-32 算法,计算出一个 32 位的校验码,放置在数据报的公共报头中,在接收端进行同样的运算,通过检查校验码是否相等来验证用户数据是否遭到破坏。

② 数据块字段的格式

数据块包括了块类型、块标志位、块长度和块值。

- 块类型(8 bit)——块类型定义在块值中消息所属的类型。
- 块标志(8 bit)——块标志用法由块类型决定。除非被置为其他值,块标志在传送过程中会被置 0,而且接收端点会忽视块标志。
- 块长度(16 bit)——指示包括块类型、块标志、块长度和块值的长度,长度使用二进制表示。
- 块值(可变长度)——块值的内容是在块中传送的实际信息(如用户数据、SCTP 控制信息),内容由块类型决定。块值的长度为不定长。

(3) SCTP 的主要应用

IETF 制订 SCTP 的初衷是为了在 IP 网上传输 7 号信令,然而在开发过程中,其适应范围被延展到自成一个通用传输协议的程度。它提供了 TCP 的大多数特性,还增设了崭新的传输层服务。

SCTP 的多宿主特性可以用在需要高度可靠性的场合,如军事通信、环境恶劣的场所。在这些网络环境中,把主机配置成多宿主机,当某个网络接口(首选通路)出现故障时,SCTP 可以快速地切换到另外一个网络接口(备用通路)。

SCTP的多宿主特性在移动IP网络中也得到了相当好的应用。在移动IP网络中,主机的IP地址会经常性地改变。如果采用TCP连接传输数据信号,当移动主机的IP地址改变时,就必须创建新的TCP连接,这不但会带来时间的巨大浪费,而且会带来额外的开销,使得用户无法忍受。如果采用SCTP偶联传输数据信号,当移动主机的IP地址改变时,SCTP会快速、透明地切换到新的IP地址上,对用户没有任何影响。

一些研究和标准化组织认为SCTP将会成为下一代IP网络上面向连接的可靠传输协议。

4.3.5 应用层协议

应用层协议主要有文件传送协议(FTP)、远程终端协议(TELNET)、简单邮件传送协议(SMTP)、超文本传输协议(HTTP)和动态主机配置协议(DHCP)等。

下面首先讨论许多应用层协议都要使用的域名系统,然后介绍几种常用的应用层协议。

1. 域名系统

(1) 域名系统的作用

Internet中的IP(IPv4)地址由32 bit组成,对于这种数字型地址,用户很难记忆和理解。Internet允许每个用户为自己的计算机命名,并且允许用户输入计算机的名字来代替机器的IP地址。

但主机处理IP数据报时必须使用IP地址,为此TCP/IP开发了一种命名协议,即域名系统(Domain Name System,DNS),用于实现主机名与主机IP地址之间的转换。

(2) 命名机制

对主机命名的首要要求是全局唯一性,这样才可在整个网络中通用;其次要便于管理,这里包括名字的分配、确认和回收等工作;再者要便于主机名与IP地址之间的转换。对这样3个问题的特定解决方法,便构成了Internet特定的命名机制。

① 域名结构

TCP/IP采用的是层次结构的命名机制,任何一个连接在Internet上的主机或路由器,都有一个唯一的层次结构的名字,即域名。

域名的结构由标号序列组成(各标号分别代表不同级别的域名),各标号之间用点隔开:

四级域名.三级域名.二级域名.顶级域名

例如,mail. cctv. com是中央电视台用于收发电子邮件的计算机(即邮件服务器)的域名,mail. tsinghua. edu. cn是清华大学某台计算机的域名。

② 顶级域名

顶级域名(Top Level Domain,TLD)分为3类。

(a) 国家顶级域名nTLD

例如,cn表示中国,us表示美国,uk表示英国等。

(b) 通用顶级域名gTLD

最早出现的7个通用顶级域名是:com(公司和企业),net(网络服务机构),org(非营利性组织),int(国际组织),edu(美国专用的教育机构),gov(美国专用的政府部门),mil(美国专用的军事部门)。

新增加的11个通用顶级域名是:aero(航空运输企业),biz(公司和企业),cat(加泰隆人的语言和文化团体),coop(合作团体),info(各种情况),jobs(人力资源管理者),mobi(移动产品与服务的用户和提供者)，museum(博物馆)，name(个人)，pro(有证书的专业人员)，travel(旅游业)。

(c) 基础结构域名(infrastructure domain)

这种顶级域名只有一个，即 arpa，用于反向域名解析，因此又称为反向域名。

③ 二级域名

国家顶级域名下注册的二级域名由各国家自行确定，我国把二级域名划分为“类别域名”和“行政区域名”两大类。

“类别域名”共 7 个，分别为：ac(科研机构)，com(工、商、金融等企业)，edu(中国的教育机构)，gov(中国的政府机构)，mil(中国的国防机构)，net(提供互联网络服务的机构)，org(非营利性组织)。

“行政区域名”共 34 个，适用于我国的各省、自治区和直辖市。例如，bj(北京市)，js(江苏省)等。

④ 三级域名

一般在某个二级域名下注册的单位可获得一个三级域名。

⑤ 四级域名

四级域名一般是一个单位里某台计算机的名字。

Internet 的域名空间如图 4-27 所示。

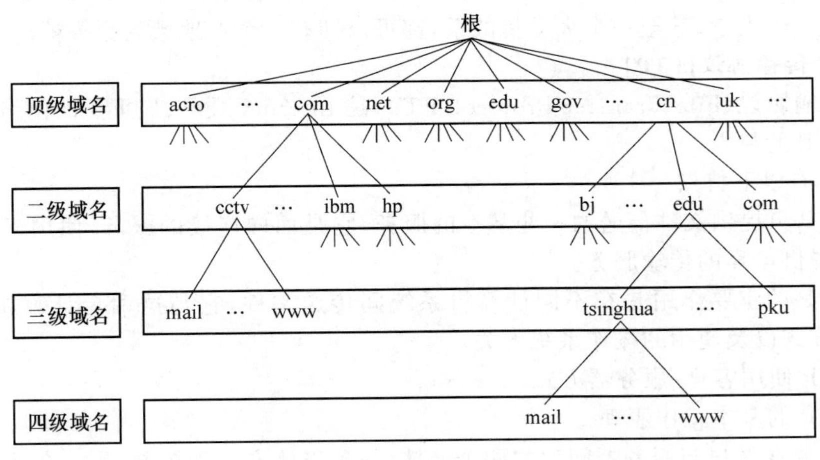

图 4-27　Internet 的域名空间

(3) 域名服务器

在 Internet 中，IP 数据报传送时必须使用 IP 地址，而用户输入的是主机名字，使用域名服务，可以实现 IP 地址的解析(即地址转换)。一般在网络中心设置域名服务器，即配置 DNS。这是一个软件，可以在任意一台指定的计算机上运行。

每个 DNS 服务器都只对域名系统中的一部分进行管理，域名服务器有以下 4 种类型：

- 根域名服务器；
- 顶级域名服务器；
- 权限域名服务器；
- 本地域名服务器。

① 根域名服务器

根域名服务器是最高层次的域名服务器,所有的根域名服务器都知道所有的顶级域名服务器的域名和 IP 地址。不管是哪一个本地域名服务器,若要对 Internet 中任何一个域名进行解析,只要自己无法解析,就首先求助于根域名服务器。

Internet 共有 13 个不同 IP 地址的根域名服务器,它们的名字是用一个英文字母命名,从 a 一直到 m(前 13 个字母)。

② 顶级域名服务器

顶级域名服务器负责管理在该顶级域名服务器注册的所有二级域名。当收到 DNS 查询请求时,就给出相应的回答(可能是最后的结果,也可能是下一步应当找的域名服务器的 IP 地址)。

③ 权限域名服务器

一个服务器所负责管辖的(或有权限的)范围叫作区(zone),区可能等于域,也可能小于域。每一个区设置相应的权限域名服务器,用来保存该区中的所有主机的域名到 IP 地址的映射。

当一个权限域名服务器还不能给出最后的查询回答时,就会告诉发出查询请求的 DNS 客户,下一步应当找哪一个权限域名服务器。

④ 本地域名服务器

本地域名服务器(有时也称为默认域名服务器)对域名系统非常重要。当一台主机发出 DNS 查询请求时,这个查询请求报文就发送给本地域名服务器。每一个 Internet 服务提供者(ISP),或一个大学,甚至一个大学里的系,都可以拥有一个本地域名服务器。

2. 文件传输协议(FTP)

文件传输协议(File Transfer Protocol,FTP)是 Internet 最早、最重要的网络服务之一。

(1) FTP 的特点

FTP 具有以下特点:

(a) FTP 只提供文件传送的一些基本的服务,它是面向连接的服务,使用 TCP 作为传输协议,以提供可靠的传输服务。

(b) FTP 的主要作用是在不同计算机系统间传送文件,它与这两台计算机所处的位置、连接的方式以及使用的操作系统无关。

(c) FTP 使用客户/服务器方式。

(2) FTP 的基本工作原理

FTP 需要在客户与服务器间建立两个连接:一条连接专用于控制,另一条为数据连接。控制连接用于传送客户与服务器之间的命令和响应,数据连接用于客户与服务器间交换数据信号。如图 4-28 所示。

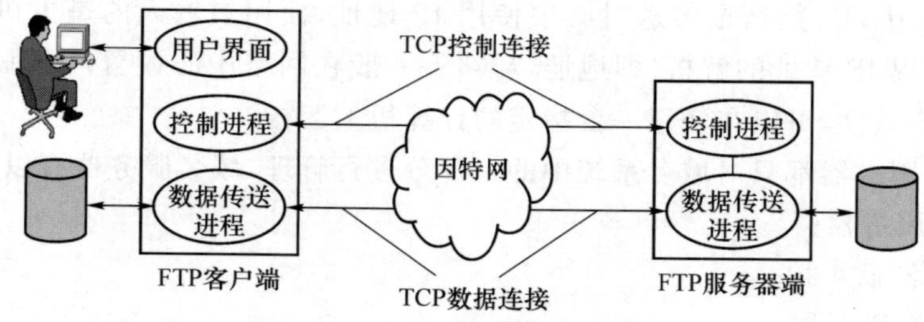

图 4-28 FTP 使用的两个 TCP 连接

FTP 是一个交互式会话的系统，FTP 服务器进程在知名端口 21 上监听来自 FTP 客户机的连接请求。客户每次调用 FTP，便可与 FTP 服务器建立一个会话。

控制连接在整个会话期间一直保持打开，FTP 客户发出的传输请求通过控制连接发送给服务器端的控制进程，但控制连接不用来传输文件。

实际用于传输文件的是“数据连接”。服务器端的控制进程在接收到 FTP 客户发送来的文件传输请求后就创建“数据传送进程”和“数据连接”，用来连接客户端和服务器端的数据传送进程。

数据传送进程实际完成文件的传送（传输），在传送完毕后关闭“数据连接”并结束运行。

（3）简单文件传输协议（TFTP）

简单文件传输协议（Trivial File Transfer Protocol，TFTP）是 TCP/IP 协议簇中的一个很小但易于实现的文件传输协议。

TFTP 支持客户/服务器方式，使用的传输层协议是 UDP，需要有自己的检错措施。TFTP 只支持文件传输，不支持交互。主要有以下特点：

（a）可用于 UDP 环境；

（b）TFTP 代码所占内存较小；

（c）支持 ASCII 码或二进制传送；

（d）可对文件进行读或写；

（e）每次传送的数据单元中有 512 B 的数据，最后一次可以不足 512 B；

（f）具有发送确认和重发确认。

3. 远程终端协议（TELNET）

TELNET 是 Internet 上强有力的功能，也是最基本的服务之一。利用该功能，用户既可以实时地使用远地计算机上对外开放的全部资源，也可以查询数据库、检索资料或利用远程计算机完成大量计算工作。

（1）TELNET 的主要功能

TELNET 的主要功能有：

（a）在用户终端与远程主机之间建立一种有效的连接；

（b）共享远程主机上的软件及数据资源；

（c）利用远程主机上提供的信息查询服务，进行信息查询。

（2）TELNET 的特点

（a）TELNET 是一个简单的远程终端协议，也是 Internet 的正式标准。

（b）用户使用 TELNET 就可在其所在地通过 TCP 连接注册（即登录）到远地的另一个主机上（使用主机名或 IP 地址）。

（c）TELNET 能将用户的击键传到远地主机，同时也能将远地主机的输出通过 TCP 连接返回到用户屏幕。这种服务是透明的，因为用户感觉到好像键盘和显示器是直接连在远地主机上。

（d）TELNET 也使用客户/服务器方式。在本地系统运行 TELNET 客户进程，而在远地主机则运行 TELNET 服务器进程。

(3) TELNET 的远程登录方式

实现远程登录的工具软件是由两部分程序组成的,一部分是寻求服务的程序,装在本地机上,即为客户程序;另一部分是提供服务的程序,装在远地机上,可称为服务程序。两者之间必须建立一种协议,使双方可以通信。登录名与口令是双方协议的具体体现。当用户通过本地主机向远地主机发出上网登录请求后,该远端的宿主机将返回一个信号,要求本地用户输入自己的登录名(login)和口令(password)。只有用户返回的登录名与口令正确,登录才能成功。这一方面是出于网络安全的考虑,另一方面也表示双方的通信已经建立。

在 Internet 中,很多主机同时装载有寻求服务的程序和提供服务的程序,这样的主机既可以作为本地主机访问其他主机,也可以作为远地主机被其他主机或终端访问,具有客户机与服务器双重身份。

远程登录方式很多,不同的计算机,不同的操作系统,远程登录方式不尽相同。TCP/IP 协议支持的登录到 Ianternet 上的软件工具称为 TELNET。TELNET 可用 DOS 或 UNIX 行命令模式实现,也可利用 WWW 浏览器以图形界面实现。界面友好、方便,功能也趋向于多元化。除可进行远程登录访问外,还可以对检索到的结果进行编辑、剪切等。

现在由于 PC 的功能越来越强,用户已较少使用 TELNET 了。

4. 电子邮件

电子邮件(Electronic Mail,E-mail)是 Internet 中使用频率最高的服务系统之一,也是最基本的 Internet 服务。它具有方便、快捷和廉价等优于传统邮政邮件的特点。任何能够获得 Internet 服务的用户都有 E-mail 功能,只要具有 E-mail 功能,就能和世界各地的 Internet 用户通"电子信件"。

(1) E-mail 的功能及特点

使用 E-mail 必须首先拥有一个电子邮箱,它是由 E-mail 服务提供者为其用户建立在 E-mail 服务器上专门用于电子邮件的存储区域,并由 E-mail 服务器进行管理。用户使用 E-mail 客户软件在自己的电子邮箱里收发邮件。

① E-mail 的功能

E-mail 的主要功能有:

(a) 信件的起草和编辑;

(b) 信件的收发;

(c) 信件回复与转发;

(d) 退信说明、信件管理、转储和归纳;

(e) 电子邮箱的保密。

② E-mail 的特点

E-mail 主要特点如下:

(a) 传送速度快,可靠性高;

(b) 用户发送 E-mail 时,接收方不必在场,发送方也不需知道对方在网络中的位置;

(c) E-mail 实现了人与人非实时通信的要求;

(d) E-mail 实现了一对多的传送。

(2) E-mail 的主要组成构件

E-mail 的主要组成构件包括用户代理和邮件服务器，如图 4-29 所示。

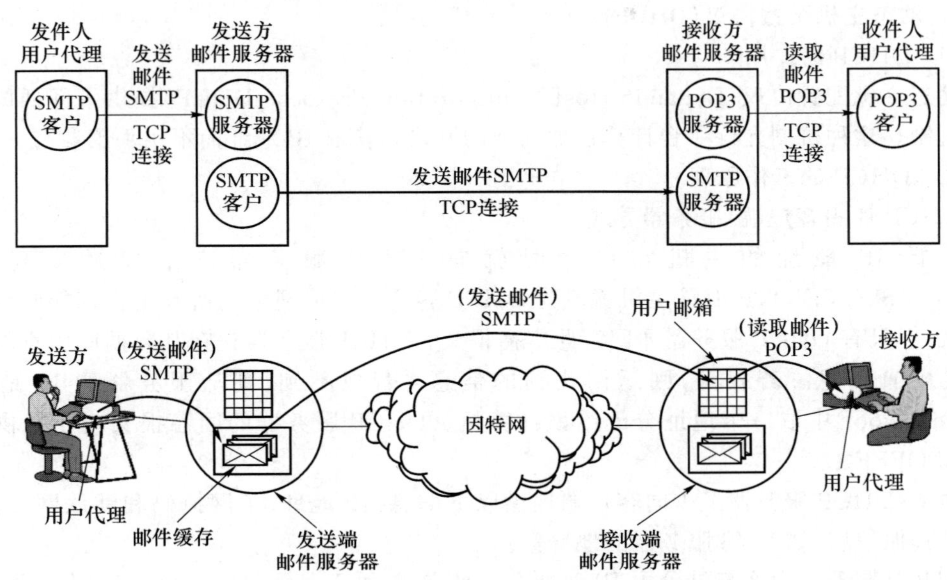

图 4-29　E-mail 的主要组成构件

用户代理(UA)就是用户与电子邮件系统的接口，是电子邮件客户端软件。用户代理的功能主要有：撰写、显示、处理和通信。

邮件服务器的功能是发送和接收邮件，同时还要向发信人报告邮件传送的情况(已交付、被拒绝、丢失等)。邮件服务器按照客户/服务器方式工作。邮件服务器需要使用发送和读取两个不同的协议。

(3) 简单邮件传送协议(SMTP)

电子邮件的标准主要有：

- 发送邮件的协议——SMTP；
- 读取邮件的协议——POP3 和 IMAP。

下面重点介绍简单邮件传送协议(SMTP)。

① SMTP 的特点

(a) SMTP 所规定的就是在两个相互通信的 SMTP 进程之间应如何交换信息。

(b) SMTP 使用客户/服务器方式，因此负责发送邮件的 SMTP 进程就是 SMTP 客户，而负责接收邮件的 SMTP 进程就是 SMTP 服务器。

(c) SMTP 规定了 14 条命令和 21 种应答信息。每条命令用 4 个字母组成，而每一种应答信息一般只有一行信息，由一个 3 位数字的代码开始，后面附上(也可不附上)很简单的文字说明。

(d) SMTP 采用 TCP 作为传输协议，提供的是面向连接的服务。

② SMTP 通信的 3 个阶段

(a) 连接建立：连接是在发送主机的 SMTP 客户和接收主机的 SMTP 服务器之间建立的。SMTP 不使用中间的邮件服务器。

(b) 邮件传送。

(c) 连接释放:邮件发送完毕后,SMTP应释放TCP连接。

5. 动态主机配置协议(DHCP)

(1) DHCP的作用

动态主机配置协议(Dynamic Host Configuration Protocol,DHCP)提供了即插即用连网的机制。这种机制允许一台计算机加入新的网络和获取IP地址而不用手工参与。

(2) DHCP的工作原理

DHCP使用客户端/服务器方式。

需要IP地址的主机在启动时就向DHCP服务器广播发送发现报文(DHCPDISCOVER),这时该主机就成为DHCP客户。本地网络上所有主机都能收到此广播报文,但只有DHCP服务器才回答此广播报文。DHCP服务器先在其数据库中查找该计算机的配置信息。若找到,则返回找到的信息。若找不到,则从服务器的IP地址池(Address Pool)中取一个地址分配给该计算机。DHCP服务器的回答报文叫作提供报文(DHCPOFFER)。

通常,DHCP服务器至少向客户端提供以下信息:IP地址、子网掩码和默认网关,还可以提供其他信息,如DNS服务器的地址等。

DHCP服务器为客户端分配IP地址有3种方式:手工分配、自动分配和动态分配。

(a) 手工分配地址:由管理员为少数特定客户端(如WWW服务器等)静态绑定固定的IP地址。通过DHCP将配置的固定IP地址发给客户端。

(b) 自动分配地址:DHCP为客户端分配租期为无限长的IP地址。

(c) 动态分配地址:DHCP为客户端分配具有一定有效期限的IP地址,到达使用期限后,客户端需要重新申请地址。绝大多数客户端得到的都是这种动态分配的地址。

需要说明的是,并不是每个网络上都有DHCP服务器,因为这样会使DHCP服务器的数量太多。现在是每一个网络至少有一个DHCP中继代理(Relay Agent),它配置了DHCP服务器的IP地址信息。

DHCP中继代理收到主机发送的发现报文后,就以单播方式向DHCP服务器转发此报文,并等待其回答。收到DHCP服务器回答的提供报文后,DHCP中继代理再将此提供报文发回给主机,如图4-30所示。

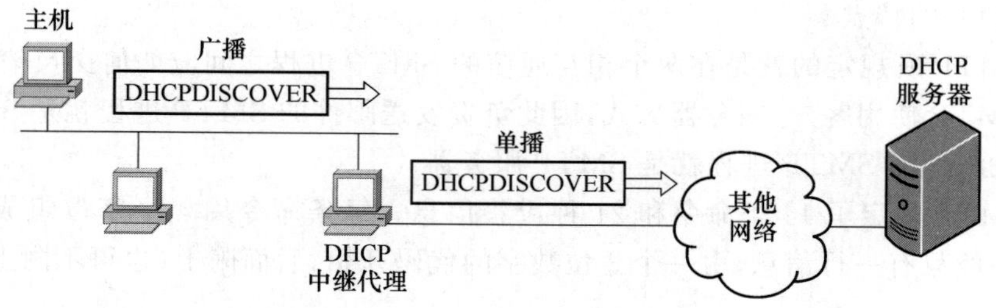

图4-30 DHCP中继代理以单播方式转发发现报文

4.3.6 下一代网际协议IPv6

随着IP网络的飞速发展、用户数量的急剧增多,IPv4的地址空间太小、分类的地址利用率低、地址分配不均、IP 数据报的首部不够灵活等问题逐渐暴露出来，严重制约了 IP 技术的应用，为了解决 IPv4 存在的问题，具有强大优势的 IPv6 应运而生，并得到广泛的认可。

1. IPv6 的特点

IPv6 与 IPv4 相比具有以下较为显著的优势。

(1) 极大的地址空间

IP 地址由原来的 32 bit 扩充到 128 bit，使地址空间扩大了 2^{96} 倍，彻底解决了 IPv4 地址不足的问题。

(2) 分层的地址结构

IPv6 支持分层的地址结构，更易于寻址；而且扩展支持组播和任意播地址，使得 IP 数据报可以发送给任何一个或一组节点。

(3) 支持即插即用

大容量的地址空间能够真正地实现无状态地址自动配置，使 IPv6 终端能够快速连接到网络上，无需人工配置，实现了真正的自动配置。

(4) 灵活的数据报首部格式

与 IPv4 相比，IPv6 数据报首部格式作了很大简化，有效地减少了路由器或交换机对首部的处理开销。同时，加强了对扩展首部和选项部分的支持，并定义了许多可选的扩展字段，可以提供比 IPv4 更多的功能，既使转发更为有效，又为将来网络加载新的应用提供了充分的支持。

(5) 支持资源的预分配

IPv6 支持实时视像等要求保证一定带宽和时延的应用。

(6) 具有更高的安全性

使用 IPv6 网络的用户可以对网络层的数据进行加密并对 IP 数据报进行校验，极大地增强了网络的安全性。

(7) 方便移动主机的接入

IPv6 在移动网络方面有很多改进，具备强大的自动配置能力，简化了移动主机的系统管理。

总之，IPv6 能够提供充足的网络地址和广阔的创新空间，是全球公认的下一代互联网商业应用解决方案。

2. IPv6 数据报格式

IPv6 数据报的一般格式如图 4-31 所示。

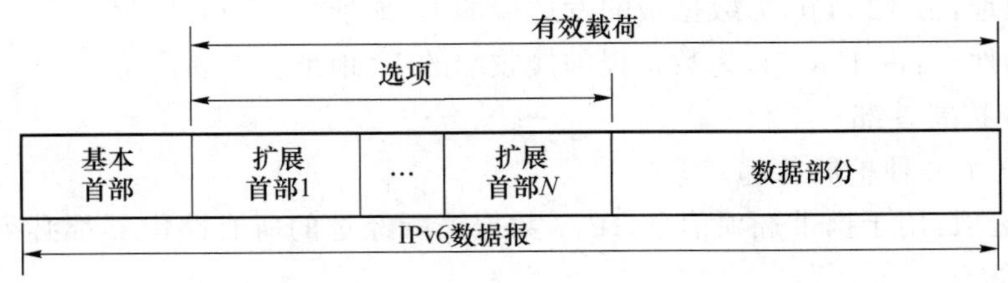

图 4-31　IPv6 数据报的一般格式

由图 4-31 可见，IPv6 数据报也包括首部和数据两部分，而首部又包括基本首部和扩展首部,扩展首部是选项。扩展首部和数据部分合起来称为有效载荷。

IPv6 基本首部的结构比 IPv4 简单得多,其中删除了 IPv4 首部中许多不常用的字段,或放在了可选项和扩展首部中。IPv6 数据报首部的具体格式如图 4-32 所示。

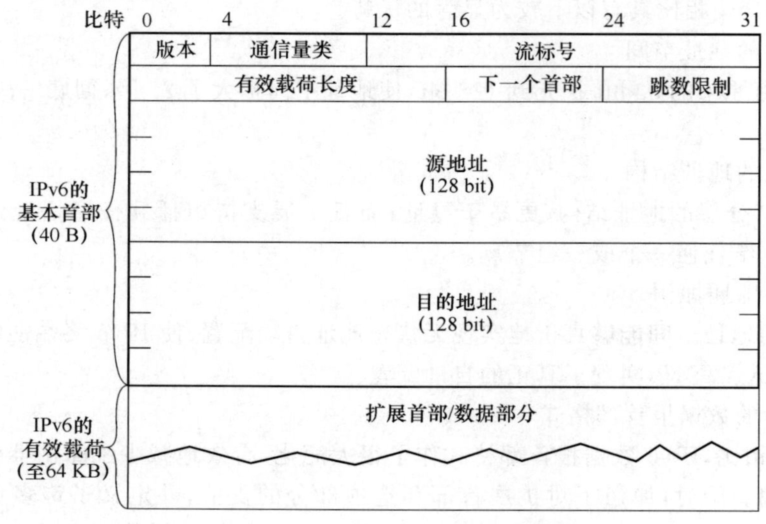

图 4-32　IPv6 数据报首部的具体格式

(1) IPv6 基本首部

IPv6 基本首部共 40 B,各字段的作用如下。

(a) 版本:占 4 bit,指明协议的版本。对于 IPv6 该字段为 6。

(b) 通信量类:占 8 bit,用于区分 IPv6 数据报不同的类型或优先级,主要用于 QoS。

(c) 流标号:占 20 bit,是 IPv6 支持资源分配的一个新的机制。"流"是互联网络上从特定源点到特定终点的一系列数据报,"流"所经过的路径上的路由器都保证指明的服务质量。所有属于同一个"流"的数据报都具有同样的流标号。

(d) 有效负荷长度:占 16 bit,指明 IPv6 数据报除基本首部以外的字节数,最大值为 64KB。

(e) 下一个首部:占 8 bit。无扩展首部时,此字段同 IPv4 的报头中的协议字段;有扩展首部时,此字段指出后面第一个扩展首部的类型。

(f) 跳数限制:占 8 bit,用来防止 IPv6 数据报在网络中无限期地存在。

(g) 源地址:占 128 bit,为数据报的发送端的 IP 地址。

(h) 目的地址:占 128 bit,为数据报的接收端的 IP 地址。

(2) IPv6 扩展首部

IPv6 定义了 6 种扩展首部。

- 逐跳选项:用于携带选项信息,IPv6 数据报所经过的所有路由器都必须处理这些选项信息。
- 路由选择:类似于 IPv4 中的源路由选项,是源站用来指明 IPv6 数据报在路由过程中必须经过哪些路由器。
- 分片:是当源站发送长度超过路径最大传输单元(MTU)的数据报时进行分片用的

扩展首部。

- 鉴别：用于对 IPv6 数据报基本首部、扩展首部和数据净荷的某些部分进行加密。
- 封装安全有效载荷：是指明剩余的数据净荷已加密，并为已获得授权的目的站（目的主机）提供足够的解密信息。
- 目的站选项：目的站选项用于携带只需要目的站处理的选项信息。

对于扩展首部，下面做几点说明：

(a) 为了提高路由器的处理效率，IPv6 规定，数据报途中经过的路由器都不处理这些扩展首部（只有逐跳选项扩展首部例外），将扩展首部留给路径两端的源站和目的站的主机来处理。

(b) 每一个扩展首部都由若干个字段组成，不同的扩展首部的长度不一样。但所有扩展首部的第一个字段都是 8 位的“下一个首部”字段，此字段的值指出了在该扩展首部后面的字段是什么，即是哪个其他扩展首部或 TCP/UDP 等首部。表 4-3 列出了不同扩展首部时，前一个首部中“下一个首部”字段的值。

表 4-3　“下一个首部”字段的值

扩展首部类型	前一个首部中“下一个首部”字段的值
逐跳选项	0
路由选择	43
分片	44
鉴别	51
封装安全有效载荷	50
目的站选项	60

(c) 当使用多个扩展首部时，应该按照表 4-3 所示的先后顺序出现。

(d) 当 IPv6 数据报不包含扩展首部时，固定首部中的下一个首部字段就相当于 IPv4 首部中的协议字段，即此字段的值指出后面的有效载荷是什么类型及应该交付给上一层的哪一个进程。

3. IPv6 地址体系结构

(1) IPv6 的地址结构

IPv6 的地址结构如图 4-33 所示。

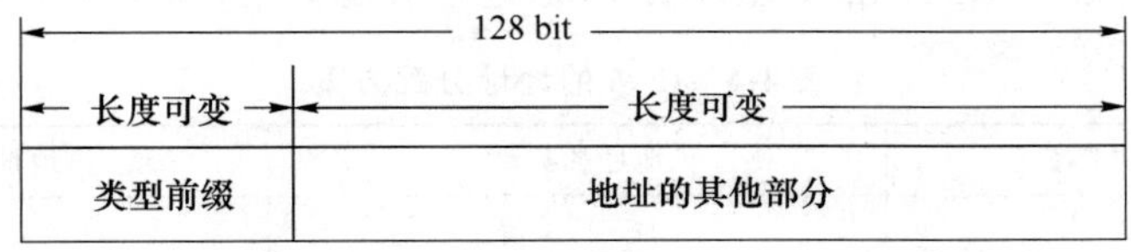

图 4-33　IPv6 的地址结构

由图 4-33 可见，IPv6 将 128 bit 地址空间分为两大部分。

IPv6 地址的第一部分是可变长度的类型前缀，它定义了地址的目的，例如是单播、多播地址，还是保留地址、未指派地址等。

IPv6 数据报的目的地址有 3 种基本类型:

- 单播——传统的点对点通信。
- 多播——一点对多点的通信。
- 任播——这是 IPv6 增加的一种类型。任播的目的站是一组计算机,但 IPv6 数据报在交付时只交付给其中的一个,通常是距离最近的一个。

IPv6 地址的第二部分是地址的其余部分,其长度也是可变的。

(2) IPv6 地址的表示方法

① 冒号十六进制记法

冒号十六进制记法是 IPv6 地址的基本表示方法,每个 16 bit 的值用十六进制值表示,各值之间用冒号分隔。

例如,某个 IPv6 地址为:

59F3:AB62:FF66:CF7F:0000:1260:000E:DDDD

另外,IPv6 地址还有如下几种简单记法。

② 零省略

上例中,0000 的前 3 个 0 可省略,缩写为 0;000E 的前 3 个 0 可省略,缩写为 E。

此 IPv6 地址写为:

59F3:AB62:FF66:CF7F:0:1260:E:DDDD

③ 零压缩

即一连串连续的零可以被一对冒号取代。

例如,C806:0:0:0:0:0:0:A25D

可以写成:C806::A25D

IPv6 规定,一个地址中零压缩只能使用一次。

④ 冒号十六进制值结合点分十进制的后缀(内嵌 IPv4 地址表示法)

为了实现 IPv4 与 IPv6 互通,IPv4 地址会嵌入 IPv6 地址中,此时地址常表示为:X:X:X:X:X:X:d.d.d.d,前 96 bit 采用冒号十六进制表示(零压缩的方法依旧适用),而最后 32 bit 地址则使用 IPv4 的点分十进制表示。

例如,0:0:0:0:0:0:136.22.15.8

需要注意的是,冒号分隔的是 16 bit 的值,而点分十进制的值是 8 bit 的值。

再使用零压缩即可得出:::136.22.15.8

(3) IPv6 地址空间的分配

2006 年 2 月发表的 RFC 4291 建议 IPv6 的地址分配方案,如表 4-4 所示。

表 4-4 IPv6 的地址分配方案

最前面的几位二进制数字	地址的类型	占地址空间的份额
0000 0000	IETF 保留	1/256
0000 0001	IETF 保留	1/256
0000 001	IETF 保留	1/128
0000 01	IETF 保留	1/64
0000 1	IETF 保留	1/32

续 表

最前面的几位二进制数字	地址的类型	占地址空间的份额
0001	IETF 保留	1/16
001	全球单播地址	1/8
010	IETF 保留	1/8
011	IETF 保留	1/8
100	IETF 保留	1/8
101	IETF 保留	1/8
110	IETF 保留	1/8
1110	IETF 保留	1/16
1111 0	IETF 保留	1/32
1111 10	IETF 保留	1/64
1111 110	唯一本地单播地址	1/128
1111 1110 0	IETF 保留	1/512
1111 1110 10	本地链路单播地址	1/1024
1111 1110 11	IETF 保留	1/1024
1111 1111	多播地址	1/256

表 4-4 中有灰色背景的这一行是 IPv6 作为全球单播地址用的，RFC 3587 规定的 IPv6 单播地址的等级结构如图 4-34 所示。

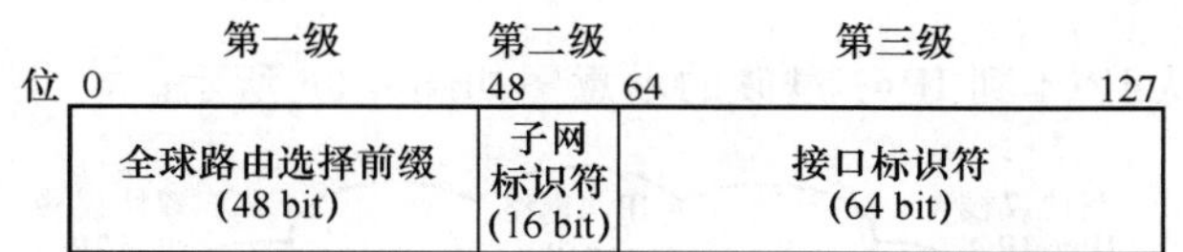

图 4-34　IPv6 单播地址的等级结构

IPv6 单播地址划分为 3 个等级。

(a) 全球路由选择前缀——占 48 bit，相当于分类的 IPv4 地址中的网络号字段，分配给各公司和组织，用于 IP 网中路由器的路由选择。

(b) 子网标识符——占 16 bit，相当于分类的 IPv4 地址中的子网络号字段，用于各公司和组织标识内部划分的子网。

(c) 接口标识符——占 64 bit，相当于分类的 IPv4 地址中的主机号字段，用于指明主机或路由器单个的网络接口。

4. IPv4 向 IPv6 过渡的方法

虽然 IPv6 比 IPv4 有绝对优势，但目前 Internet 上的用户绝大部分仍然在使用 IPv4，如何从 IPv4 过渡到 IPv6 是需要我们研究的一个问题。

从 IPv4 向 IPv6 过渡的方法有 3 种：使用双协议栈；使用隧道技术；使用网络地址/协议转换技术(NAT-PT)。

(1) 使用双协议栈

双协议栈是指在完全过渡到 IPv6 之前,使一部分主机(或路由器)装有两个协议栈:一个是 IPv4;另一个是 IPv6。双协议栈主机(或路由器)既可以与 IPv6 的系统通信,又可以与 IPv4 的系统通信。

使用双协议栈进行从 IPv4 到 IPv6 过渡的示意图如图 4-35 所示。

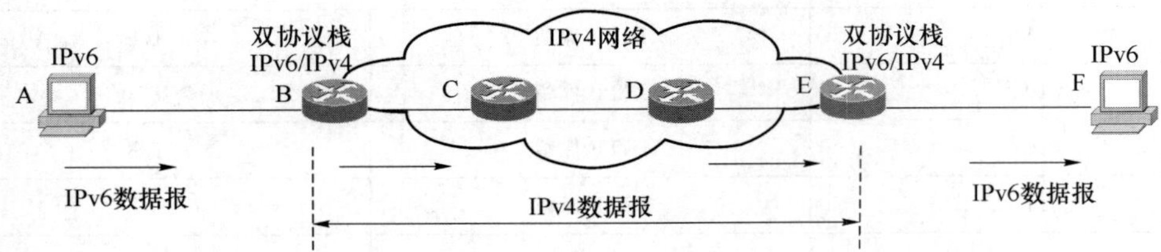

图 4-35 使用双协议栈进行从 IPv4 到 IPv6 的过渡示意图

图 4-35 中的主机 A 和 F 都使用 IPv6,而它们之间要通信所经过的网络使用 IPv4,路由器 B 和 E 是双协议栈路由器。

主机 A 发送的是 IPv6 数据报,双协议栈路由器 B 将其转换为 IPv4 数据报发给 IPv4 网络,此 IPv4 数据报到达双协议栈路由器 E,由它将 IPv4 数据报再转换为 IPv6 数据报送给主机 F。

IPv6 数据报与 IPv4 数据报的相互转换是替换数据报的首部,数据部分不变。

双协议栈技术的优点是网络规划相对简单,互通性好,同时在 IPv6 逻辑网络中可以充分发挥 IPv6 的所有优点。但存在的问题是同时占用 IPv4 和 IPv6 地址,不能很好地解决地址问题,而且不能实现 IPv4 和 IPv6 应用互通。

(2) 使用隧道技术

使用隧道技术从 IPv4 到 IPv6 过渡的示意图如图 4-36 所示。

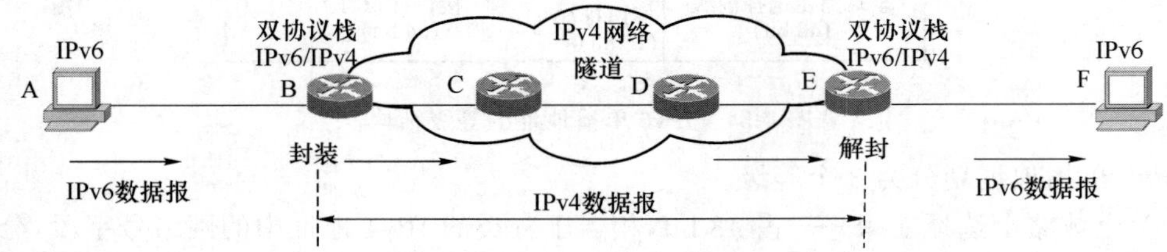

图 4-36 使用隧道技术从 IPv4 到 IPv6 过渡的示意图

所谓隧道技术是由双协议栈路由器 B 将 IPv6 数据报封装成为 IPv4 数据报,即把 IPv6 数据报作为 IPv4 数据报的数据部分(这是与使用双协议栈过渡的区别)。IPv4 数据报在 IPv4 网络(看作是隧道)中传输,离开 IPv4 网络时,双协议栈路由器 E 再取出 IPv4 数据报的数据部分(解封),即还原为 IPv6 数据报送交给主机 F。

隧道技术的优点在于隧道的透明性,即 IPv6 主机之间的通信可以忽略隧道的存在,隧道只起到物理通道的作用。但存在的问题是要规模部署隧道,其配置和管理的复杂度较高,同样不能实现 IPv4 和 IPv6 应用互通。

(3) 使用网络地址/协议转换技术

网络地址/协议转换技术(Network Address Translation-Protocol Translation，NAT-PT)通过与无状态 IP/ICMP 转换(Stateless IP/ICMP Translation，SIIT)、传统 IPv4 下的动态地址转换(NAT)及适当的应用层网关(Application Layer Gatewav，ALG)相结合，实现了 IPv4 和 IPv6 间的协议转换和地址映射。

当 IPv6 主机与 IPv4 主机进行通信时，NAT-PT 会根据 IPv4 地址池动态地为这个 IPv6 主机分配一个 IPv4 地址，记录两者间的映射关系，并将 IPv6 数据报转换成 IPv4 数据报进行数据传输，反之亦然。这样就可以利用 NAT-PT 实现纯 IPv4 和纯 IPv6 主机间的相互通信，其原理图如图 4-37 所示。

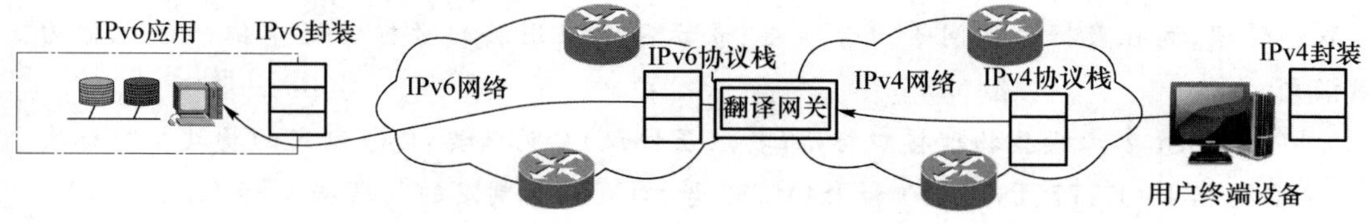

图 4-37　NAT-PT 原理图

NAT-PT 技术的优点是允许 IPv6 主机与 IPv4 主机之间的直接通信，解决了 IPv4 与 IPv6 网络应用互访的问题，降低了从 IPv4 向 IPv6 过渡的成本，具有很大的实用性。

NAT-PT 技术的主要缺点如下：

(a) 网络设备进行协议转换、地址转换的处理开销较大；

(b) IPv4 主机访问 IPv6 主机时实现方法较为复杂，因此 NAT-PT 技术在性能上无法适应大量转换的要求，限制了业务提供平台的容量和扩展性；

(c) NAT-PT 设备存在单点故障，可能会成为网络性能的瓶颈。

以上介绍了 3 种从 IPv4 向 IPv6 过渡的方法，各有其优缺点，要根据情况合理选择过渡技术。在 IPv6 发展初期，可以采用隧道技术；当 IPv6 的规模发展到中期时，可以采用双协议栈技术；而当 IPv6 在规模上完全超过 IPv4 时，可以采用 NAT-PT 技术。

小　结

(a) 网络体系结构是计算机网络中的层次、各层的功能及协议、层间的接口的集合。应用比较广泛的网络体系结构主要有 OSI 参考模型和 TCP/IP 参考模型。

(b) OSI 参考模型是将计算机之间进行数据通信全过程的所有功能逻辑上分成若干层，每一层对应有一些功能，完成每一层功能时应遵照相应的协议，所以 OSI 参考模型是功能模型，也是协议模型。

OSI 参考模型共分 7 层：物理层，链路层，网络层，传输层，会话层，表示层，应用层。

物理层提供有关同步和全双工比特流在物理媒体上的传输手段，其数据传送单位是比特。

链路层的基本功能是负责数据链路的建立、维持和拆除，差错控制、流量控制等，其数据传送单位一般是帧。

网络层的主要功能是:路由选择、差错控制、流量控制等,其数据传送单位是分组。

传输层的功能包括端到端的顺序控制、流量控制、差错控制及监督服务质量,其数据传送单位是报文。

会话层提供诸如会话建立时会话双方资格的核实和验证,由哪一方支付通信费用,及对话方向的交替管理、故障点定位和恢复等各种服务。

表示层的主要功能是代码转换、数据格式转换、数据加密与解密、数据压缩与恢复等。

应用层的主要功能是提供网络与用户应用软件之间的接口服务,包括文件传送、存取和管理,远程数据库访问等。会话层、表示层和应用层的数据传送单位一般也称为报文。

(c) OSI 参考模型物理接口标准(物理层协议)分为 3 类:ISO 制定的物理接口标准(主要包括 ISO1177、ISO2110 和 ISO4902 等),CCITT 制定的物理接口标准(V. 24、V. 28、X. 20、X. 21、I. 430 和 I. 431 等),EIA 制定的物理接口标准(如 RS-232C、RS449 等)。

物理层接口规程描述了接口的 4 种基本特性:机械特性、电气特性、功能特性和规程特性。

(d) OSI 参考模型数据链路层常用的协议有基本型控制规程和高级数据链路控制规程(HDLC),主要采用的是 HDLC。

HDLC 是面向比特的传输控制规程,以帧为单位传输数据信息和控制信息,其发送方式为连续发送(一边发,一边等对方的回答),传输效率比较高。

HDLC 的帧结构包括标志字段 F、地址字段 A、控制字段 C、信息字段 I 和帧校验字段 FCS。控制字段的 3 种格式定义了 HDLC 3 种类型的帧:信息帧、监控帧和无编号帧。

(e) OSI 参考模型网络层的协议是 X. 25 分组级协议。CCITTX. 25 建议是公用数据网上以分组方式工作的数据终端设备(DTE)与数据电路终接设备(DCE)之间的接口规程。X. 25 建议包含 3 层:物理层(其标准有 X. 2l、X. 21bis 和 V 系列建议)、链路层(其协议采用 LAPB,它是 HDLC 规程的一个子集)和分组层(采用 X. 25 建议分组级协议)。

(f) TCP/IP 参考模型分 4 层,它与 OSI 参考模型的对应关系为:网络接口层对应 OSI 参考模型的物理层和数据链路层;网络层对应 OSI 参考模型的网络层;传输层对应 OSI 参考模型的传输层;应用层对应 OSI 参考模型的 5、6、7 层。

(g) TCP/IP 参考模型中,网络接口层的数据传送单位是物理帧,网络接口层没有规定具体的协议。用得比较多的链路层协议是点对点协议(PPP)等,PPP 具有简单、保证透明传输、支持多种网络层协议、支持多种类型链路等特点。

PPP 有 3 个组成部分:一个将 IP 数据报封装到串行链路 PPP 帧的方法;一套链路控制协议(LCP);一套网络控制协议(NCP)。

PPP 帧的格式与 HDLC 帧的格式相似，包括标志字段 F、地址字段 A、控制字段 C、协议字段、信息字段和帧校验序列(FCS)字段。

(h) TCP/IP 参考模型中，网络层的数据传送单位是 IP 数据报，核心协议是 IP，其辅助协议有：地址转换协议(ARP)、逆向地址转换协议(RARP)、Internet 控制报文协议(ICMP)和 Internet 组管理协议(IGMP)。

(i) IP(IPv4)的特点是：仅提供不可靠、无连接的数据报传送服务；IP 是点对点的，所以要提供路由选择功能；IP 地址长度为 32 bit。

分类的 IP 地址包括两部分：网络地址和主机地址。IP 地址的表示方法是点分十进制。IP 地址分成为五类，即 A、B、C、D、E 类。

为了便于管理，一个单位的网络一般划分为若干子网，要采用子网地址。子网编址技术是指在 IP 地址中，对于主机地址空间采用不同方法进行细分，通常是将主机地址的一部分分配给子网作为子网地址。子网掩码的作用有两个：一个是表示子网和主机地址位数；另一个是将 IP 地址和子网掩码相与可确定子网地址。

公有 IP 地址是接入 Internet 时所使用的全球唯一的 IP 地址，必须向 Internet 的管理机构申请。公有 IP 地址分配方式有静态分配和动态分配两种。私有 IP 地址是仅在机构(网络)内部使用的 IP 地址，可以由本机构自行分配，而不需要向 Internet 的管理机构申请。私有 IP 地址的分配方式也有两种：静态分配方式和动态分配方式。私有 IP 地址转换为公有 IP 地址的方式有静态转换方式、动态转换方式和复用动态方式。

(j) IP 数据报由报头(首部)和数据两部分组成，其中首部又包括固定长度字段(共 20 B，是所有 IP 数据报必须具有的)和可选字段(长度可变)。

(k) 在 TCP/IP 参考模型中，传输层提供了 3 个并列的协议：用户数据报协议(UDP)、传输控制协议(TCP)和流控制传输协议(SCTP)。传输层的数据传送单位是 UDP 报文、TCP 报文段或 SCTP 数据报。

(l) UDP 的特点为：提供协议端口来保证进程通信；提供不可靠、无连接、高效率的数据传输；UDP 是面向报文的。

(m) TCP 具有以下特点：提供协议端口来保证进程通信；提供面向连接的全双工数据传输；提供高可靠的按序传送数据的服务。为实现高可靠传输，TCP 提供了确认与超时重传、流量控制、拥塞控制等机制。

采用 TCP 时，数据通信经历连接建立(3 次握手)、数据传送和连接释放 3 个阶段。

在 TCP 中，数据的流量控制是由接收端进行的，即由接收端决定接收多少数据，发送端据此调整传输速率，接收端实现控制流量的方法是采用大小可变的“滑动窗口”。

TCP 是通过控制发送窗口的大小进行拥塞控制，发送窗口＝Min[通知窗口，拥塞窗口]。

(n) SCTP 吸取了 TCP 和 UDP 的优点，并对 TCP 的缺陷进行了完善，它是面向连接的基于分组的可靠传输协议，提供差错控制、流量控制和拥塞控制机制，防止泛滥和伪装攻击；作为新的特性，SCTP 还提供了对多宿主机和多重流的支持。

SCTP 的基本特性主要包括：多宿主，多重流，面向报文与面向连接相结合，安全机制,选择确认、拥塞控制和差错控制等。SCTP 偶联的建立过程相对于 TCP 连接而言比较复杂,是个 4 次握手过程。

SCTP 主要用于在 IP 网上传输 7 号信令,以及需要高可靠性、安全性的场合。

(o) TCP/IP 应用层的作用是为用户提供访问 Internet 的各种高层应用服务,如文件传送、远程登录、电子邮件、WWW 服务等。应用层协议就是一组应用高层协议,即一组应用程序,主要有文件传输协议(FTP)、远程终端协议(TELNET)、简单邮件传输协议(SMTP)和动态主机配置协议(DHCP)等。

域名系统(DNS)用于实现主机名与主机 IP 地址之间的转换。TCP/IP 采用的是层次结构的命名机制,任何一个连接在 Internet 上的主机或路由器,都有一个唯一的层次结构的名字,即域名。在 Internet 中,报文传送时必须使用 IP 地址,而用户输入的是主机名字,使用域名服务,可以实现 IP 地址的解析。一般在网络中心设置域名服务器,即配置 DNS。

文件传输协议(FTP)提供文件传输的一些基本的服务,它是面向连接的服务,使用 TCP 作为传输层协议,以提供可靠的传输服务。

TELNET 是一个简单的远程终端协议,其主要功能有:在用户终端与远程主机之间建立一种有效的连接、共享远程主机上的软件及数据资源、利用远程主机上提供的信息查询服务进行信息查询。

电子邮件(E-mail)是 Internet 上使用频率最高的服务系统之一,也是最基本的 Internet 服务。它具有方便、快捷和廉价等优于传统邮政邮件的特点。电子邮件的标准主要有:发送邮件的协议(SMTP),读取邮件的协议(POP3)和 IMAP。

动态主机配置协议(DHCP)提供了即插即用连网的机制,这种机制允许一台计算机加入新的网络和获取 IP 地址而不用手工参与。

(p) 为了解决 IPv4 地址即将耗尽的问题,诞生了 IPv6。IPv6 与 IPv4 相比具有以下较为显著的优势:极大的地址空间,分层的地址结构,支持即插即用,灵活的数据报首部格式,支持资源的预分配,具有更高的安全性和方便移动主机的接入。

IPv6 数据报包括首部和数据两部分,而首部又包括基本首部和扩展首部,扩展首部是选项,扩展首部和数据部分合起来称为有效载荷。IPv6 定义了 6 种扩展首部:逐跳选项、路由选择、分片、鉴别、封装安全有效载荷和目的站选项。

IPv6 将 128 bit 地址空间分为两大部分:第一部分是可变长度的类型前缀,它定义了地址的目的,例如是单播、多播地址,还是保留地址、未指派地址等;第二部分是地址的其余部分,其长度也是可变的。IPv6 地址的表示方法有:冒号十六进制记法、零省略、零压缩和冒号十六进制值结合点分十进制的后缀等。

从 IPv4 向 IPv6 过渡的方法有 3 种:使用双协议栈;使用隧道技术;使用网络地址/协议转换技术(NAT-PT)。

习　题

4-1　什么是网络体系结构?

4-2　画出 OSI 参考模型示意图,并简述 1～4 层功能。

4-3　物理层协议中规定的物理接口的基本特性有哪些?

4-4　画出 HDLC 的帧结构,并说明各字段的作用。

4-5　HDLC 如何保证透明传输?

4-6　说明 X.25 建议分哪几层? 各层协议分别采用什么?

4-7　画图说明 TCP/IP 参考模型与 OSI 参考模型的对应关系。

4-8　简述 TCP/IP 参考模型各层的主要功能及协议。

4-9　画出 PPP 帧结构,并说明它与 HDLC 帧结构有哪些不同。

4-10　一个 IP 地址为 10001011 01010110 00000110 01000010,将其用点分十进制表示,并说明是哪一类 IP 地址。

4-11　一个 IP 地址为 195.12.19.35,将其表示成二进制。

4-12　某网络的 IP 地址为 181.26.0.0,子网掩码为 255.255.240.0,求:(a) 子网地址、主机地址各占多少位;(b) 此网络最多能容纳的主机总数(设子网和主机地址的全 0、全 1 均不用)。

4-13　某主机的 IP 地址为 90.28.19.8,子网掩码为 255.248.0.0,求此主机所在的子网地址。

4-14　私有 IP 地址转换为公有 IP 地址的方式有哪几种?

4-15　在 IP 数据报报头中,与控制分片和重组有关的 3 个字段是什么?

4-16　用户数据报协议(UDP)和传输控制协议(TCP)分别具有什么特点?

4-17　简述拥塞控制与流量控制的区别。

4-18　简单说明 TCP 是如何进行拥塞控制的?

4-19　流控制传输协议(SCTP)的基本特性主要包括哪些?

4-20　简述 SCTP 如何防止拒绝服务和伪装等潜在的攻击?

4-21　简述域名系统(DNS)的作用是什么?

4-22　动态主机配置协议(DHCP)的作用是什么?

4-23　IPv4 向 IPv6 过渡的方法有哪几种?

习题解答

第5章 数据交换

章导学

前面几章介绍了数据传输的基本原理，按照这些基本原理可以实现用户终端之间的相互通信。为了提高线路利用率，用户终端之间需通过网络节点的某种转换方式来实现数据通路的连接，相应的转换技术就是数据交换技术。

本章在介绍数据交换技术分类及发展历程的基础上，着重介绍几种常用的数据交换方式，包括电路交换、分组交换、IP交换以及多协议标签交换，阐述其基本原理、优缺点及适用场合。

5.1 概 述

5.1.1 数据交换的必要性

两个用户终端通过直接相连的信道进行通信的方式是点对点通信。当多个用户终端之间需要进行数据通信，最直接的方法是把所有终端两两相连以实现任意两个用户之间的点对点通信，这样的连接方式称为全互连方式，如图5-1(a)所示。全互连方式虽然实现起来简单，但存在一些固有的缺陷。例如，当终端数较多时，所需线对数较多，因为线对数量与终端数的平方成正比；当终端之间相距较远时，需要大量长途线路；每个终端都要与其他终端连接，需要线路接口较多，等等。因此，全互连方式仅适用于终端数较少、地理位置相对集中、可靠性要求很高的场合。

为了在任意多个用户终端之间实现便捷、经济、可靠的数据通信，一般将用户终端通过一个具有交换功能的网络连接起来，如图5-1(b)所示。

图5-1中，每个用户终端连接到交换网络的一个交叉节点上。一个交叉节点相当于一个开关，平时是打开的状态。当任意两个用户之间要通信时，交换网络中的一台或者多台交换设备就把连接这两个用户终端的有关交叉节点合上，使得它们之间的通信线路连通。当两个用户通信完毕时，交换设备再把相应的交叉节点打开，这样两个用户终端之间的通信线路就断开了。通过上述方式进行数据通信的过程称为数据交换。可见，数据交换使得 N 个

用户终端只需要 N 对线就可以实现通信需求，线路的投资费用大大降低。此外，数据交换也使得网络的覆盖范围大大地增加。

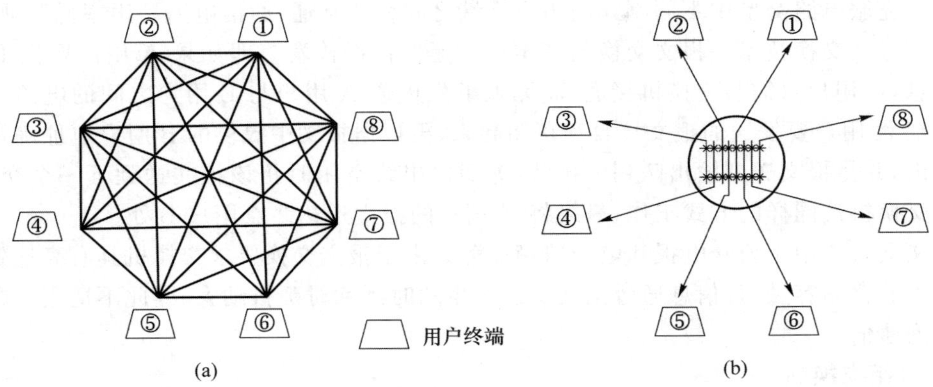

图 5-1 用户终端通过交换网络连接

5.1.2 数据交换方式的分类

数据通信中采用的交换方式主要有电路交换和分组交换。

分组交换又分狭义的分组交换和广义的分组交换。狭义的分组交换特指基于 X.25 协议的交换方式，广义的分组交换则包含帧中继、ATM 交换和 IP 交换。

IP 交换是利用第二层交换传送 IP 分组的技术。最初，IP 交换特指 Ipsilon 公司提出的在 ATM 网上传送 IP 分组的技术，为狭义的 IP 交换。后来，IP 交换技术还实现了在帧中继、以太网等的基础上进行 IP 分组的传送，为广义的 IP 交换。目前，主流的 IP 交换技术是多协议标签交换(MPLS)，它对已有的多种 IP 交换方案进行了综合，是一个统一、完善的 IP 交换技术标准。

5.1.3 数据交换技术的发展

1. 电路交换

最早出现的交换技术是电路交换。电路交换的基本过程包括连接建立、信息传送和连接释放三个过程。在双方开始通信之前，发起呼叫的一方(通常称为主叫)通过一定的方式(如拨号)将接受呼叫的一方(通常称为被叫)的地址告诉网络中的交换设备，交换设备根据被叫地址在主叫和被叫之间建立一条电路，这个过程称为连接建立。接着，主叫和被叫在所建立的电路上进行通信，这个过程称为数据传输。信息传送结束后，主叫或被叫通知交换设备释放电路，这个过程称为连接释放。

电路交换采用固定分配通信电路的机制，且信息传送过程中双方独占被分配的通信电路。只有在信息传送结束后，所占用的电路资源才会释放并被重新利用。因此，电路交换中电路利用率较低；由于存在连接建立的过程，所以电路接续时间较长；如果没有空闲的电路，那么呼叫会损失掉(称为呼损)。此外，电路交换要求通信双方在信息传输速率、编码格式等方面必须完全兼容，否则难于互通。

因此，电路交换适合于电话通信、文件传送等业务。在数据通信发展的初级阶段，电路交换也是数据传输和交换的一种重要手段。有关电路交换技术将在5.2节详细介绍。

2. 报文交换

为了克服电路交换中不同制式的用户终端之间无法互通、通信电路利用率低等缺点，人们提出了报文交换技术。报文交换的基本原理是“存储-转发”，即如果A用户要向B用户发送信息，A用户只需与交换机接通，而无须事先接通A用户与B用户之间的电路。交换机暂时把A用户要发送的报文接收和存储起来，再根据报文中提供的B用户地址确定交换网内路由，并将报文送到输出队列上排队，等到输出线空闲时将该报文送到下一个交换机。下一个交换机按同样的方式工作，最终将A用户的报文送达终点用户B处。

报文交换适用于公众电报和电子信箱业务。由于报文交换要求交换机具有高速处理能力和较大的存储容量，且信息通过报文交换产生的时延和时延抖动大，因此不适用于即时交互式数据通信。

3. 分组交换

分组交换产生于20世纪60年代，是继电路交换和报文交换之后出现的一种针对数据通信特点而开发的信息交换技术。分组交换也采用“存储-转发”的方式工作，但并不以报文为单位交换，而是把报文截成若干个较小的数据块，即分组(Packet)，来进行交换和传输。由于分组长度较短，具有统一的格式，便于在交换机中存储和处理，因此分组进入交换机后在主存储器中进行排队处理的时间很短，且一旦确定了路由，分组很快就被输出到下一个交换机或用户终端。

X.25是分组交换的第一个国际标准，在1976年由I-TUT的一个工作小组研究产生。X.25标准能够较好地解决了电路交换和报文交换的矛盾，实现了不同类型数据终端之间的互通。后来在X.25的基础上发展起来的交换技术，如帧中继、ATM交换和IP交换等，由于都采用了分组的思想，所以也属于分组交换，且是广义的分组交换。而遵循X.25标准的分组交换则被称为狭义的分组交换。在后文中，如果没有特别的交代，那么分组交换均指广义的分组交换。

由于分组穿过交换机或网络的时间很短(例如，分组穿过一个交换机的时延为毫秒级甚至微秒级)，能满足绝大多数数据通信对信息传输的实时性要求。因此，20世纪70年代中期以后的数据通信几乎都采用分组交换技术。有关分组交换技术将在第5.3节中介绍。

4. 快速分组交换——帧中继

20世纪80年代后期，信息多媒体化导致新型数据业务传输具有与传统话音或文本数据所不同的传输特性。数据传输速率要求进一步提升，数据传输的突发性更高，不同的数据业务也具有不同的误差要求和时延要求。但此时的分组交换信息传输效率较低，并不适合对时延和吞吐量要求严格的数据业务。为了改进分组交换的缺点，人们提出了帧中继技术。

帧中继的基本数据单元是帧。帧结构中的信息字段不仅可以存放X.25分组，而且可以存放高级数据链路控制(HDLC)或同步数据链路控制(SDLC)协议数据单元，以及局域网中逻辑电路控制(LLC)层和媒体访问控制(MAC)层的数据。因此，帧可被看作是一种特殊的分组。考虑到当时光纤传输线路的使用使得数据传输质量大大提高，同时用户终端的智能化使得其处理能力大大增强，帧中继取消了网络节点之间、网络节点和用户终端之间每段传输链路上的数据差错控制，将其推到网络的边缘，减少了分组在网络中的延迟，提高了网络的响应速率。因此，帧中继的传输速率最高可达155 Mbit/s。

可见，帧中继技术是传统的分组交换的一种改进方案，适合运行不同协议的局域网之间的数据互连。

5. ATM 交换

由于帧中继仍然无法以统一、简单、快捷的方法支持各种特性的多媒体数据通信，ITU-T 推出了异步转移模式(ATM)。

ATM 实际是快速电路交换和快速分组交换发展的产物。一方面，ATM 采用面向连接并预约传输资源的方式工作。另一方面，ATM 采用固定长度的分组(即信元)进行传输、复用和交换，但包含一个特定用户信息的信元不需要周期性地出现，所以是一种按需分配带宽的交换方式。同时，ATM 网络内部也取消逐段链路的差错控制和流量控制，而将这些工作推到了网络的边缘，减轻了交换节点的处理负担。但为了防止由于信元头部出现错误而导致的信元误投及网络资源浪费，ATM 在信元的头部加上纠错和检错的机制来降低上述可能性。

ATM 交换既具有电路交换处理简单的特点，支持实时业务、数据透明传输并采用端到端的通信协议，又具有分组交换支持变比特率业务的特点，能对链路上传输的业务进行统计复用。加上其较强的流量控制功能，能保证业务的服务质量，ATM 一度被认为是下一代网络中数据交换的首选技术。

6. IP 交换

IP 交换是将分层网络的第三层软件路由查询和第二层分组交换进行有机结合的交换技术，可以在保持 IP 组网灵活性的同时提高分组转发速度。最早的 IP 交换技术基于 ATM 交换，后来 ATM 交换被以太网交换取代。有关 IP 交换技术将在 5.4 节介绍。

最初 IP 交换技术在第二层和第三层都只支持一种协议。为了扩展 IP 交换的应用，提出了多协议标签交换 MPLS。MPLS 具有“多协议”特性，向上兼容 IPv4、IPv6、IPX 等多种主流网络层协议，向下支持 ATM、FR、PPP 等多种链路层技术，从而使得多种网络的互连互通成为可能。有关 MPLS 将在 5.5 节介绍。

5.2　电路交换方式

重点难点讲解

5.2.1　电路交换的原理

1. 电路交换的概念

数据通信中的电路交换方式是指两台计算机或终端在相互通信之前，需要预先建立起一条物理链路，在通信中自始至终使用该条链路进行数据信息传输，并且不允许其他计算机或终端同时共享该链路，通信结束后再拆除这条物理链路。

电路交换方式分为空分交换方式和时分交换方式。

空分交换方式是不同对用户在交换机内部所用的接续转接线路不同，即占用不同的空间位置。空分交换方式中通信之前所建立的链路指的就是实际的物理链路。目前这种方式很少采用，一般都采用时分交换方式。

时分交换方式是不同对用户在交换机内部占同一条接续转接线路，但时间位置不同，即占用不同的时隙。时分交换方式中通信之前所建立的链路指的是等效的物理链路,它是由若干个时隙(包括用户在各交换机内部占的接续转接线路的时隙及在各中继线上所占的时隙)链接起来。

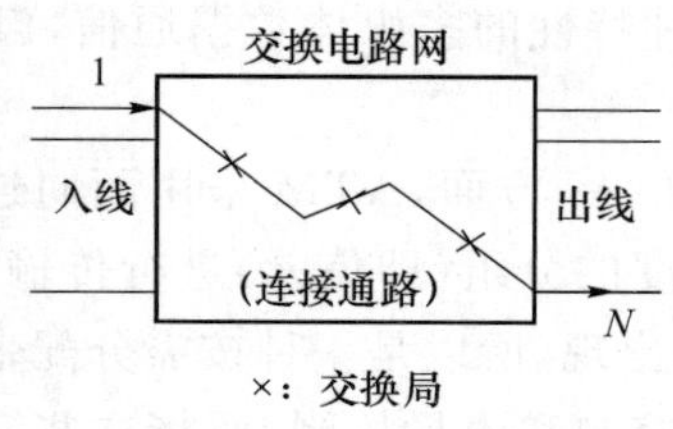

图 5-2 电路交换方式原理

2. 电路交换的原理

电路交换方式的原理如图 5-2 所示。

当用户要求发送数据时,向本地交换局呼叫,在得到应答信号后,主叫用户开始发送被叫用户号码或地址,本地交换局根据被叫用户号码确定被叫用户属于哪一个局的管辖范围,并随之确定传输路由。如果被叫用户属于其他交换局,那么本地交换局将有关号码经局间中继线传送给被叫用户所在局,并呼叫被叫用户;否则,本地交换局直接呼叫被叫用户。被叫应答后,交换局在主叫和被叫用户之间建立一条固定的通信链路。在数据通信结束、其中一个用户表示通信完毕需要拆线时,该链路上各交换机将本次通信所占用的设备和通路释放,以供后续呼叫使用。由此可见,采用电路交换方式,数据通信需经历连接建立、数据传输和连接释放三个阶段。

电路交换属于预分配电路资源,即在一次接续中,电路资源预先分配给一对用户固定使用,不管在这条电路上有无数据传输,电路一直被占用着,直到双方通信完毕拆除电路连接。

实现电路交换的主要设备是电路交换机,它由交换电路部分和控制电路部分构成。交换电路部分实现主、被叫用户的连接,其核心是交换网,可以采用空分交换方式和时分交换方式;控制部分的主要功能是根据主叫用户的选线信号控制交换电路完成接续。

值得注意的是,数据通信中的电路交换是根据电话交换原理发展起来的一种交换方式,但又不同于利用电话网进行数据交换的方法。基于电路交换的数据网称为电路交换数据网(Circuit Switched Data Network,CSDN),它改造了用户线,允许直接进行数字信号的传输,这样整个网络的数据传输为全数字化,即数字接入、数字传输和数字交换。因此,在电路交换数据网上进行数据传输和交换与利用电话网进行数据传输和交换有两点不同:一是不必需要调制解调器;二是电路交换数据网采用的信令格式和通信过程不相同。

5.2.2 电路交换的优缺点

1. 电路交换的优点

电路交换方式的优点主要有:

(a) 信息的传输时延小,且对一次接续而言,传输时延固定不变。

(b) 交换机对用户的数据信息不进行存储、分析和处理。所以,交换机在处理方面的开销比较小,信息传输的效率比较高。

(c) 信息的编码方法和信息格式由通信双方协调,不受网络限制。

2. 电路交换的缺点

电路交换方式的缺点主要有:

(a) 电路接续时间较长。当传输较短信息时,电路接续时间可能大于通信时间,网络利用率低。

(b) 电路资源被通信双方独占,电路利用率低。

(c) 不同类型的终端(终端的数据速率、代码格式、通信协议等不同)不能相互通信。这是因为电路交换机不具备变码、变速等功能。

(d) 有呼损。当对方用户终端忙或交换网负载过重而接续不成功,则出现呼损。

(e) 传输质量较差。电路交换机不具备差错控制、流量控制等功能,只能在“端-端”间进行差错控制,其传输质量较多依赖线路的性能,因而差错率较高。

电路交换自身的特点使其适合于传输信息量较大、通信对象比较确定的用户,所以目前数据通信网一般不采用电路交换方式。

5.3　分组交换方式

重点难点讲解

5.3.1　分组交换的原理

1. 分组交换的概念

分组交换是以分组为单位进行存储-转发的交换方式。在分组交换方式中,首先将需要传送的信息划分为一定长度的分组,存储在交换机的存储器中。当所需要的输出电路有空闲时,再将该分组发向接收交换机或用户终端。

分组指的是长度相对较短的数据块。每个分组都有一个长度为若干字节的分组头,在分组头中包含分组的地址和控制信息等,以控制分组的传输和交换。

2. 分组交换的原理

这里以基于 X.25 协议的分组交换为例介绍其工作原理,如图 5-3 所示。

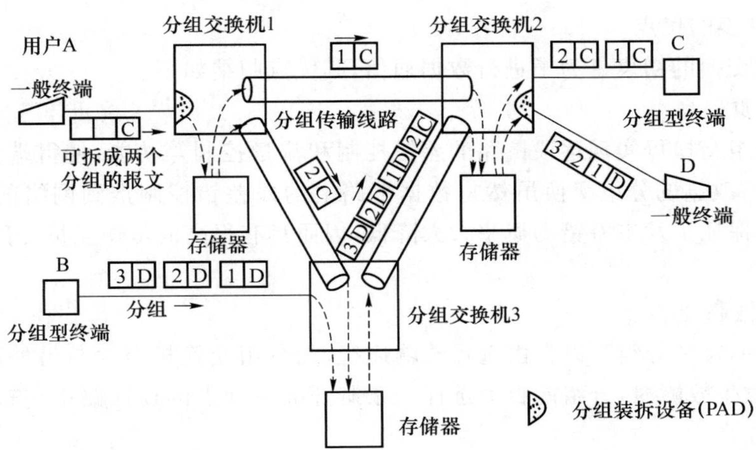

图 5-3　分组交换工作原理

假设分组交换网有 3 个交换中心(又称交换节点),分设有分组交换机 1,2,3。图中画出 A、B、C、D 共 4 个数据用户终端,其中 B 和 C 为分组型终端,A 和 D 为一般终端。分组型终端以分组的形式发送和接收信息,而一般终端(即非分组型终端)发送和接收的不是分组,而是报文(或字符流)。所以,一般终端发送的报文要由分组装拆设备 PAD 将其拆成若干个分组,以分组的形式在网中传输和交换;若接收终端为一般终端,则由 PAD 将若干个分组重新组装成报文再送给一般终端。

图5-3中存在两个通信过程,分别是非分组型终端A和分组型终端C之间的通信,以及分组型终端B和非分组型终端D之间的通信。

非分组型终端A发出带有接收终端C地址的报文,分组交换机1将此报文拆成两个分组,存入存储器并进行路由选择,决定将分组C1直接传送给分组交换机2,将分组C2先传给分组交换机3(再由交换机3传送给分组交换机2)。路由选择后,等到相应路由有空闲,分组交换机1便将两个分组从存储器中取出送往相应的路由。其他相应的交换机也进行同样的操作,最后由分组交换机2将这两个分组送给接收终端C。由于C是分组型终端,因此在交换机2中不必经过PAD,直接将分组送给终端C。

图5-3中另一个通信过程,分组型终端B发送的数据是分组,在交换机3中不必经过PAD,D1、D2、D3这3个分组经过相同的路由传输,由于接收终端为一般终端,所以在交换机2由PAD将3个分组组装成报文送给一般终端D。

这里有几个问题需要说明一下:

(a) 来自不同终端的不同分组可以去往分组交换机的同一出线,这就需要分组在交换机中排队等待,一般本着先进先出的原则(也有采用优先制的),等到交换机相应的输出线路有空闲时,交换机对分组进行处理并将其送出。

(b) 一般终端需经分组装拆设备(PAD)才能接入分组交换网。

(c) 分组交换最基本的思想就是实现通信资源的共享,具体采用统计时分复用(STDM)。

5.3.2 分组交换的优缺点

1. 分组交换的优点

设计分组交换的初衷是为了进行数据通信,其优点归纳如下。

(1) 传输质量高

传统的分组交换可实现逐段链路的差错控制和流量控制等功能,使得端到端全程误码率低于10^{-10}。改进的分组交换虽然将数据链路上的段差错控制推到网络的边缘,但通过其他机制仍然保证了发生差错的概率大大降低,因而具有很高的传输质量,可满足数据业务的要求。

(2) 可靠性高

分组交换的每个分组可以自由选择传输途径,而分组交换机至少与另外两个交换机相连接,当网中发生故障时,分组能自动选择一条避开故障地点的迂回路由传输,不会造成通信中断,可靠性高。

(3) 为不同种类的终端相互通信提供方便

分组交换网进行存储-转发交换,并向用户提供统一的接口,能够实现不同速率、码型和传输控制规程终端间的互通。

(4) 传输线路利用率高

为了适应数据业务突发性强的特点,分组交换采用动态统计时分复用技术在线路上传送各个分组,每个分组都带有控制信息,属于多个通信过程的分组可以同时按需进行资源共享,因此提高了传输线路的利用率。

2. 分组交换的缺点

分组交换方式的主要缺点如下。

(1) 额外开销大

为了保证分组能按正确的路由安全准确地到达终点,要给每个数据分组加上控制信息(分组头),除此之外还要设计若干不含数据信息的控制分组,用来实现数据通路的建立、保持和拆除,并进行差错控制和数据流量控制等。可见,在交换网内除了传输用户数据外,还有许多辅助信息在网内流动,因此额外开销大,传输效率比较低。

(2) 对交换机的处理能力要求高

分组交换机要对各种类型的分组进行分析处理,为分组在网中的传输提供路由,并在必要时自动进行路由调整,为用户提供速率、代码和规程的变换,为网络的维护管理提供必要的信息等,因而要求交换机具有较高的处理能力。

5.3.3　分组的传输方式

因为每个分组都带有地址信息和控制信息,所以分组可以在网内独立地传输。分组在分组交换网中的传输方式有两种:数据报方式和虚电路方式。

1. 数据报方式

(1) 数据报方式的概念

数据报方式将每个数据分组单独对待,分组交换机为每一个分组独立地寻找路径。因此,同一终端送出的不同分组可以沿着不同的路径到达终点。在网络终点,分组的顺序可能不同于发端,需要重新排序。图 5-3 中一般终端 A 和分组型终端 C 之间的通信采用的就是数据报方式。

(2) 数据报方式的特点

归纳起来,数据报方式有以下几个特点。

(a) 用户之间的通信不需要经历连接建立和连接断开阶段,对于数据量小的通信,传输效率比较高。

(b) 数据分组的传输时延较大(与虚电路方式相比),且离散度大(即同一终端的不同分组的传输时延差别较大)。因为不同的分组可以沿不同的路径传输,而不同传输路径的延迟时间差别较大。

(c) 同一终端送出的若干分组到达终端的顺序可能不同于发端,需重新排序。

(d) 对网络拥塞或故障的适应能力较强,一旦某个经由的节点出现故障或网络的一部分形成拥塞,数据分组可以另外选择传输路径。

2. 虚电路方式

(1) 虚电路方式的概念

在虚电路方式中,两个用户终端设备在开始互相传输数据之前必须通过网络建立一条逻辑上的连接,即虚电路。虚电路建立以后,用户发送的数据分组将通过该路径按顺序通过网络传送到达终点。通信完成之后,用户发出拆链请求,网络清除连接。图 5-3 中终端 B 和 D 之间的通信采用的是虚电路方式。

虚电路方式的原理如图 5-4 所示。假设终端 A 有数据要送往终端 C,主叫终端 A 首先要发出一个“呼叫请求”分组到节点 1,要求建立到被叫终端 C 的连接。节点 1 进行路由选择后决定将该“呼叫请求”分组发送到节点2,节点2又将该“呼叫请求”分组送到终端C。如果终端C同意接受这一连接,那么它发回一个“呼叫接受”分组到节点2,这个“呼叫接受”分组再由节点2送往节点1,最后由节点1送回给主叫终端A。至此,终端A和终端C之间的虚电路建立起来了。此后,所有终端A送给终端C的分组(或终端C送给终端A的分组)都沿已建好的虚电路传送,不必再进行路由选择。

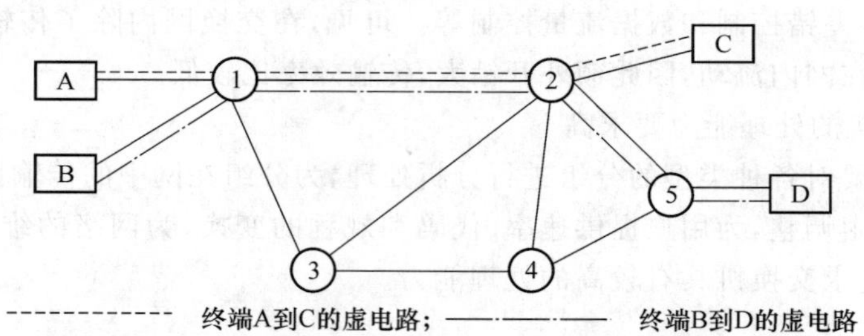

图 5-4 虚电路方式的原理

假设终端B和终端D要通信,也预先建立起一条虚电路,其路径为终端B-节点1-节点2-节点5-终端D。由于终端A和终端C送出的分组也要经节点1到节点2的路由传送,可见两对终端的通信是共享此路由的。

既然一条物理链路上可以建立多条虚电路,如何区分不同终端的分组呢?此时需要对分组进行编号(即分组头中的逻辑信道号)。不同终端送出的分组其逻辑信道号不同,就好像把线路也分成了许多子信道一样。每个子信道称为一个逻辑信道,用相应的逻辑信道号表示。因此,逻辑信道号相同的分组就认为占的是同一个逻辑信道。

那逻辑信道号是如何分配的呢?为了帮助读者更好地理解这个问题,我们仍以图5-4中终端A和终端C之间以及终端B和终端D之间建立的虚电路为例加以说明,参见图5-5。

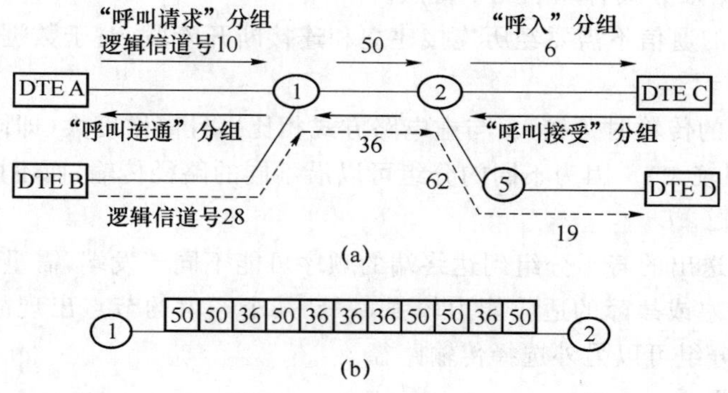

图 5-5 虚电路的建立过程

图5-5(a)中,终端A和终端C之间在建立虚电路时,假设主叫终端A发出的“呼叫请求”分组被分配的逻辑信道号为10,此“呼叫请求”分组到达交换机1时,交换机1查内部的逻辑信道号翻译表,将其逻辑信道号改为50(网络协议规定经过交换节点时,逻辑信道号要改变)。逻辑信道号为50的“呼叫请求”经过线路传输到达交换机2时,交换机2又将其逻辑信道号改为6,然后送给被叫终端C。如果终端C同意建立虚电路,那么终端C发回“呼叫接受”分组,这个“呼叫接受”分组在各段线路上的逻辑信道号与“呼叫请求”分组的相同。

终端 A 和终端 C 之间建立起虚电路后，双方开始沿建立好的虚电路顺序传数据分组。所有终端 A 和终端 C 之间传输的数据分组在终端 A 和交换机 1 之间的逻辑信道号一律为 10，在交换机 1 和交换机 2 之间的逻辑信道号一律为 50，在交换机 2 和终端 C 之间的逻辑信道号一律为 6。按照同样的方法，终端 B 和终端 D 之间在建立虚电路时各段线路上分配了相应的逻辑信道号，如图 5-5(a)所示。

本例中，就交换机 1 和交换机 2 之间的线路来说，可以同时传输终端 A 和终端 C 之间以及终端 B 和终端 D 之间的分组。由于分组交换采用统计时分复用，要根据逻辑信道号来区分不同终端的分组，即只要是逻辑信道号为 50 的分组(不管在线路上何位置)就认为占的是一个逻辑信道，它们是终端 A 和终端 C 之间传输的分组；只要是逻辑信道号为 36 的分组就认为占的是另一个逻辑信道，它们是终端 B 和终端 D 之间传输的分组，如图 5-5(b)所示。

由上述可知，逻辑信道号经过交换机就要改变，因此只有局部意义。多段逻辑信道链接起来构成一条端到端的虚电路。当两个终端暂时无数据分组可传，只要没拆除虚电路，那些各段线路上的逻辑信道号(号码资源)就给它们保留，其他终端不能占用。但这两个终端只是占用了逻辑信道号，并没有占用线路，即虚电路并不独占线路和交换机的资源。由于一条物理线路上可以同时有多条虚电路，在当某一条虚电路没有数据要传输时，线路的传输能力可以为其他虚电路服务。同样，交换机的处理能力也可以为其他虚电路服务。因此，虚电路方式在通信之前建立的电路连接是逻辑上的，只是为收、发两端之间建立逻辑通道，并不是像电路交换中建立的物理链路。这就是虚电路所建立的逻辑连接与电路交换建立的物理链路的本质区别。

虚电路可以分为两种：交换虚电路(SVC)和永久虚电路(PVC)。一般的虚电路属于交换虚电路，但如果通信双方经常是固定不变的(如几个月不变)，那么可采用所谓的永久虚电路方式。用户向网络预约了该项服务之后，就在两用户之间建立了永久的虚电路连接，用户之间的通信，可直接进入数据传输阶段，就好像具有一条专线一样。

(2) 虚电路方式的特点

虚电路方式有以下几个特点：

(a) 一次通信具有连接建立、数据传输和连接清除 3 个阶段。对于数据量较大的通信传输效率高。

(b) 终端之间的路由在数据传送前已被决定(建立虚电路时决定的)，而不必像数据报那样每个节点要为每个分组作路由选择的决定，但分组还是要在每个节点上存储、排队等待输出。

(c) 数据分组按已建立的路径顺序通过网络，在网络终点不需要对分组重新排序，分组传输时延较小，而且不容易产生数据分组的丢失。

(d) 当网络中由于线路或设备故障可能使虚电路中断时，需要用户重新呼叫以建立新的连接。但现在许多采用虚电路方式的网络已能提供重连接的功能，当网络出现故障时将由网络自动选择并建立新的虚电路，不需要用户重新呼叫，并且不丢失用户数据。

(3) 虚电路的重连接

虚电路的重连接是由以虚电路方式工作的网络提供的一种功能。在网络中当由于线路或设备故障而导致虚电路中断时，与故障点相邻的节点检测到该故障，并向源节点和终点节点发送清除指示分组(该分组中包含了清除的原因等)。源节点接收到该清除指示分组后就会发送新的呼叫请求分组,而且将选择新的替换路由与终点节点建立新的连接。所有未被证实的分组将沿新的虚电路重新传送,保证用户数据不会丢失,终端用户也感觉不到网络中发生了故障,只是出现暂时性的分组传输时延加大。如果新的虚电路建立不起来,那么网络的源节点和终点节点交换机才向终端用户发送清除指示分组。

仍以图5-4的网络为例加以说明。假设终端B到D的虚电路上节点2和节点5之间线路故障,如图5-6所示。

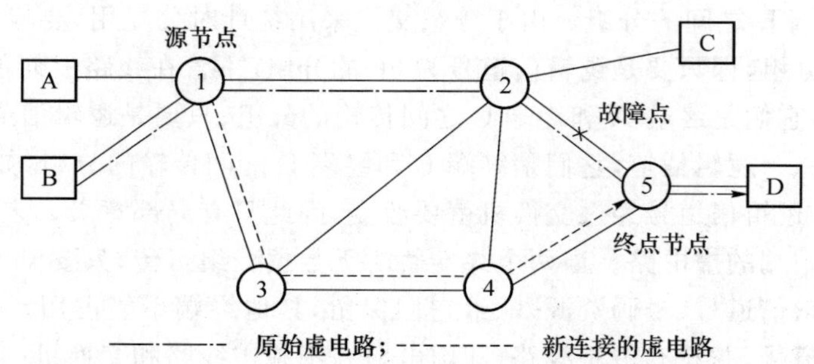

图5-6 虚电路重连接

节点2和节点5都可以检测到故障,并且沿着原来的虚电路发清除指示分组,要求重新建立连接。源节点1收到清除指示分组后,重新使用原虚电路的目的地址发送呼叫请求分组,建立新的虚电路(如终端B-节点1-节点3-节点4-节点5-终端D)。这种虚电路重连接方式要求在源节点中保留用户呼叫的信息至本次通信结束为止。

网络也可以设计为由与故障点相邻的位于主叫方一侧的节点(如图5-6中的节点2)发送呼叫请求分组,重新建立连接(如虚电路终端B-节点1-节点2-节点4-节点5-终端D)。这时节点2不必发送清除指示分组到源节点1。这种方式的好处是虚电路重连接的时间缩短,但要求在虚电路途径的各节点中都要保留用户呼叫信息。

综上所述,两种虚电路重连接方式各有利弊。由于网络中故障并不多见,为避免各节点都要保留用户呼叫信息,增加节点负担,网络一般采用由源节点重新建立连接的方式。

5.4 IP交换方式

5.4.1 IP交换的产生与发展

IP技术因其灵活性和可扩展性成为网络层的技术标准,基于IP的通信也随之成为数据通信的主要方式。当IP核心网的业务量持续快速增长时,IP分组逐跳寻址的转发方式效率低下,成为数据通信的瓶颈。与此同时,实时多媒体业务对IP网络提出了高传送速率、低延时、低丢包率等保证服务质量(Quality of Service,QoS)的要求,这与IP网络尽力传送的设计初衷背道而驰。为了解决上述矛盾,人们提出了将第三层(IP层)软件路由查询的灵活性和第二层网络交换机的快速性结合起来,这就是IP交换。

最早的IP交换技术叫IP Switching,由Ipsilon公司于1996年提出,属于狭义的IP交换。IP Switching基于ATM交换。这是因为ATM交换无须逐跳寻址,只需通过简单的标签/标记进行数据分组转发，具有较高的交换效率。ATM 具有较强的流量控制功能，能保证业务的服务质量。因此，通过将网络层的 IP 寻址与 ATM 高速分组交换的有机结合，可以提高分组转发速度并实现 QoS。

此后，业界又出现了多种形式的 IP 交换技术，包括 Toshiba 公司的 CSR，Cisco 公司的标签交换（Tag Switching），Cascade 公司的 IP Navigator，以及 IBM 公司的基于集中路由的 IP 交换 ARIS（Aggregate Route-based IP Switching）等。这些 IP 交换方式主要分为两类：一类采用数据驱动，即第二层交换通路由数据流触发，按需要临时建立，如 IP 交换和 CSR；另一类采用拓扑驱动，即数据传输前需要事先建立交换通路，且交换通路只有在网络拓扑结构发生变化时才发生改变，如 Tag Switching，IP Navigator 和 ARIS。

在 IP 交换技术的发展过程中，以太网技术也在快速发展。以太网技术最初用于局域网，传输距离只有几百米。随着传输技术的进步，特别是长距离光纤传输技术的出现，以太网的传输距离不断扩大，其传输速率也从 10 Mbit/s、100 Mbit/s 逐渐提升到 1 000 Mbit/s 和 10 Gbit/s。以太网技术应用突破了局域网的范围，成为城域宽带接入的一种主要技术。以太网技术的经济性和简单性，使其可以非常方便地承载 IP 业务，成为数据链路层和物理层的主流技术。在此背景下，以太网交换逐渐替代 ATM 交换，成为 IP 交换中第二层的主要技术。

因此，接下来介绍基于以太网的 IP 交换。

重点难点讲解

5.4.2　IP 交换的原理

在 TCP/IP 的协议体系中，以太网交换功能主要体现在 MAC 层，属于二层交换。而将以太网交换和网络层转发结合在一起的 IP 交换，又叫三层交换。因此，接下来先介绍二层交换，再介绍三层交换。

1. 二层交换

当两个主机位于同一个子网内时，两者之间的数据交换可以直接基于 MAC 地址进行，此时的数据交换就是二层交换，主要由以太网交换机完成。MAC 层数据的封装形式称为以太网帧，有关以太网帧的结构将在 7.1 节介绍。

下面以一个两端口的以太网交换机为例说明其工作原理，如图 5-7 所示。

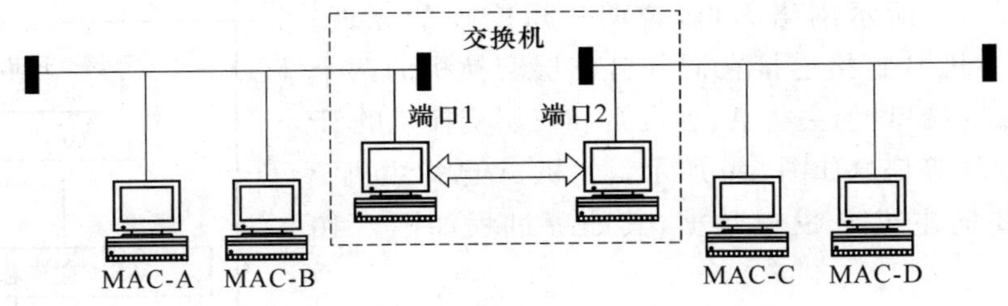

图 5-7　一个两端口的以太网交换机示意图

由图 5-7 可见，MAC 地址为“MAC-A”和“MAC-B”的主机连接到交换机的端口 1，MAC 地址为“MAC-C”和“MAC-D”的主机连接到交换机的端口 2。

表 5-1 是该以太网交换机通过学习自动建立的 MAC 表，表中“MAC 地址”指主机的 MAC 地址，“转发端口”指该主机所连接的以太网交换机的端口。以太网交换机通过学习

建立 MAC 表的过程如下:若以太网交换机从端口 X 接收到一个 MAC 帧,则意味着端口 X 和发送该 MAC 帧的主机位于同一条总线,此时以太网交换机就可以在 MAC 表中添加一项,该项的 MAC 地址为该 MAC 帧携带的源 MAC 地址,而转发端口为以太网交换机接收到该 MAC 帧的端口 X。当该交换机所连接的两条总线上的所有主机均发送了 MAC 帧时,表 5-1 所示的 MAC 表得以完整建立。

表 5-1 以太网交换机的 MAC 表

MAC 地址	转发端口
MAC-A	端口 1
MAC-B	端口 1
MAC-C	端口 2
MAC-D	端口 2

有了 MAC 表,交换机就能够进行 MAC 帧的转发。当以太网交换机从一个端口接收到 MAC 帧时,它会根据 MAC 帧携带的目的 MAC 地址去查找 MAC 表。假设在 MAC 表中找到一项,该项的 MAC 地址和 MAC 帧的目的地址相同,该项的转发端口为 X。如果端口 X 就是接收到该 MAC 帧的端口,那么发送该 MAC 帧的主机和接收该 MAC 帧的主机位于同一条总线上,交换机无须对该 MAC 帧做任何处理;如果端口 X 不是交换机接收到该 MAC 帧的端口,那么发送该 MAC 帧的主机和接收该 MAC 帧的主机不位于同一条总线上,交换机必须转发该 MAC 帧到端口 X。例如:当 MAC 地址为"MAC-A"的主机要给 MAC 地址为"MAC-C"的主机发送 MAC 帧时,交换机会在查询 MAC 表后,从端口 2 将该 MAC 帧进行转发。

2. 三层交换

当两个主机位于不同的子网内时,两者之间的数据交换需要经过网关。如果网关设备是三层交换机,那么涉及的交换就是三层交换。

三层交换机相当于一个带有第三层路由模块的二层交换机,但并不是两者功能的简单叠加,而是实现了两者的有机结合。它除了拥有二层交换所需的 MAC 表,还需建立专门用于三层交换的硬件转发表。

三层交换机的硬件结构如图 5-8 所示。由图可见,三层交换机主要包含 CPU 和 ASIC 交换芯片两部分。CPU 用于转发的控制,主要维护一些软件表项,包括软件路由表、软件 ARP 表等,并根据软件表项的信息来生成三层硬件转发表项。ASIC 交换芯片则主要根据 MAC 表和三层硬件转发表分别完成数据的二层和三层转发。

下面以图 5-9 所示网络为例,说明三层交换的原理。假设主机 A、主机 B 直接连接在同一台三层交换机的两个位于不同网段的端口上,主机 A、主机 B 和三层交换机的 IP 地址、MAC 地址等信息如图 5-9 所示。主机 A 已知主机 B 的 IP 地址,要向主机 B 发送数据,其处理过程如图 5-10 所示。

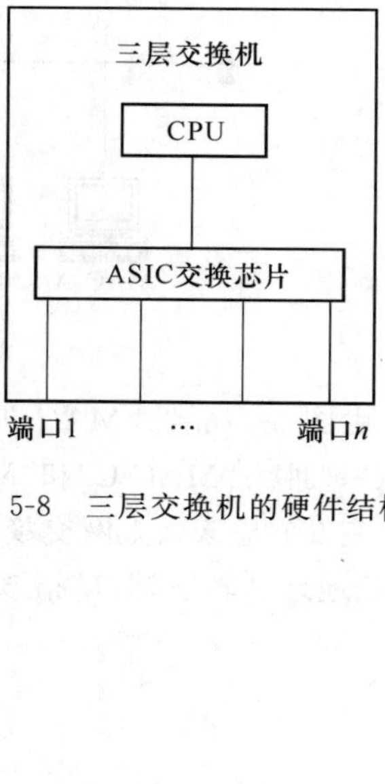

三层交换机
CPU
ASIC交换芯片
端口1 … 端口n

图 5-8 三层交换机的硬件结构

(a) 主机 A 在发起通信时,首先将目的主机 B 的 IP 地址(即 IP-B)与自己的 IP 地址(即 IP-A)进行比较,判断主机 B 是否与自己在同一网段。

(b) 若主机 A 与主机 B 在同一网段,则采用二层交换,具体过程如上节所述。

VLAN1
IP地址：IP-1
MAC地址：MAC-1
端口1
VLAN2
IP地址：IP-2
MAC地址：MAC-2
端口2
三层交换机
IP地址：IP-A
MAC地址：MAC-A
网关：IP-1
主机A
IP地址：IP-B
MAC地址：MAC-B
网关：IP-2
主机B

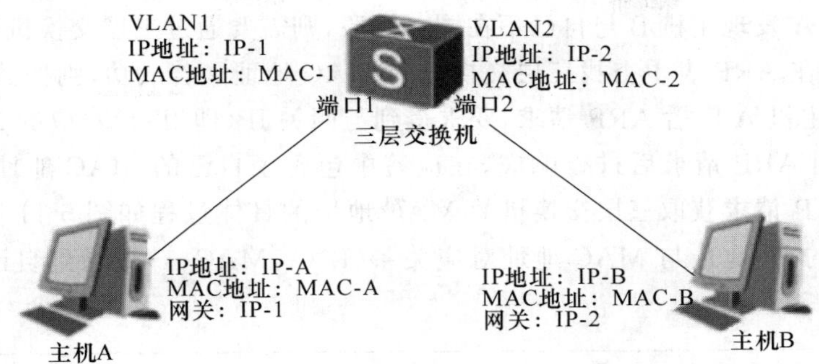

图 5-9　三层交换网络示例

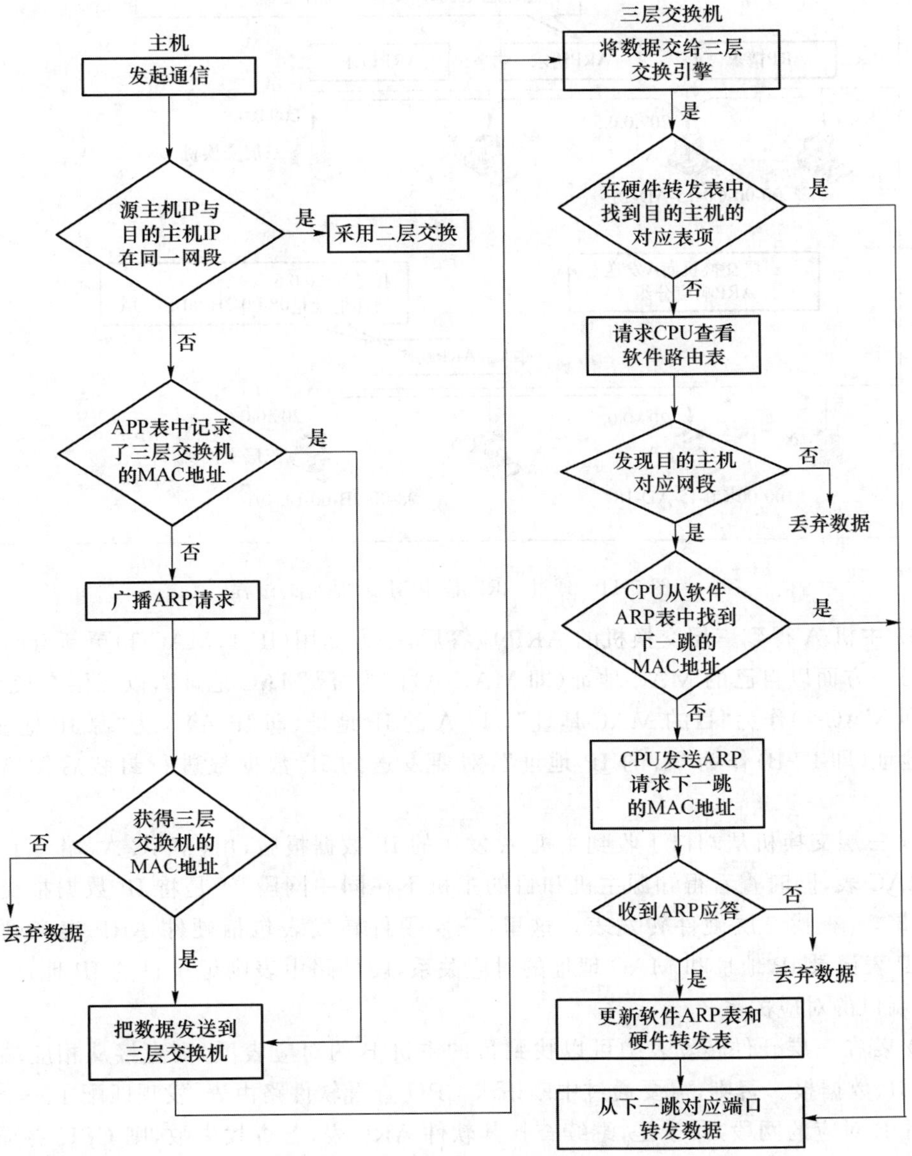

主机
发起通信
源主机IP与目的主机IP在同一网段
是
采用二层交换
否
APP表中记录了三层交换机的MAC地址
是
否
广播ARP请求
获得三层交换机的MAC地址
否
丢弃数据
是
把数据发送到三层交换机
三层交换机
将数据交给三层交换引擎
是
在硬件转发表中找到目的主机的对应表项
是
否
请求CPU查看软件路由表
发现目的主机对应网段
否
丢弃数据
是
CPU从软件ARP表中找到下一跳的MAC地址
是
否
CPU发送ARP请求下一跳的MAC地址
收到ARP应答
否
丢弃数据
是
更新软件ARP表和硬件转发表
从下一跳对应端口转发数据

图 5-10　三层交换的处理流程

(c) 若主机A发现主机B与自己不在同一网段,则需要通过三层交换机进行三层转发。为此,主机A先在ARP表中查找三层交换机的MAC地址。若成功,则把数据报发给三层交换机。否则,主机A广播ARP请求,要求得到与网关IP(即IP-1)对应的MAC地址。三层交换机在收到ARP请求后进行响应,在应答中包含了自己的MAC地址(即MAC-1)。主机A通过ARP请求获取三层交换机的MAC地址的具体过程如图5-11所示。同时,三层交换机将A的IP地址与MAC地址对应关系(IP-A,MAC-A)记录到自己的ARP表项中去。

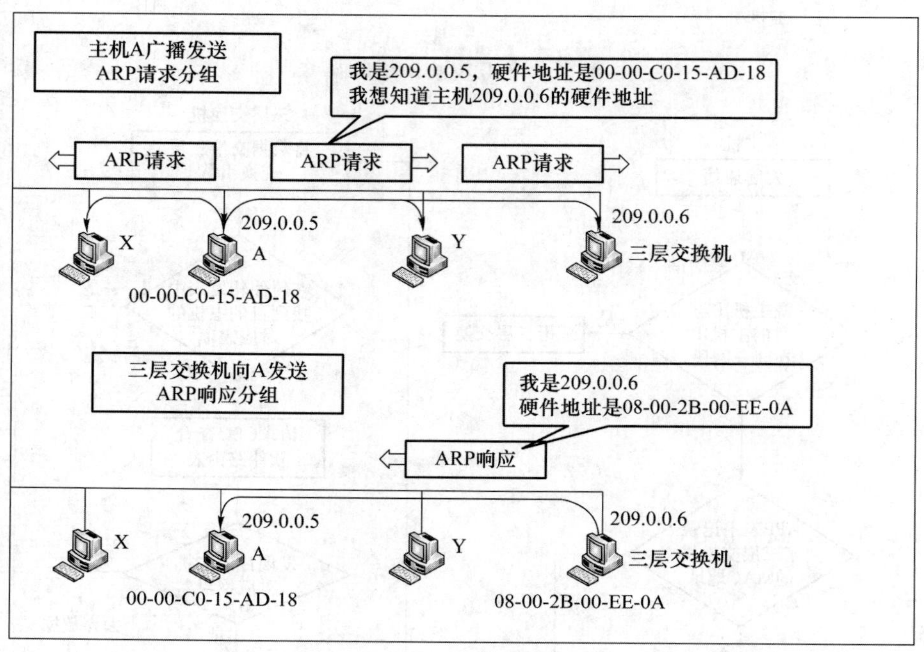

图5-11　通过ARP请求MAC地址的过程

(d) 主机A得到三层交换机的ARP应答后,一方面用(IP-1,MAC-1)更新自己的ARP表项,另一方面以自己的MAC地址(即MAC-A)作为"源MAC地址",以三层交换机MAC地址(即MAC-1)作为"目的MAC地址",以A的IP地址(即IP-A)作为"源IP地址",以B的IP地址(即IP-B)作为"目的IP地址",对要发送的IP数据报进行封装后发给三层交换机。

(e) 三层交换机从端口1收到主机A发送的IP数据报后,用(MAC-A,端口1)更新自己的MAC表,同时查看得知源主机和目的主机不在同一网段,于是将IP数据报交给三层交换引擎,并查找三层硬件转发表。这里,三层硬件转发表包括硬件ARP表和硬件路由表,ARP表记录IP地址和MAC地址的对应关系,硬件路由表则记录目的IP地址、下一跳地址和端口的对应关系。

(f) 若在三层硬件转发表中可以找到目的主机B的对应表项,则直接从相应端口转发主机的IP数据报。否则,需要通过中断请求CPU查看软件路由表,发现匹配了一个直连网段(主机B对应的网段)。于是,继续查找其软件ARP表,若查找失败,则CPU将向主机B所在网段发送ARP请求,以获得与目的主机B的IP地址(即IP-B)对应的MAC地址。

(g) 三层交换机获得主机B的MAC地址(即MAC-B)后,分别用(IP-B,MAC-B)和(MAC-B,端口2)更新自己的ARP表和MAC表,并将从主机A接收的IP数据报以自己的MAC地址(即MAC-2)作为“源MAC地址”,主机B的MAC地址(即MAC-B)作为“目的MAC地址”,进行重新封装,通过ASIC芯片转发到主机B所在端口(即端口2)。同时,三层交换引擎根据CPU软件路由表生成到目的主机B的硬件转发表项。此后,主机A发往主机B的数据就不用再去访问CPU中的软件路由表了,而是直接利用三层硬件转发表进行数据转发。

同理,主机B应答给主机A的IP数据报的转发过程与前面类似,只是由于三层交换机在之前已经得到主机A的IP和MAC对应关系,同时在交换芯片中添加了相关三层硬件转发表项,因此主机B发出的IP数据报就直接由交换芯片硬件转发给主机A。

需要注意的是,本节讲解的三层交换原理只是一个大致的转发流程,对于使用了不同交换芯片的三层交换机,其硬件转发过程中的一些细节内容是有所区别的。例如,有的交换机其硬件转发表项包含出端口信息,此时数据的交换一般直接通过查找三层转发表项就能够完成;但若交换机的硬件转发表项不包含出端口信息,则在根据数据包的目的IP地址查找三层转发表后,还需要继续根据目的MAC地址去查找MAC表,并最终获得出端口信息。

5.4.3 IP交换的特点

IP交换技术的出现,解决了局域网进行子网划分之后,子网必须依赖路由器进行管理,但传统路由器工作速度低、处理过程复杂而造成的网络瓶颈问题。

IP交换有如下突出的特点:

(a) 三层转发性能与二层交换的完美组合使得数据交换加速。IP交换基于“一次路由、多次交换”的原理。其中,“一次路由”是指第一个数据包通过CPU进行软件转发,并建立三层硬件转发表项;“多次交换”是指查询三层硬件转发表项将去往同一目的地的后续数据包通过ASIC交换芯片实现硬件转发。硬件转发使得IP交换技术发送数据和接收数据的能力较传统的路由转发提高了10倍以上。

(b) IP交换中,必要的路由决定过程通过软件完成,而优化的路由软件使得路由效率大大提高。

(c) 采用IP交换后,多个子网互连时只需与第三层交换模块进行逻辑连接,无须像传统的路由器那样增加端口,从而保护了用户的投资。

5.5 多协议标签交换

5.5.1 多协议标签交换的基本概念

多协议标签交换(Multi-Protocol Label Switching,MPLS)从Cisco的标记交换演变而来,是一种在开放的通信网上利用标签引导数据高速、高效传输的新技术。

在提出MPLS之前,IP网络中的每台路由器对所收到的每个包使用的是最长前缀匹配地址搜索,查找到匹配的下一跳后做相应的转发,处理比较复杂。而MPLS在网络的入口路由器为每个 IP 数据报加上一个固定长度的标签,核心路由器根据标签值进行转发,在出口路由器再恢复成原来的 IP 数据报。由于是根据固定长度的标签搜索目的地址,所以 MPLS 能够实现数据包的高速转发。

MPLS 向下支持多种链路层协议,如 PPP 及以太网、ATM、帧中继的协议等,向上兼容 IPv4、IPv6 等多种主流网络层协议,因此保证了各种网络的互联互通,使得各种不同的网络数据传输技术在同一个 MPLS 平台上统一起来。

在介绍 MPLS 的工作原理前,先介绍几个常用术语。

1. 转发等价类

转发等价类(Forwarding Equivalence Class,FEC)是一组具有相同特性的 IP 数据报,在转发过程中被以相同的方式处理。也就是说,属于同一 FEC 的 IP 数据报有着同一个下一跳和相同的标签,将被从同一个端口转发出去。它们的服务等级相同,输出队列相同,在网络故障时丢弃优先级也相同。

常见的 FEC 划分依据包括源/目的 IP 地址、源/目的端口号、IP 地址前缀、区分服务标记 DSCP,或者 IPv6 流标记等。

2. 标签

标签(Label)是一个只有本地意义且长度固定的标识,用于标识一个 FEC。

标签的格式取决于分组封装所在的介质。例如,ATM 封装的分组(信元)采用 VPI 和/或 VCI 数值作为标签,而帧中继 PDU 采用 DLCI 作为标签。对于那些没有内在标签结构的介质封装,则采用一个特殊的数值填充。

图 5-12 为薄片型标签的格式,每一个标签有 4 字节,共包括 4 个字段。其中 20 比特的 LABEL 字段用来表示标签值;3 比特的 EXP 字段用来实现 QoS;1 比特的 S 字段用来表示标签栈是否到底了,因为有些应用(如 VPN,TE 等)会在二层和三层头之间插入两个以上的标签,形成标签栈,当堆栈标识符为 1 时,表示该标签为栈中的最后一个标签;8 比特的 TTL 字段用来防止数据在网上形成环路。

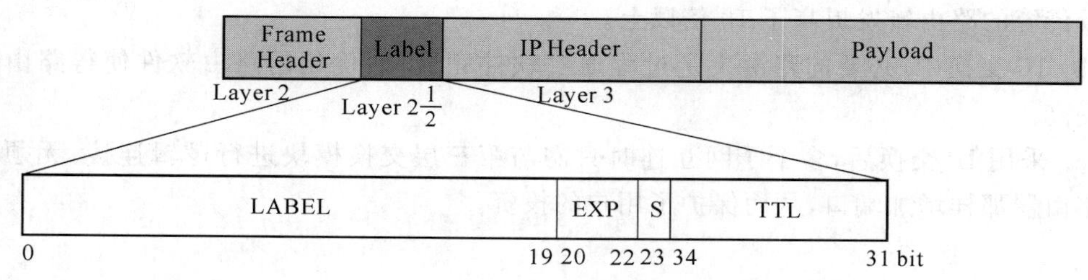

图 5-12 薄片型标签的格式

3. 标签交换路径

标签交换路径(Label Switched Path,LSP)是 MPLS 网络中一个入节点与一个出节点之间的一条路径。在 MPLS 网络中,标签交换路径 LSP 的形成可分为以下三个过程:

(a) 网络运行后在路由协议(如 OSPF、BGP 等)的作用下由各节点建立路由转发表;

(b) 根据路由转发表,各节点在标签分发协议(Label Distribution Protocol,LDP)的控制下建立标签信息库(Label Information Base,LIB);

(c) 入口标签边缘路由器(Label Edge Router,LER)、中间标签交换路由器(Label

Switching Router,LSR)和出口LER的输入输出标签互映射并拼接起来后,就构成了从不同入口点到不同出口点的LSP。

下面以图5-13为例进行说明,这里假设图中的网络已经建立了路由转发表。图5-13(a)中,节点C发给节点A一个LDP消息,说明IP地址为10.0.X.X的分组使用标签100。节点A接着发给节点E一个LDP消息,说明IP地址为10.0.X.X的分组使用标签101。此时,节点E、A和C的输入输出标签互映射并拼接起来就构成了一条LSP,如图5-13(b)中的虚线所示。

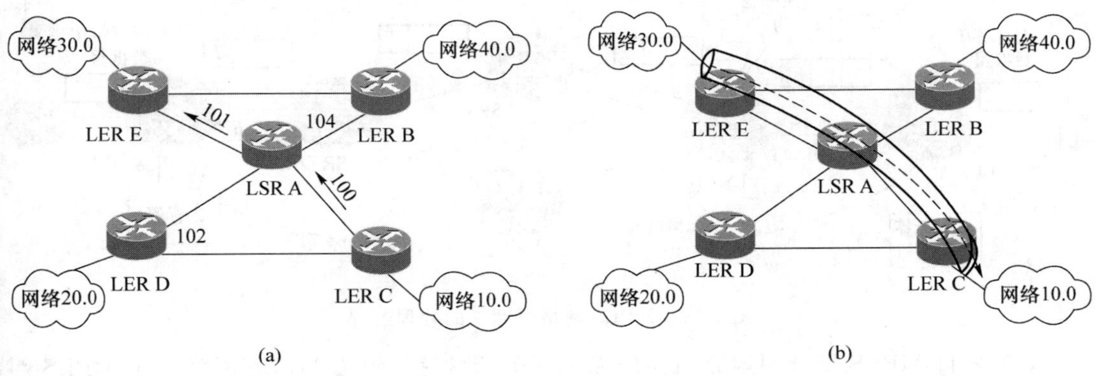

图5-13 标签路径的形成

5.5.2 多协议标签交换的工作原理

重点难点讲解

1. MPLS网络的组成

在MPLS网络中,节点设备分为两类,即标签边缘路由器LER和标签交换路由器LSR。LER构成MPLS网的接入部分,LSR构成MPLS网的核心部分。MPLS路由器之间的物理连接可以采用SDH网、以太网等。

(1) LER的作用

LER包括入口LER和出口LER。其中,入口LER的作用主要包括:

(a) 为每个IP数据报打上固定长度的“标签”,打标签后的IP数据报称为MPLS数据报;

(b) 在LDP的控制下,建立LSP连接,在MPLS网络中的路由器之间,MPLS数据报按LSP转发;

(c) 根据LSP构造转发表;

(d) IP数据报的分类。

出口LER的作用则主要包括:

(a) 终止LSP;

(b) 将MPLS数据报中的标签去除,还原为无标签IP数据报并转发给MPLS域外的一般路由器。

(2) LSR的作用

LSR的作用主要包括:

(a) 根据LSP构造转发表;

(b) 根据转发表完成数据报的高速转发功能,并替换标签(标签只具有本地意义,经过LSR 标签的值要改变)。

2. MPLS 的工作原理

MPLS 网络对标签的处理过程如图 5-14 所示(为了简单,图中 LSR 之间、LER 与 LSR 之间的网络用链路表示)。

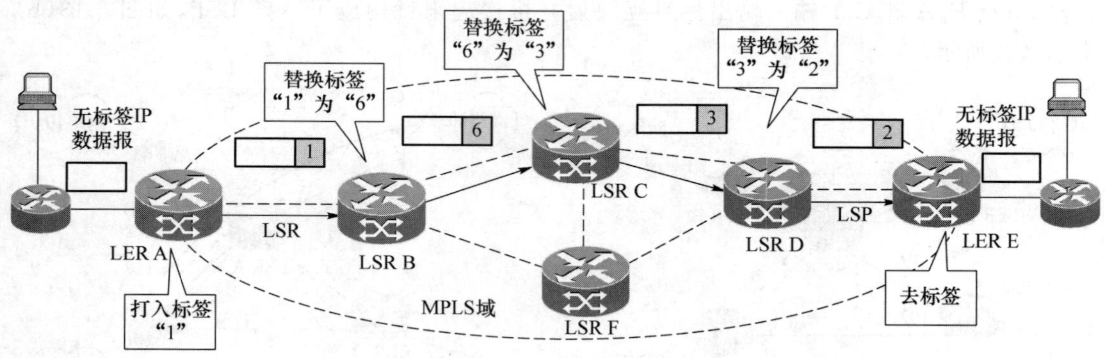

图 5-14 MPLS 网络对标签的处理过程

(a) 来自 MPLS 域外一般路由器的无标签 IP 数据报,到达 MPLS 网络。在 MPLS 网的入口处的边缘标签交换路由器 LER A 给每个 IP 数据报打上固定长度的"标签"(假设标签的值为 1),并建立标签交换通道 LSP(图 5-14 中的路径 A-B-C-D-E),然后把 MPLS 数据报转发到下一跳的 LSR B 中去。(注:路由器之间实际传输的是物理帧(如以太网帧),为了介绍简便,我们说成是数据报)

(b) LSR B 查转发表,将 MPLS 数据报中的标签值替换为 6,并将其转发到 LSR C。

(c) LSR C 查转发表,将 MPLS 数据报中的标签值替换为 3,并将其转发到 LSR D。

(d) LSR D 查转发表,将 MPLS 数据报中的标签值替换为 2,并将其转发到出口 LER E。

(e) 出口 LER E 将 MPLS 数据报中的标签去除还原为无标签 IP 数据报,并传送给 MPLS 域外的一般路由器。

综上所述,归纳出以下两个要点:

(a) MPLS 的实质就是将路由功能移到网络边缘,将快速简单的交换功能(标签交换)置于网络中心,对一个连接请求实现一次路由、多次交换,由此提高网络的性能。

(b) MPLS 是面向连接的。在标签交换通道 LSP 上的第一个路由器(入口 LER)就根据 IP 数据报的初始标签确定了整个的标签交换通道,就像一条虚连接一样。而且像这种由入口 LER 确定进入 MPLS 域以后的转发路径称为显式路由选择。

3. MPLS 数据报的格式

MPLS 数据报(即打标签后的 IP 数据报)的格式如图 5-15 所示。由图 5-15 可见,"给 IP 数据报打标签"其实就是在 IP 数据报的前面加上 MPLS 首部。

由图 5-16 可见,MPLS 可以使用多个标签,这些标签都放在标签栈。这里以图 5-17 为例说明标签栈的作用。图 5-17 中假设有两个城市,每个城市内又划分为 A、B、C、D 等多个区域。每个区域有一个路由器,各区域之间的 IP 数据报利用 MPLS 网(构建成 MPLS 域 1)

传输，城市 1 和城市 2 之间也利用 MPLS 网(构建成 MPLS 域 2)传输。

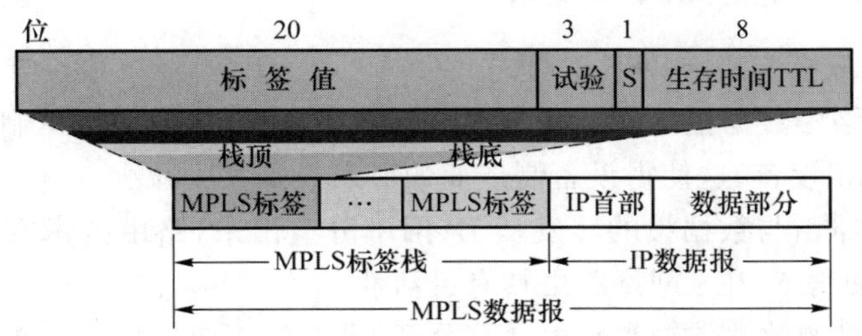

图 5-15　MPLS 数据报(打标签后的 IP 数据报)的格式

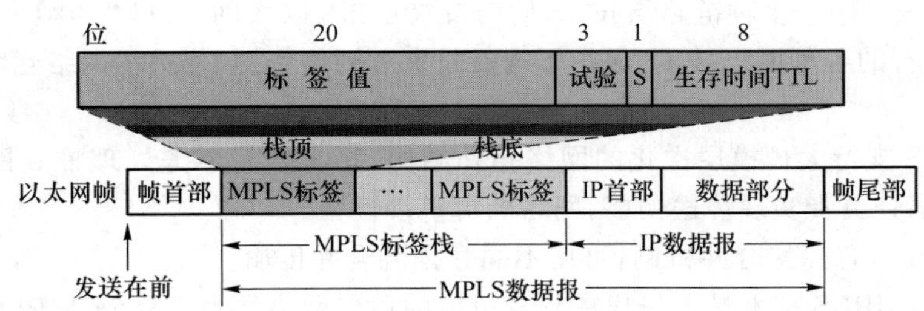

图 5-16　MPLS 数据报封装成以太网帧

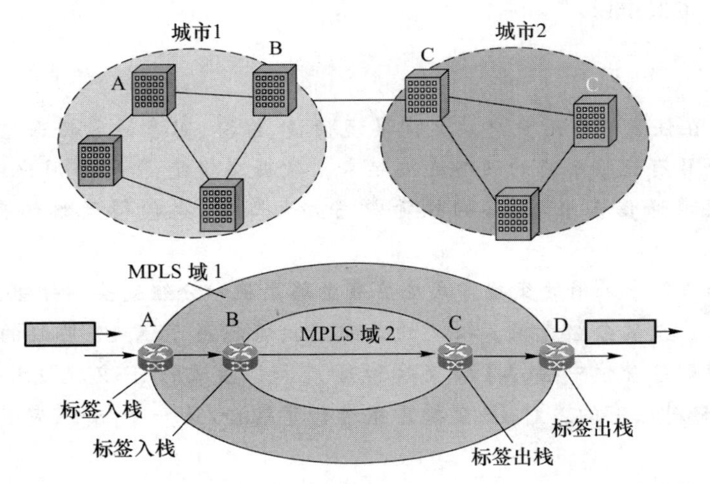

图 5-17　MPLS 标签栈的使用

若 IP 数据报只是在城市 1 或城市 2 内部各区域之间传输(如 A 和 B 之间)，则 IP 数据报只携带一个标签；若 IP 数据报需要在城市 1 与城市 2 之间传输，则这个 IP 数据报就要携带两个标签。例如，城市 1 中的 A 要和城市 2 中的 D 通信。在 MPLS 域 1 中标签交换通道 LSP 是“A→B→C→D”，IP 数据报在到达入口 LER A 时被打入一个标签(记为标签 1)；当到达 MPLS 域 2 入口 LER B 时被打入另一个标签(记为标签 2)，在 MPLS 域 2 中标签交换通道 LSP 是“B→C”。此时，MPLS 首部标签栈中有两个标签，最先入栈的放在栈底，最后入栈的放在栈顶。标签出栈的顺序则相反。当 IP 数据报到达 LER C 时先去除标签 2，IP 数据报到达 LER D 时再去除标签 1。

5.5.3 多协议标签交换的特点

MPLS的特点概括起来有以下几点：

(a) MPLS网络中数据报的转发基于定长标签，从而简化了转发机制，而且转发使用的硬件是成熟的ATM设备，这使得设备制造商的研发投资大大减少。

(b) MPLS将路由与数据报的转发从IP网中分离出来，路由技术在原有的IP路由的基础上加以改进，使得MPLS网络路由具有灵活性。

(c) MPLS网络的数据传输和路由计算分开，是一种面向连接的传输技术，能够提供有效的QoS保证，而且支持流量工程、服务类型(CoS)和虚拟专网(VPN)。

(d) MPLS可用于多种链路层技术，同时支持PPP、以太网、ATM和帧中继等，最大限度地兼顾了原有的各种网络技术，保护了现有投资和网络资源，促进了网络互联互通和网络的融合统一。

(e) MPLS支持大规模层次化的网络拓扑结构，将复杂的事务处理推到网络边缘去完成，网络核心部分负责实现传送功能，网络的可扩展性强。

(f) MPLS具有标签合并机制，可使不同数据流合并传输。

由此可见，MPLS技术是下一代最具竞争力的通信网络技术。目前，MPLS技术主要应用在下一代网络(NGN)承载网的骨干层中，与区分服务技术相结合成为当今保障NGN承载网服务质量的重要手段。

小　结

(a) 为了在任意多个用户终端之间实现便捷、经济、可靠的数据通信，一般将用户终端通过一个具有交换功能的网络连接起来。数据交换使得N个用户终端只需要N对线就可以实现通信需求，线路的投资费用大大降低，也使得网络的覆盖范围大大增加。

(b) 数据通信中采用的交换方式主要有电路交换和分组交换。分组交换又分狭义的分组交换和广义的分组交换。狭义的分组交换特指基于X.25协议的交换方式，广义的分组交换则包含帧中继、ATM交换和IP交换。主流的IP交换技术是多协议标签交换MPLS，它对已有的多种IP交换方案进行了综合，是一个统一、完善的IP交换技术标准。

(c) 数据通信中的电路交换方式是指两台计算机或终端在相互通信之前，需要预先建立起一条物理链路，在通信中自始至终使用该条链路进行数据信息传输，并且不允许其他计算机或终端同时共享该链路，通信结束后再拆除这条物理链路。

采用电路交换方式，信息的传输时延小，信息传输的效率比较高，且信息的编码方法和信息格式由通信双方协调，不受网络限制；但电路接续时间较长，电路利用率低，不同类型的终端不能相互通信。

(d) 分组交换是以分组为单位进行存储-转发的交换方式。在分组交换方式中，首先将需要传送的信息划分为一定长度的分组，存储在交换机的存储器中。当所需要的输出电路有空闲时，再将该分组发向接收交换机或用户终端。

分组交换的传输质量和可靠性高，可为不同种类的终端相互通信提供方便，传输线路利用率高；但额外开销大，对交换机的处理能力要求高。

(e) 分组在分组交换网中的传输方式有两种：数据报方式和虚电路方式。

数据报是将每一个数据分组单独作为一份报来处理的，同一终端送出的不同分组可以在网内沿着不同的路径传输，它们到达终端的顺序可能不同于发送端，需要重新排序。数据报方式不需要经历呼叫建立和呼叫清除阶段，对于数据量小的通信，传输效率比较高，而且对网络拥塞或故障的适应能力较强，但分组传瑜时延较大。

虚电路方式在双方用户通信之前先建立一条逻辑上的连接(虚电路)，数据分组按已建立的路径顺序通过网络，在网络终点不需要对分组重新排序，分组传输时延小，也不容易丢失数据分组，但对网络拥塞或故障的适应能力不如数据报灵活。

(f) IP 交换指将第三层(IP 层)软件路由查询的灵活性和第二层网络交换机的快速性结合起来的交换技术。

将以太网交换和网络层转发结合在一起的 IP 交换，又叫三层交换。三层交换实现了“一次路由、多次交换”。“一次路由”是指第一个数据包通过 CPU 进行软件转发，并建立三层硬件转发表项；“多次交换”是指查询三层硬件转发表项将去往同一目的地的后续数据包通过 ASIC 交换芯片实现硬件转发。

(g) 多协议标签交换 MPLS 是一种在开放的通信网上利用标签引导数据高速、高效传输的新技术。MPLS 的实质就是将路由器移到网络边缘，将快速简单的交换机置于网络中心，对一个连接请求实现一次路由、多次交换，由此提高网络的性能。

在 MPLS 网络中，节点设备分为两类，即标签边缘路由器 LER 和标签交换路由器 LSR，LER 构成 MPLS 网的接入部分，LSR 构成 MPLS 网的核心部分。

MPLS 的主要优点是减少了网络复杂性，兼容现有各种主流网络技术，能降低网络成本，在提供 IP 业务时能确保 QoS 和安全性，具有流量工程能力；此外，MPLS 能解决 VPN 扩展问题和维护成本问题。MPLS 技术是下一代最具竞争力的通信网络技术。

习　题

5-1　电路交换方式的优、缺点有哪些？其适用于何种场合？

5-2　分组交换最基本的思想是什么？

5-3　一般终端能否直接接入分组交换网？

5-4　分组交换的优、缺点有哪些？

5-5　数据报方式的特点是什么？

5-6　为什么虚电路不同于电路交换中建立的物理信道？

5-7　虚电路的特点有哪些？

5-8　在第二层交换机中，数据帧是如何转发的？

5-9　在第三层交换机中,分组的转发过程是怎样的?

5-10　MPLS中引入了FEC,其含义是什么?划分FEC有哪些依据?

5-11　MPLS网络由哪些路由器构成,各实现哪些功能?

5-12　MPLS的特点是什么?

习题解答

第6章 路由技术

章导学

随着信息技术和IP技术的飞速发展，基于IP的数据通信网的应用需求不断增长。路由器是基于IP的数据通信网的核心设备。

本章首先介绍路由器的层次结构及用途、基本构成、功能和基本类型等，然后分析IP网的路由选择协议的特点和分类，最后论述内部网关协议RIP、OSPF协议和IS-IS协议，以及外部网关协议BGP。

重点难点讲解

6.1 路由器技术

6.1.1 路由器的层次结构及用途

1. 路由器的层次结构

IP网络中，路由器(Router)用于连接各种数据通信网，它是在网络层进行网络互连，可实现网络层及以下各层的协议转换。

为了说明路由器是如何进行协议转换的，这里首先以OSI参考模型为例介绍路由器的层次结构，如图6-1所示。

设主机A挂在以太网上，其网络层协议采用IP，链路层和物理层协议采用DIX Ethernet V2标准〔DIX Ethernet V2标准是以太网常用的标准，包括链路层(具体是MAC子层)和物理层协议。DIX Ethernet V2标准的MAC帧包括MAC首部、尾部和数据部分，详见7.1.3小节。图6-1中为了简单，称其为V2标准〕。

设主机B挂在X.25网(传统的分组交换网)上，其网络层协议采用X.25分组级协议，链路层协议采用HDLC，物理层协议采用X.21建议。

以太网和X.25网之间采用路由器相连。

整个通信过程如下：主机A的上层送下来的数据单元在网络层组装成IP数据报，在链路层将IP数据报加上DIX Ethernet V2标准的MAC首部和尾部组成MAC帧，然后送往物理层以DIX Ethernet V2标准比特流的形式出现。数据信号经以太网传输后到达路由器,图中路由器的左侧(其实对应下述的路由器的输入端口)物理层收到比特流,在链路层的MAC子层识别出MAC帧,利用MAC帧的首部和尾部完成相应的控制功能后,去掉MAC帧的首部和尾部还原为IP数据报送给网络层。在网络层去掉IP数据报报头后将数据部分送到路由器的右侧(对应下述的路由器的输出端口)的网络层,加上X.25分组头构成X.25分组,X.25分组下到链路层加上HDLC的首部和尾部组成HDLC帧,HDLC帧送到物理层以X.21比特流的形式出现。数据信号再经X.25网传输后到达主机B。

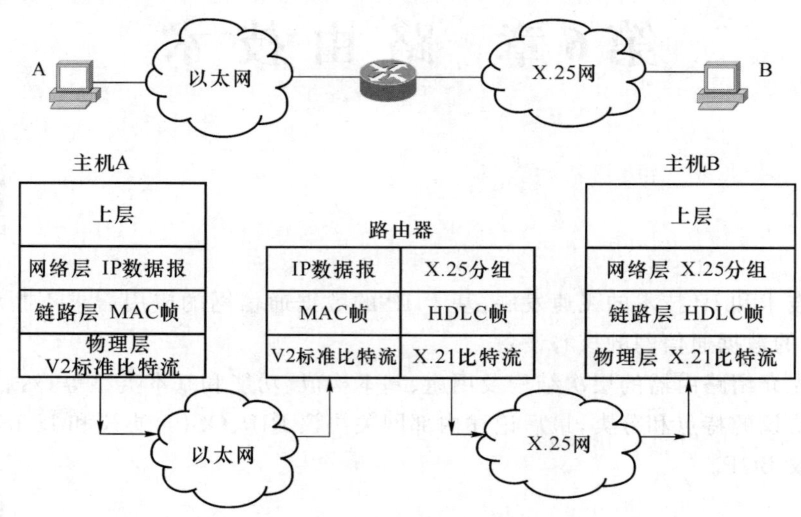

图 6-1 路由器的层次结构(OSI 参考模型)

由上述分析可见,路由器实现了网络层、链路层和物理层的协议转换。

下面再以TCP/IP参考模型为例分析路由器的层次结构,如图6-2所示。

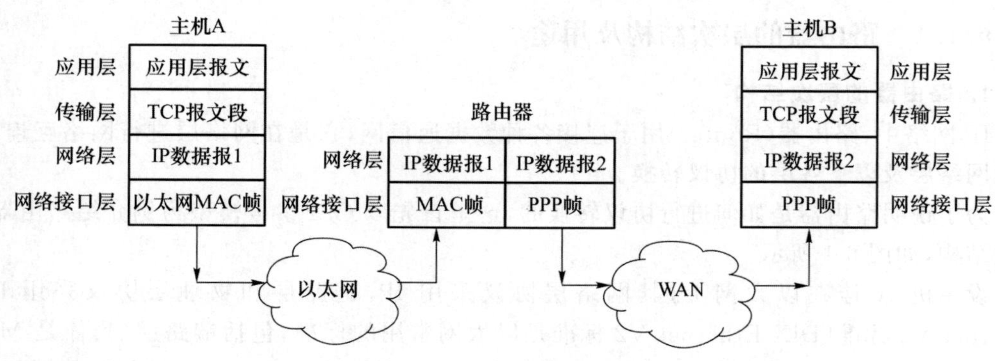

图 6-2 路由器的层次结构(TCP/IP 参考模型)

设主机A挂在以太网上,主机B挂在广域网(WAN)上,以太网和WAN之间采用路由器相连。

主机A和主机B的传输层协议均采用TCP,网络层协议采用IP。主机A的网络接口层协议采用DIX Ethernet V2标准,主机B的网络接口层协议采用PPP。

整个通信过程如下:主机A的应用层送下来的报文在传输层组装成TCP报文段,TCP报文段在网络层组装成IP数据报1,在网络接口层将IP数据报1封装成V2标准的MAC

帧，然后送往以太网。数据信号经以太网传输后到达路由器，图中路由器的左侧的网络接口层收到 MAC 帧，在网络接口层去掉 MAC 帧的控制信息（首部和尾部）还原为 IP 数据报 1 送给网络层。在网络层去掉 IP 数据报 1 的报头后将数据部分送到路由器的右侧的网络层，加上 IP 数据报 2 的报头构成 IP 数据报 2（经过路由器，IP 数据报报头的一些字段会发生变化），IP 数据报 2 下到网络接口层加上 PPP 帧的首部和尾部封装成 PPP 帧。PPP 帧经 WAN 传输后到达主机 B。

2. 路由器的用途

路由器主要用于以下几个方面。

（1）局域网之间的互连

利用路由器可以互连各种类型的局域网。

（2）局域网与广域网（WAN）之间的互连

局域网与 WAN 互连时，使用较多的互连设备是路由器。路由器能完成局域网与 WAN 低三层协议的转换。路由器的档次很多，其端口数从几个到几十个不等，所支持的通信协议也可多可少。

（3）WAN 与 WAN 的互连

利用路由器互连 WAN，要求两个 WAN 只是网络层及以下各层协议不同。

6.1.2　路由器的基本构成

路由器是一种具有多个输入端口和多个输出端口的专用计算机，其任务是对传输的分组进行路由选择并转发分组（网络层的数据传送单位是 IP 数据报等，统称为分组）。

图 6-3 给出了一种典型的路由器的基本构成框图。

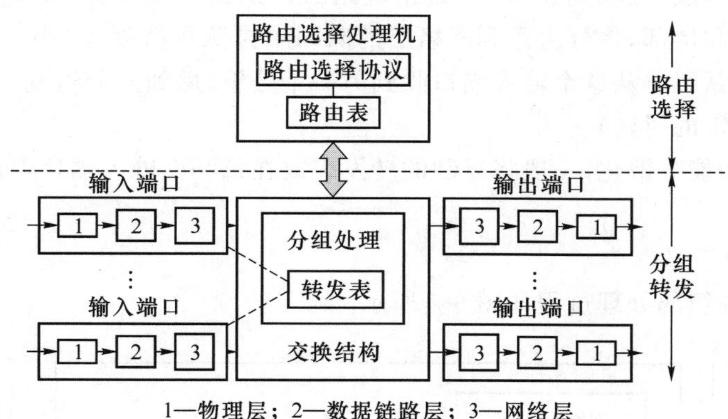

图 6-3　典型的路由器的基本构成

由图可见，整个路由器的结构可划分为两大部分：路由选择部分和分组转发部分。

这里首先要说明“转发”和“路由选择”的区别。

- “转发”是路由器根据转发表将分组从合适的端口转发出去。“路由选择”是按照某种路由选择算法，根据网络拓扑、流量等的变化情况，动态地改变所选择的路由。
- 路由表是根据路由选择算法构造出的，而转发表是从路由表得出的。

为了简单起见，我们在讨论路由选择的原理时，一般不去区分转发表和路由表的区别。

在了解了“转发”和“路由选择”的概念后，下面介绍路由器两大组成部分的作用。

1. 路由选择部分

路由选择部分主要由路由选择处理机构成，其功能是根据所采取的路由选择协议建立路由表，同时经常或定期地和相邻路由器交换路由信息而不断地更新和维护路由表。

2. 分组转发部分

分组转发部分包括 3 个组成：输入端口、输出端口和交换结构。

一个路由器的输入端口和输出端口就做在路由器的线路接口卡上。输入端口和输出端口的功能逻辑上均包括 3 层：物理层、数据链路层和网络层，用图 6-3 方框中的 1、2 和 3 分别表示(为了说明问题方便，这里以 OSI 参考模型为例。若采用 TCP/IP 参考模型，则物理层和数据链路层对应网络接口层)。

(1) 输入端口

输入端口对从线路上接收到的信息的处理过程如图 6-4 所示。

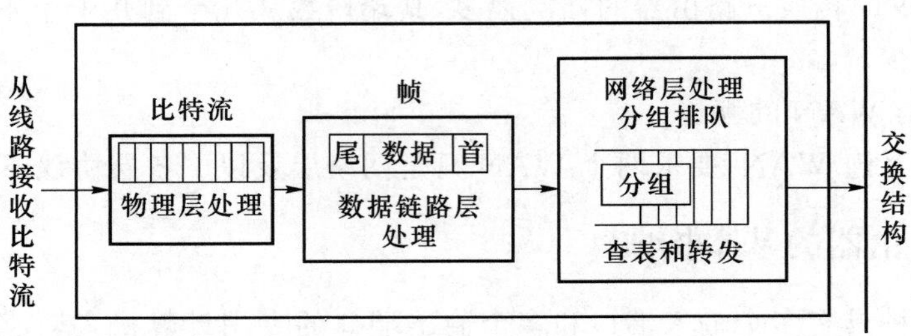

图 6-4 输入端口处理过程

输入端口的物理层接收到比特流，数据链路层识别出一个个帧，完成相应的控制功能后，剥去帧的首部和尾部，将分组送到网络层的队列中排队等待处理(当一个分组正在查找转发表时，后面又紧跟着从这个输入端口收到另一个分组，后到的分组就必须在队列中排队等待，这会产生一定的时延)。

为了使交换功能分散化，一般将复制的转发表放在每一个输入端口中，则输入端口具备查表转发功能。

(2) 输出端口

输出端口对分组的处理过程如图 6-5 所示。

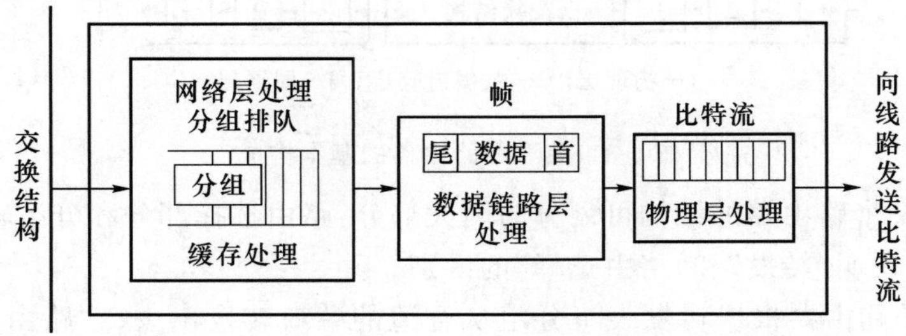

图 6-5 输出端口对分组的处理过程

输出端口对交换结构传送过来的分组(可能要进行分组格式的转换)先进行缓存处理，数据链路层处理模块将分组加上链路层的首部和尾部组成数据帧(相当于进行了链路层帧格式的转换)，然后将数据帧交给物理层后发送到外部线路(物理层也相应地进行了协议转换)。

从以上分析可以看出：分组在路由器的输入端口和输出端口都可能会在队列中排队等待处理。若分组处理的速率赶不上分组进入队列的速率，则队列的存储空间最终必将被占满，这就使后面再进入队列的分组由于没有存储空间而只能被丢弃(路由器中的输入或输出队列产生溢出是造成分组丢失的重要原因)。为了尽量减少排队等待时延，路由器必须以线速转发分组。

(3) 交换结构

交换结构的作用是将分组从一个输入端口转移到某个合适的输出端口，其交换方式有 3 种：通过存储器、通过总线和通过纵横交换结构进行交换，如图 6-6 所示。图中假设这 3 种方式都是将输入端口 I_1 收到的分组转发到输出端口 O_2。

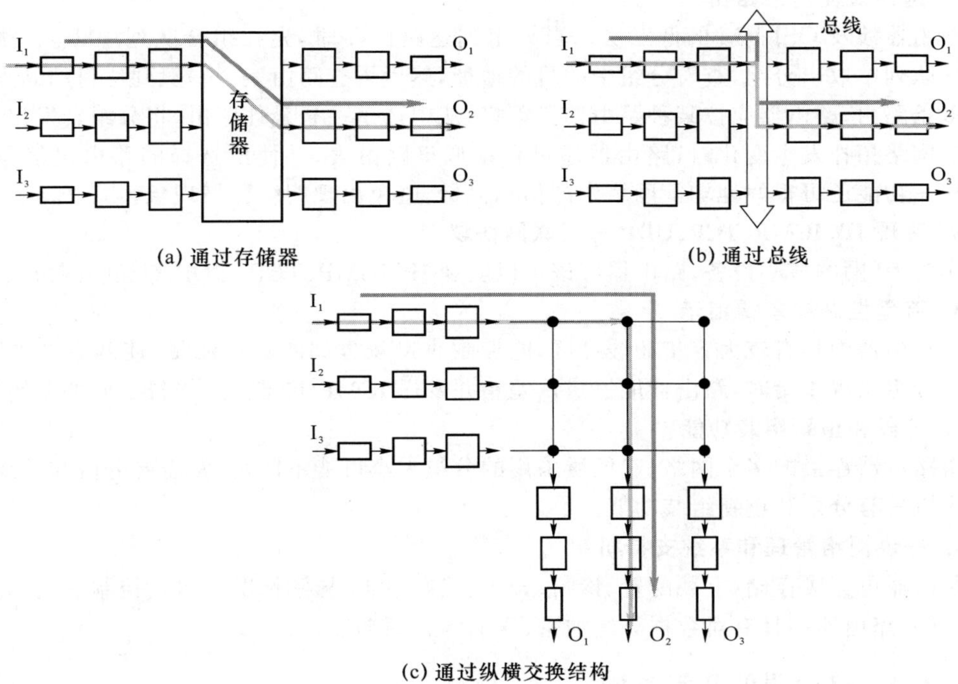

图 6-6　3 种常用的交换方式

图(a)是通过存储器进行交换的示意图。这种方式进来的分组被存储在共享存储器中，然后从分组首部提取目的地址，查找转发表(目的地址的查找和分组在存储器中的缓存都是在输入端口中进行的)，再将分组转发到合适的输出端口的缓存中。此交换方式提高了交换容量，但是开关的速度受限于存储器的存取速度。

图(b)是通过总线进行交换的示意图。它是通过一条总线来连接所有输入和输出端口，分组从输入端口通过共享的总线直接传送到合适的输出端口，而不需要路由选择处理机的干预。这种方式的优点是简单方便；缺点是其交换容量受限于总线的容量，而且可能会存在阻塞现象。因为总线是共享的，在同一时间只能有一个分组在总线上传送，当分组到达输入端口时若发现总线忙，则被阻塞而不能通过交换结构，要在输入端口排队等待。不过现代技术已经可以将总线的带宽提高到每秒吉比特的速率,相对解决了这些问题。

图(c)是通过纵横交换结构进行交换的示意图。纵横交换结构有 $2N$ 条总线,形成具备 $N\times N$ 个交叉点的交叉开关。若某一个交叉开关是闭合的,则可以使相应的输入端口和输出端口相连接。当输入端口收到一个分组时,就将它发送到与该输入端口相连的水平总线上。若通向所要转发的输出端口的垂直总线是空闲的,则在这个结点将垂直总线与水平总线接通,然后将该分组转发到这个输出端口,此过程是在调度器的控制下进行的。通过纵横交换结构进行交换同样会有阻塞,假如分组想去往的垂直总线已被占用(有另一个分组正在转发到同一个输出端口),则后到达的分组就被阻塞,必须在输入端口排队。

6.1.3 路由器的功能

路由器具有以下一些主要功能。

1. 选择最佳传输路由

路由器涉及 OSI-RM 的低三层。当分组到达路由器时,先在组合队列中排队,路由器依次从队列中取出分组,查看分组中的目的地址,然后再查路由表。一般到达目的站点前可能有多条路由,路由器应按某种路由选择策略,从中选出一条最佳路由,将分组转发出去。

当网络拓扑发生变化时,路由器还可自动调整路由表,并使所选择的路由仍然是最佳的。这一功能还可很好地均衡网络中的信息流量,避免出现网络拥挤现象。

2. 实现 IP、ICMP、TCP、UDP 等互联网协议

作为 IP 网的核心设备,路由器应该可以实现 IP、ICMP、TCP、UDP 等互联网协议。

3. 流量控制和差错指示

在路由器中具有较大容量的缓冲区,能控制收发双方间的数据流量,使两者更加匹配。而且当分组出现差错时,路由器能够辨认差错并发送 ICMP 差错报文报告必要的差错信息。

4. 分段和重新组装功能

由路由器连接的多个网络,它们所采用的分组大小可能不同,常常需要分段和重组。路由器应该具有分段和重新组装功能。

5. 提供网络管理和系统支持机制

路由器可完成存储/上载配置、诊断、升级、状态报告、异常情况报告及控制等功能。

另外,路由器还具有对数据分组加密、压缩等各项功能。

6.1.4 路由器的基本类型

从不同的角度划分,路由器有以下几种类型。

1. 按能力划分

按能力划分,路由器可分为中高端路由器和低端路由器。背板交换能力大于或等于 50 Gbit/s的路由器称为中高端路由器,而背板交换能力在 50 Gbit/s 以下的路由器称为低端路由器。

2. 按结构划分

按结构划分,路由器可分为模块化结构路由器和非模块化结构路由器。中高端路由器一般为模块化结构,低端路由器则为非模块化结构。

3. 按位置划分

按位置划分,路由器可分为核心路由器和接入路由器。核心路由器位于网络中心,通常使用中高端路由器，是模块化结构，它要求快速的包交换能力与高速的网络接口。接入路由器位于网络边缘，通常使用低端路由器，是非模块化结构，它要求相对低速的端口以及较强的接入控制能力。

4. 按功能划分

按功能划分，路由器可分为通用路由器和专用路由器。一般所说的路由器为通用路由器。专用路由器通常为实现某种特定功能对路由器接口、硬件等作专门优化。

5. 按性能划分

按性能划分，路由器可分为线速路由器和非线速路由器。若路由器输入端口的处理速率能够跟上线路将分组传送到路由器的速率，则称该路由器为线速路由器；否则是非线速路由器。一般高端路由器是线速路由器，而低端路由器是非线速路由器。但是，目前一些新的宽带接入路由器也有线速转发能力。

6.2 IP 网的路由选择协议概述

重点难点讲解

6.2.1 IP 网的路由选择协议的特点

1. 自治系统的概念

由于 IP 网（指 Internet）规模庞大，为了路由选择的方便和简化，一般将整个 IP 网划分为许多较小的区域，称为自治系统（AS）。

每个自治系统内部采用的路由选择协议可以不同，自治系统根据自身的情况有权决定采用哪种路由选择协议。

2. IP 网的路由选择协议的特点

IP 网的路由选择协议具有以下几个特点：

(a) IP 网的路由选择属于自适应的（即动态的）。可以依靠当前网络的状态信息进行决策，从而使路由选择结果在一定程度上适应网络拓扑与网络通信量的变化。

(b) IP 网的路由选择是分布式路由选择。每一个路由器通过定期地与相邻路由器交换路由选择的状态信息来修改各自的路由表，这样使整个网络的路由选择经常处于一种动态变化的状况。

(c) IP 网采用分层次的路由选择协议，即分自治系统内部和自治系统外部路由选择协议。

6.2.2 IP 网的路由选择协议的分类

IP 网的路由选择协议划分为两大类：内部网关协议（IGP）和外部网关协议（EGP）。

1. 内部网关协议

内部网关协议（IGP）是在一个自治系统内部使用的路由选择协议。具体的协议有路由信息协议（RIP）、开放最短路径优先（OSPF）协议和中间系统到中间系统（IS-IS）协议等。

2. 外部网关协议

外部网关协议（EGP）是两个自治系统（使用不同的内部网关协议）之间使用的路由选择

协议。目前使用最多的是边界网关协议(BGP)(即BGP-4)。

注意此处的网关实际指的是路由器。

图6-7显示了自治系统和内部网关协议、外部网关协议的关系。为了简单起见,图中自治系统内部各路由器之间的网络用一条链路表示。

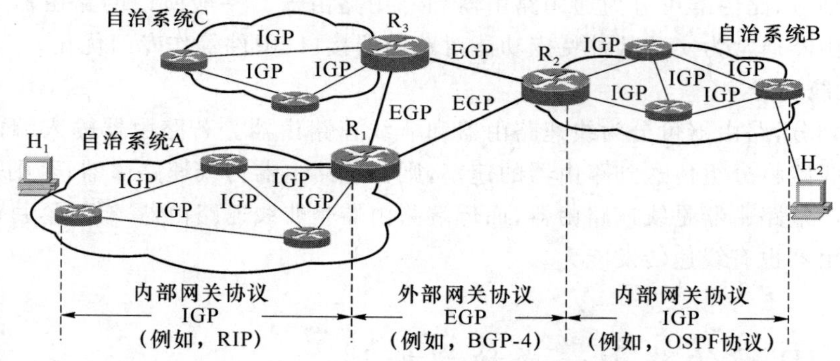

图6-7 自治系统和内部网关协议、外部网关协议的关系

图6-7示意了3个自治系统相连,各自治系统内部使用内部网关协议(IGP)。例如,自治系统A使用的是RIP,自治系统B使用的是OSPF协议。自治系统之间则采用外部网关协议(EGP),如BGP-4。每个自治系统均有至少一个路由器除运行本自治系统的内部网关协议外,还运行自治系统间的外部网关协议,如图6-7中路由器R_1、R_2、R_3。

6.3 内部网关协议(IGP)

6.3.1 RIP

1. RIP的工作原理

(1) RIP的概念

路由信息协议(RIP)是一种分布式的基于距离向量的路由选择协议,它要求网络中的每一个路由器都要维护从自己到其他每一个目的网络的最短距离记录。

RIP中"距离"(也称为"跳数")的定义为:

- 从一个路由器到直接连接的网络的距离定义为1。
- 从一个路由器到非直接连接的网络的距离定义为所经过的路由器数加1。(每经过一个路由器,跳数就加1)

RIP所谓的"最短距离"指的是选择具有最少路由器的路由。RIP允许一条路径最多只能包含15个路由器。"距离"的最大值为16时即相当于不可达。

(2) 路由表的建立和更新

RIP路由表中的主要信息是到某个网络的最短距离及应经过的下一跳路由器地址。

路由器在刚刚开始启动工作时,只知道到直接连接的网络的距离(此距离定义为1)。以后,每一个路由器只和相邻路由器交换并更新路由信息,交换的信息是当前本路由器所知道的全部信息，即自己的路由表（具体是到本自治系统中所有网络的最短距离，以及沿此最短路径到每个网络应经过的下一跳路由器）。路由表更新的原则是找出到达某个网络的最短距离。

网络中所有的路由器经过路由表的若干次更新后，最终都会知道到达本自治系统中任何一个网络的最短距离和哪一个路由器是下一跳路由器。

另外，为了适应网络拓扑等情况的变化，路由器应按固定的时间间隔交换路由信息（例如，每隔 30 秒），以及时修改更新路由表。

路由器之间是借助于传递 RIP 报文交换并更新路由信息，为了说明路由器之间具体是如何交换和更新路由信息的，在介绍 RIP 的距离向量算法之前，先介绍 RIP 报文格式。

2. RIP2 报文格式

目前较新的 RIP 版本是 1998 年 11 月公布的 RIP2，它已经成为 Internet 标准协议。RIP2 报文格式如图 6-8 所示。

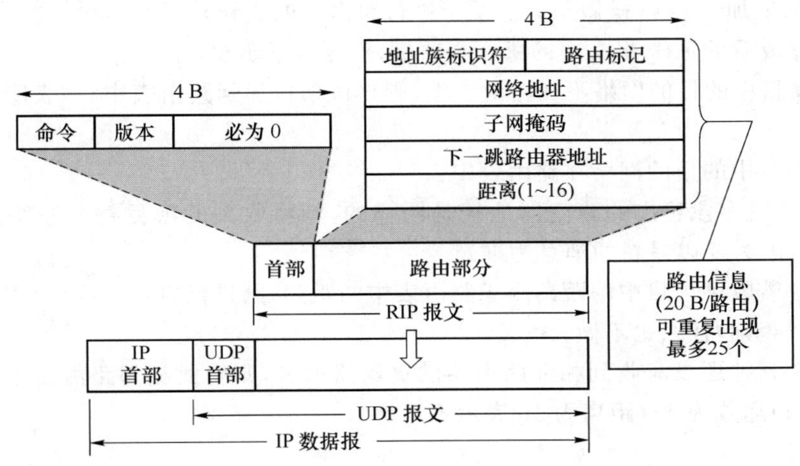

图 6-8　RIP2 报文格式

RIP2 报文由首部和路由部分组成。

(1) RIP2 报文的首部

RIP2 报文的首部有 4 B：命令字段占 1 B，用于指出报文的意义；版本字段占 1 B，指出 RIP 的版本；填充字段的作用是填“0”，使首部补齐 4 B。

(2) RIP2 报文的路由部分

RIP2 报文中的路由部分由若干个路由信息组成，每个路由信息（也称为“项目”）需要 20 B，用于描述到某一目的网络的一些信息。RIP 规定路由信息最多可重复出现 25 个，每个路由信息中各部分的作用如下。

① 地址族标识符（AFI，2 B）

用来标志所使用的地址协议，IP 的 AFI 为 2。

② 路由标记（2 B）

路由标记填入自治系统的号码，这是考虑使 RIP 有可能收到本自治系统以外的路由选择信息。

③ 网络地址（4 B）

表示目的网络的 IP 地址。

④ 子网掩码(4 B)

表示目的网络的子网掩码。

⑤ 下一跳路由器地址(4 B)

表示要到达目的网络的下一跳路由器的 IP 地址。

⑥ 距离(4 B)

表示到目的网络的距离。

由图 6-8 可见,RIP 报文使用运输层的 UDP 报文进行传送(使用 UDP 的端口 520)。因此 RIP 的位置应当在应用层,但转发 IP 数据报的过程是在网络层完成的。

3. 距离向量算法

设某路由器收到相邻路由器(其地址为 X)的一个 RIP 报文:

(1) 先修改此 RIP 报文中的所有项目:将“下一跳”字段中的地址都改为 X,并将所有的“距离”字段的值加 1。(这样做是为了便于进行路由表的更新)

(2) 对修改后的 RIP 报文中的每一个项目,重复以下步骤:

(a) 若项目中的目的网络不在路由表中,则将该项目加到路由表中。(表明这是新的目的网络)

(b) 若项目中的目的网络在路由表中:

- 若下一跳字段给出的路由器地址是同样的,则将收到的项目替换原路由表中的项目。(因为要以最新的消息为准)
- 否则 { 若收到项目中的距离小于路由表中的距离,则进行更新。
否则,什么也不做。

(3) 若 3 分钟还没有收到相邻路由器的更新路由表,则将此相邻路由器记为不可达的路由器,即将距离置为 16(距离为 16 表示不可达)。

(4) 返回。

以上过程可用图 6-9 表示。

利用上述距离向量算法,IP 网中的所有路由器都和自己的相邻路由器不断交换路由信息,并不断更新其路由表。这样,每一个路由器都知道到各个目的网络的最短路由。

下面举例说明 IP 网的内部网关协议采用 RIP 时,各路由器路由表的建立、交换和更新情况。

例如,几个用路由器互连的网络结构如图 6-10 所示。

各路由器的初始路由表如图 6-11(a)所示,表中的每一行都包括 3 项内容,它们从左到右分别代表:目的网络、从本路由器到目的网络的跳数(即最短距离)、下一跳路由器(“—”表示直接交付)。

收到了相邻路由器的路由信息更新后的路由表如图 6-11(b)所示。下面以路由器 D 为例说明路由器更新的过程。

路由器 D 收到相邻路由器 A 和 C 的路由表。

A 说:“我到网 1 的距离是 1”,但 D 没有必要绕道经过路由器 A 到达网 1,因此这一项目不变。A 说:“我到网 2 的距离是 1”,因此 D 现在也可以到网 2,距离是 2,经过 A。A 说:“我到网 5 的距离是 1”,因此 D 现在也可以到网 5,距离是 2,经过 A。”

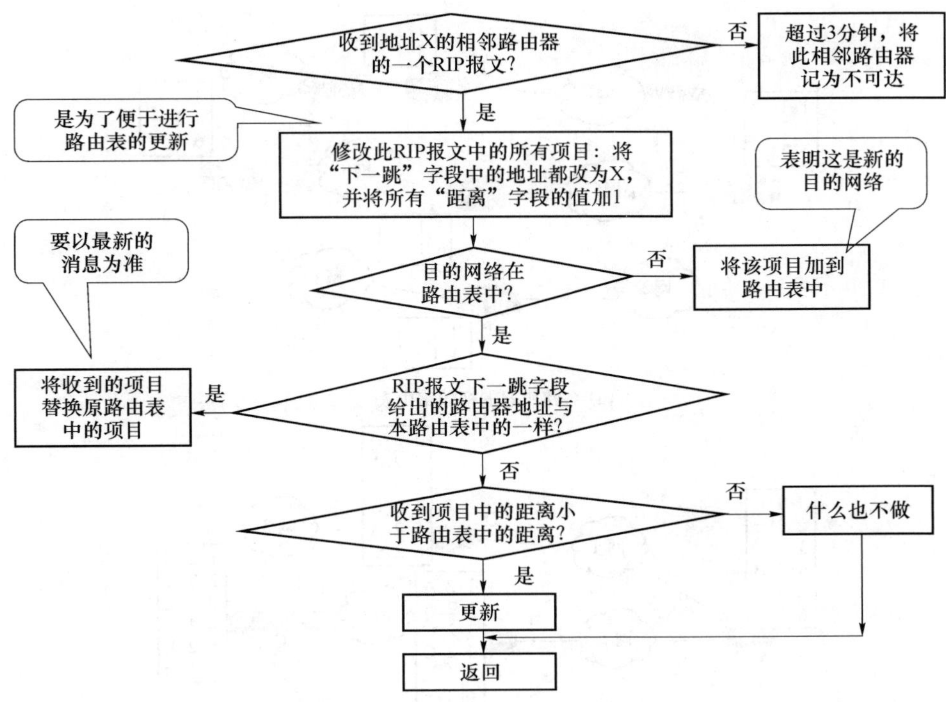

图 6-9　RIP 的距离向量算法

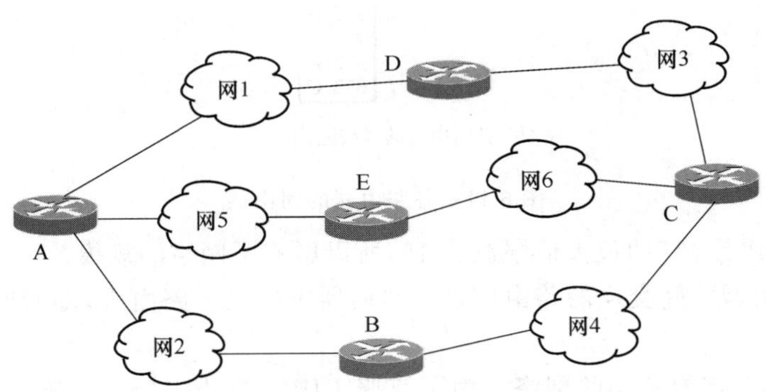

图 6-10　几个用路由器互连的网络结构

C 说:“我到网 3 的距离是 1”,但 D 没有必要绕道经过路由器 C 再到达网 3,因此这一项目不变。C 说:“我到网 4 的距离是 1”,因此 D 现在也可以到网 4,距离是 2,经过 C。C 说:“我到网 6 的距离是 1”,因此 D 现在也可以到网 6,距离是 2,经过 C。

由于此网络比较简单,图 6-11(b)也就是最终路由表。但当网络比较复杂时,要经过几次更新后才能得出最终路由表。

4. RIP 的优缺点

RIP 的优点是实现简单,开销较小。但其存在以下一些缺点:

(a) 当网络出现故障时,要经过比较长的时间才能将此信息传送到所有的路由器,即坏消息传播得慢。

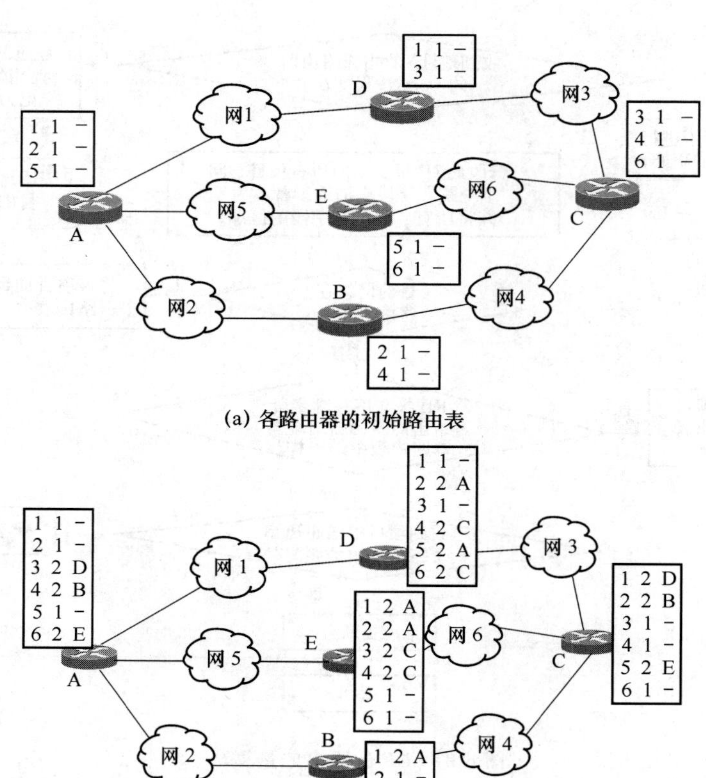

(a) 各路由器的初始路由表

(b) 各路由器的最终路由表

图 6-11　各路由器的路由表

(b) 因为 RIP“距离”的最大值限制为 15，所以影响了网络的规模。

(c) 由于路由器之间交换的路由信息是路由器中的完整路由表，随着网络规模的扩大，开销必然会增加。

总之，RIP 适合规模较小的网络。为了克服 RIP 的缺点，1989 年开发了另一种内部网关协议——OSPF 协议。

6.3.2　OSPF 协议

1. OSPF 协议的要点

开放最短路径优先(OSPF)协议是分布式的链路状态协议。“链路状态”是说明本路由器都和哪些路由器相邻，以及该链路的“度量”。“度量”的含义是广泛的，它可表示距离、时延、费用和带宽等。

归纳起来，OSPF 协议具有以下几个要点。

(a) 当链路状态发生变化时，OSPF 协议使用洪泛法向本自治系统中的所有路由器发送信息，即每个路由器都向所有其他相邻路由器发送信息(但不再发送给刚刚发来信息的那个路由器)。所发送的信息就是与本路由器相邻的所有路由器的链路状态。

(b) 各路由器之间频繁地交换链路状态信息，所有的路由器最终都能建立一个链路状态数据库(Link State DataBase，LSDB)，它与全网的拓扑结构图相对应。每一个路由器使用链路状态数据库中的数据，利用最短路径优先(Shortest Path First，SPF)算法，可计算出到达任意目的地的路由，构造出自己的路由表。OSPF 协议的路由表主要包括目的网络、链路代价和下一个路由器等。

(c) OSPF 协议还规定每隔一段时间，如 30 分钟，要刷新一次数据库中的链路状态，以确保链路状态数据库的同步(即每个路由器所具有的全网拓扑结构图都是一样的)。

2. OSPF 协议的区域

(1) OSPF 协议的区域划分

对于规模较大的网络，OSPF 协议通常将一个自治系统进一步划分为若干个区域(Area)，可使利用洪泛法交换链路状态信息的范围局限于每一个区域而不是整个的自治系统，减少了整个网络上的通信量。一个区域的 OSPF 路由器只保存本区域的链路状态，每个路由器的链路状态数据库都可以保持合理的大小，路由计算的时间、报文数量也都不会过大。

在区域划分时，设有一个骨干区域(Backbone Area)，其他为常规区域(Normal Area)。区域的命名可以采用整数数字，如 1,2,3 等，也可以采用 IP 地址的形式，0.0.0.1，0.0.0.2 等，区域 0(或者为 0.0.0.0)代表骨干区域。

所有的常规区域必须直接与骨干区域相连(物理或者逻辑连接)，常规区域只能与骨干区域交换链路状态通告(Link State Advertisement，LSA)，常规区域与常规区域之间即使直连也不能互换 LSA。例如，图 6-12 中 Area1，Area2，Area3，Area4 只能与 Area0 互换 LSA，然后再由 Area0 转发，Area0 就像是一个中转站。

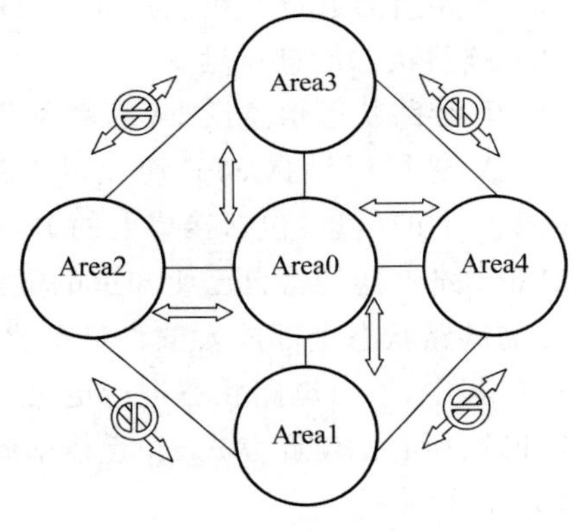

图 6-12 OSPF 区域划分示意图

(2) OSPF 路由器类型

根据一台路由器的多个接口归属的区域不同，OSPF 路由器可以分为以下几种类型。

(a) 内部路由器(Internal Router，IR)：内部路由器属于单个区域，该路由器所有接口都属于同一个区域。

(b) 区域边界路由器(Area Border Router，ABR)：区域边界路由器属于多个区域，该类路由器的接口同时属于两个以上的 OSPF 区域，且至少有一个接口属于骨干区域。

(c) 骨干路由器(Backbone Router)：骨干路由器至少有一个接口属于骨干区域。所有的 ABR 和位于 Area0 的内部设备都是骨干路由器。

(d) 自治系统边界路由器(Autonomous System Boundary Router，ASBR)：若 OSPF 路由器能将外部路由协议重分布进 OSPF 协议(重分布是指在采用不同路由协议的自治系统之间交换和通告路由选择信息)，则称为 ASBR。但是若只是将 OSPF 协议重分布进其他路由协议，则不能称为 ASBR。

OSPF 协议中的路由器类型如图 6-13 所示。

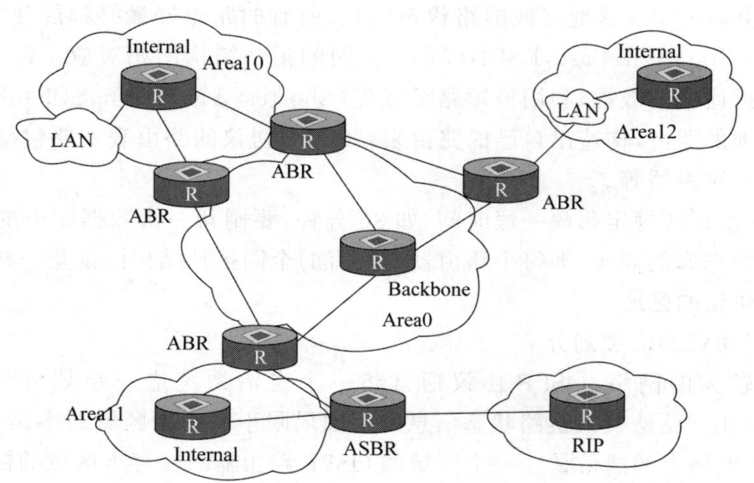

图 6-13　OSPF 协议中的路由器类型

3. OSPF 协议的工作原理

OSPF 协议的工作原理可以分成 3 步：建立邻接关系、链路状态信息泛洪和计算路径。

(1) 建立邻接关系

OSPF 路由器通过互相发送问候(Hello)报文，验证参数后建立邻接关系。

(2) 链路状态信息泛洪

OSPF 链路状态信息泛洪(也称为洪泛)过程为：通过 IP 数据报的组播对各种链路状态通告(LSA)进行泛洪(OSPF 协议的 LSA 报文是封装在 IP 数据报中的)，LSA 用于描述 OSPF 接口上的信息，包括接口上的 IP 地址、子网掩码、网络类型和链路度量值(Cost)等。

OSPF 路由器是将自己所知道的链路状态全部发给邻居(即相邻路由器)，相邻路由器将收到的链路状态全部放入链路状态数据库(LSDB)，同时再发给自己的所有相邻路由器，在传递过程中，不对链路状态进行更改。通过这样的过程，最终网络中全部 OSPF 路由器都拥有本网络所有的链路状态，并且根据此链路状态能描绘出相同的全网拓扑图。

(3) 计算路径

一个路由器完成链路状态数据库的构建和更新后，根据链路状态数据库的信息运行 SPF 算法(Dijkstra 算法)，找到网络中每个目的地的最短路径，并建立路由表。

到达目标网络如果有多条开销相同的路径，那么 OSPF 协议可以同时选多条路径进行负载均衡(最多允许同时选 6 条链路)。

4. OSPF 分组(OSPF 数据报)

(1) OSPF 分组格式

OSPF 分组格式如图 6-14 所示。

OSPF 分组由 24 B 固定长度的首部字段和数据部分组成。数据部分可以是 5 种类型分组(后述)中的一种。下面先简单介绍 OSPF 首部各字段的作用。

(a) 版本(1 B)：表示协议的版本，当前的版本号是 2。

(b) 类型(1 B)：表示 OSPF 的分组类型。

(c) 分组长度(2 B)：以字节为单位指示 OSPF 的分组长度。

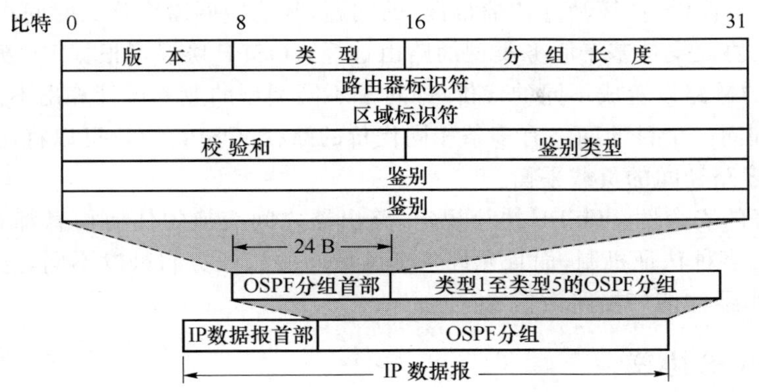

图 6-14　OSPF 分组格式

(d) 路由器标识符(4 B):标志发送该分组的路由器的接口的 IP 地址。

(e) 区域标识符(4 B):标识分组属于的区域。

(f) 校验和(2 B):检测 OSPF 分组中的差错。

(g) 鉴别类型(2 B):用于定义区域内使用的鉴别方法,目前只有两种类型的鉴别:0(没有鉴别)和 1(口令)。

(h) 鉴别(8 B):用于鉴别数据部分真正的值。鉴别类型为 0 时填 0,鉴别类型为 1 时填 8 个字符的口令。

由图 6-14 可以看到,与 RIP 报文不同,OSPF 分组不用 UDP 报文传送,而是直接用 IP 数据报传送。

(2)OSPF 的 5 种分组类型

(a) 类型 1,问候(Hello)分组,用来发现和维持邻站(相邻路由器)的可达性。OSPF 协议规定:两个相邻路由器每隔 10s 就要交换一次问候分组,若间隔 40s 没有收到某个相邻路由器发来的问候分组,就认为这个相邻路由器是不可达的。

(b) 类型 2,数据库描述(Database Description)分组,向邻站给出自己的链路状态数据库中的所有链路状态项目的摘要信息。

(c) 类型 3,链路状态请求(Link State Request)分组,向对方请求发送某些链路状态项目的详细信息。

(d) 类型 4,链路状态更新(Link State Update)分组,用洪泛法对全网更新链路状态。

(e) 类型 5,链路状态确认(Link State Acknowledgment)分组,对链路状态更新分组的确认。

类型 3、类型 4、类型 5 这 3 种分组是当链路状态发生变化时,各路由器之间交换的 OSPF 分组,以达到链路状态数据库的同步。

5. OSPF 协议的特点

OSPF 协议的主要特点如下。

(a) 由于一个路由器的链路状态只涉及与相邻路由器的连通状态,与整个 IP 网的规模并无直接关系,因此 OSPF 协议适合规模较大的网络。

(b) OSPF 协议是动态算法,能自动和快速地适应网络环境的变化。具体说就是链路状态数据库能较快地进行更新,使各个路由器能及时更新其路由表。

(c) OSPF 协议没有“坏消息传播得慢”的问题,其响应网络变化的时间小于 100ms。

(d) OSPF 协议支持基于服务类型的路由选择。OSPF 协议可根据 IP 数据报的不同服务类型将不同的链路设置成不同的代价,即对于不同类型的业务可计算出不同的路由。

(e) 如果到同一个目的网络有多条相同代价的路径,OSPF 协议可以将通信量分配给这几条路径——多路径间的负载平衡。

(f) 有良好的安全性。OSPF 协议规定,路由器之间交换的任何信息都必须经过鉴别,OSPF 协议支持多种认证机制,而且允许各个区域间的认证机制可以不同,这样就保证了只有可依赖的路由器才能广播路由信息。

6.3.3 IS-IS 协议

1. IS-IS 协议的概念

与 OSPF 协议一样,中间系统到中间系统(IS-IS)协议也是一种链路状态路由协议,由路由器收集其所在网络区域上各路由器的链路状态信息,生成链路状态数据库(LSDB),利用最短路径优先(SPF)算法,计算到网络中每个目的地的最短路径。

2. IS-IS 协议的分层

(1) IS-IS 协议的分层路由域

IS-IS 协议允许将整个路由域分为多个区域,其路由选择是分层次(区域)的,IS-IS 协议的分层路由域如图 6-15 所示。

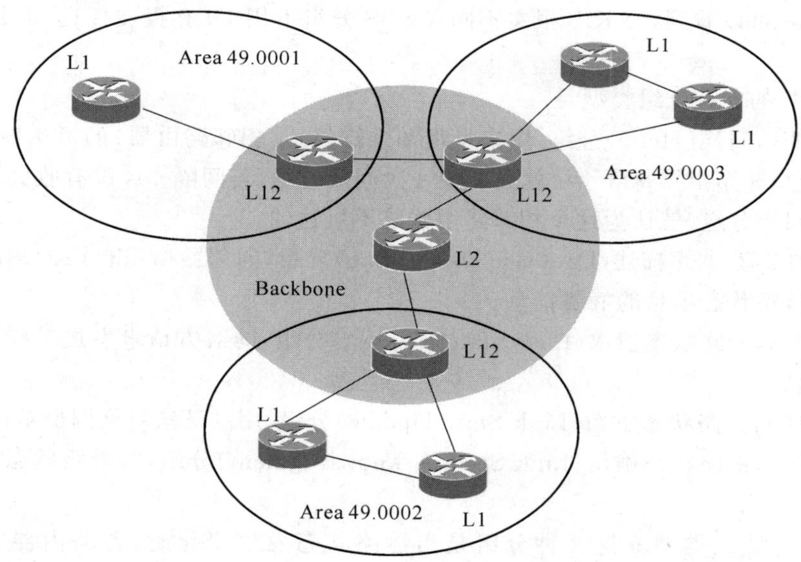

图 6-15 IS-IS 协议的分层路由域

IS-IS 协议的路由选择分为如下两个区域等级。

(a) Level-1:普通区域(Area)称为 Level-1(或 L1),由 L1 路由器组成。Level-1 路由选择是负责区域内的路由选择。

(b) Level-2:骨干区域(Backbone) 称为 Level-2(或 L2),由所有的 L2(及 L12)路由器组成。Level-2 路由选择是在 IS-IS 区域之间进行的,路由器通过 L2 路由选择获悉 L1 路由选择区域的位置信息,并建立一个到达其他区域的路由表。

一个 IS-IS 协议的路由域可以包含多个 Level-1 区域,但只有一个 Level-2 区域。

(2) IS-IS 路由器类型

由于 IS-IS 协议负责 Level-1 和 Level-2 等级的路由,IS-IS 路由器等级(或称 IS-IS 路由器类型)可以分为 3 种:L1 路由器、L2 路由器和 L12 路由器。

(a) L1 路由器——属于同一个区域并参与 Level-1 路由选择的路由器称为 L1 路由器,类似于 OSPF 协议中的非骨干内部路由器。L1 路由器负责收集本区域内的路由信息,只关心本区域的拓扑结构,它将去往其他区域的数据包发送到最近的 L12 路由器上。

(b) L2 路由器——L2 路由器(也称为骨干路由器)是属于不同区域的路由器,它类似于 OSPF 协议中的骨干路由器,负责收集区域间的路径信息,通过实现 Level-2 路由选择来交换路由信息。

(c) L12 路由器——同时执行 Level-1 和 Level-2 路由选择功能的路由器为 L12 路由器。L12 路由器类似于 OSPF 中的区域边界路由器(ABR)。它的主要职责是搜集本区域内的路由信息,然后将其发送给其他区域的 L12 路由器或 L2 路由器。同样,它也负责接收从其他区域的 L2 路由器或 L12 路由器发来的区域外路由信息。

所有 L12 路由器与 L2 路由器组成了整个网络的骨干(Backbone)。需要注意的是,对于 IS-IS 协议来说,骨干必须是连续的,也就是说具有 Level-2(L2)路由选择功能的路由器(L2 路由器或 L12 路由器)必须是物理上相连的。

3. IS-IS 协议的工作原理

与 OSPF 协议类似,IS-IS 协议的工作原理也分成 3 步:建立邻接关系、泛洪链路状态信息和计算路径。

(1) 建立邻接关系

两台运行 IS-IS 协议的路由器在交互协议报文实现路由功能之前必须首先建立邻接关系,当接口启动 IS-IS 协议路由选择时,路由器立即发送 Hello 数据包,同时开始监听 Hello 数据包,寻找任何连接的邻接体,并与它们形成邻接关系。

(2) 链路状态信息泛洪

邻接关系建立后,链路状态信息开始交换,即链路状态数据包(Link State PDU,LSP)的扩散——泛洪,IS-IS 协议的泛洪过程与 OSPF 协议类似。

(3) 计算路径

IS-IS 协议与 OSPF 协议一样基于 Dijkstra 算法进行最小生成树计算,找到网络中每个目的地的最短路径(最小 Cost)。

4. IS-IS 协议与 OSPF 协议对比

(1) IS-IS 协议与 OSPF 协议的相同点

虽然 IS-IS 协议与 OSPF 协议在结构上有着差异,但从 IS-IS 协议与 OSPF 协议的功能上讲,它们之间存在着许多相似之处。

(a) IS-IS 协议与 OSPF 协议同属于链路状态路由协议,它们都是为了满足加快网络的收敛速度、提高网络的稳定性、灵活性、扩展性等需求而开发出来的高性能的路由选择协议。

(b) IS-IS 协议与 OSPF 协议都使用链路状态数据库收集网络中的链路状态信息,链路状态数据库存放的是网络的拓扑结构图,而且区域中的所有路由器都共享一个完全一致的链路状态数据库。IS-IS协议与OSPF协议都使用泛洪的机制来扩散路由器的链路状态信息。

(c) IS-IS协议与OSPF协议同样都是采用SPF算法(Dijkstra算法)来根据链路状态数据库计算最佳路径。

(d) IS-IS协议与OSPF协议同样都采用了分层的区域结构来描述整个路由域,即骨干区域和非骨干区域(普通区域)。

(e) 基于两层的分级区域结构,所有非骨干区域间的数据流都要通过骨干区域进行传输,以便防止区域间路由选择的环路。

(2) IS-IS协议与OSPF协议的主要区别

OSPF协议的骨干区域就是区域0(Area0),它是一个实际的区域,区域边界位于路由器上,也就是ABR上。

IS-IS协议与OSPF协议最大的区别就是:IS-IS协议的区域边界位于链路上;IS-IS协议的骨干区域是由所有的具有L2路由选择功能的路由器(L2路由器或L12路由器)组成的,而且必须是物理上连续的,可以说IS-IS协议的骨干区域是一个虚拟的区域。由于IS-IS协议的骨干区域是虚拟的,所以更加利于扩展,灵活性更强。当需要扩展骨干时,只需添加L12路由器或L2路由器即可。

6.4 外部网关协议(EGP)

6.4.1 BGP的概念及特征

1. BGP的概念

边界网关协议(BGP)是不同自治系统的路由器之间交换路由信息的协议,BGP V4(BGP版本4,或者叫BGP4,习惯简称BGP)是目前使用的唯一的一种外部网关协议(EGP)。

BGP是一种路径向量路由选择协议,其路由度量方法可以是一个任意单位的数,它指明某一个特定路径中供参考的程度。可参考的程度可以基于任何数字准则,例如最终系统计数(计数越小时路径越佳)、数据链路的类型(链路是否稳定、速度快和可靠性高等)及其他一些因素。

因为IP网的规模庞大,自治系统之间的路由选择非常复杂,要寻找最佳路由很不容易实现。而且,自治系统之间的路由选择还要考虑一些与政治、经济和安全有关的策略。所以BGP与内部网关协议(IGP)不同,它只能是力求寻找一条能够到达目的网络且比较好的路由,而并非要寻找一条最佳路由。

2. BGP的特征

BGP并没有发现和计算路由的功能,而是着重于控制路由的传播和选择最好的路由。另外,BGP是基于IGP之上的,进行BGP路由传播的两台路由器首先要IGP可达,并且建立起TCP连接。

BGP的基本特征如下:

(a) 不生成路由，只传播路由；

(b) 可扩展性好，可以运载附加在路由后的任何信息作为可选的 BGP 属性，丰富的路由过滤和路由策略功能，实行灵活的控制；

(c) BGP 是唯一支持大量路由的路由协议，具有强大的组网能力。

6.4.2 BGP 路由器与 AS 路径

BGP 的基本功能是：交换网络的可达性信息，建立自治系统(AS)路径列表，从而构建出一幅 AS 和 AS 间的网络连接图，以便进行路由选择。

1. BGP 路由器

BGP 是通过 BGP 路由器(也称为 BGP Speaker)来交换自治系统之间网络的可达性信息的。每一个自治系统要确定至少一个路由器作为该自治系统的 BGP 路由器(即 BGP Speaker)，一般就是自治系统边界路由器。

BGP 路由器(BGP Speaker)和自治系统(AS)的关系如图 6-16 所示。

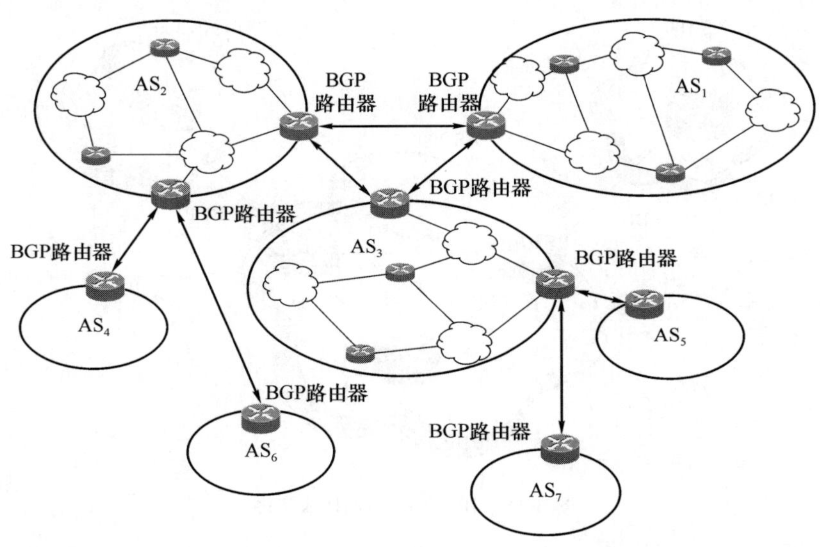

图 6-16 BGP 路由器和自治系统的关系示意图

由图 6-16 可见，一个自治系统可能会有几个 BGP 路由器，且一个自治系统的某个 BGP 路由器可能会与其他几个自治系统相连。每个 BGP 路由器除了运行 BGP 外，还要运行该系统所使用的内部网关协议(IGP)。

2. AS 路径(AS-Path)

BGP 路由器互相交换网络可达性的信息(就是要到达某个网络所要经过的一系列自治系统)后，各 BGP 路由器根据所采用的策略就可从收到的路由信息中找出到达各自治系统的比较好的路由，即构造出自治系统的连通图，图 6-17 所示的

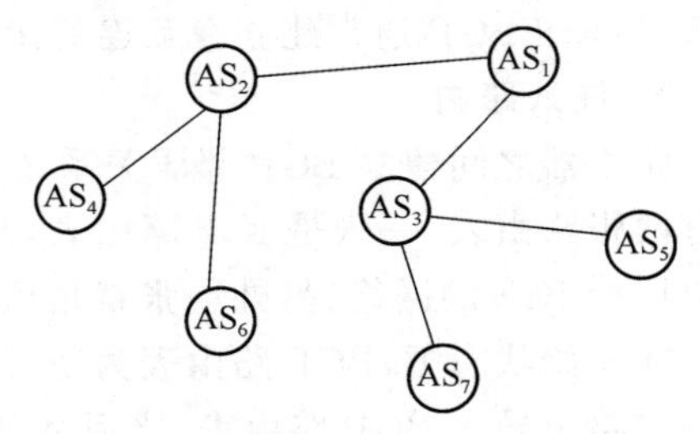

图 6-17 自治系统的连通图

是对应图6-16的自治系统连通图。

6.4.3 BGP的工作原理

1. 建立BGP连接

BGP连接是建立在TCP连接之上的,TCP端口号为179。使用TCP连接交换BGP报文(以建立BGP连接)的两个BGP路由器,彼此成为对方的邻站或对等体(Peer)。BGP并不像IGP一样能够自动发现邻居和路由,需要人工配置BGP对等体。

BGP连接有IBGP和EBGP两种类型。

(1) IBGP

若两个交换BGP报文的对等体属于同一个自治系统,则这两个对等体就是IBGP(Internal BGP)对等体,图6-18中的B和D即为IBGP对等体。虽然BGP是运行于自治系统(AS)之间的路由协议,但是一个AS内的不同边界路由器之间也要建立BGP连接,以实现路由信息在全网的传递。IBGP对等体之间不一定是物理相连,但必须要逻辑相连。

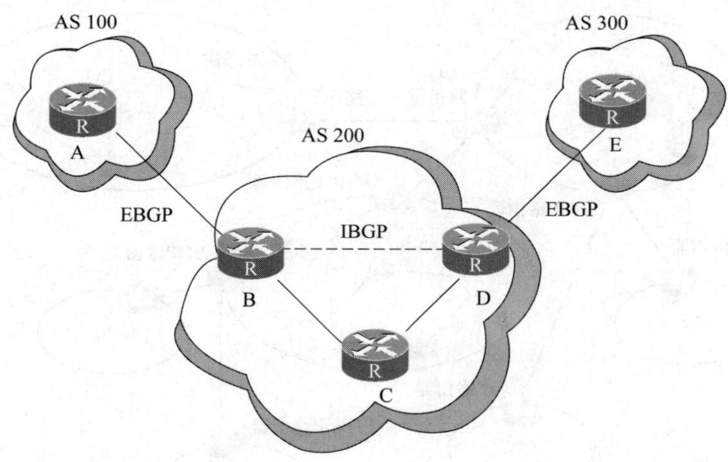

图6-18 IBGP和EBGP示意图

(2) EBGP

如果两个交换BGP报文的对等体属于不同的自治系统,那么它们就是EBGP(External BGP)对等体,图6-18中的A和B即为EBGP对等体。EBGP对等体之间一般要实现物理连接,所以EBGP通常建立在互连的接口上。

2. 注入路由

路由器之间建立BGP邻居关系之后,就可以相互交换BGP路由。BGP路由器会同时拥有两张路由表:一张是IGP路由表,其路由信息只能从IGP和手工配置获得,并且只能传递给运行IGP的网络;另外一张就是运行BGP之后创建的路由表,称为BGP路由表。

在初始状态下,BGP路由表为空,没有任何路由,要让BGP传递相应的路由信息,只能先将该路由导入BGP路由表,之后才能在BGP邻居之间传递。将路由导入BGP路由表,主要有如下两种方式:

(a) 将BGP路由器所在AS中IGP路由表中的路由手工导入BGP路由表,路由注入称为Network方式(路由的源属性为IGP)。

(b) BGP路由表中引入其他AS使用的路由协议(OSPF协议、IS-IS协议等)的路由信息,路由注入称为Import方式(路由的源属性为Incomplete)。

3. 路由通告

BGP Speaker(BGP路由器)将自已获取的BGP路由告诉别的BGP对等体称为路由通告,BGP的路由通告应遵循相应的原则。

4. 路由更新

在BGP刚刚运行时,BGP的邻站是交换整个的BGP路由表。以后在路由发生变化时,只需要更新有变化的部分(增加、修改、删除的路由信息),即BGP不要求对整个路由表进行周期性刷新,这大大减少了BGP传播路由时所占用的带宽和路由器的处理开销。

小 结

(a) 路由器是基于IP的数据通信网的核心设备,它是在网络层实现网络互连,可实现网络层、链路层和物理层协议转换。

路由器可用于局域网之间的互连、局域网与广域网之间的互连、广域网与广域网的互连。

(b) 路由器的结构可划分为两大部分:路由选择部分和分组转发部分。分组转发部分包括3个组成:输入端口、输出端口和交换结构。

(c) 路由器的基本功能有:选择最佳传输路由;实现IP、TCP、UDP、ICMP等互联网协议;流量控制和差错指示;分段和重新组装功能;提供网络管理和系统支持机制等。

路由器可从不同的角度分类:按能力可分为中高端路由器和中低端路由器;按结构可分为模块化结构路由器和非模块化结构路由器;按位置可分为核心路由器和接入路由器;按功能可分为通用路由器和专用路由器;按性能可分为线速路由器和非线速路由器。

(d) IP网的路由选择协议的特点是:IP网的路由选择属于自适应的(即动态的);IP网路由选择是分布式路由选择;IP网采用分层次的路由选择协议。

IP网的路由选择协议划分为两大类,即:内部网关协议IGP(具体有RIP、OSPF协议和IS-IS协议)和外部网关协议EGP(使用最多的是BGP)。

(e) RIP是一种分布式的基于距离向量的路由选择协议,它要求网络中的每一个路由器都要维护从自己到其他每一个目的网络的最短距离记录。

RIP路由表中的主要信息是到某个网络的最短距离及应经过的下一跳地址。

RIP的距离向量算法如图6-9所示。

RIP的优点是实现简单,开销较小。但缺点为:当网络出现故障时,要经过比较长的时间才能将此信息传送到所有的路由器;RIP限制了网络的规模;由于路由器之间交换的路由信息是路由器中的完整路由表,所以随着网络规模的扩大,开销也就增加。

(f) OSPF协议是分布式的链路状态协议。“链路状态”是说明本路由器都和哪些路由器相邻,以及该链路的“度量”(表示距离、时延、费用等)。

OSPF 协议具有以下几个要点:当链路状态发生变化时,OSPF 协议使用洪泛法向本自治系统中的所有路由器发送信息;各路由器之间频繁地交换链路状态信息,所有的路由器最终都能建立一个链路状态数据库(LSDB),每一个路由器使用链路状态数据库中的数据,利用最短路径优先(SPF)算法,可计算出到达任意目的地的路由,构造出自己的路由表;OSPF 协议规定每隔一段时间,要刷新一次数据库中的链路状态,以确保链路状态数据库的同步。

对于规模较大的网络,OSPF 协议通常将一个自治系统进一步划分为若干个区域(Area),将利用洪泛法交换链路状态信息的范围局限于每一个区域而不是整个的自治系统,减少了整个网络上的通信量。

OSPF 协议的工作原理可以分成 3 步:建立邻接关系;链路状态信息泛洪;计算路径。

OSPF 协议的特点有:适合规模较大的网络,能自动和快速地适应网络环境的变化,没有"坏消息传播得慢"的问题,OSPF 协议对于不同类型的业务可计算出不同的路由,可以进行多路径间的负载平衡,有良好的安全性等。

(g) IS-IS 协议是一种链路状态路由协议,由路由器收集其所在网络区域上各路由器的链路状态信息,生成链路状态数据库(LSDB),利用最短路径优先算法(SPF),计算到网络中每个目的地的最短路径。

IS-IS 协议的路由选择分两个区域等级:普通区域 Level-1 和骨干区域 Level-2。Level-1 由 L1 路由器组成;Level-2 由所有的 L2(及 L12)路由器组成。

IS-IS 路由器类型可以分为 3 种:L1 路由器、L2 路由器和 L12 路由器。L1 路由器参与 Level-1 路由选择;L2 路由器实现 Level-2 路由选择;L12 路由器同时执行 L1 和 L2 路由选择功能。

与 OSPF 协议类似,IS-IS 协议的工作原理也分成 3 步:建立邻接关系;泛洪链路状态信息;计算路径。

(h) 边界网关协议(BGP)是不同自治系统的路由器之间交换路由信息的协议,它是一种路径向量路由选择协议。BGP 与内部网关协议(IGP)不同,它只能是力求寻找一条能够到达目的网络且比较好的路由,而并非要寻找一条最佳路由。

BGP 的基本特征有:不生成路由,只传播路由;可扩展性好;BGP 是唯一支持大量路由的路由协议,具有强大的组网能力。

BGP 的基本功能是:交换网络的可达性信息,建立 AS 路径列表,从而构建出一幅 AS 和 AS 间的网络连接图,以便进行路由选择。

BGP 是通过 BGP 路由器来交换自治系统之间网络的可达性信息的。每一个自治系统要确定至少一个路由器作为该自治系统的 BGP 路由器,一般就是自治系统边界路由器。

BGP 工作原理包括:建立 BGP 连接、注入路由、路由通告和路由更新。

习　题

6-1　说明路由器的基本构成。

6-2　路由器的功能有哪些？

6-3　简述路由器的基本类型。

6-4　IP 网的路由选择协议划分为哪几类？

6-5　RIP 的优缺点有哪些？

6-6　几个用路由器互连的网络结构图如题图 6-1 所示，路由选择协议采用 RIP，分别标出各路由器的初始路由表和最终路由表。

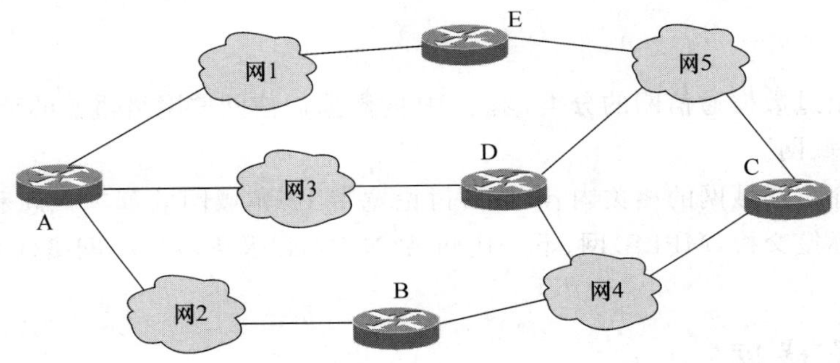

题图 6-1

6-7　OSPF 协议的"链路状态"说明什么？

6-8　OSPF 协议具有哪几个要点？

6-9　OSPF 协议的工作原理可以分成哪几步？

6-10　OSPF 协议的主要特点有哪些？

6-11　IS-IS 协议的路由选择分为哪几个区域等级？

6-12　简述 IS-IS 路由器的类型及作用。

6-13　简述 BGP 的概念。

6-14　BGP 的基本特征有哪些？

6-15　BGP 的基本功能是什么？

习题解答

第 7 章　数据通信网

章导学

第 1 章介绍过数据通信网的分类，基于 IP 的数据通信网按网络覆盖的范围可分为局域网、城域网和广域网。

本章首先介绍局域网的相关内容，然后讨论宽带 IP 城域网的基本概念和分层结构，最后论述多协议标签交换（MPLS）网、下一代网络（NGN）以及内容中心网络（CCN）。

7.1　局域网

7.1.1　局域网概述

1. 局域网的定义

局域网又称局部区域网，我们把通过通信线路将较小地理区域范围内的各种数据通信设备连接在一起的通信网络称为局域网。

局域网的定义包含如下 3 个含义。

(a) 局域网是一种通信网络，它将数据信号从网络中的一个设备传送到另一个设备。从协议层次的观点看，它包含着 OSI 参考模型的低三层（实际只有两层，后述）的功能，局域网本身只有低三层功能，但是连接在局域网上的各种数据终端设备还是具备高层功能的。

(b) 网中所连的数据通信设备是广义的，包括计算机、一般数据终端、数字化电话机、数字化电视接收机、传感器及传真机等。

(c) 连网范围较小，局域网通常局限于一个单位、一个建筑物内，或者大至几十千米直径的一个区域。

2. 局城网的特征

局城网的主要特征如下。

(a) 网络范围较小，一般局限在 0.1～10 km 范围以内，最大不超过 25 km。

(b) 传输速率较高，传输时延小。局域网的速率一般为 1～50 Mbit/s，高速局域网的速率可达 100 Mbit/s、1 000 Mbit/s 和 10 Gbit/s 等。

(c) 可靠性高，误码率低，局域网的误码率一般为 10^{-8}～10^{-11}，最好的可达 10^{-12}。

(d) 结构简单容易实现。

(e) 可以支持多种传输介质。

(f) 通常属于一个部门所有。

3. 局域网的组成

局域网的组成包括硬件和软件两部分。

(1) 硬件

局域网的硬件由计算机设备、网络连接设备和传输介质 3 大部分组成。

① 计算机设备

计算机设备包括工作站与服务器。工作站是一种以个人计算机和分布式网络计算为基础，具备强大的数据运算与图形、图像处理能力的高性能计算机。服务器是局域网的核心，它可向各工作站提供用户通信和资源共享服务。

② 网络连接设备

网络连接设备包括网卡、集线器和交换机等。

③ 传输介质

局域网常用的传输介质是双绞线〔包括屏蔽双绞线(STP)和非屏蔽双绞线(UTP)〕、同轴电缆和光纤；另外，也可使用无线电波或红外线传输数据，此类局域网称为无线局域网。

(2) 软件

为了使网络正常工作，除了网络硬件外，还必须有相应的网络协议和各种网络应用软件，构成完整的网络系统。

4. 局域网的分类

局域网可以从以下不同的角度分类。

(1) 按照传输介质分类

如果按照采用的传输介质不同，局域网可分为有线局域网和无线局域网。

① 有线局域网

有线局域网是采用双绞线、同轴电缆和光纤等有线传输介质传输数据信号的局域网。

② 无线局域网

无线局域网是利用无线电波或红外线等传输数据信号的局域网。

(2) 按照用途和速率分类

按照用途和速率的不同，局域网可分为常规局域网和高速局域网。

① 常规局域网

常规局域网简称局域网(Local Area Network，LAN)，其传输速率相对较低，一般为 1～20 Mbit/s，除了提供数据通信功能外，还提供数据处理功能和网络服务功能，如文件传输、电子邮件、共享磁盘文件等。

② 高速局域网

高速局域网(High Speed Local Network，HSLN)的传输速率大于等于 100 Mbit/s，具备提供高速数据通信，以及文字、图像、声音的处理功能。

(3) 按照是否共享带宽分类

按照是否共享带宽，局域网可分为共享式局域网和交换式以太网。

① 共享式局域网

共享式局域网是指各站点(工作站简称为站点)共享传输介质的带宽,一个时间只允许一个站点发送数据信号。

② 交换式以太网

交换式以太网是指各站点独享传输介质的带宽。各站点以星形结构连到一个以太网交换机上,以太网交换机具有交换功能,同一时间可允许多个站点发送数据信号。

(4) 按照拓扑结构分类

按照拓扑结构的不同,局域网可分为星形网、树形网、总线形网和环形网等。

星形拓扑结构大多用于网络智能集中于中心节点的场合,10 BASE-T 等双绞线以太网、交换式以太网采用星形拓扑结构;规模较大的交换式以太网一般采用树形拓扑结构;早期发展的传统以太网(如 10 BASE 5 和 10 BASE 2 等)采用总线形拓扑结构;环形拓扑结构比较适合于某些常规局域网(如令牌环局域网)和高速局域网(如 FDDI 网)等。

7.1.2 局域网体系结构

1. 局域网参考模型

局域网参考模型如图 7-1 所示,为了比较对照,将 OSI 参考模型画在旁边。

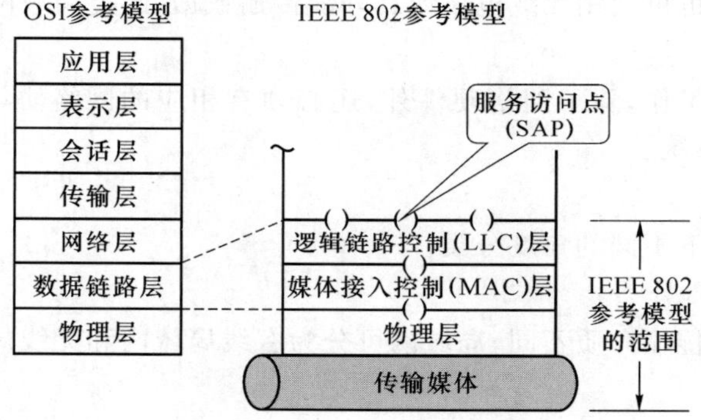

图 7-1　局域网参考模型

由于局域网(未包括终端设备)只是一个通信网络,所以它没有第四层及以上的层次,按理说只具备面向通信的低三层功能,但是由于网络层的主要功能是进行路由选择,而局域网内部不存在中间交换,不要求路由选择,也就不单独设网络层。所以局域网参考模型中只包括 OSI 参考模型的最低两层,即物理层和数据链路层。

值得指出的是:进行网络互连时,需要涉及三层甚至更高层功能;另外,就局域网本身的协议来说,只有低二层功能,实际上要完成通信全过程,还要借助于终端设备的第三层、第四层及高三层功能。

(1) 物理层

第一层物理层是必不可少的,因为物理连接以及按比特在物理介质上传输都需要物理层。

物理层的主要功能有:

• 负责比特流的编码与译码(不同的局域网采用不同的传输码型);

- 为进行同步用的前同步码(后述)的产生与去除；
- 比特流的传输与接收。

(2) 数据链路层

第二层数据链路层当然也是需要的，因为帧的传送和控制要由数据链路层负责。由于局域网的种类很多，不同拓扑结构的局域网，其介质(媒体)访问控制的方法也各不相同。为了使局域网的数据链路层不致过于复杂，通常将局域网的数据链路层划分为两个子层，即：介质访问控制或媒体接入控制(Medium Access Control，MAC)子层和逻辑链路控制(Logical Link Control，LLC)子层。

(a) 媒体接入控制(MAC)子层——数据链路层中与媒体接入有关的部分都集中在MAC子层，MAC子层主要负责介质访问控制，其具体功能为：将上层交下来的数据封装成帧进行发送(接收时进行相反的过程，即帧拆卸)、比特差错检测和寻址等。

(b) 逻辑链路控制(LLC)子层——数据链路层中与媒体接入无关的部分都集中在LLC子层，LLC子层的主要功能有：建立和释放逻辑链路层的逻辑连接、提供与高层的接口、差错控制及给帧加上序号等。

不同类型的局域网，其LLC子层协议都是相同的，所以局域网对LLC子层是透明的。而只有下到MAC子层才看见了所连接的是采用什么标准的局域网，即不同类型的局域网MAC子层的标准不同。

(3) 服务访问点(SAP)

本书第4章介绍过，在参考模型中上下层之间的逻辑接口或逻辑界面称为服务访问点(SAP)。

局域网参考模型中，为了提供对多个高层实体的支持，在LLC子层的顶部有多个服务访问点LSAP。而MAC子层和物理层的顶部分别只有一个服务访问点MSAP和PSAP，这意味着它们只能向一个上层实体提供支持(即MAC实体向单个LLC实体提供服务，物理层实体向单个MAC实体提供服务)。

(4) 协议数据单元(PDU)

数据链路层的协议数据单元(PDU)也叫帧，由于局域网的数据链路层分成了LLC和MAC两个子层，所以链路层应当有两种不同的帧：LLC帧和MAC帧。图7-2显示了高层、LLC子层和MAC子层PDU之间的关系。

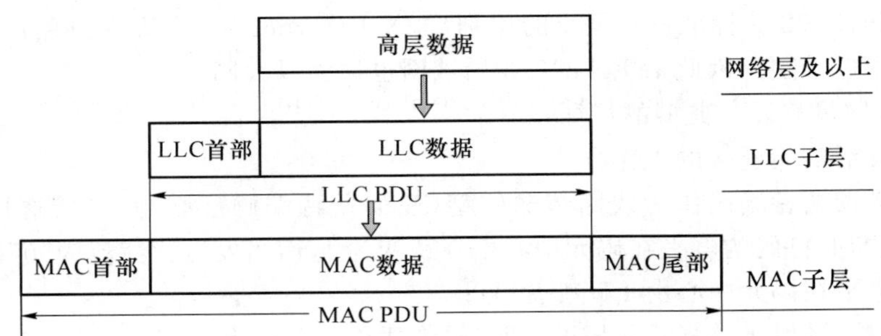

图 7-2　LLC PDU 和 MAC PDU 的关系

由图7-2可见，高层的协议数据单元传到LLC子层，加上适当的首部就构成了逻辑链路控制子层的协议数据单元LLC PDU(即LLC帧)。LLC PDU再向下传到MAC子层时，加上适当的首部和尾部，就构成了媒体接入控制子层的协议数据单元MAC PDU(即MAC

帧)。不同的局域网 MAC 帧的格式会有所不同。

2. IEEE 802 标准

局域网所采用的标准是 IEEE 802 标准。IEEE 指的是美国电气与电子工程师学会，它于 1980 年 2 月成立了 IEEE 计算机学会，即 IEEE 802 委员会，专门研究和制定有关局域网的各种标准。IEEE 802 标准主要如下。

(a) IEEE 802.1——有关局域网体系结构、网络互连、网络管理和性能测量等标准。

(b) IEEE 802.2——LLC 子层协议。

(c) IEEE 802.3——总线形局域网 MAC 子层和物理层技术规范。

(d) IEEE 802.4——令牌总线局域网 MAC 子层和物理层技术规范。

(e) IEEE 802.5——令牌环局域网 MAC 子层和物理层技术规范。

(f) IEEE 802.6——城域网(MAN)MAC 子层和物理层技术规范。

(g) IEEE 802.7——宽带局域网访问控制方法与物理层规范。

(h) IEEE 802.8——光纤分布式数据接口(FDDI)网访问控制方法与物理层规范。

(i) IEEE 802.9——话音数据综合局域网标准。

(j) IEEE 802.10——局域网的安全与保密规范。

(k) IEEE 802.11——无线局域网(WLAN)标准。

(l) IEEE 802.1Q——虚拟局域网(VLAN)标准。

7.1.3 传统以太网

目前实际应用的局域网均为以太网，所以这里具体介绍的是以太网。

1. 传统以太网的概念

以太网(Ethernet)是总线形局域网的一种典型应用，是美国施乐(Xerox)公司于 1975 年研制成功的。它以无源的电缆作为总线来传送数据信息，并以曾经在历史上表示传播电磁波的以太(Ether)来命名。1980 年，施乐公司与数字(Digital)装备公司以及英特尔(Intel)公司合作，提出了以太网的规范(ETHE 80，即 DIX Ethernet V1 标准)，成为世界上第一个局域网产品的规范，1982 年修改为第二版，即 DIX Ethernet V2 标准，IEEE 802.3 标准是以 DIX Ethernet V2 标准为基础的。

严格地说，以太网应当是指符合 DIX Ethernet V2 标准的局域网，但是 DIX Ethernet V2 标准与 IEEE 802.3 标准只有很小的差别(DIX Ethernet V2 标准在链路层不划分 LLC 子层，只有 MAC 子层)，因此 IEEE 802.3 局域网也称为以太网。

传统以太网具有以下典型的特征：

- 采用灵活的无连接的工作方式；
- 采用曼彻斯特编码作为线路传输码型(曼彻斯特编码规则为：当发送比特流为“1”时，曼彻斯特码的电平在码元中心由 0 跃变为 1，而当发送比特流为“0”时，曼彻斯特码的电平在码元中心由 1 跃变为 0)；
- 传统以太网属于共享式局域网，即传输介质作为各站点共享的资源；
- 共享式局域网要进行介质访问控制，以太网的介质访问控制方式为载波监听和冲突检测(CSMA/CD)技术。

2. CSMA/CD 技术

CSMA/CD 是一种争用型协议，是以竞争方式来获得总线访问权的。

CSMA(Carrier Sense Multiple Access)代表载波监听多路访问,它是"先听后发",也就是各站在发送前先检测总线是否空闲,测得总线空闲后,再考虑发送本站信号。各站均按此规律检测、发送,形成多站共同访问总线的通信形式,故把这种方法称为载波监听多路访问(实际上,采用基带传输的总线局域网中,总线上根本不存在什么"载波",各站可检测到的是其他站所发送的二进制代码,但大家习惯上称这种检测为"载波监听")。

CD(Collision Detecsion)表示冲突检测,即"边发边听",各站点在发送信息帧的同时,继续监听总线,当监听到有冲突发生时(即有其他站也监听到总线空闲,也在发送数据),便立即停止发送信息。

归纳起来,CSMA/CD 的控制方法如下。

(a) 一个站要发送信息,首先对总线进行监听,看介质上是否有其他站发送的信息存在,如果介质是空闲的,那么可以发送信息。

(b) 在发送信息帧的同时,继续监听总线,即"边发边听"。当检测到有冲突发生时,便立即停止发送,并发出报警信号,告知其他各工作站已发生冲突,防止它们再发送新的信息介入冲突(此项措施称为强化冲突)。若发送完成后尚未检测到冲突,则发送成功。

(c) 检测到冲突的站发出报警信号后,退让一段随机时间,然后再试。

3. 以太网的 MAC 子层协议

(1) 以太网的 MAC 子层功能

MAC 子层有如下两个主要功能。

① 数据封装和解封

发送端进行数据封装,包括将 LLC 子层送下来的 LLC 帧加上首部和尾部构成 MAC 帧,编址和校验码的生成等。

接收端进行数据解封,包括地址识别、帧校验码的检验和帧拆卸,即去掉 MAC 帧的首部和尾部,而将 LLC 帧传送给 LLC 子层。

② 介质访问管理

发送介质访问管理包括:

- 载波监听;
- 冲突的检测和强化;
- 冲突退避和重发。

接收介质访问管理负责检测到达的帧是否有错(这里可能出现两种错误:一是帧的长度大于规定的帧最大长度;二是帧的长度不是 8bit 的整倍数)以及过滤冲突的信号(凡是其长度小于允许的最小帧长度的帧,都认为是冲突的信号而予以过滤)。

(2) MAC 地址(硬件地址)

IEEE 802 标准为局域网规定了一种 48bit 的全球地址,即 MAC 地址(MAC 帧中的地址),它是指局域网上的每一台计算机所插入的网卡上固化在 ROM 中的地址,所以也称为硬件地址或物理地址。

MAC 地址的前 3 个字节由 IEEE 的注册管理委员会(RAC)负责分配,凡是生产局域网网卡的厂家都必须向 IEEE 的 RAC 购买由这 3 个字节构成的一个号(即地址块),这个号的正式名称是机构唯一标识符(OUI)。地址字段的后 3 个字节由厂家自行指派,称为扩展标识符。一个地址块可生成 2^{24} 个不同的地址,用这种方式得到的 48bit 地址称为 MAC-48 或 EUI-48。

IEEE802.3 标准的 MAC 地址字段的示意图如图 7-3 所示。

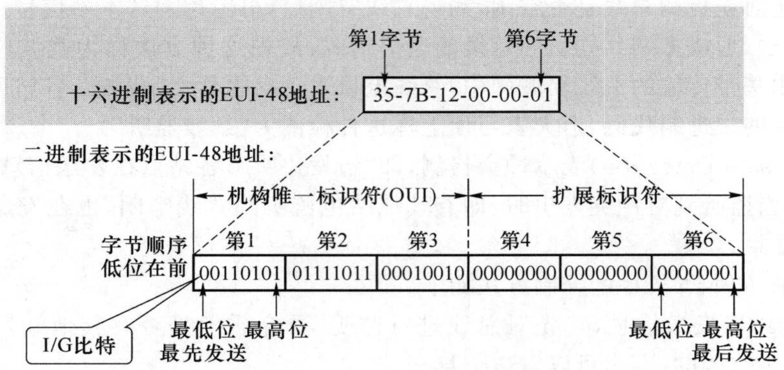

图 7-3 IEEE 标准的 MAC 地址字段

IEEE 标准规定 MAC 地址字段的第一个字节的最低位为 I/G 比特(表示 Individual/Group),当 I/G 比特为 0 时,地址字段表示一个单个地址;当 I/G 比特为 1 时,地址字段表示组地址,用来进行多播。

(3) MAC 帧结构

目前以太网有两个标准:IEEE 802.3 标准和 DIX Ethernet V2 标准。DIX Ethernet V2 标准的链路层不再设 LLC 子层,TCP/IP 体系一般采用 DIX Ethernet V2 标准。

显然,以太网 MAC 帧结构有两种:IEEE 的 802.3 标准的 MAC 帧结构和 DIX Ethernet V2 标准的 MAC 帧结构。

① IEEE 802.3 标准的 MAC 帧结构

IEEE802.3 标准规定的 MAC 帧结构如图 7-4 所示。

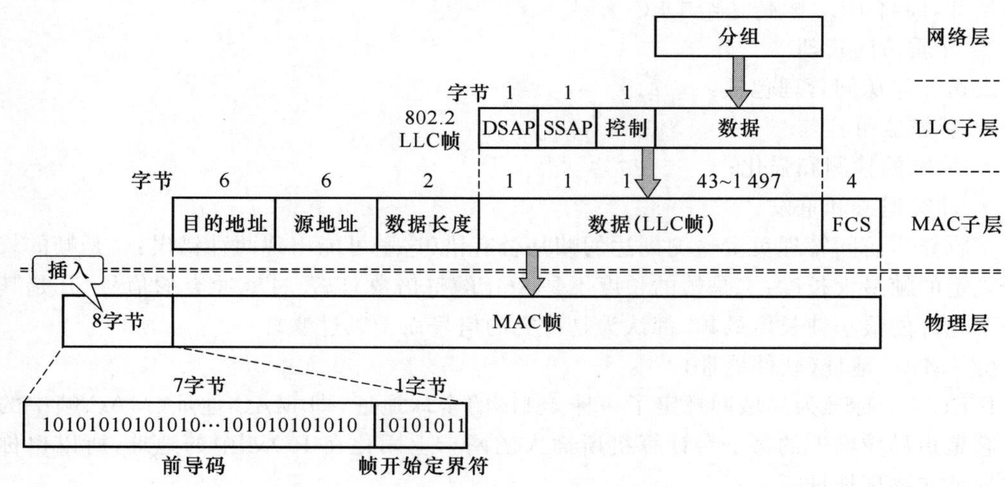

图 7-4 IEEE 802.3 标准的 MAC 帧结构

各字段的作用如下。

(a) 地址字段——地址字段包括目的 MAC 地址字段和源 MAC 地址字段,都是 6 B。

(b) 数据长度字段——数据长度字段是 2 B,它以字节为单位指出后面的数据字段长度。

(c) 数据字段与填充字段(PAD)——数据字段就是 LLC 子层交下来的 LLC 帧，其长度是可变的，但最短为 46 B，最长为 1 500 B。MAC 帧的首部和尾部共 18 B，所以整个 MAC 帧的长度最短为 64 B(以区分合法数据帧与冲突的信号)，最长为 1 518 B(为了减少重发概率、具有合理的缓冲区大小等)。如果 LLC 帧(即 MAC 帧的数据字段)的长度小于 46 B，则应填充一些信息(内容不限)。

(d) 帧检验序列(FCS)字段——FCS 对 MAC 帧进行差错校验，FCS 采用的是循环冗余校验(CRC)，长度为 4 B。

(e) 前导码与帧起始定界符——由图 7-4 可以看出，在传输介质上实际传送的要比 MAC 帧还多 8 个字节，即前导码与帧起始定界符。它们的作用是这样的：

当一个站点在刚开始接收 MAC 帧时，可能尚未与到达的比特流达成同步，由此导致 MAC 帧的最前面的若干比特无法接收，而使得整个 MAC 帧成为无用的帧。为了解决这个问题，MAC 帧向下传到物理层时还要在帧的前面插入 8 B，它包括两个字段。第一个字段是前导码(PA)，共有 7 个字节，编码为 1010……，即 1 和 0 交替出现，其作用是使接收端实现比特同步前接收本字段，避免破坏完整的 MAC 帧。第二个字段是帧起始定界符(SFD)字段，它为 1 个字节，编码是 10101011，表示一个帧的开始。

② DIX Ethernet V2 标准的 MAC 帧结构

TCP/IP 体系经常使用 DIX Ethernet V2 标准的 MAC 帧结构，此时局域网参考模型中的链路层不再划分 LLC 子层，即链路层只有 MAC 子层。DIX Ethernet V2 标准规定的 MAC 帧结构如图 7-5 所示。

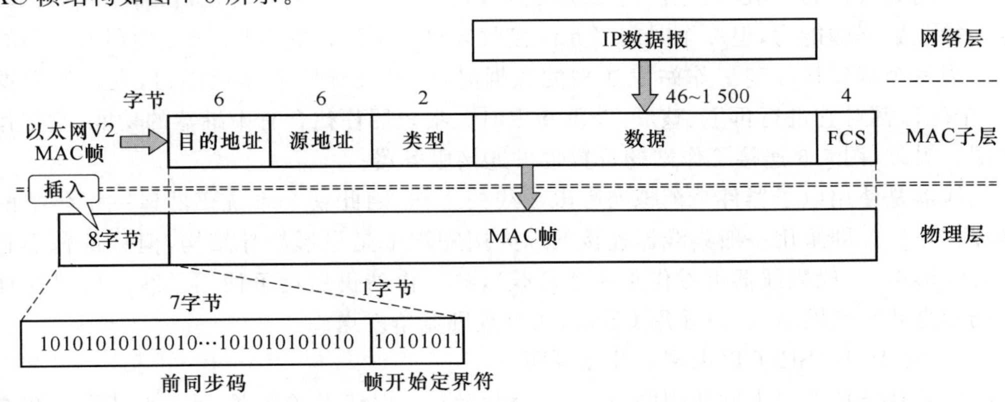

图 7-5　DIX Ethernet V2 标准的 MAC 帧结构

DIX Ethernet V2 标准的 MAC 帧结构由 5 个字段组成，它与 IEEE 802.3 标准的 MAC 帧结构除了类型字段以外，其他各字段的作用相同。

类型字段用来标志上一层使用的是什么协议(即数据字段装入的数据类型)，以便把收到的 MAC 帧的数据部分上交给上一层的这个协议。

另外，当采用 DIX Ethernet V2 标准的 MAC 帧结构时，其数据部分装入的不再是 LLC 帧，而是网络层的分组或 IP 数据报。

以上介绍了以太网的两种 MAC 帧结构，目前 DIX Ethernet V2 标准的 MAC 帧结构用得比较多。由此可见，IP 网环境下，传统以太网对发送的数据帧不进行编号，也不要求对方确认，即提供的服务是不可靠的交付(即尽最大努力的交付)。

4. 10 BASE-T 以太网(双绞线以太网)

最早的以太网是粗缆以太网,这种以粗同轴电缆作为总线的总线形局域网后来被命名为 10 BASE 5 以太网。20 世纪 80 年代初又发展了细缆以太网,即 10 BASE 2 以太网。为了改善细缆以太网的缺点,接着又研制了 10 BASE-T 以太网以及光缆以太网 10 BASE-F 等。这里重点介绍应用最广泛的 10 BASE-T 以太网的相关内容。

1990 年,IEEE 通过 10 BASE-T 以太网的标准,定为 IEEE 802.3i。

(1) 10 BASE-T 以太网的拓扑结构

10 BASE-T 以太网采用非屏蔽双绞线将站点以星形拓扑结构连到一个集线器上,如图 7-6 所示(为了简单,图中显示的是具有 3 个接口的集线器)。

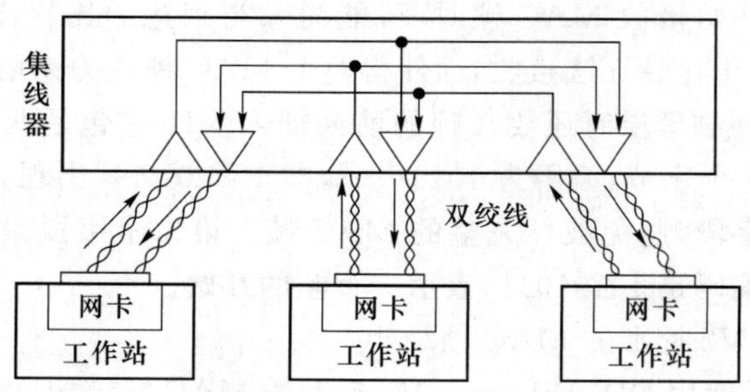

图 7-6　10 BASE-T 以太网拓扑结构示意图

图中的集线器为一般集线器(简称集线器),它就像一个多端口转发器,每个端口都具有发送和接收数据的能力,但一个时间只允许接收来自一个端口的数据,可以向所有其他端口转发。当每个端口接收到工作站发送来的数据时,就转发到所有其他端口,在转发数据之前,每个端口都对它进行再生、整形,并重新定时。集线器往往含有中继器的功能,它工作在物理层。另外,图 7-6 连接工作站的位置也可连接服务器。

集线器是使用电子器件来模拟实际电缆线的工作,因此整个系统仍然像一个传统的以太网那样运行。即采用一般集线器连接的以太网物理上是星形拓扑结构,但从逻辑上看是一个总线形网(一般集线器可看作是一个总线),各工作站仍然竞争使用总线。所以这种局域网仍然是共享式网络,它也采用 CSMA/CD 规则竞争发送。

另外,对 10 BASE-T 以太网有几点说明。

(a) 10 BASE-T 以太网使用两对非屏蔽双绞线:一对线发送数据;另一对线接收数据。

(b) 集线器与站点之间的最大距离为 100m。

(c) 一个集线器所连的站点最多可以有 30 个(实际只能达到 24 个)。

(d) 与其他传统以太网物理层标准一样,10 BASE-T 以太网也使用曼彻斯特编码。

(e) 集线器的可靠性很高,堆叠式集线器(包括 4~8 个集线器)一般都有少量的容错能力和网管功能。

(f) 可以把多个集线器连成多级星形结构的网络,这样就可以使更多的工作站连接成一个较大的局域网(集线器与集线器之间的最大距离为 100 m)。10 BASE-T 以太网一般最多允许有 4 个中继器(中继器的功能往往含在集线器里)级联。

(g) 若图 7-6 中的集线器改为交换集线器,此以太网则为交换式以太网(详情后述)。

(2) 10 BASE-T 以太网的组成

10 BASE-T 以太网的组成有:集线器、工作站、服务器、网卡、中继器和双绞线等。

7.1.4　高速以太网

一般称速率大于等于 100 Mbit/s 的以太网为高速以太网,目前应用的有 100 BASE-T 快速以太网、千兆位以太网和 10 Gbit/s 以太网等,下面分别加以介绍。

1. 100 BASE-T 快速以太网

1993 年出现了由 Intel 和 3COM 公司大力支持的 100 BASE-T 快速以太网,1995 年 IEEE 正式通过快速以太网/100 BASE-T 标准,即 IEEE 802.3u 标准。

(1) 100 BASE-T 快速以太网的特点

① 传输速率高

100 BASE-T 快速以太网的传输速率可达 100 Mbit/s。

② 沿用了 10 BASE-T 以太网的 MAC 协议

100 BASE-T 快速以太网采用了与 10 BASE-T 以太网相同的 MAC 协议,其好处是能够方便地付出很小的代价便可将现有的 10 BASE-T 以太网升级为 100 BASE-T 以太网。

③ 可以采用共享式或交换式连接方式

10 BASE-T 和 100 BASE-T 两种以太网均可采用以下两种连接方式。

(a) 共享式连接方式——将所有的站点连接到一个集线器上,使这些站点共享 10M 或 100M 的带宽。这种连接方式的优点是费用较低,但每个站点所分得的频带较窄。

(b) 交换式连接方式——所谓交换式连接方式是将所有的站点都连接到一个交换集线器或以太网交换机上。这种连接方式的优点是每个站点都能独享 10M 或 100M 的带宽,但连接费用较高(此种连接方式相当于交换式以太网)。采用交换式连接方式时可支持全双工操作模式而无访问冲突(全双工操作模式是每个站点可以同时发送和接收数据,一对线用于发送数据,另一对线用于接收数据)。

④ 适应性强

10 BASE-T 以太网的设备只能工作于 10 Mbit/s 这个单一速率上,而 100 BASE-T 以太网的设备可同时工作于 10 Mbit/s 和 100 Mbit/s 速率上。所以 100 BASE-T 网卡能自动识别网络设备的传输速率是 10 Mbit/s 还是 100 Mbit/s,并能与之适应,也就是说此网卡既可作为 100 BASE-T 网卡,又可降格为 10 BASE-T 网卡使用。

⑤ 经济性好

100 BASE-T 快速以太网的传输速率是 10 BASE-T 以太网的 10 倍,但其价格目前只是 10 BASE-T 以太网的 2 倍(甚至会更低),即性能价格比高。

⑥ 网络范围变小

由于传输速率升高,导致信号衰减增大,所以 100 BASE-T 比 10 BASE-T 以太网的网络范围小。

(2) 100 BASE-T 快速以太网的标准

100 BASE-T 快速以太网的标准为 IEEE 802.3u,是现有以太网 IEEE 802.3 标准的扩展。

100 BASE-T 快速以太网的 MAC 子层标准与 IEEE 802.3 的 MAC 子层标准相同。所以,100 BASE-T 快速以太网的帧结构、帧携带的数据量、介质访问控制机制、差错控制方式及信息管理等,均与10 BASE-T以太网的相同。

IEEE 802.3u规定了100 BASE-T快速以太网的4种物理层标准。

① 100 BASE-TX

100 BASE-TX有以下几个要点。

(a) 使用2对5类非屏蔽双绞线(UTP)或屏蔽双绞线(STP),其中一对用于发送数据信号,另一对用于接收数据信号。

(b) 最大网段长度100 m。

(c) 100 BASE-TX采用4B/5B编码方法,以125 Mbit/s的串行数据流来传送数据信号。实际上,100 BASE-TX使用"多电平传输3(MLT-3)"编码方法来降低信号速率。MLT-3编码方法是把125 Mbit/s的信号除以3后而建立起41.6 Mbit/s的数据传输速率,这就有可能使用5类线。100 BASE-TX由于速率较高而要求使用较高质量的电缆。

(d) 100 BASE-TX提供了独立的发送和接收信号通道,所以能够支持可选的全双工操作模式。

② 100 BASE-FX

100 BASE-FX是使用光缆作为传输介质的快速以太网,它具有以下几个要点。

(a) 100 BASE-FX可以使用2对多模(MM)或单模(SM)光缆,一对用于发送数据信号,一对用于接收数据信号。

(b) 支持可选的全双工操作方式。

(c) 光缆连接的最大网段长度因不同情况而异。使用多模光缆的网络允许412 m长的链路,如果此链路是全双工型,那么此数字可增加到2 000 m;质量高的单模光缆允许10 km或更长的全双工式连接。100 BASE-FX中继器网段长度一般为150 m,但实际上与所用中继器的类型和数量有关。

(d) 100 BASE-FX使用与100 BASE-TX相同的4B/5B编码方法。

③ 100 BASE-T4

100 BASE-T4的要点如下。

(a) 100 BASE-T4可使用4对音频级或数据级3、4或5类UTP,信号速率为25 Mbit/s。3对线用来同时传送数据信号,而第4对线用作冲突检测时的接收信道。

(b) 100 BASE-T4的最大网段长度为100 m。

(c) 采用8B/6T编码方法,就是将8位一组的数据(8B)变成6个三进制模式(6T)的信号在双绞线上发送,该编码法比曼彻斯特编码法要高级得多。

(d) 100 BASE-T4没有单独专用的发送和接收线,所以不可能进行全双工操作。

④100 BASE-T2

100 BASE-T4有两个缺点:一个是要求使用4对3、4或5类UTP,而某些设施只有2对线可以使用;另一个是它不能实现全双工。IEEE于1997年3月公布了802.3Y标准,即100 BASE-T2标准。100 BASE-T2快速以太网有以下几个要点。

(a) 采用2对音频或数据级3类、4类或5类UTP,其中一对用于发送数据信号,一对用于接收数据信号。

(b) 100 BASE-T2的最大网段长度是100 m。

(c) 100 BASE-T2采用一种比较复杂的五电平编码方案,称为PAM5X5,即将MII(媒体独立接口)接收的 4 位半字节数据信号翻译成五个电平的脉冲幅度调制信号。

(d) 支持全双工操作。

(3) 100 BASE-T 快速以太网的组成

100 BASE-T 快速以太网和一般以太网的组成是相同的,即由工作站、网卡、集线器、中继器、传输介质及服务器等组成。

(4) 100 BASE-T 快速以太网的拓扑结构

100 BASE-T 快速以太网基本保持了 10 BASE-T 以太网的网络拓扑结构,即所有的站点都连到集线器上,在一个网络中最多允许有两个中继器。

2. 千兆位以太网

(1) 千兆位以太网的要点

千兆位以太网是一种能在站点间以 1 000 Mbit/s(1 Gbit/s)的速率传送数据信号的网络。IEEE 于 1996 年开始研究制定千兆位以太网的标准,即 IEEE 802.3z 标准,此后不断加以修改完善,1998 年 IEEE 802.3z 标准正式成为千兆位以太网标准。千兆位以太网的要点如下。

(a) 千兆位以太网的运行速度比 100 Mbit/s 快速以太网快 10 倍,可提供 1 Gbit/s 的基本带宽。

(b) 千兆位以太网采用星形拓扑结构。

(c) 千兆位以太网使用和 10 Mbit/s、100 Mbit/s 以太网同样的以太网帧,与 10 BASE-T 和 100 BASE-T 技术向后兼容。

(d) 当工作在半双工(共享介质)模式下,它使用和其他半双工以太网相同的 CSMA/CD 介质访问控制机制(其中作了一些修改以优化 1 Gbit/s 速率的半双工操作)。

(e) 支持全双工操作模式。大部分千兆位以太网交换机端口将以全双工模式工作,以获得交换机间的最佳性能。

(f) 千兆位以太网允许使用单个中继器。千兆位以太网中继器像其他以太网中继器那样能够恢复信号计时和振幅,并且具有隔离发生冲突过多的端口以及检测并中断不正常的超时发送的功能。

(g) 千兆位以太网采用 8B/10B 编码方案,即把每 8 位数据净荷编码成 10 位线路编码,其中多余的位用于错误检查。8B/10B 编码方案产生 20%的信号编码开销,这表示千兆位以太网实际上必须以 1.25GBaud 的速率在电缆上发送信号,以达到 1 000 Mbit/s 的数据传输速率。

(2) 千兆位以太网的物理层标准

千兆位以太网的 MAC 子层标准也与 IEEE 802.3 的 MAC 子层标准相同,其物理层标准有以下 4 种。

① 1000 BASE-LX(IEEE 802.3z 标准)

"LX"中的"L 代表"长(Long)",因此它也被称为长波激光(LWL)光纤网段。1000 BASE-LX 网段基于的是波长为 1 270~1 355 nm(一般为 1 310 nm)的光纤激光传输器,它可以被耦合到单模或多模光纤中。当使用纤芯直径为 62.5 μm 和 50 μm 的多模光纤时,传输距离为 550 m;使用纤芯直径为 10 μm 的单模光纤时,可提供传输距离长达 5 km 的光纤链路。

1000 BASE-LX 的线路信号码型为 8B/10B 编码。

② 1000 BASE-SX(IEEE 802.3z 标准)

"SX"中的"S"代表"短(Short)",因此它也被称为短波激光(SWL)光纤网段。1000 BASE-SX 网段基于波长为 770~860 nm(一般为 850 nm)的光纤激光传输器,它可以被耦合到多模光纤中。使用纤芯直径为 62.5 μm 和 50 μm 的多模光纤时,传输距离分别为 275 m 和 550 m。

1000 BASE-SX 的线路信号码型是 8B/10B 编码。

③ 1000 BASE-CX(IEEE 802.3z 标准)

1000 BASE-CX 网段由一根基于高质量 STP 的短跳接电缆组成,电缆段最长为 25 m。1000 BASE-CX 的线路信号码型也是 8B/10B 编码。

以上介绍的 1000 BASE-LX、1000 BASE-SX 和 1000 BASE-CX 可统称为 1000 BASE-X。

④ 1000 BASE-T(IEEE 802.3ab 标准)

1000 BASE-T 使用 4 对 5 类 UTP,电缆最长为 100 m,线路信号码型是 PAM5X5 编码。

值得说明的是,千兆位以太网为了满足对速率和可靠性的要求,其传输介质优先使用光纤。

3. 10 Gbit/s 以太网

IEEE 于 1999 年 3 月年开始从事 10 Gbit/s 以太网的研究,其正式标准是 IEEE 802.3ae 标准,它于 2002 年 6 月完成。

(1) 10 Gbit/s 以太网的特点

- 数据传输速率是 10 Gbit/s;
- 传输介质为多模或单模光纤;
- 10 Gbit/s 以太网使用与 10 Mbit/s、100 Mbit/s 和 1 Gbit/s 以太网完全相同的帧结构;
- 线路信号码型采用 8B/10B 和 MB810 两种类型编码;
- 10 Gbit/s 以太网只工作在全双工方式,显然没有争用问题,也就不必使用 CSMA/CD 协议。

(2) 10 Gbit/s 以太网的物理层标准

10 吉比特以太网的 MAC 子层标准同样与 IEEE 802.3 的 MAC 子层标准相同,其物理层标准包括局域网物理层标准和广域网物理层标准。下面介绍局域网物理层标准(LAN PHY)。

局域网物理层标准规定的数据传输速率是 10 Gbit/s,具体包括以下几种。

① 10000 BASE-ER

10000 BASE-ER 的传输介质是波长为 1 550 nm 的单模光纤,最大网段长度为 10 km,采用 64B/66B 线路码型。

② 10000 BASE-LR

10000 BASE-LR 的传输介质是波长为 1 310 nm 的单模光纤,最大网段长度为 10 km,也采用 64B/66B 线路码型。

③ 10000 BASE-SR

10000 BASE-SR 的传输介质是波长为 850 nm 的多模光纤串行接口，最大网段长度采用 62.5 μm 多模光纤时为 28 m/160 MHz · km、35 m/200 MHz · km；采用 50 μm 多模光纤时为 69、86、300 m/0.4 GHz · km。10000 BASE-SR 仍采用 64B/66B 线路码型。

7.1.5 交换式以太网

对于共享式以太网，其介质的容量（数据传输能力）被网上的各个站点共享。例如，采用 CSMA/CD 的 10 Mbit/s 以太网中，各个站点共享一条 10 Mbit/s 的通道，这带来了许多问题。当网络负荷重时，由于冲突和重发的大量发生，网络效率急剧下降，这使得网络的实际流量很难超过 2.5 Mbit/s，同时由于站点何时能抢占到信道带有一定的随机性，使得 CSMA/CD 以太网不适于传送时间性要求强的业务。交换式以太网的出现解决了这个问题。

1. 交换式以太网的概念

交换式以太网所有站点都连接到一个以太网交换机上，如图 7-7 所示。

以太网交换机具有交换功能，其特点是：所有端口平时都不连通，当工作站需要通信时，以太网交换机能同时连通许多对端口，使每一对端口都能像独占通信媒体那样无冲突地传输数据信号，通信完成后断开连接。由于消除了公共的通信媒体，每个站点独自使用一条链路，不存在冲突问题，可以提高用户的平均数据传输速率，即容量得以扩大。

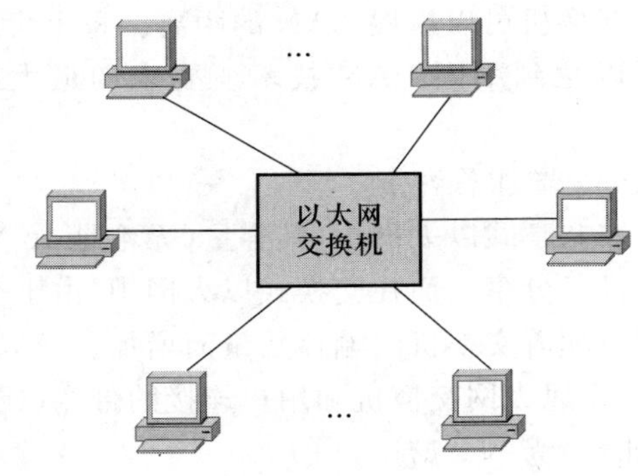

图 7-7 交换式以太网示意图

交换式以太网采用星形拓扑结构，其优点是十分容易扩展，而且每个用户的带宽并不因为互连的设备增多而降低。

交换式以太网无论是从物理上，还是逻辑上都是星形拓扑结构，多台以太网交换机可以串接，连成多级星形结构（即树形结构）。

2. 交换式以太网的功能

交换式以太网可向用户提供共享式以太网不能实现的一些功能，主要包括以下几个方面。

(1) 隔离冲突域

在共享式以太网中，使用 CSMA/CD 方法来进行介质访问控制。如果两个或更多站点同时检测到信道空闲而有数据帧准备发送，那么它们将发生冲突。一组竞争信道访问的站点称为冲突域，如图 7-8 所示。显然同一个冲突域中的站点竞争信道，便会导致冲突和退避。而不同冲突域的站点不会竞争公共信道，则不会产生冲突。

在交换式以太网中，每个交换机端口就对应一个冲突域，端口就是冲突域终点。由于交换机具有交换功能，不同端口的站点之间不会产生冲突。如果每个端口只连接一台计算机站点，那么在任何一对站点间都不会有冲突。若一个端口连接一个共享式以太网，那么在该端口的所有站点之间会产生冲突，但该端口的站点和交换机其他端口的站点之间将不会产生冲突。因此,交换机隔离了每个端口的冲突域。

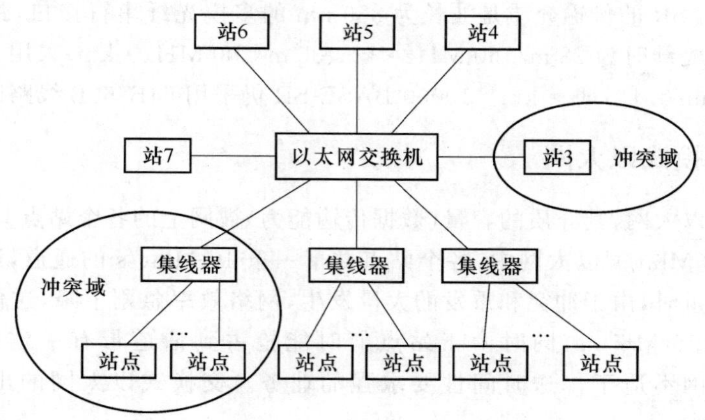

图 7-8 冲突域示意图

(2) 扩展距离

交换机可以扩展 LAN 的距离。每个交换机端口可以连接不同的 LAN,因此每个端口都可以达到不同 LAN 技术所要求的最大距离,而与连到其他交换机端口 LAN 的长度无关。

(3) 增加总容量

在共享式以太网中,其容量(无论是 10 Mbit/s、100 Mbit/s,还是 1 000 Mit/s)是由所有接入设备分享。而在交换式以太网中,由于交换机的每个端口具有专用容量,交换式以太网总容量随着交换机的端口数量而增加。所以交换机提供的数据传输容量比共享式以太网大得多,设以太网交换机和用户连接的带宽(或速率)为 M,用户数为 N,则网络总的可用带宽(或速率)为 $N\times M$。

(4) 数据传输速率可灵活部署

对于共享式以太网,不同以太网可采用不同数据传输速率,但连接到同一共享式以太网的所有设备必须使用同样的数据传输速率。而对于交换式以太网,交换机的每个端口可以使用不同的数据传输速率,所以可以以不同数据速率部署站点,非常灵活。

3. 以太网交换机的分类

按所执行的功能不同,以太网交换机可以分成二层交换机和三层交换机两种。

(1) 二层交换机

如果交换机按网桥构造、执行桥接功能,那么由于网桥的功能属于 OSI 参考模型的第二层,所以此时的交换机属于二层交换机。二层交换机是根据 MAC 地址转发数据信号,交换速度快,但控制功能弱,没有路由选择功能。

(2) 三层交换机

如果交换机具备路由能力,而路由器的功能属于 OSI 参考模型的第三层,那么此时的交换机属于三层交换机。三层交换机是根据 IP 地址转发数据信号,三层交换机是二层交换与路由功能的有机组合。

4. 二层交换机

本书 5.4.2 小节中,介绍 IP 交换的原理时,简单说明了二层交换。在学习了上述局域网相关内容的基础上，为了帮助读者深入掌握以太网二层交换技术，在此详细论述二层交换机的工作原理和功能。

(1) 二层交换机的工作原理

我们已经知道二层交换机是根据 MAC 地址转发数据信号的，二层交换机内部应有一个反映各站点的 MAC 地址与交换机端口对应关系的 MAC 地址表。交换机的控制电路收到数据包以后，处理端口会查找内存中的 MAC 地址表以确定目的 MAC 的站点挂接在哪个端口上，通过内部交换矩阵迅速将数据包传送到目的端口。MAC 地址表中若无目的 MAC 地址，则将数据包广播到所有的端口，接收端口回应后交换机会“学习”新的地址，并把它添加入内部 MAC 地址表中。

交换机 MAC 地址表的建立与数据交换的具体过程如下。

(a) 交换机刚刚加电启动时，其 MAC 地址表是空的。此时交换机并不知道与其相连的不同的 MAC 地址的站点位于哪一个端口。它根据默认规则，将不知道目的 MAC 地址对应哪一个端口的呼入帧发送到除源端口之外的其他所有端口上。

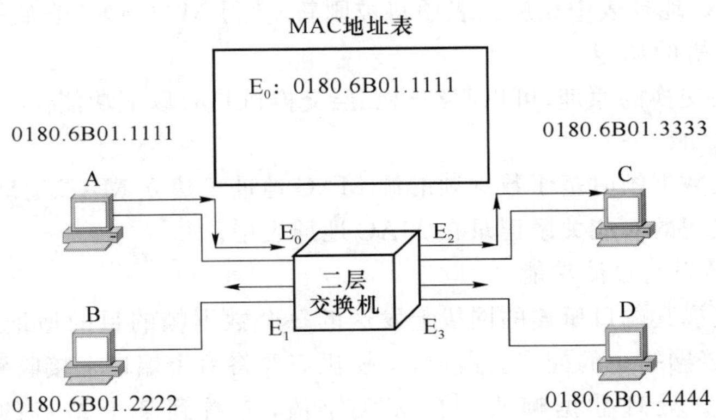

图 7-9　MAC 地址表项的建立

例如，在图 7-9 中，站点 A 向站点 C 发送一个数据帧，站点 C 的 MAC 地址对应的端口是未知的，这个数据帧将被发送到交换机的所有端口上。

(b) 交换机是基于数据帧的源 MAC 地址来建立 MAC 地址表的。具体是当交换机从某个端口接收到数据帧时，首先检查其发送站点的 MAC 地址与交换机端口之间的对应关系是否已记录在 MAC 地址表中，若无，则在 MAC 地址表中加入该表项。

图 7-9 中，交换机收到站点 A 发来的数据帧，在读取其 MAC 地址的过程中，它会将站点 A 的 MAC 地址连同 E_0 端口的位置一起加入 MAC 表中。如此这般，交换机很快就会建立起一张包括大多数局域网上活跃站点的 MAC 地址同端口之间映射关系的表。

(c) 交换机是基于目的 MAC 地址来转发数据帧的。对收到的每一个数据帧，交换机查看 MAC 地址表，看其是否已经记录了目的 MAC 地址与交换机端口间的对应关系，若查找到该表项，则可将数据帧有目的地转发到指定的端口，从而实现数据帧的过滤转发，如图 7-10 所示。

在图 7-10 中，假设站点 A 向站点 B 发送一个数据帧，此时站点 B 的 MAC 地址与端口的对应关系是已知的，因此该数据帧将直接转发到 E_1 端口，而不会发送到 E_2 和 E_3 端口。

交换机应该能够适应网络结构的变化，为了做到这一点，每个新学习到的地址在加入交

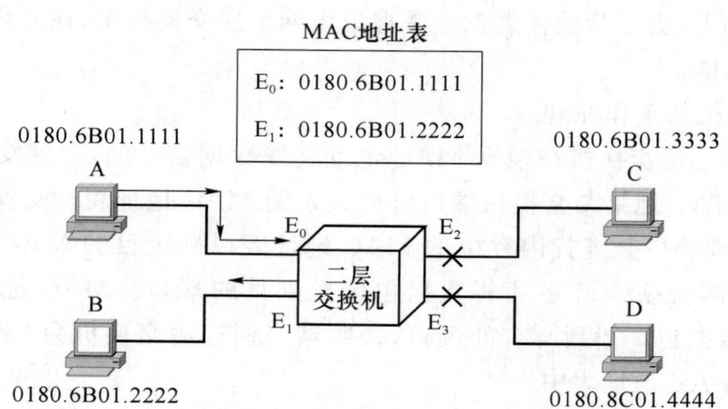

图7-10　MAC地址表项的使用

换机MAC地址表中之前,先赋予其一个年龄值(一般为300 s)。如果该MAC地址在年龄值规定的时间内没有任何流量,该地址将从MAC地址表中删除。而且在每次重新出现该MAC地址时,MAC地址表中相应的表项将被刷新,使得MAC地址表始终保持精确。

(2) 二层交换机的功能

根据上述二层交换的原理,可以归纳出二层交换机具有以下功能。

① 地址学习功能

交换机在转发数据帧时基于数据帧的源MAC地址可建立MAC地址表,即将MAC地址与交换机端口之间的对应关系记录在MAC地址表中。

② 数据帧的转发与过滤功能

交换机必须监视其端口所连的网段上发送的每个数据帧的目的地址,避免不必要的数据帧的转发,以减轻网络中的拥塞。所以,交换机需要将每个端口上接收到的所有数据帧都读取到存储器中,并处理数据帧头中的相关字段,查看到某个站点的目的MAC地址(DMAC)。交换机对所收到的数据帧的处理有3种情况。

(a) 丢弃该帧。若交换机识别出某个数据帧中的DMAC标识的站点与源站点处于同一个端口上,则不处理此数据帧,因为目的站点(源、目的站点处于同一网段)已经接收到此数据帧,在此种情况下,该帧将被丢弃。

(b) 将该帧转发到某个特定端口上。若检查MAC地址表发现DMAC的站点处于另一个端口上,则交换机将把此数据帧转发到相应的端口上。

(c) 将数据帧发送到所有端口上。当交换机不知道DMAC的位置时,将数据帧发送到所有端口上,以确保目的站点能够接收到该帧,此举即为广播。

③ 广播或组播数据帧

交换机支持广播或组播数据帧。

广播数据帧就是从一个站点发送到其他所有的站点。在许多情况下需要广播,比如当交换机不知道DMAC的位置时,如果向所有站点发送单播,那么效率显然是很低的,此时广播是最好的办法。发送广播帧后,每个接收到的站点将完整地处理该数据帧。

广播数据帧可以通过所有位都为1的目的MAC地址进行标识。MAC地址通常采用十六进制的格式表示,因此所有位都为1的目的MAC地址用十六进制表示为全F。例如,以太网广播地址为:FFFF.FFFF.FFFF。

交换机收到所有目的地址为全 1 的数据帧，它将把数据帧发送到所有的端口上。如图 7-11 所示，主机 D 发送一个广播帧，该数据帧被发送到除发送端口 E_3 之外的所有端口。冲突域中的所有站点竞争同一个介质，广播域中的所有站点都将接收到同一个广播帧。

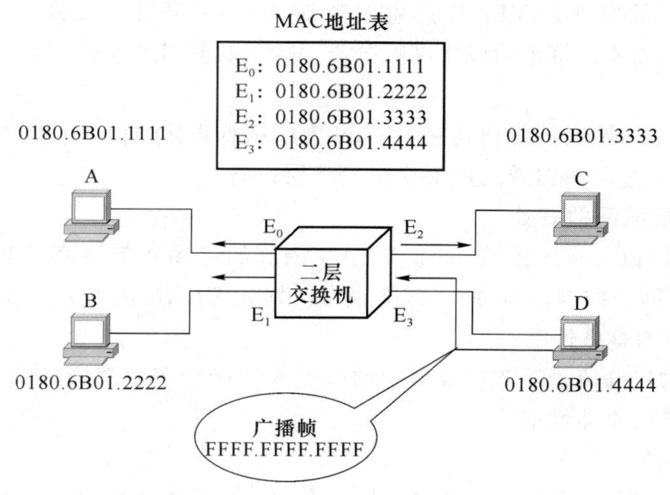

图 7-11　广播帧交换示意图

组播非常类似于广播，但它的目的地址不是所有的站点，而是一组站点。

值得一提的是，交换机不能隔离广播和组播，交换网络中的所有网段都是在同一个广播域中。

5. 三层交换机

三层交换机是一个带有第三层路由功能的以太网交换机，它是路由器和二层交换机的有机结合，并不是简单地把路由器设备的硬件及软件叠加在以太网二层交换机上。

三层交换也称为 IP 交换，其工作原理在 5.4.2 小节(IP 交换的原理)中已经详细介绍过，在此不再赘述。

从三层交换机的工作原理可以看到，三层交换机是仅仅在路由过程中才需要三层处理，绝大部分数据都通过二层交换转发，因此，三层交换机的速度很快，接近二层交换机的速度，解决了传统路由器低速、复杂所造成的网络瓶颈问题，同时比相同路由器的价格低很多。

另外，与传统的二层交换技术相比，三层交换在划分 VLAN(虚拟局域网)和广播限制等方面提供较好的控制。传统的通用路由器与二层交换机一起使用也能达到此目的，但是与这种解决方案相比，三层交换机需要更少的配置，更小的空间，更少的布线，价格更便宜，并能提供更高更可靠的性能。

归纳起来，三层交换机具有高性能、安全性、易用性、可管理性、可堆叠性及容错性等技术特点。

7.1.6　虚拟局域网

1. 虚拟局域网的概念

虚拟局域网(VLAN)是为解决以太网的广播问题和安全性而提出的一种技术，其标准为 IEEE 802.1Q。VLAN 把同一物理局域网内的不同站点逻辑地划分成不同的广播域，每一个 VLAN 都包含一组有着相同需求的计算机工作站,与物理上形成的 LAN 有着相同的属性。由于它是从逻辑上划分,而不是从物理上划分,属于一个 VLAN 的工作站可以在不同物理 LAN 网段。

交换式以太网的发展是 VLAN 产生的基础,VLAN 通常在交换机上实现,在以太网 MAC 帧中增加 VLAN 标签来给以太网帧分类,具有相同 VLAN 标签的以太网帧在同一个广播域中传送。

一个 VLAN 内的站点不能和其它 VLAN 内的站点直接通信,如果不同 VLAN 之间要进行通信,那么需通过路由器或三层交换机等三层设备。

2. 划分虚拟局域网的好处

由于 VLAN 可以分离广播域,一个 VLAN 内部的广播和单播流量都不会转发到其他 VLAN 中,从而有助于控制流量、防止广播风暴。划分 VLAN 的好处主要包括以下几点。

(1) 提高网络的整体性能

网络上大量的广播流量对该广播域中的站点的性能会产生消极影响,可见广播域的分割有利于提高网络的整体性能。

(2) 成本效率高

如果网络需要,那么 VLAN 技术可以完成分离广播域的工作,而无须添置昂贵的硬件。

(3) 网络安全性好

VLAN 技术可使得物理上属于同一个拓扑而逻辑拓扑并不一致的两组设备的流量完全分离,保证了网络的安全性。

(4) 可简化网络的管理

VLAN 为网络管理带来了方便,因为有相似网络需求的用户(站点)将共享同一个 VLAN。

3. 划分虚拟局域网的方法

划分 VLAN 的方法主要有以下几种。

(1) 根据端口划分 VLAN

根据端口划分 VLAN 是基于以太网交换机端口定义 VLAN 成员。VLAN 从逻辑上把以太网交换机的端口划分开来,也就是把终端系统划分为不同的部分,各部分相对独立,在功能上模拟了传统的局域网。根据端口划分 VLAN 又分为单交换机端口定义 VLAN 和多交换机端口定义 VLAN 两种。

(a) 单交换机端口定义 VLAN。图 7-12 所示的是单交换机端口定义 VLAN,交换机端口 1、2、6、7 和 8 组成 $VLAN_1$,端口 3、4 和 5 组成了 $VLAN_2$。这种 VLAN 只支持一个交换机。

②多交换机端口定义 VLAN。图 7-13 所示的是多交换机端口定义 VLAN,交换机 1 的 1、2、3 端口和交换机 2 的 4、5、6 端口组成 $VLAN_1$,交换机 1 的 4、5、6、7、8 端口和交换机 2 的 1、2、3、7、8 端口组成 $VLAN_2$。多交换机端口定义的 VLAN 的特点是:一个 VLAN 可以跨多个交换机,而且同一个交换机上的不同端口可能属于不同的 VLAN。

用端口定义 VLAN 成员的方法的优点是其配置直接了当,但不允许不同的 VLAN 包含相同的物理网段或交换机端口(例如,交换机 1 和 2 端口属于 $VLAN_1$ 后,就不能再属于 $VLAN_2$),另外更主要的是当用户从一个端口移动到另一个端口时,网络管理者必须对 VLAN 成员进行重新配置。

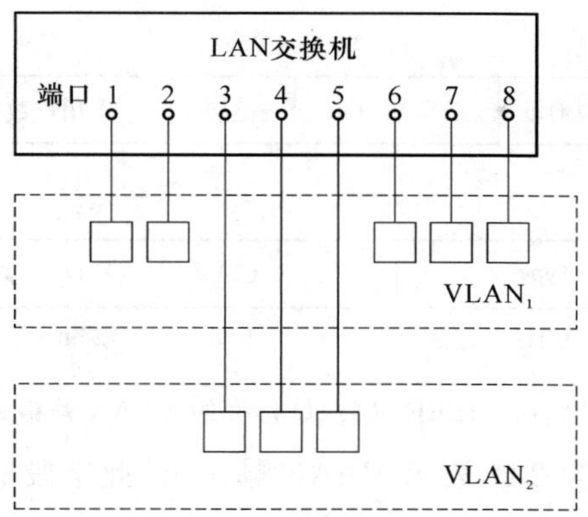

图 7-12　单交换机端口定义 VLAN

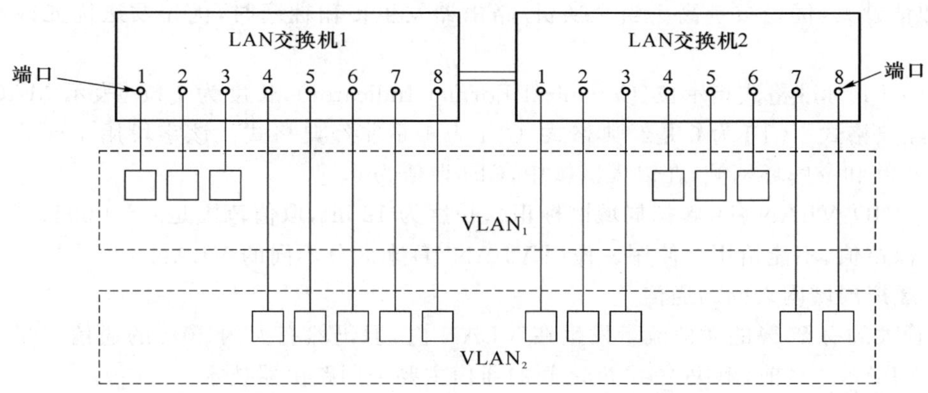

图 7-13　多交换机端口定义 VLAN

(2) 根据 MAC 地址划分 VLAN

根据 MAC 地址划分 VLAN 是工作站的 MAC 地址来定义 VLAN。我们已经知道 MAC 地址固定于工作站的网络接口卡内，所以说 MAC 地址是与硬件密切相关的地址。正因为此，MAC 地址定义的 VLAN 允许工作站移动到网络其他物理网段，而自动保持原来的 VLAN 成员资格（因为它的 MAC 地址没变）。所以说基于 MAC 地址定义的 VLAN 可视为基于用户的 VLAN。这种 VLAN 要求所有的用户在初始阶段必须配置到至少一个 VLAN 中，初始配置由人工完成，随后就可以自动跟踪用户。

(3) 根据 IP 地址划分 VLAN

根据 IP 地址划分 VLAN 也叫三层 VLAN，它是用协议类型（如果支持多协议）或网络层地址（如 IP 的子网地址）来定义 VLAN 成员资格。

4. 虚拟局域网的标准

现在使用最广泛的 VLAN 标准是 IEEE 802.1Q，许多厂家的交换机/路由器产品都支持此标准。

IEEE 802.1Q 标准规定的 VLAN 帧格式如图 7-14。

在以太网 MAC 帧中增加 VLAN 标签（Tag）就构成了 VLAN 帧。IEEE 802.1Q Tag 的长度是 4 B（字节），它位于 MAC 帧中源 MAC 地址和类型之间，802.1Q Tag 包含 4 个字段。

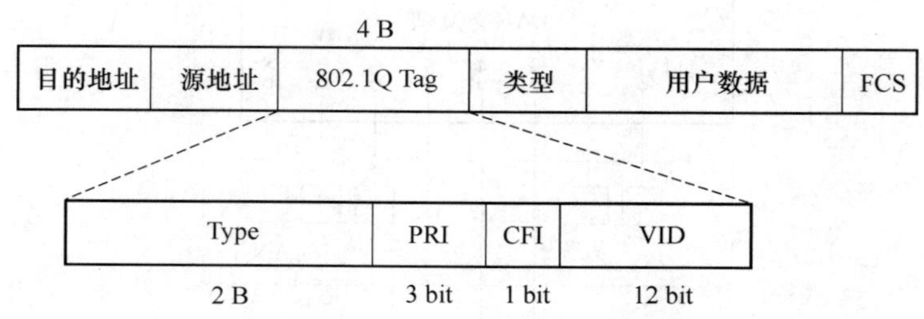

图 7-14　IEEE 802.1Q 标准的 VLAN 帧格式

(a) Type(类型):长度为 2 B,表示 VLAN 帧类型,此字段取固定值 0x8100,如果不支持 802.1Q 的设备收到 802.1Q 帧,则将其丢弃。

(b) PRI:Priority(优先级)指示字段,长度为 3 bit,表示以太网帧的优先级,取值范围是 0~7,数值越大,优先级越高。当交换机/路由器发生传输拥塞时,优先发送优先级高的数据帧。

(c) CFI:标准格式指示位(Canonical Format Indicator),长度为 1 bit,表示 MAC 地址是否是经典格式。CFI 为 0 是经典格式,CFI 为 1 是非经典格式。该字段用于区分以太网帧、FDDI 帧和令牌环网帧,在以太网帧中,CFI 取值为 0。

(d) VID:VLAN ID(虚拟局域网标识),长度为 12 bit,取值范围是 0~4 095,其中 0 和 4 095 是保留值,不能给用户使用。使用 VLAN ID 来区分不同的 VLAN。

5. 虚拟局域网之间的通信

尽管大约有 80%的通信流量发生在 VLAN 内,但仍然有大约 20%的通信流量要跨越不同的 VLAN。目前,解决 VLAN 之间的通信主要采用路由器技术。

VLAN 之间通信一般采用两种路由策略,即集中式路由和分布式路由。

(1) 集中式路由

集中式路由策略是指所有 VLAN 都通过一个中心路由器实现互联。对于同一交换机(一般指二层交换机)上的两个端口,如果它们属于两个不同的 VLAN,尽管它们在同一交换机上,那么在数据交换时也要通过中心路由器来选择路由。

这种方式的优点是简单明了,逻辑清晰;缺点是由于路由器的转发速度受限,会加大网络时延,容易发生拥塞现象。因此,这就要求中心路由器提供很高的处理能力和容错特性。

(2) 分布式路由

分布式路由策略是将路由选择功能适当地分布在带有路由功能的交换机上(指三层交换机),同一交换机上的不同 VLAN 可以直接实现互通。

这种路由方式的优点是具有极高的路由速度和良好的可伸缩性。

7.1.7　无线局域网

应用拓展

1. 无线局域网的定义

无线局域网(Wireless Local Network,WLAN)是无线通信技术与计算机网络相结合的产物,一般来说,凡是采用无线传输介质的计算机局域网都可称为无线局域网,即利用无线电波或红外线在一个有限地域范围内的工作站之间进行数据传输的通信网络。

一个无线局域网可当作有线局域网的扩展来使用，也可以独立作为有线局域网的替代设施。

无线局域网标准有最早制定的 IEEE 802.11 标准、后来扩展的 IEEE 802.11a 标准、IEEE 802.11b 标准、IEEE 802.11g 标准、IEEE 802.11n 标准、IEEE 802.11ac 和 IEEE 802.11ax 标准等(详见后述)。

2. 无线局域网的优点

相对于有线局域网，无线局域网有如下的优点。

(1) 具有移动性

无线网络设置允许用户在任何时间、任何地点访问网络，不需要指定明确的访问地点，因此用户可以在网络中漫游。

无线网络的移动性为便携式计算机访问网络提供了便利的条件，可把强大的网络功能带到任何一个地方，能够大幅提高用户信息访问的及时性和有效性。

(2) 成本低

建立无线局域网时无须进行网络布线，既节省了布线的开销、租用线路的月租费用以及因设备需要移动而增加的相关费用，又避免了因布线而造成的工作环境的损坏。

(3) 可靠性高

无线局域网由于没有线缆，避免了由于线缆故障造成的网络瘫痪问题。另外，无线局域网采用直接序列扩展频谱(DSSS)传输和补偿编码键控(CCK)调制编码技术进行无线通信，具有抗射频干扰强的特点，所以无线局域网的可靠性较高。

3. 无线局域网的分类

根据无线局域网采用的传输介质来分类，主要有两种：采用无线电波的无线局域网和采用红外线的无线局域网。

(1) 采用无线电波(微波)的无线局域网

采用无线电波作为传输介质的无线局域网按照调制方式不同，又可分为窄带调制方式与扩展频谱方式的无线局域网。

① 基于窄带调制方式的无线局域网

窄带调制方式是数据基带信号的频谱被直接搬移到射频上发射出去。其优点是在一个窄的频带内集中全部功率，无线电频谱的利用率高。

基于窄带调制方式的无线局域网采用的频段一般是专用的，需要经过国家无线电管理部门的许可方可使用。也可选用不用向无线电管理委员会申请的 ISM(Industrial、Scientific、Medical，工业、科学、医学)频段，但带来的问题是，当邻近的仪器设备或通信设备也使用这一频段时，会产生相互干扰，严重影响通信质量，即通信的可靠性无法得到保障。

② 基于扩展频谱方式的无线局域网

采用无线电波的无线局域网一般都要扩展频谱(简称扩频)。所谓扩频是基带数据信号的频谱被扩展至几倍到几十倍后再被搬移至射频发射出去。这一做法虽然牺牲了频带带宽，却提高了通信系统的抗干扰能力和安全性。由于单位频带内的功率降低，对其他电子设备的干扰也减少了。

采用扩展频谱方式的无线局域网一般选择 ISM 频段。如果发射功率及带外辐射满足无线电管理委员会的要求，则无须向相应的无线电管理委员会提出专门的申请即可使用这些ISM频段。

扩频技术主要分为跳频技术(Frequency Hopping Spread Spectrum, FHSS)及直接序列扩频(Direct Sequence Spread Spectrum, DSSS)两种方式(由于篇幅所限,不再具体介绍扩频技术,读者可参阅相关书籍)。

(2) 采用红外线的无线局域网

采用红外线(Infrared, IR)的无线局域网的软件和硬件技术都已经比较成熟,具有传输速率较高、移动通信设备所必需的体积小和功率低、无需专门申请特定频率的使用执照等主要技术优势。

可IR是一种视距传输技术,这在两个设备之间是容易实现的,但多个电子设备间就必须调整彼此位置和角度等。另外,红外线对非透明物体的透过性极差,将导致传输距离受限。

目前一般用得比较多的是采用无线电波的基于扩展频谱方式的无线局域网。

4. 无线局域网的拓扑结构(网络配置)

无线局域网的拓扑结构可以归结为两类:一类是自组网拓扑,另一类是基础结构拓扑。不同的拓扑结构,形成了不同的服务集(Service Set),服务集用来描述一个可操作的无线局域网的基本组成。

(1) 自组网拓扑网络

自组网拓扑(或者叫作无中心拓扑)网络由无线客户端设备组成,它覆盖的服务区称独立基本服务集(Independent Basic Service Set, IBSS)。

IBSS是一个独立的BSS,它没有接入点作为连接的中心。这种网络又叫作对等网或者非结构组网,其网络结构如图7-15所示。

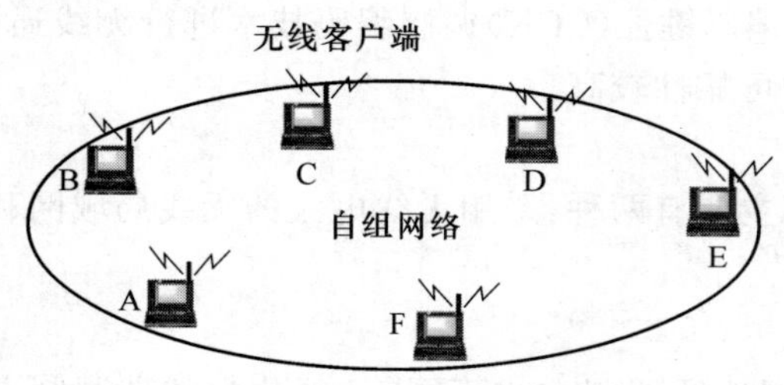

图 7-15 自组网拓扑网络

这种方式连接的设备(站点)互相之间都直接通信,但无法接入有线局域网(在特殊的情况下,可以将其中一个无线客户端配置成为服务器,实现接入有线局域网的功能)。在自组网拓扑网络中,只有一个公用广播信道,各站点都可竞争公用信道,采用CSMA/CA协议(后述)。

自组网拓扑网络的优点是建网容易、费用较低,且网络抗毁性好。但为了能使网络中任意两个站点可直接通信,则站点布局受环境限制较大。另外,当网络中用户数(站点数)过多时,信道竞争将成为限制网络性能的要害。基于自组网拓扑网络的特点,它适用于不需要访问有线网络中的资源,而只需要实现无线设备之间互相通信的且用户相对少的工作群网络。

(2) 基础结构拓扑网络

基础结构拓扑(有中心拓扑)网络由无线基站、无线客户端组成,覆盖的区域分基本服务集(BSS)和扩展服务集(ESS)两种。

这种拓扑结构要求一个无线基站充当中心站,网络中所有站点对网络的访问和通信均由它控制。由于每个站点在中心站覆盖范围之内就可与其他站点通信,所以在无线局域网构建过程中站点布局受环境限制相对较小。

位于中心的无线基站称为无线接入点(Access Point,AP),它是实现无线局域网接入有线局域网的一个逻辑接入点,其主要作用是将无线局域网的数据帧转化为有线局域网的数据帧,比如以太网帧。

基础结构拓扑网络的弱点是抗毁性差,中心站点的故障容易导致整个网络瘫痪,并且中心站点的引入增加了网络成本。

① 基本服务集(BSS)

当一个无线基站被连接到一个有线局域网或一些无线客户端的时候,这个网络称为基本服务集(Basic Service Set,BSS)。一个基本服务集仅仅包含 1 个无线基站(只有 1 个)和 1 个或多个无线客户端,如图 7-16 所示。

BSS 网络中每一个无线客户端必须通过无线基站与网络上的其他无线客户端或有线网络的主机进行通信,不允许无线客户端对无线客户端的传输。

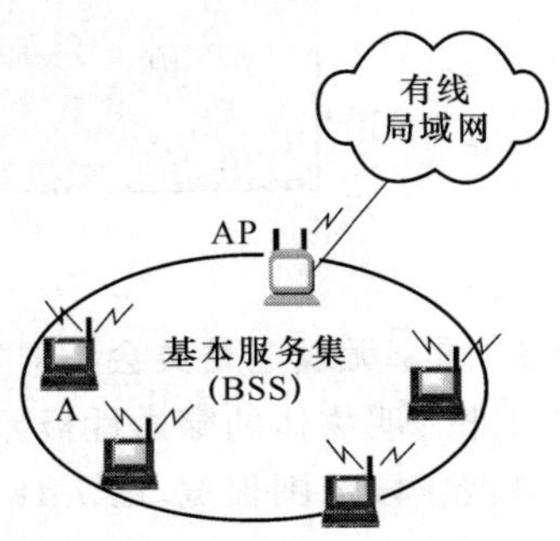

图 7-16　基本服务集(BSS)

② 扩展服务集(ESS)

扩展服务集(Extented Service Set,ESS)被定义为通过一个普通分布式系统连接的两个或多个基本服务集,这个分布式系统可能是有线的、无线的、局域网、广域网或任何其他网络连接方式,所以扩展服务集网络允许创建任意规模和复杂的无线局域网。图 7-17 展示了一个扩展服务集的结构。

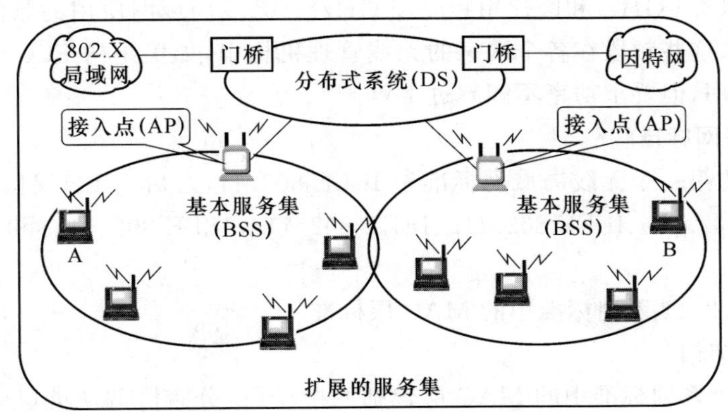

图 7-17　扩展服务集结构

这里还有几个问题需要说明:一是在一个扩展服务集(ESS)内的几个基本服务集也可能有相交的部分;二是扩展服务集(ESS)还可为无线用户提供到有线局域网或 Internet 的接入,这种接入是通过叫作门桥的设备来实现的,门桥的作用类似于网桥。

5. 无线局域网的频段分配

无线局域网采用微波和红外线作为其传输介质,它们都属于电磁波的范畴,图 7-18 示意了频率由低到高的电磁波的种类和名称。

由图 7-18 可见,红外线的频谱位于可见光和微波之间,频率极高,波长范围在 0.75～1 000 μm之间,在空间传播时,其传输质量受距离的影响非常大。作为无线局域网的一种传

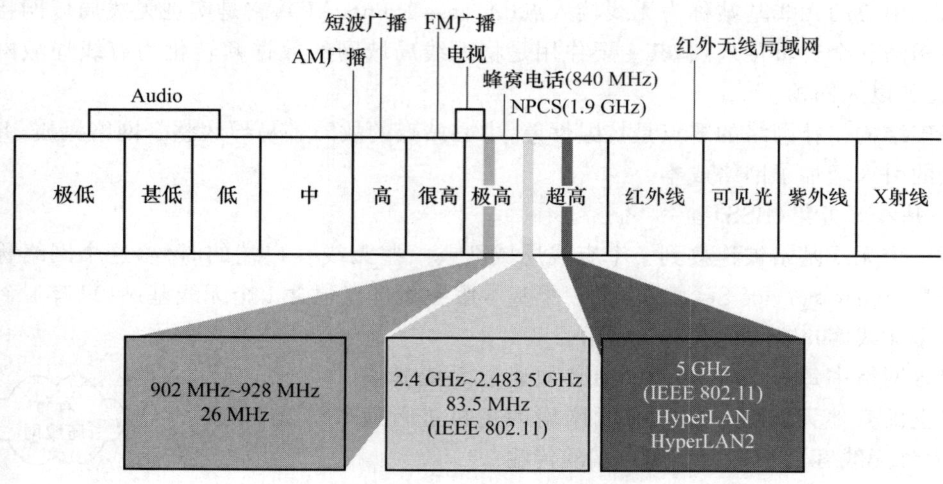

图 7-18　无线局域网频段

输介质，国家无线电委员会不对它加以限制，其主要优点是不受微波电磁干扰的影响，但由于它对非透明物体的穿透性极差，从而导致其应用受到限制。

微波频段范围很宽，图 7-18 中从 High(高)到 SuperHigh(超高)都属于微波频段，这一波段又划分为若干频段对应不同的应用，有的用于广播，有的用于电视，或用于移动电话，无线局域网则选用其中的 ISM(工业、科学、医学)频段，它包含 3 个子频段：工业用频段(900 MHz)、科学研究用频段(2.4 GHz)和医疗用频段(5 GHz)。无线局域网使用的频段在科学研究和医疗频段范围内，这些频段在各个国家的无线管理机构中，如美国的 FCC、欧洲的 ETSI 都无须注册即可使用，但要求功率不能超过 1 W。

6. 无线局域网标准

IEEE 制定的第一个无线局域网标准是 IEEE 802.11，之后 IEEE 又陆续颁布了 IEEE 802.11b、IEEE 802.11a、IEEE 802.11g、IEEE 802.11n、IEEE 802.11ac 和 IEEE 802.11ax 标准等。

(1) IEEE 802.11 系列标准中的 MAC 层标准

① MAC 层结构

IEEE 802.11 系列标准中的 MAC 层包括两个子层：分布协调功能(DCF)子层和点协调功能(PCF)子层。

(a) 分布协调功能(DCF)子层——DCF 子层向上提供争用服务，其功能是在每一个站点使用 CSMA 机制的分布式接入算法，让各个工作站通过争用信道来获取发送信号权。

(b) 点协调功能(PCF)子层——PCF 子层的功能是使用集中控制的接入算法将发送信号权轮流分配给各个工作站，从而避免了碰撞的产生。PCF 是非必选项，自组网拓扑网络就没有 PCF 子层。

② CSMA/CA 技术

由于无线局域网存在隐蔽站问题，"碰撞检测"对其没有什么用处。所以无线局域网不使用 CSMA/CD 协议，而只能使用改进的 CSMA 协议。改进的办法是将 CSMA 增加一个碰撞避免(Collision Avoidance，CA)功能，即无线局域网使用 CSMA/CA 协议。

CSMA/CA 技术归纳如下。

(a) 先听后发——如果某个站点要发送信息，那么要对传输介质进行“监听”，即先听后发。如果“监听”到介质忙，那么该站点就延迟发送；如果“监听”到介质空闲，那么该站点就可发送信息。

(b) 避免冲突的影响——因为有可能几个站点都监听到介质空闲，会几乎同时发送信息，为了避免冲突影响到接收站点不能正确接收信息，IEEE 802.11 标准规定：

- 接收站点——必须检验接收的信号以判断是否有冲突，若发现没有发生冲突，则发送一个确认信息(ACK)通知发送站点。
- 发送站点——若没收到确认信息，则进行重发，直到它收到一个确认信息或是重发次数达到规定的值。对于后一种情况，如果发送站点在尝试了一个固定重发次数后仍未收到确认，那么放弃发送，由较高的层次负责处理这种数据信号无法传送的情况。

可见，CSMA/CA 协议避免了冲突，但不像 IEEE 802.3(Ethernet)标准中使用的 CSMA/CD 协议那样进行冲突检测。

③ 冲突最小化

为了降低发生冲突的概率，IEEE 802.11 系列标准还采用了一种称为虚拟载波侦听(Virtual Carrier Sense，VCS)的机制。

VCS 就是让源站将它要占用信道的时间(包括目的站发回确认帧所需的时间)通知给所有其他站点，以便使其他所有站点在这一段时间都停止发送数据信号。这样做便可减少碰撞的机会。之所以称为“虚拟载波监听”是因为其他站点并没有真正监听信道，只是因为收到了“源站的通知”才不发送数据信号，起到的效果就好像是其他站点都监听了信道。

需要指出的是，采用 VCS 技术，减少了发生碰撞的可能性，但并不能完全消除。

(2) IEEE 802.11 系列标准中的物理层标准

① IEEE 802.11 的物理层标准

IEEE 802.11 标准是 IEEE 在 1997 年 6 月 16 日制定的，它规定可以使用红外线技术、跳频扩频和直接序列扩频技术，是一个工作在 2.4GHz ISM 频段内、数据传输速率为 1 Mbit/s 和 2 Mbit/s的无线局域网的全球统一标准。在研究改进了一系列草案之后，这个标准于 1997 年中期定稿。具体来说，IEEE 802.11 标准的物理层有以下 3 种实现方法。

(a) 使用直接序列扩频技术：使用直接序列扩频技术时，调制方式若采用差分二相相移键控(DBIT/SK)，数据传输速率为 1 Mbit/s；若采用差分四相相移键控(DQPSK)，数据传输速率为 2 Mbit/s。

(b) 使用跳频扩频技术：使用跳频扩频技术时，调制方式为高斯频移键控(GFSK)调制。当采用 2 元 GFSK 时，数据传输速率为 1 Mbit/s；采用 4 元 GFSK 时，数据传输速率为 2 Mbit/s。

(c) 使用红外线技术：使用红外线技术时，红外线的波长为 850～950 nm，用于室内传输数据信号，速率为 1～2 Mbit/s。

② IEEE 802.11b 的物理层标准

IEEE 802.11b 标准制定于 1999 年 9 月，IEEE 802 委员会扩展了原先的 IEEE 802.11 规范，称之为 IEEE 802.11b 扩展版本。IEEE 802.11b 标准也工作在 2.4GHz 的 ISM 频段，图 7-19 所示为其信道分配。

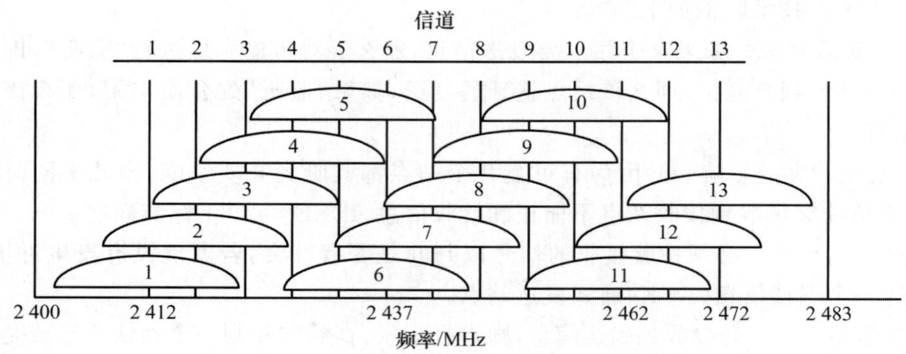

图 7-19 工作于 2.4GHz 的 WLAN 信道分配

由图 7-19 可见,在 2.4 GHz～2.483 5 GHz 频段共配置了 13 个信道,其中最常用的互不重叠信道是 1、6、11,每个信道的带宽为 20 MHz。

IEEE 802.11b 标准物理层具有支持多种数据传输速率能力和动态速率调节技术,其支持的速率有 1 Mbit/s、2 Mbit/s、5.5 Mbit/s 和 11 Mbit/s 四个等级。调制方式采用基于补偿编码键控(Complementary Code Keying,CCK)的 DQPSK、基于分组二进制卷积码(Packet Binary Convolutional Code,PBCC)的 DBIT/SK,以及 DQPSK 等。

补偿编码键控(CCK)技术的核心编码中有一个 64 个 8 位编码组成的集合。5.5 Mbit/s 的速率使用一个 CCK 串来携带 4 位的数字信息,而 11 Mbit/s 的速率使用一个 CCK 串来携带 8 位的数字信息,两个速率的传送都利用 DQPSK 作为调制的手段。

分组二进制卷积码(PBCC)调制中,数据信号首先进行 BCC 编码,然后映射到 BIT/SK(相移键控)或 QPSK 调制的点群图上,即再进行 BIT/SK 或 QPSK 调制。

IEEE 802.11b 标准在无线局域网协议中最大的贡献在于:通过使用新的调制方法(即 CCK 技术)将数据速率增至为 5.5 Mbit/s 和 11 Mbit/s。为此,DSSS 被选作该标准的唯一的物理层传输技术,这是由于 FHSS 在不违反 FCC 原则的基础上无法再提高速率了。所以,IEEE 802.11b 标准可以和 1 Mbit/s、2 Mbit/s 的 IEEE 802.11 标准的 DSSS 系统互操作,但是无法和 1 Mbit/s、2 Mbit/s 的 FHSS 系统一起工作。

③IEEE 802.11a 的物理层标准

IEEE 802.11a 标准是 IEEE 802.11 标准的第二次扩展。与 IEEE 802.11 和 IEEE 802.11b 标准不同的是,IEEE 802.11a 标准工作在国家信息基础设施(Unlicensed National Information Infrastructure,UNII)5GHz 频段。工作于 5GHz 的 WLAN 信道分配如图 7-20 所示。

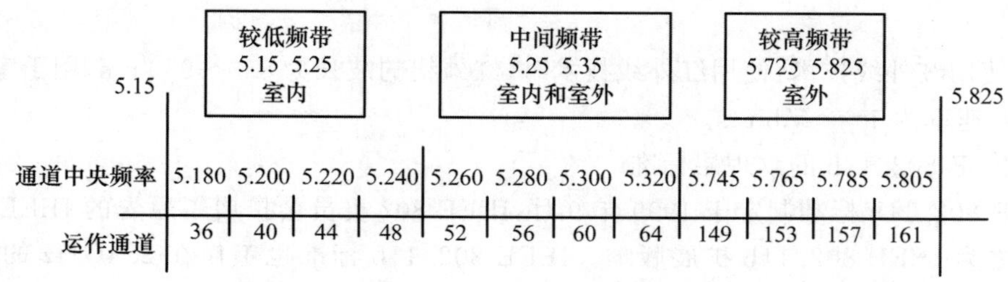

图 7-20 工作于 5GHz 的 WLAN 信道分配

在 5 GHz 频段互不重叠的信道有 12 个，一般配置 13 或 19 个信道，每个信道的带宽为 20 MHz。

与 2.4 GHz 频段相比，使用 UNII 5 GHz 频段有明显的优点。除了提供大容量传输带宽之外，5 GHz 频段的潜在干扰较少（因为许多技术，如蓝牙短距离无线技术、家用 RF 技术甚至微波炉都工作在 2.4 GHz 频段）。

IEEE 802.11a 标准使用正交频分复用（OFDM）技术。OFDM 多载波调制技术是在频域内将给定信道分成许多正交子信道，在每个子信道上使用一个子载波进行调制（采用 BIT/SK、QPSK 或者 QAM），并且各子载波并行传输。各子载波相互正交，使扩频调制后的频谱可以相互重叠，从而减小了子载波间的相互干扰。

IEEE 802.11a 标准定义了 OFDM 物理层的应用，数据传输速率为 6、9、12、18、24、36、48 和 54 Mbit/s。6 Mbit/s 和 9 Mbit/s 采用 DBIT/SK 调制，12 Mbit/s 和 18 Mbit/s 采用 DQPSK 调制，24 Mbit/s 和 36 Mbit/s 采用 16QAM 调制，48 Mbit/s 和 54 Mbit/s 采用 64QAM 调制。

虽然 IEEE 802.11a 标准将无线局域网的传输速率扩展到 54 Mbit/s，可是 IEEE 802.11a 标准规定的运行频段为 5 GHz 频段，由此带来了两个问题：

(a) 向下兼容问题。IEEE 802.1a 标准和先前的 IEEE 标准之间的差异使其很难提供向下兼容的产品。为此，IEEE 802.11a 标准设备必须在两种不同频段上支持 OFDM 和 DSSS，这将增加全功能芯片集成的费用。

(b) 覆盖区域问题。因为频率越高，衰减越大，如果输出功率相等的话，显然 5 GHz 设备覆盖的范围要比 2.4 GHz 设备的少。

为了解决这两个问题，IEEE 建立了一个任务组，将 IEEE 802.11b 标准的运行速率扩展到 22 Mbit/s，新扩展标准被称为 IEEE 802.1lg 标准。

④ IEEE 802.11g 的物理层标准

IEEE 802.11g 扩展标准类似于基本的 IEEE 802.11 标准和 IEEE 802.11b 扩展标准，它也是为在 2.4 GHz 频段上运行而设计的。因为 IEEE 802.11g 扩展标准可提供与使用 DSSS 的 11 Mbit/s 网络兼容性，这一扩展标准将会比 IEEE 802.11a 扩展标准应用更普及。

IEEE 802.11g 标准既达到了用 2.4 GHz 频段实现 IEEE 802.11a 标准水平的数据传输速率，也确保了与 IEEE 802.11b 标准产品的兼容。IEEE 802.11g 标准其实是一种混合标准，它既能适应传统的 IEEE 802.11b 标准，在 2.4 GHz 频率下提供每秒 11 Mbit/s 数据传输速率，也符合 IEEE 802.11a 标准在 5 GHz 频率下提供 54 Mbit/s 数据传输速率。

除此之外，IEEE 802.11g 标准比 IEEE 802.11a 标准的覆盖范围大，所需要的接入点较少。一般来说，IEEE 802.11a 标准接入点覆盖半径为 90 英尺，而 IEEE 802.11g 标准接入点将提供 200 英尺或更大的覆盖半径。因为圆的面积是 πr^2，IEEE 802.11a 标准网络需要的接入点数大约是 IEEE 802.11g 标准网络的 4 倍。

⑤ IEEE 802.11n 的物理层标准

与以往的 IEEE 802.11 标准不同，IEEE 802.11n 标准为双频工作模式，包含 2.4 GHz 和 5 GHz 两个工作频段，因此使 IEEE 802.11n 标准保证了与以往的 IEEE 802.11a、b、g 标准兼容。

IEEE 802.11n 标准采用了多入多出（Multiple Input Multiple Output，MIMO）技术。

MIMO技术相对于传统的单入单出(SISO)技术,它通过在发送端和接收端设置多副天线,使得在不增加系统带宽的情况下成倍地提高通信容量和频谱利用率。

当MIMO技术与OFDM技术相结合时,由于OFDM技术将给定的宽带信道分解成多个子信道,将高速数据信号转换成多个并行的低速子数据流,低速子数据流被各自信道彼此相互正交的子载波调制再进行传输,MIMO技术就可以直接应用到这些子信道上。因此将MIMO和OFDM技术结合起来,既可以克服由频率选择性衰落造成的信号失真,提高系统可靠性,又同时获得较高的系统传输速率。

由于IEEE 802.11n标准采用MIMO技术与OFDM技术相结合,使传输速率成倍提高。它将WLAN的传输速率从IEEE 802.11a和IEEE 802.11g标准的54 Mbit/s增加至108 Mbit/s以上,最高速率可达300~600 Mbit/s。

另外,IEEE 802.11n标准采用先进的天线技术及传输技术,使得无线局域网的传输距离大大增加,可以达到几千米(并且能够保障100 Mbit/s的传输速率)。

IEEE 802.11n标准还提出了软件无线电技术,该技术是指一个硬件平台,通过编程可以实现不同功能,其中不同系统的AP和无线终端都可以由建立在相同硬件基础上的不同软件实现,从而实现了不同无线标准、不同工作频段、不同调制方式的系统兼容。

⑥ IEEE 802.11ac的物理层标准

IEEE 802.11n标准在2009年9月11日获得IEEE正式批准后,IEEE就已经全面转入了下一代IEEE 802.11ac标准的制定工作。

从核心技术来看,IEEE 802.11ac标准是在IEEE 802.11a标准之上建立起来的,使用IEEE 802.11a标准的5 GHz频段。

在通道的设置上,IEEE 802.11ac标准将沿用IEEE 802.11n标准的MIMO技术,为它的传输速率达到Gbit/s量级打下基础,第一阶段的目标达到的理论传输速率为1 Gbit/s以上(最大传输速率可达6.9 Gbit/s)。

IEEE 802.11ac标准每个通道的工作频宽(信道带宽)将由IEEE 802.11n标准的40 MHz提升到80 MHz甚至是160 MHz,再加上大约10%的实际频率调制效率提升(IEEE 802.11ac标准采用256QAM调制),最终理论传输速率将由IEEE 802.11n标准最高的600 Mbit/s跃升至1 Gbit/s。当然,实际传输速率可能在300~400 Mbit/s之间,接近IEEE 802.11n标准实际传输速率的3倍(IEEE 802.11n标准无线路由器的实际传输速率为75~150 Mbit/s之间),完全足以在一条信道上同时传输多路压缩视频流。

IEEE 802.11ac标准采用的调制方式有DBIT/SK、DQPSK、16QAM、64QAM和256QAM。

⑦ IEEE 802.11ax的物理层标准

IEEE 802.11ax标准(WiFi6)又称为高效率无线标准(High-Efficiency Wireless,HEW),标准草案由IEEE的TGax工作组制定,TGax工作组于2014年5月成立,至2017年11月已完成D2.0,正式标准于2019年发布。

IEEE 802.11ax标准支持2.4 GHz和5 GHz频段,向下兼容IEEE 802.11a/b/g/n/ac标准。IEEE 802.11ax标准采用的调制方式有DBIT/SK、DQPSK、16QAM、64QAM、256QAM和1024QAM。目标是支持室内室外场景、提高频谱效率和密集用户环境下4倍实际吞吐量提升,理论最大传输速率为9.6 Gbit/s。

IEEE 802.11ax 标准上行和下行采用正交频分多址（OFDMA）技术，支持多用户同时传输技术即上下行 MU-MIMO。

OFDMA 是 OFDM 技术的演进，将 OFDM 和 FDMA（频分多址）技术结合，在利用 OFDM 对信道进行副载波化后，在部分子载波上加载传输数据的传输技术。OFDM 是一种调制方式；OFDMA 是一种多址接入技术，用户通过 OFDMA 共享频带资源、接入系统。

7. 无线局域网的硬件设备

无线局域网的硬件设备包括无线接入点（AP）、无线接入控制器（AC）、无线局域网网卡、无线路由器和无线网桥等。

(1) 无线接入点（AP）

无线接入点（也叫无线基站）是实现无线局域网接入有线局域网的一个逻辑接入点，网络中所有站点对网络的访问和通信均由无线接入点控制。一个无线接入点实际就是一个二端口网桥，这种网桥能把数据从有线网络中继转发到无线网络，也能从无线网络中继转发到有线网络。因此，一个无线接入点为在地理覆盖范围内的无线设备和有线局域网之间提供了双向中继能力，即无线接入点的作用是提供 WLAN 中无线工作站对有线局域网的访问以及其覆盖范围内各无线工作站之间的互通。其具体功能如下：

(a) 管理其覆盖范围内的移动终端，实现终端的联结、认证等处理；

(b) 实现有线局域网和无线局域网之间帧格式的转换；

(c) 调制、解调功能；

(d) 对信息进行加密和解密；

(e) 对移动终端在各小区间的漫游实现切换管理，并具有操作和性能的透明性。

无线接入点可以提供与 Internet 10 Mbit/s 的连接、10 Mbit/s 或 100 Mbit/s 自适应的连接、10Base-T 集线器端口的连接，以及 10 Mbit/s 与 100 Mbit/s 双速的集线器或交换机端口的连接等。

无线接入点实际可支持的客户端数与该接入点所服务的客户端的具体要求有关。若客户端要求较高水平的有线局域网接入，则一个无线接入点一般可容纳 10～20 个客户端站点；若客户端要求低水平的有线局域网接入，则一个无线接入点有可能支持多达 50 个客户端站点，并且还可能支持一些附加客户。另外，在某个区域内由某个无线接入点服务的客户端分布以及无线信号是否存在障碍，也控制了该无线接入点的客户端支持数量。

因为无线局域网的传输功率显著低于移动电话的传输功率，所以一个无线局域网站点的发送距离只是一个蜂窝电话可达传输距离的一小部分。实际的传输距离与所采用的传输方式、客户端与无线接入点间的障碍有关。

无线接入点（AP）的覆盖范围是一个圆形区域，基于 IEEE 802.11b/g 标准的 AP 的覆盖范围为室内 100 m，室外 300 m。若考虑障碍物，如墙体材料、玻璃、木板等的影响，通常实际覆盖范围为室内 30 m，室外 100 m。

(2) 无线接入控制器（AC）

接入控制器（Access Controller，AC）是无线局域网的核心，负责管理无线网络中的所有无线接入点（AP），对 AP 的管理包括：下发配置、修改相关配置参数、射频智能管理和用户接入控制等。

AC 具有如下特性。

(a) 统一管理。类似于单一访问点的设置过程,AC 支持高达 1 000 个 AP 的集中配置,通过一个直观的 Web 管理界面,就可以将无线的参数和安全设置下发到网络中的所有 AP,简化了无线网络的部署和维护。

(b) 自动管理。AC 能够自动发现网络中的 AP,分配 IP 地址和信道;自动检测网络中的 AP;自动进行链路检测;自动检测接入 AP 的上网移动终端用户的信息,AP 故障信息短信自动通知。

(c) 性能优化。AC 可以自动检测网络状态,以确保最佳的性能和响应能力;自动重新分配信道和调整射频参数以保证最大连通性;可配置黑白名单,有效地控制接入设备;可限定用户的上网速率等信息,实现可控的网络设置。

(d) 配置标准。AC 拥有固定的 IP 地址,操作简单、即插即用,即使非专业用户也能轻松使用。

(3) 无线局域网网卡

无线局域网网卡是一个安装在台式机和笔记本电脑上的收发器。通过使用一个无线局域网网卡,台式机和笔记本电脑便可具有一个无线网络节点的性能。

无线局域网网卡有两种:

- 只支持某一种无线通信标准的无线网卡;
- 同时支持多种无线通信标准的网卡,即多模无线网卡。如能够同时支持 IEEE 802.11b/a 标准的双模无线网卡、能够同时支持 IEEE 802.11b/g/a 标准的三模无线网卡或者同时支持移动通信标准 CDMA 和 WLAN 的双模无线网卡等。

无线局域网网卡由硬件和软件两部分组成,完成无线网络通信的功能。

无线网卡一般通过总线接口与终端设备交换数据,总线接口有不同种类,主要有 PCI、PCMCIA、USB 和 MiniPCI 等形式。其中在台式机上安装的无线网卡主要采用 PCI 总线形式;PCMCIA 形式的无线网卡则主要应用于笔记本电脑,它是无线网卡的主要接口形式,但与台式机不兼容;USB 网卡则与台式机和笔记本电脑都兼容,增加了灵活性,只是价格较高;MiniPCI 形式的无线网卡则被安装到笔记本电脑内部的 MiniPCI 插槽上,非常轻便,但是接收信号的能力较弱。不同形式的无线网卡可以通过各种转换器转换成其他形式的无线网卡。

(4) 无线路由器

许多台移动计算机可通过一个无线路由器,再利用有线连接,如 PON 或 Cable Modem 等接入 Internet 或其他网络。

无线路由器客户端提供服务的方式有两种:一种是无线路由器只支持无线连接,另一种既可支持有线连接又可支持无线连接。图 7-21 显示了两种类型的无线路由器。

图(a)是只支持无线连接的路由器,它一般包括一个 USB 或 RS-232 配置端口。图(b)则给出了支持有线和无线连接的路由器,这种路由器一般都包括一个嵌入到设备内部的有线集线器或微型 LAN 交换机。

(5) 无线网桥

无线网桥是一种在两个传统有线局域网间通过无线传输实现互连的设备。大多数有线网桥仅仅支持一个有限的传输距离,因此若某个单位需要互连两个地域上分离的 LAN 网段,则可使用无线网桥。

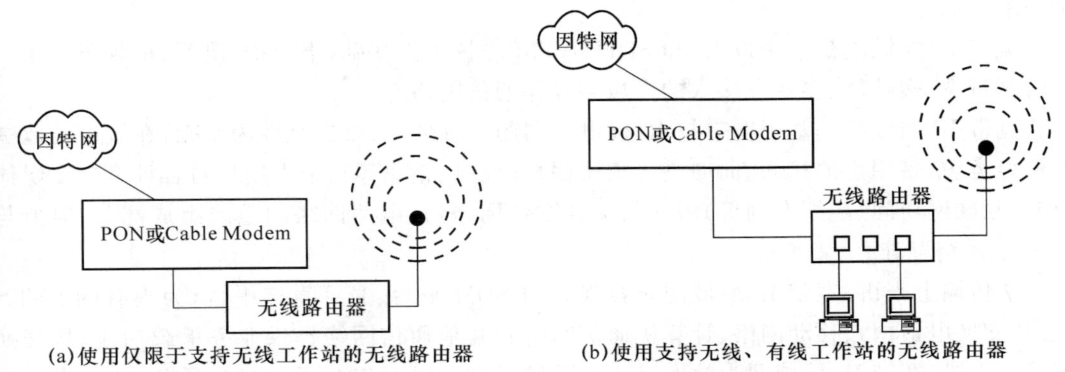

(a)使用仅限于支持无线工作站的无线路由器　　(b)使用支持无线、有线工作站的无线路由器

图 7-21 两种类型的无线路由器设备

图 7-22 是使用无线网桥互连两个有线局域网的示意图。一个无线网桥有两个端口，一个端口通过电缆连接到一个有线局域网，而第二个端口可以认为是其天线，提供一个 RF 频率通信的能力。

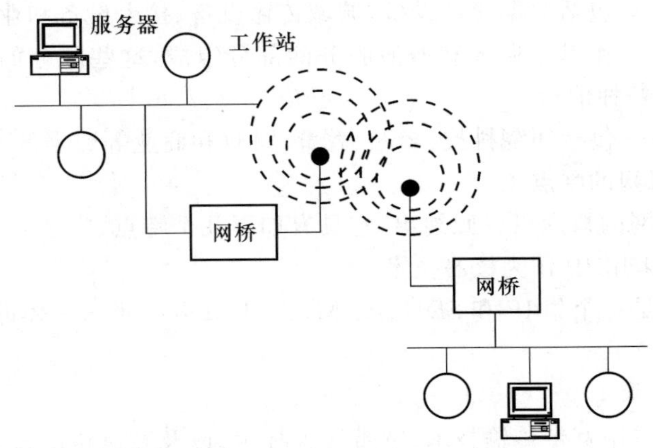

图 7-22 使用无线网桥互连两个有线局域网

无线网桥的工作原理与有线网中的网桥相似，其主要功能也是扩散、过滤和转发等。

7.2 城域网

城域网是指介于广域网和局域网之间、在城市及郊区范围内实现数据信息传输与交换的一种网络。

随着通信和计算机技术的不断发展，特别是数据业务的迅猛增长，作为承载数据业务的宽带 IP 城域网已日趋成为人们关注的焦点。本节重点介绍宽带 IP 城域网的相关内容。

7.2.1 宽带 IP 城域网的基本概念

1. 宽带 IP 城域网的概念

IP 城域网是电信运营商或 Internet 服务提供商(ISP)在城域范围内建设的城市 IP 骨

干网络。

宽带IP城域网是一个以IP和SDH、ATM等技术为基础,集数据、语音、视频服务于一体的高带宽、多功能、多业务接入的城域多媒体通信网络。

宽带IP城域网是基于宽带技术,以电信网的可管理性、可扩充性为基础,在城市的范围内汇聚宽、窄带用户的接入,面向满足集团用户(政府、企业等)、个人用户对各种宽带多媒体业务(互联网访问、虚拟专网等)需求的综合宽带网络,是电信网络的重要组成部分,向上与IP骨干网络互连。

从传输上来讲,宽带IP城域网兼容现有的SDH平台、光纤直连平台,为现有的PSTN(公共交换电话网)、移动网络、计算机通信网络和其他通信网络提供业务承载功能;从交换和接入来讲,宽带IP城域网为数据、话音、图像提供可以互连互通的统一平台;从网络体系结构来讲,宽带IP城域网综合传统TDM(时分复用)电信网络完善的网络管理和Internet开放互连的优点,采用业务与网络相分离的思想来实现统一的网络,用以管理和控制多种现有的电信业务,使之易于生成新的增值业务。

一个宽带IP城域网应该是“基础设施”“应用系统”“信息系统”三方面内容的综合。

(a) 基础设施——包括数据交换设备、城域传输设备、接入设备和业务平台设备。

(b) 应用系统——由基本服务和增值服务两部分组成,这些服务如同高速公路上的各种车辆,为用户运载各种信息。

(c) 信息系统——包括环绕科技、金融、教育、财政和商业等数据的各种信息系统。

2. 宽带IP城域网的特点

由宽带IP城域网的概念可以归纳出,它具有如下几个特点。

(1) 技术多样,采用IP作为核心技术

宽带IP城域网是一个集IP和SDH、ATM、DWDM等技术为一体的网络,而且以IP技术为核心。

(2) 基于宽带技术

宽带IP城域网采用宽带传输技术、宽带接入技术,以及高速路由技术,为用户提供各种宽带业务。

(3) 接入技术多样化、接入方式灵活

用户可以采用各种宽、窄带接入技术接入宽带IP城域网。

(4) 覆盖面广

从网络覆盖范围来看,宽带IP城域网比局域网的覆盖范围大得多;从涉及的网络种类来说,宽带IP城域网是一个包括计算机网、传输网、接入网等的综合网络。

(5) 强调业务功能和服务质量

宽带IP城域网可满足集团用户(政府、企业等)、个人用户的各种需求,为他们提供各种业务的接入。另外采取一些必要的措施保证服务质量,而且可以依据业务不同而有不同的服务等级。

(6) 投资量大

相对于局域网而言,要建设一个覆盖整个城市的宽带IP城域网,需增加一些相应的设备,因而投资量较大。

3. 宽带 IP 城域网提供的业务

宽带 IP 城域网以多业务的光传输网为开放的基础平台，在其上通过路由器、交换机等设备构建数据网络骨干层，通过各类网关、接入设备实现以下业务的接入：

- 话音业务；
- 数据业务；
- 图像业务；
- 多媒体业务；
- IP 电话业务；
- 各种增值业务；
- 智能业务等。

宽带 IP 城域网还可与各运营商的长途骨干网互通形成本地综合业务网络，承担城域范围内集团用户、商用大楼、智能小区的业务接入和电路出租业务等。

7.2.2　宽带 IP 城域网的分层结构

应用拓展

为了便于网络的管理、维护和扩展，网络必须有合理的层次结构。根据目前的技术现状和发展趋势，一般将宽带 IP 城域网的结构分为 3 层：核心层、汇聚层和接入层。宽带 IP 城域网分层结构示意图如图 7-23 所示。

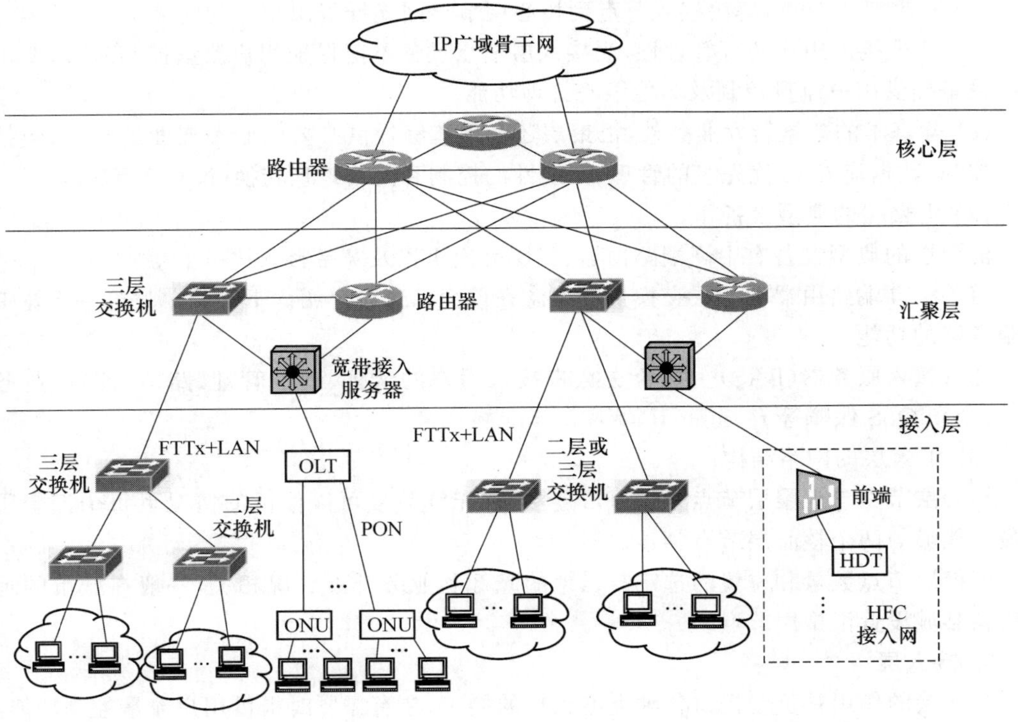

图 7-23　宽带 IP 城域网分层结构示意图

1. 核心层

(1) 核心层的作用

核心层的作用主要是负责进行数据的快速转发以及整个城域网路由表的维护,同时实现与IP广域骨干网的互联,提供城市的高速IP数据出口。

(2) 核心层节点

核心层节点设备需采用以IP技术为核心的设备,要求其具有很强的路由能力,主要提供千兆以上速率的IP接口,如POS、Gigabit Ethernet。核心层节点设备包括路由器和具有三层功能的高端交换机等,一般采用高端路由器。

城域网核心节点应设置在城区内,其位置选择应结合业务分布、局房条件和出局光纤布放情况等综合考虑,优先选择原有骨干IP网络节点设备所在局点,其他节点应尽量选择在目标交换局所在局点。

核心层节点数量需酌情考虑,大城市一般控制在3~6个,其它城市控制在2~4个。

(3) 核心层的网络结构

核心层的网络结构重点考虑可靠性和可扩展性,核心层节点间原则上采用网状或半网状连接。考虑城域网出口的安全,建议每个城域网选择两个核心节点与IP广域骨干网路由器实现连接。

2. 汇聚层

(1) 汇聚层的功能

汇聚层的功能主要包括:

(a) 汇聚接入节点,解决接入节点到核心层节点间光纤资源紧张的问题。

(b) 实现接入用户的可管理性,当接入层节点设备不能保证用户流量控制时,需要由汇聚层设备提供用户流量控制及其他策略管理功能。

(c) 除基本的数据转发业务外,汇聚层还必须能够提供必要的服务层面的功能,包括带宽的控制、数据流QoS优先级的管理、安全性的控制和网络地址转换(NAT)等功能。

(2) 汇聚层的典型设备

汇聚层的典型设备有中高端路由器、三层交换机以及宽带接入服务器等。

有关中高端路由器和三层交换机的概念在前面已做过介绍。下面简单讨论一下宽带接入服务器的功能。

宽带接入服务器(BAS)主要负责宽带接入用户的认证、地址管理、路由、计费、业务控制、安全和QoS保障等。

(3) 汇聚层的网络结构

核心层节点与汇聚层节点采用星形连接,在光纤数量可以保证的情况下每个汇聚层节点最好能够与两个核心层节点相连。

汇聚层节点数量和位置的选定与当地的光纤和业务开展状况相关,一般在城市的远郊和所辖县城设置汇聚层节点。

3. 接入层

接入层的作用是负责提供各种类型用户的接入,在有需要时提供用户流量控制功能。

宽带IP城域网接入层常用的宽带接入技术主要有:混合光纤/同轴电缆(HFC)接入、FTTx+LAN接入(以太网接入)、EPON/GPON接入和无线宽带接入等。

在选择接入方式时,要综合考虑各种接入方式的优缺点及当地的具体情况。目前已经建好的宽带 IP 城域网,几种接入方式中用得较多的是 EPON/GPON、FTTx+LAN 等接入方式。

以上介绍了宽带 IP 城域网的分层结构,在此做以下几点说明。

(a) 图 7-23 只是宽带 IP 城域网分层结构的一个示意图,宽带 IP 城域网的组网是非常灵活的,不同的城市应该根据各自的实际情况考虑如何组网,比如核心层采用多少个高端路由器,汇聚层需要多少个节点,汇聚层节点如何与核心层路由器之间连接,接入层采用何种接入技术等等。

(b) 目前一般的宽带 IP 城域网均规划为核心层、汇聚层和接入层 3 层结构,但对于规模不大的城域网,可视具体情况将核心层与汇聚层合并。

(c) 组建宽带 IP 城域网的方案有两种:一种是采用高速路由器为核心层设备,采用路由器和高速三层交换机作为汇聚层设备(如图 7-23 所示);另一种方案是核心层和汇聚层设备均采用高速三层交换机。由于三层交换机的路由功能较弱,所以目前组建宽带 IP 城域网一般采用第一种方案。

(d) 在宽带 IP 城域网的分层结构中,核心层、汇聚层的路由器与路由器之间(或路由器与三层交换机之间)的传输技术称为骨干传输技术。宽带 IP 城域网的骨干传输技术主要有:IP over ATM(POA)、IP over SDH/MSTP 和 IP over DWDM/OTN 和千兆以太网等。

(e) 宽带 IP 城域网还有业务控制层和业务管理层,它们并非是独立存在的,而是从核心层、汇聚层和接入层 3 个层次中抽象出来的,实际上是存在于这 3 个层次之中。

- 业务控制层主要负责用户接入管理、用户策略控制、用户差别化服务。对网络提供的各种业务进行控制和管理,实现对各类业务的接入、区分、带宽分配、流量控制以及 ISP 的动态选择等。
- 业务管理层提供统一的网络管理与业务管理、统一业务描述格式,根据业务开展的需要,实现业务的分级分权及网络管理,提供网络综合设备的拓扑、故障、配置、计费、性能和安全的统一管理。

7.3 MPLS 网

7.3.1 MPLS 网的组成

MPLS 网络由标签边缘路由器(Label Edge Router,LER)和标签交换路由器(Label Switching Router,LSR)组成,如图 7-24 所示。

LER 位于 MPLS 网络的边界上,是 MPLS 网络同各类用户网络以及其他 MPLS 网络相连的边缘设备。LER 首先将具有相同特性的 IP 数据报划分为一定的转发等价类 FEC,并建立转发信息库 (Fowarding Information Base,FIB)。FIB 存储标签和相应 FEC 的对应关系。当 LER 接收到 IP 数据报后,根据 IP 数据报的特性检查 FIB,得到相应的标签,给 IP 数据报加上标签后发给 LSR。LER 还负责在 MPLS 网络的出口去掉标签。

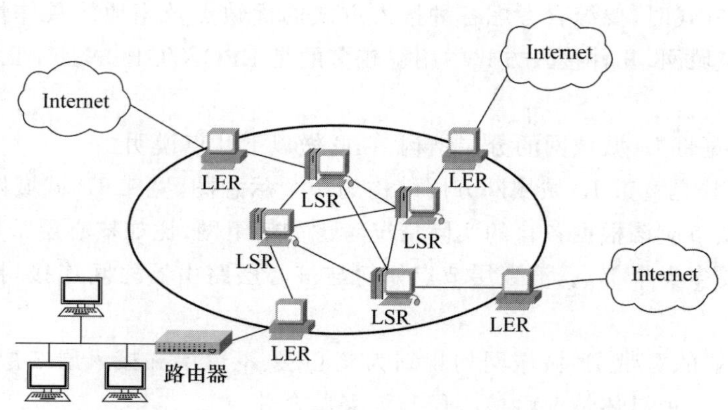

图 7-24 MPLS的网络结构

LSR是MPLS网络的核心设备,提供标签交换和标签分发功能,具有第三层转发分组和第二层交换分组的能力。LSR内建标签转发信息库(Tag Fowarding Information Base,TFIB),TFIB存储每个路由的输入标签和输出标签,包括输出端口及其链路。LSR根据IP数据报上的标签(输入标签)检索TFIB,获得该数据报新的标签(输出标签)和输出端口及链路,用新的标签替换数据报上原有的标签后将数据报转发到下一个LSR。

1. 标签分配协议

在MPLS领域中,用于建立、拆除、保护LDP的信令就是标签分配协议(Label Distribution Protocol,LDP)。LDP基于原有的网络层路由协议(如OSP、IS-IS、RIP、EIGRP或BGP等)构建标签信息库,并根据网络拓扑结构以及数据流的要求,在LSR之间分配标签。标签的分配过程实际上就是一个建立LSP的过程。

MPLS支持三种标签分配协议:普通标签分配协议LDP、限制路由的标签分配协议CR-LDP和扩展的资源预留协议RSVP-TE。下面介绍普通标签分配协议LDP,RSVP-TE将在7.3.2小节讲述MPLS流量工程的时候进行介绍。

普通标签分配协议LDP规定了一套用于在LSR之间通告标签含义的消息,包括发现消息、会话消息、通告消息和通知消息。

(a) 发现消息:用来发现对方LSR的存在。常用的有Hello消息。

(b) 会话消息:用来在LSR之间建立、维护和结束会话的连接。

(c) 通告消息:负责创建、改变和删除特定的标签-FEC绑定。常用的有标签请求消息和标签映射消息。

(d) 通知消息:用于提供建议性的消息和差错信息。

普通标签分配协议LDP的工作过程如图7-25所示。LSR通过周期性地发送Hello消息来表明它在网络中的存在。当LSR决定与通过Hello消息发现的其他LSR建立会话时,将通过TCP端口发起LDP初始化过程。初始化成功后,两个LSR成为LDP对等实体,双方可以交换通告消息,即当需要标签的时候可以向对方发送标签请求消息,当希望对方使用某一标签时可以向对方发送标签映射消息。

标签的分发有两种方式:下游自主(Downstream Unsolicited)方式和下游按需

(Downstream On Demand)方式。如图 7-26 所示，在下游自主标签分发方式中，LSR 可以对没有提出标签请求的 LSR 主动分配标签-FEC 绑定；而在下游按需标签分发方式中，只有当其他 LSR 明确提出标签请求时才可以向其分发标签-FEC 绑定。

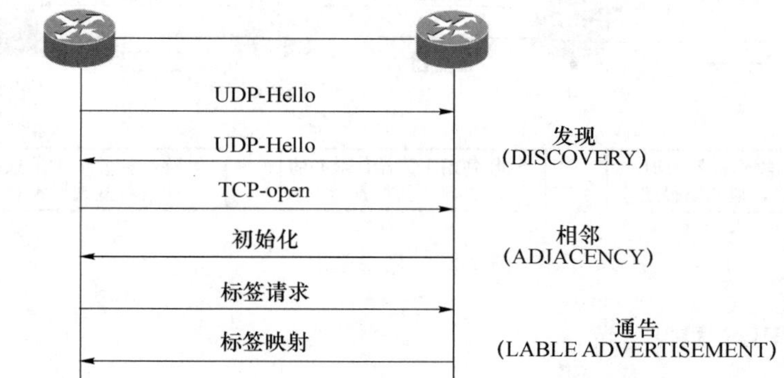

图 7-25　普通标签分配协议 LDP 的工作过程

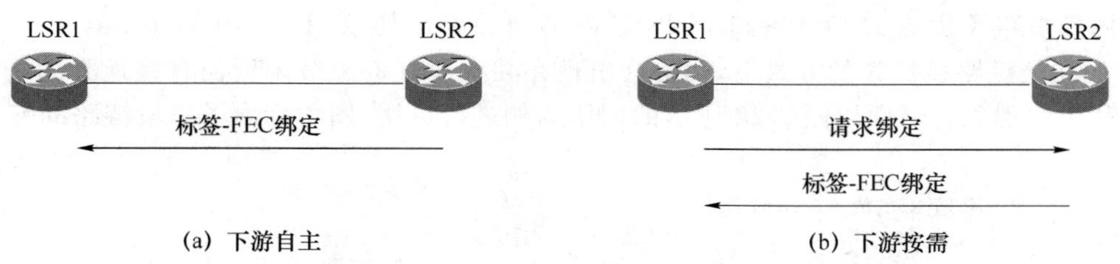

图 7-26　标签的分发方式

2. 路径选择

为特定 FEC 选择 LSP 有两种方法：逐跳路由(Hop by Hop Route)和显式路由(Explicit Route)。相应地，由这两种方法建立的 LSP 被称为逐跳路由 LSP 和显式路由 LSP。

逐跳路由允许每个 LSR 独立地为每个 FEC 选择下一跳。网络收敛后，运行逐跳路由的 LSR 会自动地为每一个 FEC 通过请求消息建立一条 LSP，即为每个 FEC 绑定相应的标签，并将标签增加到转发信息库 FIB 中。由于逐跳路由 LSP 是动态建立的，网络扩展性较好，但是不能用于支持服务质量(QoS)，也不能支持流量工程，所以不适合用来承载语音等实时业务。

显式路由与逐跳路由恰好相反，每个 LSR 不能独立地为每个 FEC 选择下一跳，而是由入口 LSR 事先确定好了 FEC 在 MPLS 域中的路径。入口 LSR 将确定的路径作为请求消息的参数，通过请求消息来引导 LSP 的建立，具体过程如图 7-27 所示。由于显式路由 LSP 是事先指定的，因而可以根据网络资源的情况来选择合理的路径，保证网络资源充分利用，避免拥塞。此外，请求消息中携带 QoS 参数也可以满足各种业务的服务质量要求。因此，显式路由很容易实现流量工程。

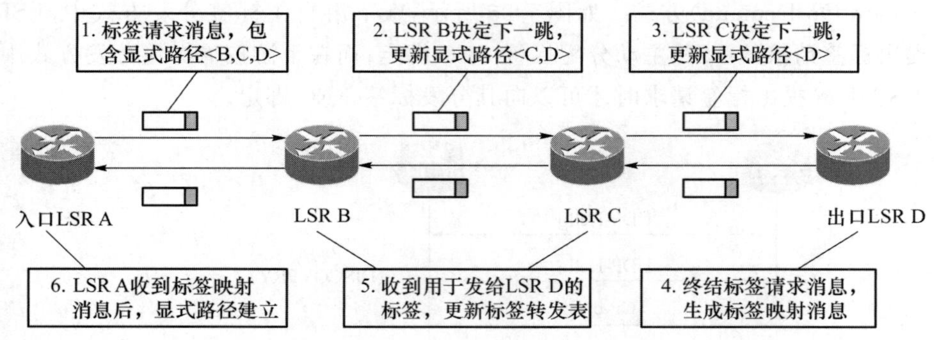

图 7-27　显式路由

7.3.2　MPLS TE

1. 流量工程的概念

在传统 Internet 中，网络由多个自治域(Autonomous System，AS)组成，在 AS 内部经常使用最短路径优先的 OSPF 和 IS-IS 等内部网关路由协议(Interior Gateway Protocol，IGP)。在最短路径优先的方式下，网络会出现在某些地方资源被闲置而有些地方的资源被过度利用的现象。下面以图 7-28 所示的网络为例进行说明，图中标出了每段链路的带宽。

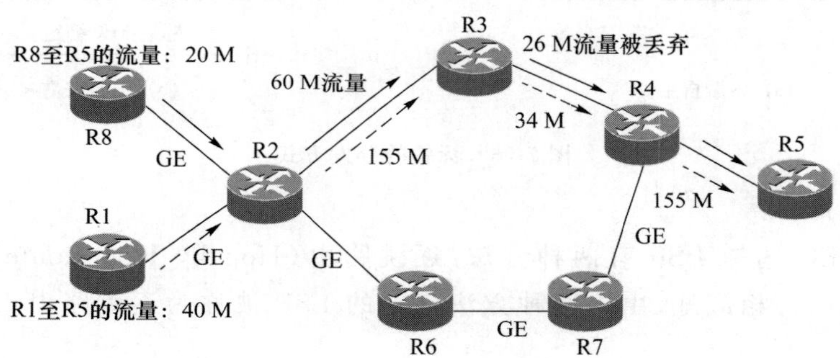

图 7-28　最短路径优先的方式下的选路

由图 7-28 可见，由于采用最短路径优先的方式，R8 到 R5 的流量会选择路径 R8-R2-R3-R4-R5，R1 到 R5 的流量也会选择路径 R1-R2-R3-R4-R5。假设 R8 到 R5 流量为 20 M，R1 到 R5 的流量为 40 M，则在 R2-R3 的链路上存在 60 M 流量。由于 R3-R4 的链路带宽仅为 34 M，此处会有 26 M 流量被丢弃，所以最后 R5 收到的流量也只有 34 M。此时，拓扑下方的链路 R2-R6-R7-R4 却处于空闲状态。于是网络中出现了流量不均衡，网络资源无法得到充分合理的利用。

此外，由于不同的业务对承载网的要求不同，例如实时的语音业务和视频业务要求保证数据包的时延、时延抖动，而普通数据业务要求丢包率在一定范围之内，这就造成了不同的业务对同一个网络拓扑的"最佳路径"理解不同。例如，对实时业务而言，传统的"最短路径优先"原则很可能不适用，因为最短的路径不一定时延最小。

流量工程(Traffic Engineering，TE)则是通过使用先进的路由选择算法将业务流量合理地映射到物理网络拓扑中，从而充分利用网络资源，提高网络的整体效率，满足不同业务对网络服务质量的要求。可见，流量工程是对现有网络性能的优化。

2. MPLS TE 工作原理

MPLS 技术为流量工程的实现提供了一种可行的解决方案。MPLS 流量工程（MPLS TE）由 4 个模块组成，如图 7-29 所示。

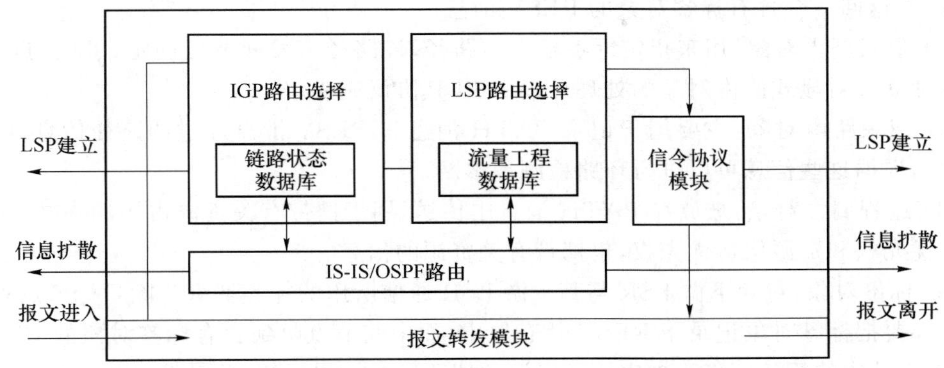

图 7-29　MPLS TE 的工作原理

（1）信息发布模块

流量工程需要知道网络的拓扑信息和网络的负载信息。为此，引入信息发布模块，通过扩展的 IGP 来发布链路状态信息，包括最大链路带宽、最大可预留带宽、当前预留带宽等。收集链路状态信息后，每个路由器维护网络的链路属性和拓扑属性，形成流量工程数据库（Traffic Engineer Database，TED）。利用 TED，可以计算出满足各种约束的路径。

（2）路径选择模块

MPLS TE 技术通过显式路由来指定数据转发的路径，即在每个入口路由器上指定 LSP 隧道经过的路径。起始 LSR 通过对 TED 中的信息使用约束最短路径优先（Constraint-based SPF，CSPF）算法来决定每条 LSP 的物理路径，即在计算通过网络的最短路径时，将特定的约束（如带宽需求、最大跳数、隧道优先级、隧道管理权重、隧道属性等）也考虑进去。

（3）信令协议模块

信令协议模块用来预留资源，建立 LSP。LSP 隧道的建立一般通过扩展的资源预留（Resource reSerVation Protocol-Traffic Engineering，RSVP-TE）协议完成。

（4）报文转发模块

MPLS TE 通过标签沿着某条预先建立好的 LSP 进行报文转发。

3. LSP 隧道的建立

如前所述，实现流量工程需要建立显式路由 LSP，而显式路由 LSP 的建立需要通过限制路由技术。限制路由的“限制”主要来自两个方面：一方面是流量本身特征的限制；另一方面是网络链路资源特征的限制。

MPLS 有两种标签分配协议可以提供限制路由：一个是限制路由的标签分配协议 CR-LDP；另一个是扩展的资源预留协议 RSVP-TE。由于 RSVP-TE 较为常用，下面对其进行介绍。

RSVP-TE 定义了 5 个重要的对象，分别是：标签请求（Label_Request）、显式路由

(Explicit_Route)、记录路由(Record_Route)、进程属性(Session_Attribute)以及标签(Label)。这些对象主要用于RSVP的PATH消息和RESV消息。

(a) 标签请求对象:用于向下一跳申请一个标签。除目标节点外的所有节点都要把标签请求对象记录于PATH状态块中,而目标节点收到PATH消息时,将触发该节点分配一个标签,并返回一个含有标签对象的RESV消息。

(b) 显式路由对象:用来指定标签建立的路径,该路径由发起节点确定,可以与传统IP路由相独立。对显式路由对象的处理可以由LDP协议完成。

(c) 记录路由对象:主要用于记录PATH消息和RESV消息经过的路径信息(网络节点地址),根据这些信息可以进行环路检测和诊断。

(d) 进程属性对象:被放在PATH消息中传送,用于携带有关资源占用的参数,包括资源获取优先权和资源保持优先权,也携带有关资源的信息。

(e) 标签对象:包含下游LSR与其上游LSR通信所用的标签捆绑。除目标节点外的所有节点都要把标签对象记录于RESV状态块中,而中间节点收到含有标签对象的RESV消息时,要把其中的标签值作为被申请的资源预留路径的输出标签,并触发本节点分配一个新的标签值,将该标签值放在标签对象中,通过RESV消息向上一跳返回。当发起节点收到含有标签对象的RESV消息时记录下输出标签值,并向MPLS返回路径建立成功消息。

RSVP-TE提出了标签交换路径隧道(LSP Tunnels)的概念。"隧道"是利用RSVP-TE来建立的LSP,在LSP的沿途LSR并不打开数据报。此时,网络对于数据流来说就像一个隧道,数据流从一端进入,从另外一端推出。

下面以图7-30为例,说明利用RSVP-TE建立一条从入口LSR A到出口LSR C的LSP隧道的过程。

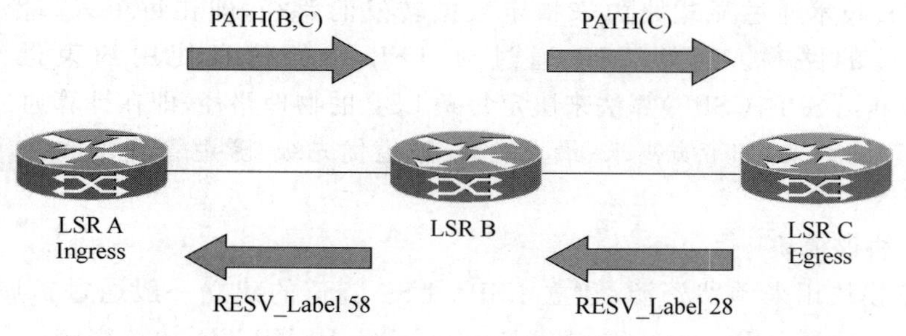

图7-30 利用RSVP-TE建立LSP隧道的过程

(a) LSR A根据网络管理策略和流量特征参数,决定选择一条经过LSR B到达LSR C的路径。显然,这是一条显式LSP。LSR A通过一条PATH消息携带显式路径(B,C)以及路径所需要的流量特征参数。PATH消息中主要包含显式路由对象和标签请求对象。其中,显式路由对象描述了为建立LSR A与LSR C间LSP的PATH消息所应走的物理路径;标签请求对象表明了路径上所有LSR都要求进行LSP的标签捆绑。此外,PATH消息中还可以包含进程属性对象、记录路由对象等。

(b) LSR B接收到PATH请求消息之后,在其路径状态模块中记录标签请求对象及显式路由对象,路径状态模块还包括前一跳的IP地址、会话期、发送者等信息。这些信息用于将相关的RESV消息路由回LSR A。同时,LSR B判断自己不是该标签交换路径LSP的出口之后，修改 PATH 请求消息中的显式路径，继续将消息沿着规定的路径传递给下游，转发给 LSR C。

(c) LSR C 接收到 PATH 请求消息之后，从标签请求对象中得知自己为这条标签交换路径 LSP 的出口，并且从请求消息中得到流量特征参数，预留并重新分配所需的资源。同时，LSR C 为该标签交换路径 LSP 分配一个标签，将该标签包含在一个 RESV 消息的标签对象内。RESV 消息从 LSR 的本地路径状态模块中获得前一跳 LSR B 的 IP 地址。RESV 消息通过 LSR B 往回传送。

(d) LSR B 收到 RESV 消息之后，根据 RESV 消息中携带的详细标签交换路径 LSP 预留信息，分配相应的资源和新的标签。LSR B 将新的标签放置在 RESV 消息的标签对象中(替换接收到的标签)，建立标签转发表，将 RESV 消息发送给 LSR A。

(e) LSR A 接收到包含由 LSR B 分配的标签的 RESV 消息。由于 LSR A 是本标签交换路径的起点，因此无须再为标签交换路径 LSP 分配标签。LSR A 对所有映射到这一条 LSP 的输出业务使用 LSR B 分配的标签。

至此，一条从 LSR A 到 LSR C 的 LSP 隧道成功建立。

4. 应用举例

下面还是以图 7-28 所示的网络为例，说明 MPLS TE 启用后的网络情况，结果如图 7-31 所示。假设 R8-R5 已经建立 Tunnel 路径为 R8-R2-R3-R4-R5，此时 R1 也需要建立到 R5 的 Tunnel，通过 TED 中的信息，会发现 R3-R4 的剩余带宽为 14 Mbit/s，无法满足 R1-R5 需要的40 Mbit/s，所以 R1-R5 的 Tunnel 路径会选择 R1-R2-R6-R7-R4-R5，基本实现了链路负荷均衡。

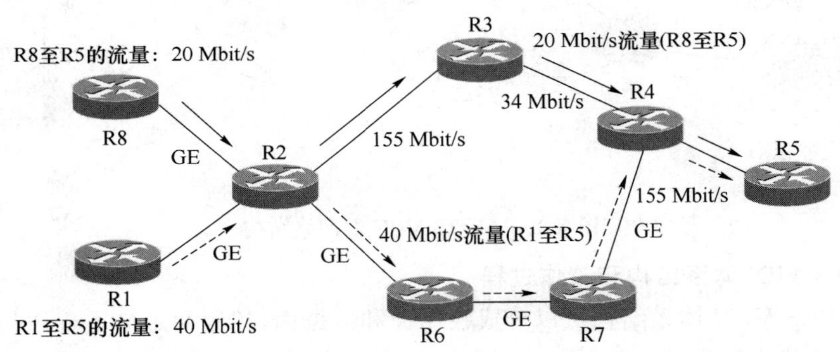

图 7-31　MPLS TE 应用举例

在某些情况下，MPLS 的两个节点之间的某一业务量有可能无法通过一条单独的链路或路径来承担。MPLS TE 可以使用两条或多条 LSP 来承载同一个用户的 IP 业务流，合理地将用户业务流分摊到这些 LSP 之间，以便实现多条平行的 LSP 上流量的负载均衡。

7.3.3 MPLS VPN

虚拟专用网 (Virtual Private Network，VPN)是在公共的运营网络中开辟出一片相对独立的资源，专门为某个企业用户使用，而企业用户可以具有一定的权限监控和管理自己的这部分资源，就如同自己组建了一个专用网络一样。“虚拟”是因为这个网络并不提供物理上端到端专有连接；“专用”是因为在一个共享的网络基础设施上，企业可以获得跟专网一样的安全性、可管理性、服务质量保证和地址分配方案。

1. MPLS VPN 网络结构

基于MPLS技术构建的VPN称为MPLS VPN,其网络结构如图7-32所示。

(a) 站点(Site):用户端网络的总称,可以通过一个单独的物理端口或逻辑端口连接到PE。

(b) CE(Custom Edge):用户端网络中直接与PE相连的路由器,CE通过标准的路由协议与PE交换路由信息。

(c) PE(Provider Edge):服务提供商骨干网中的边缘路由器,是MPLS VPN的主要实现者。PE路由器连接CE路由器,通过MBGP向其他的PE传播VPN的相关信息,包括VPN-IPv4地址、扩展成员关系以及标签。

(d) P(Provider Router):服务提供商骨干网中的核心路由器,负责MPLS标签转发。由于PE之间在传送业务之前已经知道了VPN成员关系,并通过LDP完成了标签绑定工作,建立了一条从PE到PE的标签交换路径LSP,所以P路由器无需维护VPN的路由信息和所承载业务流的信息,只要透明地传送由PE传送来的业务流即可。

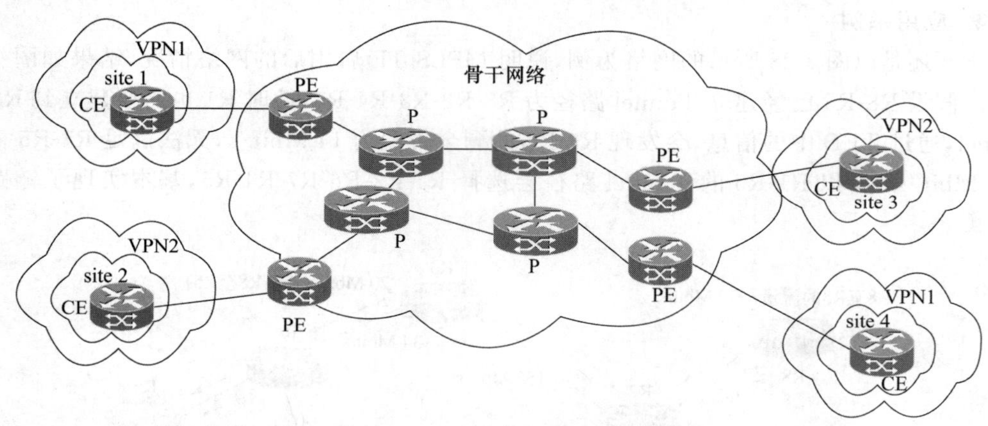

图7-32 MPLS VPN的网络结构

2. MPLS VPN 体系结构和工作过程

整个MPLS VPN体系结构可以分成控制面和数据面,控制面定义了VPN路由信息的分发和LSP的建立过程,数据面则定义了VPN数据的转发过程。

(1) 控制面

在控制层面,P路由器并不参与VPN路由信息的交互,PE路由器则维护相连的所有VPN的路由信息。为了在MPLS网络中提供VPN的业务,PE路由器中存在两种独立的路由表:全局路由表和虚拟路由转发表(Virtual Routing Forwarding Table,VRF),如图7-33所示。全局路由表用于存放通过IGP学习到的路由;VRF则存放通过MP-BGP(扩展的BGP协议)学习到的来自CE的路由。在PE设备上,属于同一VPN的用户站点对应一个VRF,VRF包含同一个站点相关的路由表、转发表、接口(子接口)、路由实例和路由策略等信息。

为了将VPN用户可能重叠的IPv4地址空间映射为全局彼此不重叠的VPNv4地址空间,运营商为每个VPN分配了一个长度为64 bit的、全局唯一的标识符,称为路由标识符

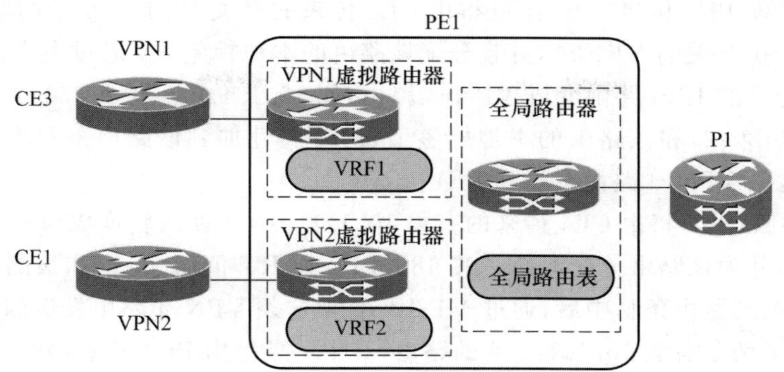

图 7-33　PE 路由器中的全局路由表和虚拟路由转发表

(Route Distinguisher,RD)。VPNv4 地址由 RD 和 IPv4 地址共同构成,RD 的全局唯一性保证了每个 VPNv4 地址在网络中的唯一性。PE 将 VPNv4 地址存储进 VRF 中用来代替 IP 地址。

VPN 中另一个重要参数是路由目标(Route Target,RT)。RT 的长度也是 64 比特,也具有全局唯一性。RT 分成 Import RT 和 Export RT,分别用于路由信息的导入和导出策略,即当 PE 从 VRF 表中导出 VPN 路由时,要用 Export RT 对 VPN 路由进行标记;当 PE 收到 VPNv4 路由信息时,只有所带 RT 标记与 VRF 表中任意一个 Import RT 相符的路由才会被导入到 VRF 表中。

重点难点讲解

下面以图 7-34 为例说明 PE 间 VPN 用户的路由信息交互过程。

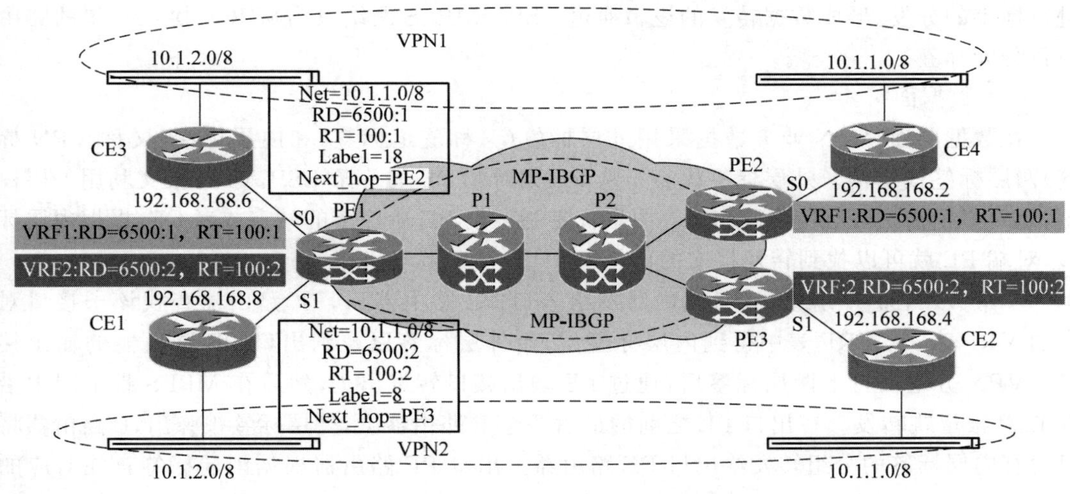

图 7-34　PE 间 VPN 用户的路由信息交互过程

在图 7-34 所示的网络中,CE3 和 CE4 属于 VPN1,CE1 和 CE2 属于 VPN2,CE1 和 CE3 连接到 PE1,CE4 和 CE2 分别连接到 PE2 和 PE3。运营商为 VPN1 用户分配的 VRF 参数为 RD=6500:1,RT=100:1;为 VPN2 用户分配的 VRF 参数为 RD=6500:2,RT=100:2。CE 和 PE 之间采用静态/默认路由或 RIPv2、OSPF 等动态路由协议进行路由信息的交互,PE 和 PE 之间则采用 MP-IBGP 进行路由信息的交互。

以 PE3 为例,PE3 从接口 S1 上获得由 CE2 传来的有关 10.1.1.0/8 的路由,PE3 把该路由放置到和 S1 有关的 VRF 中,并且分配该路由的本地标签 8。通过参考 VRF 中的 RD 参数,PE3 把正常的 IPv4 路由变成 VPNv4 路由,如 10.1.1.0/8 变成 6500:2:10.1.1.0/8,同时把 RT 值(100:2)和该路由的本地标签值(8)等属性加到该路由条目中去。PE3 通过 MP-IBGP 把这条 VPNv4 路由发送到 PE1 处。

与 PE3 类似,PE2 将由 CE4 传来的有关 10.1.1.0/8 的路由转换成 VPNv4 路由 6500:1:10.1.1.0/8,并为该路由分配本地标签 18。PE2 把 RT 值(100:1)和该路由的本地标签值(18)等属性加到路由条目中后,通过 MP-IBGP 把这条 VPNv4 路由发送到 PE1 处。

PE1 收到了两条有关 10.1.1.0/8 的路由,其中一条是由 PE2 发来,另一条是由 PE3 发来。由于 RD 的不同,PE1 不会将这两条路由混淆。PE1 的 MP-BGP 接收到该两条路由后,去掉路由所带的 RD 值,使之恢复 IPv4 路由原貌,根据 RT 值把 IPv4 导入到各个 VRF 中,也即带有 RT=100:1 和本地标签值(18)的 10.1.1.0/8 的路由导入到 VRF1 中,带有 RT=100:2 和本地标签值(8)的 10.1.1.0/8 的路由导入到 VRF2 中。PE1 再通过 CE 和 PE 之间的路由协议把不同的 VRF 的内容通告到各自相连的 CE 中去。

因此,MPLS VPN 的建立过程可以归纳如下:

(a) PE 通过 RIP、OSPF 等常见的路由协议,从每个 CE 端学习到 VPNv4 路由,给该路由绑定标签;

(b) PE 利用 MP-IBGP 将该 VPNv4 路由及标签传递给 VPN 出口 PE;

(c) VPN 出口的 PE 根据 RT 属性更新 VRF 表。

需要注意的是,除了路由协议外,在控制层面工作的还有 LDP,它在整个 MPLS 网络中进行标签的分发,形成数据转发的逻辑通道 LSP。MPLS 网络只为从 IGP 协议获得的路由条目分配标签。

(2) 数据面

在数据层面,VPN 业务数据采用外层标签(又称隧道标签)和内层标签(又称 VPN 标签)两层标签栈结构。外层标签代表了从 PE 到对端 PE 的一条 LSP,VPN 报文利用外层标签,就可以沿着 LSP 到达对端 PE。内层标签指示了 PE 所连接的站点或者 CE,根据内层标签,对端 PE 就可以找到转发报文的出接口。

一个 VPN 业务分组由 CE 路由器发给入口 PE 路由器后,PE 路由器查找该子接口对应的 VRF 表,从 VRF 表中得到内层标签、初始外层标签以及到出口 PE 路由器的输出接口。VPN 分组被打上两层标签后,通过 PE 输出接口转发出去,然后在 MPLS 骨干网中沿着 LSP 被逐跳转发。在出口 PE 之前的最后一个 P 路由器上,外层标签被弹出,P 路由器将只含有内层标签的分组转发给出口 PE 路由器。出口 PE 路由器根据内层标签查找对应的输出接口,在弹出内层标签后通过该接口将 VPN 分组发送给正确的 CE 路由器,从而实现了整个数据转发过程。

下面以图 7-35 为例对上述过程作进一步的说明。

假设 CE1 和 CE2 所在的站点属于同一 VPN,PE3 为到达 CE2 的路由分配标签 8,并将路由与标签的绑定信息通过 MP-IBGP 协议发送至 PE1。当 CE1 给 CE2 发送数据时,这些数据在 PE1 处被划分为转发等价类 X。假设在 PE1 与 PE3 之间也已经为转发等价类 X 建立了 LSP,PE1 上与 CE1(S1 接口)对应的 VRF 表内容、各 P 路由器和 PE 路由器上的转发表中相应内容如图 7-35 所示，则 CE1 到 CE2 的数据转发过程如下。

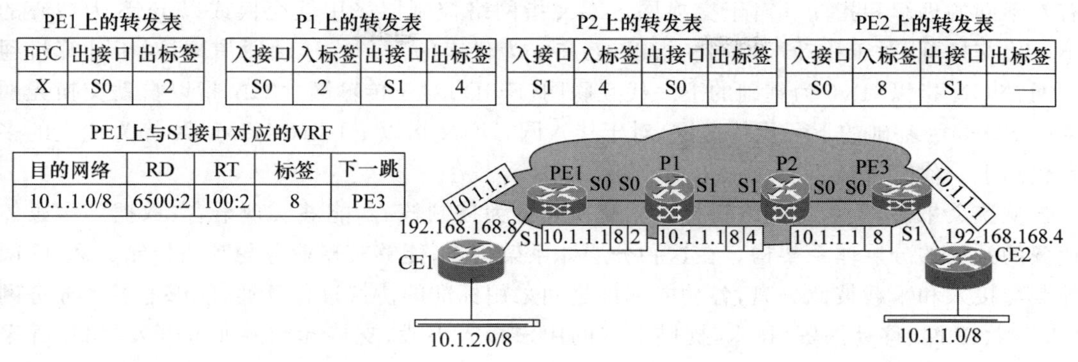

图 7-35　MPLS VPN 的数据转发过程

(a) CE1 接收到发往 10.1.1.1 的 IP 数据报，查询路由表，把该 IP 数据报发送到 PE1。

(b) PE1 从 S1 口上收到 IP 数据报后，查询与 S1 接口对应的 VRF 表，给数据报打上标签 8(内标签)。数据被划分为转发等价类 X 后，PE1 根据转发表，给数据包打上标签 2(外标签)。所以该 IP 数据报被打上了两个标签。

(c) P1 从 S0 接口收到标签包后，根据转发表分析顶层的标签，把顶层标签换成 4，将标签包从接口 S1 发往 P2。

(d) P2 和 P1 一样做同样的操作。由于次末中继弹出机制，P2 去掉标签 4，直接把只带有一个标签的标签包发往 PE3。

(e) PE3 收到标签包后，分析标签。由于该标签 8 是它本地产生的，所以根据转发表，PE3 去掉标签包的标签，恢复其 IP 数据报原貌，从 S1 端口发出。

(f) CE2 获得 IP 数据报后，进行路由查找，把数据发送到 10.1.1.0/8 网段上。

相对于传统 VPN，MPLS VPN 可以实现底层标签的自动分配，在业务的提供上比传统 VPN 更加廉价，更快速。同时，MPLS VPN 通过利用标签中的 EXP 等字段，与区分服务、流量工程等相关技术相结合，可以为用户提供不同服务质量等级的服务。因此 MPLS VPN 凭借其强大的 QoS 能力、高可靠性、高安全性、扩展能力强、控制策略灵活以及管理能力强大等特点，在下一代网络的承载网中得到广泛的应用。

7.4　下一代网络(NGN)

7.4.1　NGN 的基本概念及体系结构

1. NGN 的概念

就词义来说，NGN 泛指下一代网络。由于其本身缺乏明确的指向，而且 NGN 涵盖的通信领域也非常广泛，所以国际标准化组织、研究机构及业界给它下的定义也不尽相同。目前，得到较多认可的 NGN 的概念有广义和狭义两种。

从广义上讲，NGN 泛指一个不同于现有网络、采用大量新技术，以 IP 技术为核心，同时可以支持语音、数据和多媒体业务的融合网络。从这个角度来看,不同行业和领域对NGN有着不同的理解和指向。对于交换网,NGN指网络控制层采用软交换或以IMS为核心的下一代交换网;对于移动网,NGN指以4G/5G为代表的下一代移动通信网;对于计算机通信网,NGN指以IPv6为基础的下一代互联网(NGI);对于传输网,NGN指以自动交换光网络(ASON)为基础的下一代传送网;对于接入网,NGN指以FTTH/WiMAX等为代表的多元化的下一代宽带接入网。

从狭义来讲,下一代网络特指以软交换设备为控制核心,能够实现语音、数据和多媒体业务的开放的分层体系架构。在这种分层体系架构下,能够实现业务与呼叫控制分离、呼叫控制与接入和承载彼此分离,各功能部件之间采用标准的协议进行互通,能够兼容各业务网(PSTN、IP网、移动网等)技术,提供丰富的用户接入手段,支持标准的业务开发接口,并采用统一的分组网络进行传送。

ITU-T在2004年归纳出了NGN的基本特征:基于分组的传送;控制功能从承载能力、呼叫/会话和应用/服务中分离;业务提供和承载网络分离,提供开放的接口;提供广泛的服务和应用,提供服务模块化的机制;保证端到端的QoS和透明性的宽带能力;通过开放的接口与现有网络互联;具有通用移动性;用户可不受限制地接入不同的服务提供商;多样化的身份认证,可以解析成IP地址用于IP网的路由;同一种服务具有一致的服务特性;融合了固定、移动网络的服务;与服务相关的功能独立于基础传输技术;符合相关法规的要求,如应急通信、安全、隐私法规等。

在此基础上,ITU-T在2004年发布的建议草案中给出了NGN的初步定义:NGN是基于分组的网络,能够提供电信业务,能使用多宽带、确保QoS的传输技术,而且网络中业务功能不依赖于底层的传输技术;NGN能使用户自由地接入到不同的业务提供商,支持通用移动性,实现用户对业务使用的一致性和统一性。

需要注意的是,这不是NGN的唯一定义。从发展的角度来看,NGN定义和其含义还会随着技术的进步和业界对其认识的深入而不断变化。

2. NGN的特点

从ITU-T给出的NGN的上述特征中,可以总结出NGN的三大特点。

(1) 开放的网络构架体系

将传统交换机的功能模块分离成为独立的网络部件,各个部件可以按相应的功能划分,各自独立发展。部件间的协议接口基于相应的标准。部件标准化使得原有的电信网络逐步走向开放,运营商可以根据业务的需要自由组合各部分的功能产品来组建网络。部件间协议接口的标准化可以实现各种异构网络的互通。

(2) 下一代网络是业务驱动的网络

采用业务与呼叫控制分离、呼叫控制与承载分离技术,实现开放分布式的网络结构,使业务真正独立于网络。通过开放式协议和接口,用户可以自行配置和定义自己的业务特征,不必关心承载业务的网络形式以及终端类型,使得业务和应用的提供有较大的灵活性。

(3) 下一代网络是基于统一协议的分组网络

随着IP网络及技术的发展,人们认识到电信网络、计算机通信网络及有线电视网络将最终统一到基于IP网络上,即所谓的“三网”融合。基于统一的IP协议,利用多种宽带能力和有QoS保证的传送技术,NGN能提供安全、可靠和保证QoS的通信。

3. NGN 的体系结构

NGN 研究组织及国际、国内设备提供商从功能上把 NGN 划分成包括应用层、控制层、传输层及接入层的分层结构，如图 7-36 所示。

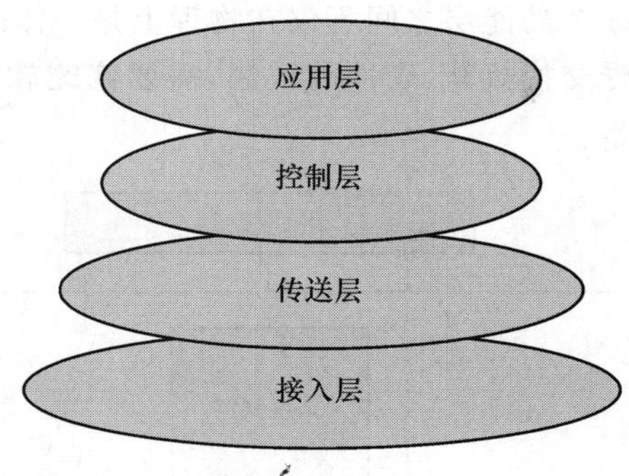

图 7-36　下一代网络的功能分层

从功能分层结构可以看出，NGN 的控制功能与承载分离、呼叫控制和业务/应用分离；打破了传统电信网的封闭的结构，各层之间相互独立，通过标准接口进行通信，并可实现异构网络的融合。

各层的功能简单描述如下。

(1) 接入层(Access Layer)

将用户连接至网络，提供将各种现有网络及终端设备接入网络的方式和手段；负责网络边缘的信息交换与路由；负责用户侧与网络侧信息格式的相互转换。

(2) 传送层(Transport Layer)

传送层包括各种分组交换节点，是网络信令流和媒体流传输的通道。NGN 的核心承载网是以光网络为基础的分组交换网，可以是基于 IP 或 ATM 的承载方式，而且必须是一个高可靠性、能够提供端到端 QoS 的综合传送平台。

(3) 控制层(Control Layer)

控制层完成业务逻辑的执行，包含呼叫控制、资源管理、接续控制等操作，并可以向用户提供各种基本业务和补充业务。

(4) 应用层(Application Layer)

应用层是下一代网络的服务支撑环境，在呼叫建立的基础上提供增强的服务，同时还向运营支撑系统和业务提供者提供服务支撑。

尽管 NGN 从功能可以分为上述 4 个层次，但广义的 NGN 包罗万象，不同网络其具体的架构和功能各不同。因此，下面从交换网的角度对 NGN 进行介绍，根据所采用的控制层技术不同，分为以软交换为核心的 NGN 和以 IMS 为核心的 NGN。

7.4.2　基于软交换的 NGN

软交换(Softswitch)的基本含义就是把呼叫控制功能从传统综合媒体网关中分离出来，通过服务器上的软件实现基本呼叫控制功能，包括呼叫选路、管理控制、连接控制和信令互通。软交换网络就是基于软交换技术，在分组交换网上提供实时语音和多媒体业务的网络，是 NGN 的实现方式之一。

1. 基于软交换的NGN体系结构

根据功能的不同,传统的程控交换机可分为控制、交换(承载连接)和接入3个功能层,如图7-37所示。它的缺点主要有:各层之间没有开放的互联标准和接口,而是采用设备制造商非开放的内部协议;这3个功能层之间不仅在物理上是一体的,而且软、硬件互相牵制、不可分割;能够提供的业务受交换机软、硬件的限制,需要修改软件或硬件来支持新增或修改业务,提供新业务十分困难。

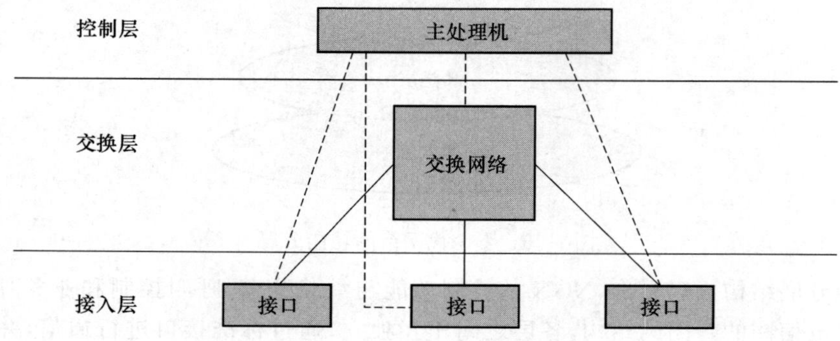

图7-37 传统交换机的体系结构

软交换技术建立在分组交换技术的基础上,其核心思想是将传统交换机的3个功能层进行分离,再把业务从软、硬件的限制中分离,最终形成4个相互独立的层次。而且,这4个层之间具有标准、开放的接口,实现业务与呼叫控制、呼叫控制与媒体接入功能的分离。基于软交换的网络体系结构如图7-38所示。

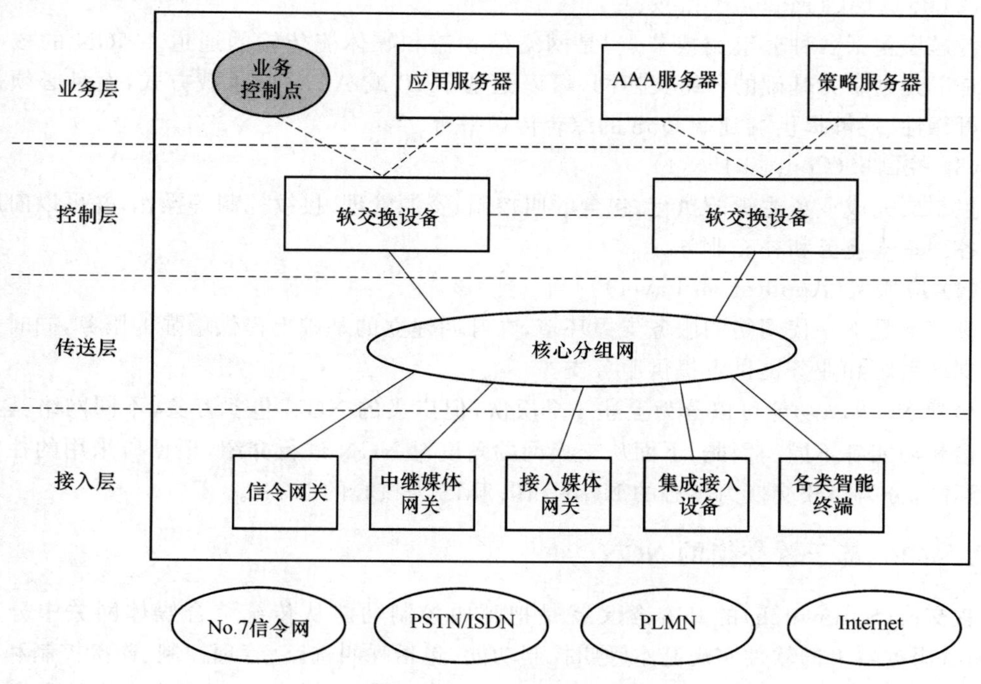

图7-38 基于软交换的网络体系结构

根据功能的不同,网络可分为 4 个功能层。

(1) 接入层

接入层的功能是利用各种接入设备实现不同用户的接入,再由核心分组交换网将用户业务进行集中并传送到目的地。

接入层的设备包括信令网关(SG)、媒体网关(MG)、综合接入设备(IAD)、媒体资源服务器(MS)和各种智能终端。接入层的设备都没有呼叫控制的功能,它必须和控制层设备相配合,才能完成所需要的操作。

(a) SG:完成电路交换网和分组交换网之间的 No.7 信令的转换,将 No.7 信令通过分组网络传送。

(b) MG:将一种网络中的媒体转换成另一种网络所要求的媒体格式。根据媒体网关所接续网络或用户性质的不同,又可以分为中继媒体网关(TMG)和接入媒体网关(AG)两类。TMG 一侧通过中继电路与 PSTN 的交换局连接,另一侧与分组网连接,完成电路交换的 TDM 流与 IP 流格式的转换。通过与控制层设备的配合,在分组网上实现话音业务的长途/汇接功能。AG 也是为了在分组网上传送话音而设计,所不同的是,AG 的电路侧提供了比 TMG 更为丰富的接口,包括直接连接模拟电话用户的 POTS 接口、连接传统接入网的V5.2 接口、连接 PBX 小交换机的 PRI 接口等,从而实现铜线方式的综合接入功能。

(c) IAD:用来将用户的数据、语音及视频等业务接入分组网络中。

(d) MS:MS 是软交换体系中提供专用媒体资源功能的独立设备,也是下一代分组语音网络中的重要设备,提供基本业务和增强业务中的媒体处理功能,包括业务音提供、交互式应答(IVR)、播放录音通知等。

(e) 智能终端:基于 IP 技术的各种智能终端,如 IP 电话、PC 软终端等,可以直接连接到软交换网络,不需要媒体流的转换。

(2) 传送层

传送层为各种数据流(媒体流和信令流)选路到目的地,并提供宽带传输通道。它是一个基于 IP 的核心分组网络,在不同种类的网关将数据流转换成统一格式的 IP 分组后,利用 IP 路由器等骨干网传输设备实现数据传送。

(3) 控制层

控制层是整个软交换网络架构的核心层。该层设备一般被称为软交换设备、软交换机或媒体网关控制器(MGC),在移动通信系统中一般将其称为 MSC 服务器(MSC Server)。软交换设备的主要功能如下。

(a) 呼叫处理控制功能,负责完成基本的和增强的呼叫处理过程。

(b) 接入协议适配功能,负责完成各种接入协议的适配处理过程。

(c) 业务接口提供功能,负责完成向业务层提供开放的标准接口。

(d) 互联互通功能,负责完成与其他对等实体的互联互通。

(e) 应用支持系统功能,负责完成计费、认证、操作维护等功能。

(4) 业务层

业务层为整个下一代网络体系提供业务能力上的支持。业务层由一系列的业务应用服务器组成。

(a) 应用服务器:在软交换网络中向用户提供各类增值业务的设备,负责增值业务逻辑的执行、业务数据和用户数据的访问、业务的计费和管理等,它应能够通过SIP协议控制软交换设备完成业务请求,通过SIP/H.248(可选)/MGCP(可选)协议控制媒体服务器设备提供各种媒体资源。

(b)策略服务器:完成策略管理的设备,策略是指规则和服务的组合,而规则定义了资源接入和使用的标准。

(c)功能服务器:功能服务器包括验证、鉴权、计费服务器(AAA)等。

(d)业务控制点(SCP):软交换可与SCP互通,以方便地将现有智能网业务平滑移植到NGN中。

可见,软交换体系结构的4个功能层与NGN的功能分层一致,利用该体系结构可以建立下一代网络框架。

2. 软交换网络的协议

NGN的目标是建设一个能够提供话音、数据、多媒体等多种业务的,集通信、信息、电子商务、娱乐于一体,满足自由通信的分组融合网络。为了实现这一目标,IETF、ITU-T制定并完善了一系列标准协议。以软交换为核心的NGN中各设备之间使用的协议如图7-39所示。

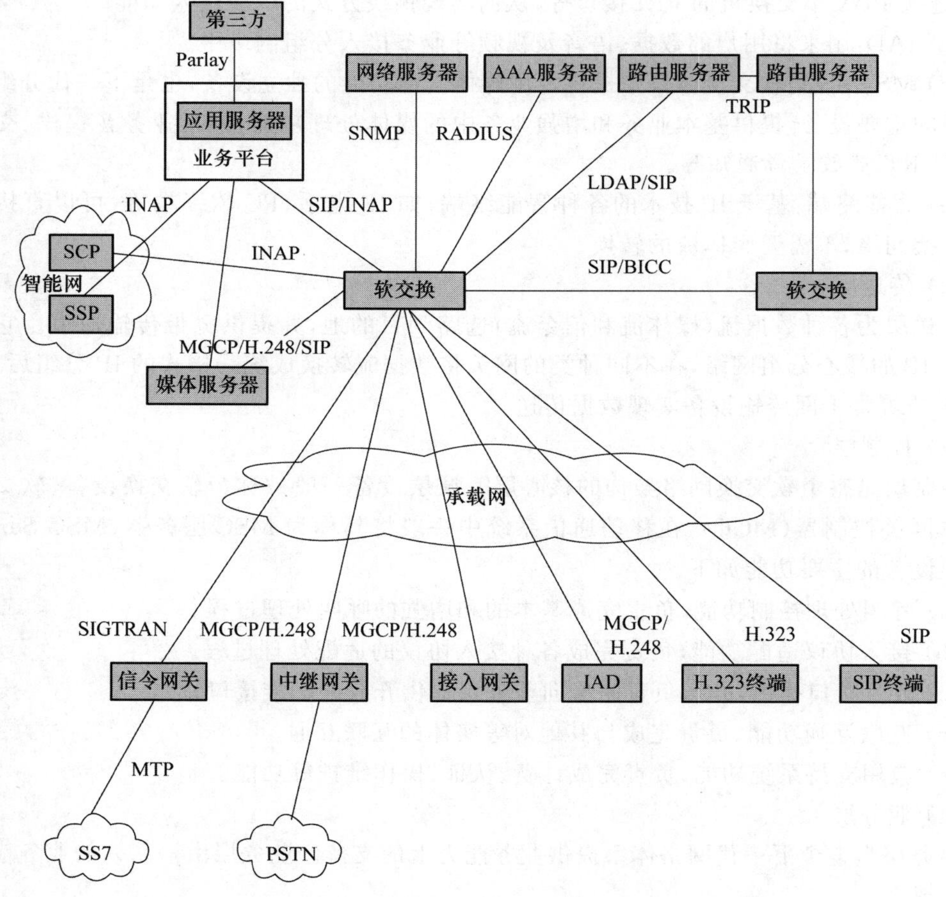

图7-39 基于软交换的NGN中各设备之间采用的协议

以软交换为核心的 NGN 中各设备间采用的协议如下。

(a) 软交换与信令网关(SG)间的接口使用 SIGTRAN 协议,信令网关(SG)与 7 号信令网络之间采用 7 号信令系统的消息传递部分 MTP 的信令协议。信令网关完成软交换和信令网关间的 SIGTRAN 协议到 7 号信令网络之间消息传递部分 MTP 的转换。

(b) 软交换与中继媒体网关(TMG)间采用 MGCP 或 H.248/Megaco 协议,用于软交换对中继网关进行承载控制、资源控制和管理。

(c) 软交换与接入网关(AG)和 IAD 之间采用 MGCP 或 H.248 协议。

(d) 软交换与 H.323 终端之间采用 H.323 协议。

(e) 软交换与 SIP 终端之间采用 SIP 协议。

(f) 软交换与媒体服务器(MS)之间接口采用 MGCP、H.248 协议或 SIP 协议。

(g) 软交换与智能网 SCP 之间采用 INAP(CAP)协议。

(h) 软交换设备与应用服务器间采用 SIP/INAP 协议,业务平台与第三方应用服务器之间的接口可使用 Parlay 协议。

(i) 软交换设备之间的接口主要实现不同软交换设备间的交互,可使用 SIP-T 和 ITU-T 定义的 BICC 协议。

(j) 媒体网关之间的媒体传送采用 RTP/RTCP 协议。

7.4.3　基于 IMS 的 NGN

IP 多媒体业务子系统(IP Multimedia Subsystem,IMS)与软交换技术一样,体系架构都采用了应用、控制和承载相互分离的分层架构思想;但 IMS 比软交换更进一步,能够将蜂窝移动通信网技术和 Internet 技术进行有机的结合。

1. IMS 的概念

近年来,竞争的加剧和技术的进步,使得移动运营商需要考虑帮助用户获得更有竞争力的固网替代业务,而固网运营商则需要设法为固定宽带网络赋予移动的性能。此时,构建一个统一、融合的通信网络,成为电信业的共识。

要全面实现固定移动融合,新的体系架构应该满足以下 3 个方面的要求。

(a) 应能提供电信级的 QoS 保证,即在会话建立的同时按需进行网络资源的分配,使用户能够随时随地享受到满意的实时多媒体通信服务。

(b) 应能提供融合各类网络能力的综合业务,特别是电信和 Internet 相结合的业务。采用开放式业务提供结构,支持第三方业务开发,提供用户所需的个性化的多媒体业务。

(c) 应能对业务进行有效而灵活的计费,即根据会话的业务类别、业务流量、业务时段等基本信息,制订不同的计费策略。

3GPP 提出的 IMS 技术标准,很好地满足上述要求,实现了蜂窝移动通信网技术和 Internet 技术有机结合。由于其与接入无关、统一采用 SIP 协议进行控制、业务与控制分离、用户数据与交换控制分离等特性,IMS 已经得到国际标准化组织的普遍认可,目前是 NGN 发展的一个主要技术方向。

2. IMS 的体系结构

3GPP IMS 的体系采用了分层结构,由下往上分为 IP 连通接入网络(IP Connectivity Accsess Netwrok,IP-CAN)、IP 多媒体核心网络(IM CN)和业务网络 3 个层次,如图 7-40

所示。

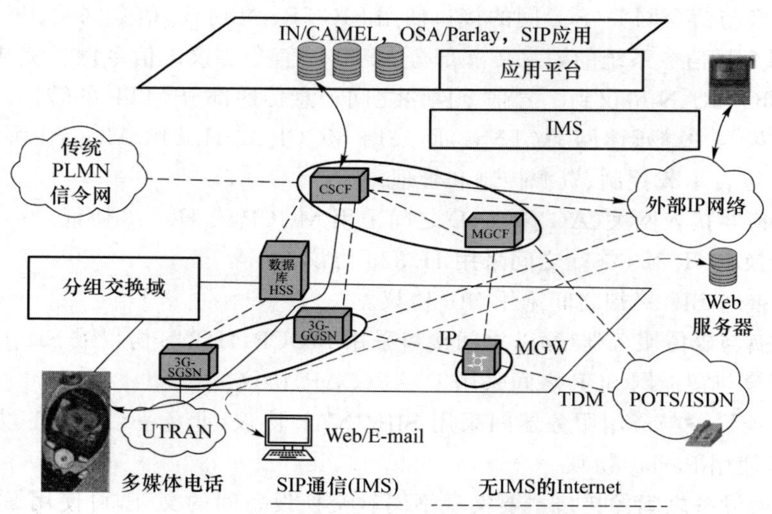

图7-40　3GPP IMS的体系结构

IP-CAN位于网络的边缘，主要负责发起和终结各类SIP会话，实现IP分组承载与其他各种承载之间的转换，根据业务部署和会话层的控制实现各种QoS策略，以及完成与传统PSTN/PLMN间的互联互通。WCDMA的无线接入网络(RAN)以及分组域(PS Domain)、cdma2000网、WLAN或者ADSL、Cable都是常见的IP-CAN。

IM CN位于网络的核心，呼叫会话控制功能(Call Session Control Function，CSCF)、多媒体资源控制器(Multimedia Resource Function Controller，MRFC)、出口网关控制功能(Breakout Gateway Control Function，BGCF)和IP多媒体业务交换功能(IP Multimedia-Services Switching Function，IM-SSF)等都是这一层重要的功能实体。IM CN全部基于IP协议，主要完成基本会话的控制，完成用户注册、SIP会话路由控制，与应用服务器交互执行应用业务中的会话、维护管理用户数据、管理业务QoS策略等功能。

业务网络则通过CAMEL、OSA/Parlay和SIP技术提供多媒体业务的应用平台，可以实现传统的基本电话业务，如呼叫前转、呼叫等待、会议等业务，也可以向用户提供多媒体业务逻辑。

3. IMS的特点

IMS基于全IP，采用SIP协议进行控制，可以同时支持固定和移动的多种接入方式，实现固定网与移动网的融合。IMS体系架构具有如下特点。

(1) 与接入无关

IMS架构中终端通过IP与网络连通，而不需要通过综合接入设备(IAD)、接入网关(AG)等设备来适配，真正实现与接入无关。

(2) 协议统一

统一采用SIP协议进行控制。SIP简洁高效、可扩展性和适用性好，使IMS能够灵活便捷地支持广泛的IP多媒体业务；并且SIP可与现有固定IP数据网平滑对接，便于实现固定和无线网络的互通。

(3) 业务与控制分离

IMS 定义了标准的基于 SIP 的 IP 多媒体业务控制接口(IP Multimedia Service Control,ISC)。IMS 网络中的 CSCF 不再处理业务逻辑,而是只为业务提供基础能力支持,包括用户注册、地址解析和路由、安全、计费、SIP 压缩等。通过分析用户签约数据的初始过滤规则,CSCF 触发到规则指定的应用服务器,由应用服务器完成业务逻辑处理。这样的方式使得 CSCF 成为一个真正意义上的控制层设备,实现了业务与控制的完全分离。

(4) 用户数据与交换控制分离

用户数据与交换控制功能分离是移动网络的特点,而 IMS 实现固定网与移动网的融合,因此也具有此优势。IMS 在用户数据分离方面的一个特点是与 HSS(Home Subsciber Server)的访问接口利用 IETF 定义的 Diameter 协议替换了原先移动网络中的 MAP 协议,利于固定移动网络融合和向全 IP 网络演进。

(5) 归属服务控制

IMS 要求用户从拜访地接入网络后,必须回到归属地,由归属的 CSCF 进行用户的注册、呼叫控制和业务触发。这种控制方式有利于运营商对网络的控制和管理,尤其是计费和服务质量的管理。

(6) 水平体系架构

IMS 采用水平的体系结构,业务使能和公共功能都可以重新用于其他多种应用,运营商无须再为特定应用建设单独的网络,从而避免了传统网络结构在计费管理、状态属性管理、组群和列表管理、路由和监控管理方面的功能重叠。

(7) 策略控制和 QoS 保证

IMS 中提供策略控制和 QoS 保证机制。终端在会话建立时协商媒体能力并提出 QoS 要求,策略控制单元则在会话建立之前在传输层为媒体流预留资源,从而保证 QoS。

4. IMS 的功能实体

IMS 的系统结构如图 7-41 所示,主要的功能实体包括:呼叫会话控制功能(CSCF)、归属用户服务器(HSS)、媒体网关控制功能(MGCF)、IP 多媒体-媒体网关功能(IM-MGW)、多媒体资源功能控制器(MRFC)、多媒体资源功能处理器(MRFP)、签约定位器功能(SLF)、出口网关控制功能(BGCF)、信令网关(SGW)、应用层网关(ALG)、翻译网关(TrGW)、策略决策功能(PDF)、应用服务器(AS)、多媒体域业务交换功能(IM-SSF)和业务能力服务器(OSA-SCS)。其中 IMS 的核心处理部件 CSCF 按功能可分为 P-CSCF、I-CSCF、S-CSCF 三个逻辑实体。

(1) 代理 CSCF (P-CSCF)

P-CSCF 是 IMS 中用户的第一个接触点。所有的 SIP 信令,无论是来自用户终端设备(User Equipment,UE)的还是发给用户终端设备的,都必须经过 P-CSCF。P-CSCF 就像一个代理服务器,负责验证请求,将它转发给指定的目标,并且处理和转发响应。

P-CSCF 具有如下功能。

(a) 将 UE 发来的注册请求消息转发给 I-CSCF,该 I-CSCF 由 UE 提供的归属域名决定。

(b) 将从 UE 收到的 SIP 请求和响应转发给 S-CSCF。

(c) 将 SIP 请求和响应转发给 UE。

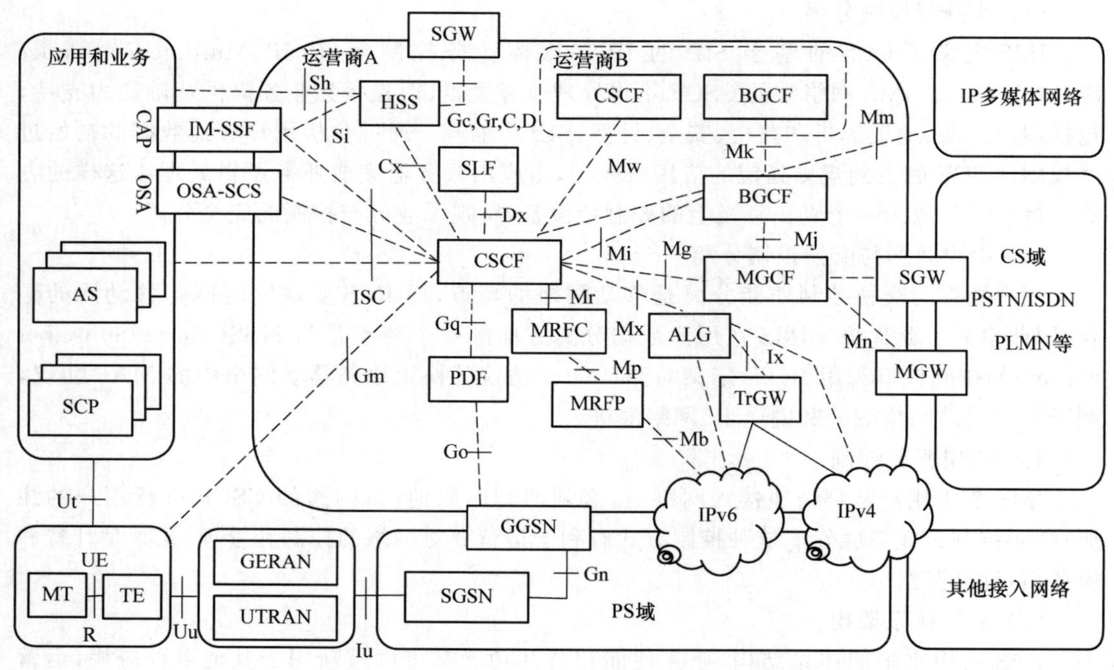

图 7-41　IMS 的功能实体和接口

(d) 发送计费相关的信息给计费采集功能 CCF。

(e) 提供 SIP 信令的完整性和机密性保护,并且维持 UE 和 P-CSCF 之间的安全联盟。

(f) 可以执行 SIP 消息压缩/解压缩。

(g) 和 PDF 交互,授权承载资源并进行 QoS 管理。

(h) 向 S-CSCF 订阅一个注册事件包,这是为了下载隐式注册的公有用户标识和获取网络发起的注销事件的通知。

(2) 查询 CSCF(I-CSCF)

I-CSCF 可以充当网络所有用户的连接点,也可以用作当前网络服务区内漫游用户的服务接入点。在一个运营商的网络中可以有多个 I-CSCF。

I-CSCF 具有如下功能。

(a) 为一个发起 SIP 注册请求的用户分配一个 S-CSCF,即 S-CSCF 指派。

(b) 在对会话相关和会话无关的处理中,将从其他网络来的 SIP 请求路由到 S-CSCF;查询 HSS,获取为某个用户提供服务的 S-CSCF 的地址;根据从 HSS 获取的 S-CSCF 的地址将 SIP 请求和响应转发到 S-CSCF。

(c) 生成计费记录,发给 CCF。

(d) 提供网间拓扑隐藏网关功能,对外隐藏运营商网络的配置、容量和网络拓扑结构。

(3) 服务 CSCF(S-CSCF)

S-CSCF 是 IMS 的核心,它位于归属网络,为 UE 进行会话控制和注册服务。它可以根据网络运营商的需要,维持会话状态信息,并根据需要与服务平台和计费功能进行交互。

在一个呼叫过程中,S-CSCF 具有如下功能。

(a) 充当注册服务器接收注册请求，接收注册请求后，通过位置服务器(如 HSS)来使该请求的信息生效，得到 UE 的 IP 地址以及哪个 P-CSCF 正在被 UE 用作 IMS 入口等信息。

(b) 通过 IMS 认证和密钥协商 AKA 机制来实现 UE 和归属网络间的相互认证。

(c) 处理会话相关与会话不相关的消息流，包括：为已经注册的会话终端进行会话控制；作为一个代理服务器，把收到的请求进行处理或转发；作为一个用户代理，中断或独立发起 SIP 事务；与服务平台交互来向用户提供服务；提供终端相关的服务信息。

(d) 当代表主叫的终端时，根据被叫的名字(如电话号码或 SIP URL)从数据库中获得为该被叫用户提供服务的 I-CSCF 的地址，把 SIP 请求或响应转发给该 I-CSCF；或者根据运营策略，把 SIP 请求或响应转发给 IP 多媒体核心网于系统外的 SIP 服务器；当呼叫要路由到 PSTN 或 CS 域时，把 SIP 请求或响应转发给 BGCF。

(e) 当代表被叫的终端时，若用户在归属网络中，则把 SIP 请求或响应转发给 P-CSCF；若用户在拜访网络中，则把 SIP 请求或响应转发给 I-CSCF。根据 HSS 和业务控制功能的交互作用，把要路由到 CS 域的入局呼叫的 SIP 请求进行修改。当呼叫要路由到 PSTN 或是 CS 域时，把 SIP 请求或响应转发给 BGCF。

(f) 使用 ENUM 服务器将 E. 164 数字翻译成 SIP URI。

(g) 发送计费相关的信息给 CCF 进行离线计费，或者把计费相关信息发送给在线计费系统 OCS 进行在线计费。

(4) 归属用户服务器(HSS)

HSS 是 IMS 中所有与用户和服务器相关的数据的主要存储服务器。存储在 HSS 的 IMS 相关数据主要包括用户身份信息(用户标识、号码和地址)、用户安全信息(用户网络接入控制的鉴权和授权信息)、用户的位置信息和用户的签约业务信息。

HSS 具有如下功能。

(a) 支持用户在 CS 域、PS 域和 IMS 域的移动性管理。

(b) 支持 CS 域、PS 域和 IMS 域的呼叫/会话建立。对于被叫业务，它提供当前用户的呼叫/会话的控制实体信息。

(c) 支持接入 CS 域、PS 域和 IMS 域的鉴权过程。

(d) 提供 CS 域、PS 域和 IMS 域使用的业务签约数据。

(e) 处理用户在各系统(CS 域、PS 域和 IMS)的所有标识之间恰当的关联关系。例如，CS 域的 IMSI 和 MSISDN，PS 域的 IMSI、MSISDN 和 IP 地址，IMS 域的用户私有标识和用户公有标识。

(f) 在 MSC/VLR、SGSN 或 CSCF 请求的用户移动接入时，HSS 通过检查用户是否允许漫游到此拜访网络，进行移动接入授权。

(g) 为被叫的会话建立提供基本的授权，提供业务触发，同时负责把用户业务相关的更新信息提供给相关网络实体，如 MSC/VLR、SGSN 和 CSCF。

(h) 支持应用业务和 CAMEL 业务。

(5) 签约定位器功能(SLF)

SLF 主要用于确定包含某用户数据的 HSS 的域名，但一个单 HSS 的 IMS 系统不需要 SLF。

(6) 出口网关控制功能(BGCF)

BGCF用来选择与PSTN/CS域接口点相连的网络。当BGCF发现与被叫PSTN/CS用户会话实现互通的MGCF与自己处于同一运营商网络中时,直接选择一个本地MGCF,由该MGCF负责与PSTN/CS域进行交互。若与被叫PSTN/CS用户会话实现互通的MGCF与自己处于不同的运营商网络,则BGCF会选择对方运营商网络中的一个BGCF,由后者最终选择互通MGCF。若网络运营需要隐藏网络拓扑,则BGCF会将消息首先发给本网的I-CSCF进行SIP路由拓扑隐藏处理,然后由I-CSCF转发到对方运营商网络的BGCF。此外,BGCF可支持计费功能,生成计费相关的信息并送往CCF。

(7) 媒体网关控制功能(MGCF)

MGCF是使IMS用户和PSTN/CS用户之间进行通信的网关,其基本功能如下。

(a) 实现IMS与PSTN/CS的控制面交互,支持IMS的SIP协议与PSTN/CS域呼叫控制协议ISUP/BICC的交互及会话互通。

(b) 通过控制IM-MGW完成PSTN/CS域承载与IMS域用户面RTP的实时转换,以及必要的编解码转换。

(c) 对来自PSTN/CS域指向IMS用户的呼叫进行号码分析,选择合适的CSCF。

(d) 生成计费相关的信息并送往CCF。

(8) IP多媒体-媒体网关(IM-MGW)

IM-MGW主要用于IMS用户面IP承载与PSTN/CS域承载之间的转换,可以根据来自MGCF的资源控制命令,完成互通两侧的承载连接的建立/释放和映射处理,并控制用户面的特殊资源处理,包括音频Codec转换、回声抑制控制等。

(9) 信令传输网关功能(T-SGW)

T-SGW完成信令传输层的转换,即在Sigtran/SCTP/IP和No.7信令系统MTP间进行转换。T-SGW不对应用层的消息进行解释,但必须对底层的SCCP或SCTP消息进行解释从而保证信令的正确路由。

(10) 应用层网关(ALG)

IMS ALG在SIP/SDP协议层提供特定的功能,它使IPv6和IPv4 SIP应用间能够互通,因而用于在两个运营商域间进行互连。

(11) 多媒体资源功能控制器(MRFC)

MRFC位于IMS控制面,其基本功能如下。

(a) 接收来自AS或S-CSCF的SIP控制命令并控制MRFP上的媒体资源,支持增强媒体控制(高级会议、IVR等)。

(b) 控制MRFP中的媒体资源,包括输入媒体流的混合(如多媒体会议)、媒体流发送源处理(如多媒体公告)、媒体流接收的处理(如音频的编解码转换、媒体分析)等。

(c) 生成MRFP资源使用的相关计费信息,并传送到CCF或OCS。

(12) 多媒体资源功能处理器(MRFP)

MRFP位于IMS承载面,其基本功能包括:

(a) 在MRFC的控制下进行媒体流及特殊资源的控制。

(b) 对外部提供RTP/IP的媒体流连接和相关资源。

(c) 支持多方媒体流的混合的功能(如音频/视频多方会议)。

(d) 支持媒体流发送源处理的功能(如多媒体公告)。

(e) 支持媒体流的处理的功能(如音频的编解码转换、媒体分析)。

5. IMS 的接口和协议

IMS 不同的功能实体之间使用不同的接口通信,现将这些接口及功能列举如下。

(a) Gm 接口:用于 UE 和 CSCF 之间的通信,主要完成 UE 注册、鉴权和会话控制。该接口采用 SIP 协议。

(b) Mw 接口:用于连接不同 CSCF,在各类 CSCF 之间转发注册、会话控制及其他事务处理消息,例如 P-CSCF 使用该接口来将注册请求发送到 I-CSCF,然后 I-CSCF 将该请求发送到 S-CSCF。该接口采用 SIP 协议。

(c) Cx 接口:用于在 HSS 和 CSCF 之间传递用户的安全参数;注册用户指派 S-CSCF;查询路由信息;检查用户漫游是否许可;过滤规则控制,从 HSS 下载用户的过滤参数到 S-CSCF 上。该接口采用 Diameter 协议。

(d) Mg 接口:用于 S-CSCF 与 MGCF 之间,实现主叫用户 S-CSCF 到各 MGCF 以及各 MGCF 到被叫用户 S-CSCF 的 SIP 会话双向路由功能。该接口采用 SIP 协议。

(e) Mi 接口:用在 IMS 网络和 CS 域互通时,在 CSCF 和 BGCF 之间传递会话控制信令。该接口采用 SIP 协议。

(f) Mk 接口:用于 BGCF 将会话控制信令转发到另一个 BGCF。该接口采用 SIP 协议。

(g) Mm 接口:用于 CSCF 与其他 IP 网络之间,负责接收并处理一个 SIP 服务器或终端的会话请求。该接口采用 SIP 协议。

(h) Mj 接口:用在 IMS 网络和 CS 域互通时,在 BGCF 和 MGCF 之间传递会话控制信令。该接口采用 SIP 协议。

(i) Mn 接口:用于 MGCF 和 IM-MGW 之间,完成灵活的连接处理,支持不同的呼叫模型和不同的媒体处理,以及 IMS-MGW 物理结点上资源的动态共享。该接口采用 H. 248 协议。

(j) Mr 接口:用于 CSCF 与 MRCF 之间,由 CSCF 将来自 SIP AS 的资源请求消息转发到 MRFC,由 MRFC 最终控制 MRFP 完成与 IMS 终端用户之间的用户面承载建立。该接口采用 SIP 协议。

(k) Mp 接口:用于 MRFC 与 MRFP 之间,采用 H. 248 协议。MRFC 通过该接口控制 MRFP 处理媒体资源,如放音、会议、DTMF 收发等资源。

(l) Dx 接口:用于 CSCF 和 SLF 之间的通信,确定用户签约数据所在的 HSS 的地址。该接口采用 Diameter 协议。

(m) Gq 接口:用于 P-CSCF 与 PDF 之间传输策略配置信息,接口采用 Diameter 协议。

(n) Go 接口:用于 PDF 与 GGSN 之间,完成 PDF 在 GGSN 里承载策略的应用,即在会话建立过程中,GGSN 向 PDF 请求 QoS 承载资源的授权,PDF 向 GGSN 下发 QoS 控制策略授权结果,指示其在接入网内执行接入技术的指定策略控制和资源预留;资源预留成功且会话接通后 PDF 通知 GGSN 最终执行 QoS 策略,并打开 Gate 控制;会话结束后,PDF 将释放该策略。该接口采用 COPS 协议。

6. IMS 业务的实现

通过 IMS 体系架构为用户提供的业务有很多种类,按照业务特点,这些业务可以分为三类,即 IP 多媒体电话业务、业务引擎(Enabler)和增强业务。

(a) IP 多媒体电话业务包括实时的语音、视频或数据通信业务,如紧急呼叫业务、合法侦听业务等。这些业务类似于传统交换机提供的基本业务和补充业务。

(b) 业务引擎实现一些基本的业务能力,其他的业务通过调用业务引擎,能够实现不同功能的业务。业务引擎主要包括 Presence 业务、即时消息(Instant Message)和组管理等。

(c) 增强业务包括传统智能网业务和通过开放的、标准的 API 接口开发部署的业务。这类业务种类繁多,并且不同运营商、不同厂家叫法不同。

IMS 业务架构由 S-CSCF 以及各种应用服务器组成,共分三层:最上层是应用服务器(AS),第二层是业务能力服务器(SCS),第三层是 S-CSCF,如图 7-42 所示。应用服务器有 Camel IM-SSF、SIP 应用服务器和 OSA(Open Services Access-Gateway)应用服务器。

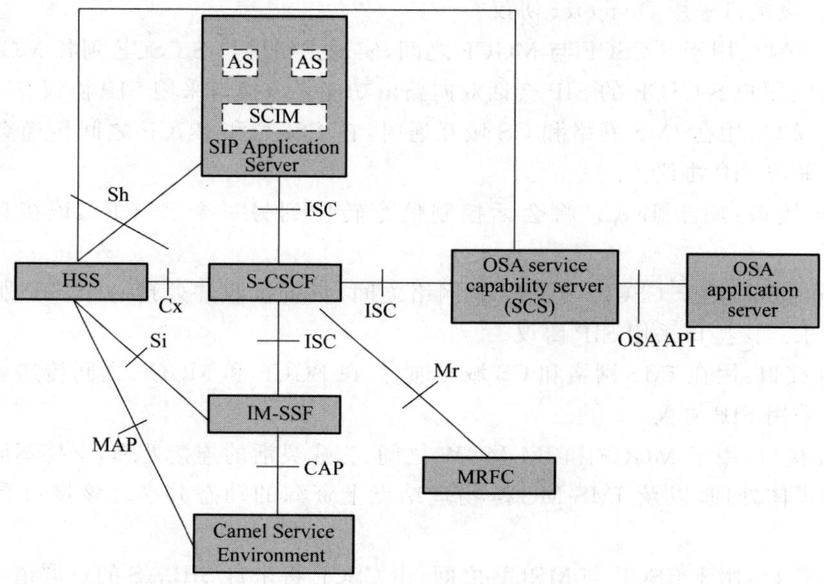

图 7-42 IMS 业务架构

相应地,3GPP IMS 有三种实现业务的方式:IM SSF 方式、SIP 应用服务器方式和 OSA 应用服务器方式。

(1) IM SSF 方式

IMS 通过 IM-SSF 和传统智能业务(CAMEL、INAP 等)的互通,很好地继承了 CS 和 PS 已有的智能业务。

(2) SIP 应用服务器方式

IMS 通过 AS 可以提供基于 SIP 的非传统电信业务,如 IM、PTT、Presence 等 IP 多媒体电话业务和业务引擎。此时,业务逻辑在 SIP 应用服务器执行。

(3) OSA 应用服务器方式

IMS 允许由第三方提供业务,通过 OSA-GW 为第三方应用服务提供开放和安全的使用网络资源的能力。

7.5　内容中心网络(CCN)

自 20 世纪 60 年代互联网出现以来，由于 IP 数据报简单的分组结构、简便的实现方式以及非常强的适应力，以 IP 为核心的互联网运行机制沿用至今。但互联网最初追求的是网络的互联和硬件资源的共享，通信主要发生在具体的两台实体设备之间。为了确定设备的位置，用 IP 地址对其进行标识，而 IP 数据报中源 IP 地址和目的 IP 地址的设计同样是为了满足这种发生在两台设备之间的“主机-主机”通信需求。

随着计算机的硬件成本大幅降低，人们对硬件资源共享的需求下降。相反，以音乐、图片、视频、游戏、数据文件等数字内容为产品的多样化、个性化新媒体服务，将成为未来网络的一种重要模式和发展趋势。此时，如果对互联网内容的访问仍然通过其所在站点的 IP 地址进行，将导致各互联网站点的访问数量激增，网站出口带宽出现瓶颈效应，远距离用户访问的响应速度也大幅降低。

针对上述问题，人们提出建立以内容为中心的网络，将内容与主机在网络层面区分开来，使得内容不再依赖于特定的主机，从而打破“主机-主机”通信模式的束缚，提升用户对互联网内容的访问速度。

7.5.1　CCN 的概念及体系架构

1. CCN 的概念

内容中心网络(Content Centric Network，CCN)，也称信息中心网络(Information Centric Network，ICN)或数据命名网络(Named Data Networking，NDN)，是一种将内容作为构建网络基础的新型分组交换体系架构。

CCN 中的每个内容都有一个具体的标识，叫作内容名，也叫 CCN 地址。内容名采用结构化的形式，通常由几个部分组成。例如“/data. cn/video/Flower. mpg/_v<timestamp>/_s4”是一个内容名，其中“data. cn”是全网可识别名称，“video”是内容类型，“Flower. mpg”是内容名称，“_v<timestamp>”是版本时间等信息，“_s4”是分段信息。通过这种结构化的地址，可以利用类似于 IP 地址前缀机制来迅速定位所需要的内容。

CCN 采用内容与位置分离的设计原则，利用内容名而不是主机 IP 地址作为路由选择的依据，使通信不再依赖于源与目的节点之间的端到端连接。基于对内容的标识，有同样内容需求的请求可以分享相同的内容和网络传输，能够很好地支持资源共享式通信，实现多径转发和沿路径缓存，从而节省了网络资源，提高了效率。

2. CCN 数据包

CCN 中使用的典型数据包是内容请求包(Interest Packet)和内容数据包(Data Packet)。内容请求包由内容请求者发出，携带所请求内容的名称。内容数据包则是由内容提供者或者缓存节点发出，携带用户请求的数据内容，是对内容请求包的响应。两种数据包的结构如图 7-43 所示。

3. CCN 的体系架构

CCN 采用了以内容为中心的沙漏模型，其体系架构如图 7-44 所示。

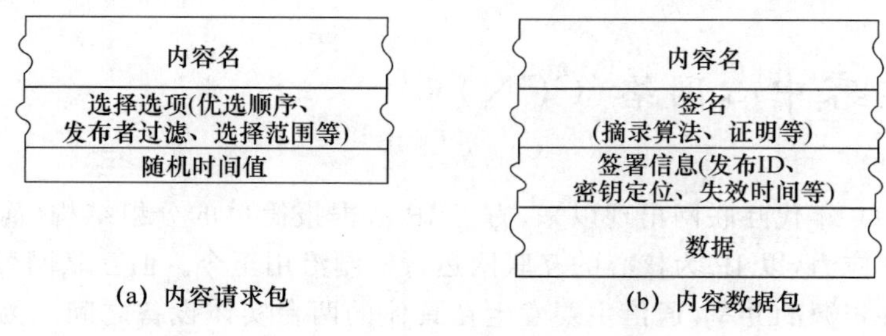

图 7-43　典型的 CCN 数据包

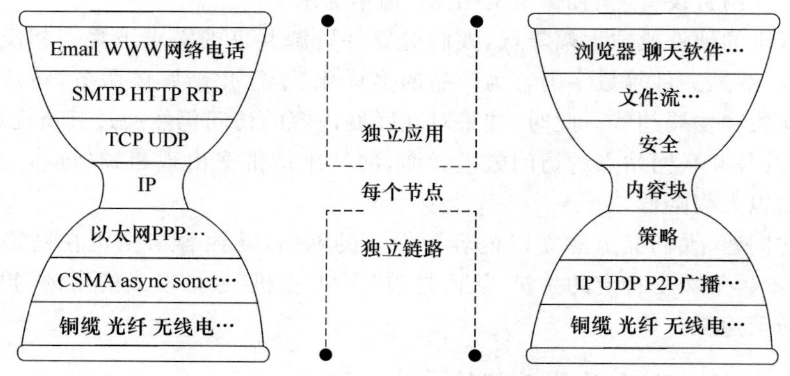

图 7-44　TCP/IP 与 CCN 的体系架构

由图 7-44 可见,CCN 相对于 IP 网络有两个突出的特点。一是 CCN 在"细腰"位置将原本的 IP 层取代为内容标识层。二是不同于 IP 网络基于路径的安全机制,CCN 通过安全层保证了自身传送信息内容的安全。

7.5.2　CCN 的路由、转发与缓存机制

CCN 节点的基本工作内容和 IP 节点非常相似,都承担着数据包的存储、路由和转发任务。

1. 路由技术

CCN 的路由技术解决的是内容请求包如何从用户到达内容提供者或缓存节点的路径选择问题。任何在现有 IP 网络中运行的路由协议,都可以在 CCN 中有效地运行。CCN 中包含非结构化路由和结构化路由两种模式。

(1) 非结构化路由

非结构化路由模式中,路由通告基于泛洪机制发送。下面以图 7-45 所示网络结构为例,说明非结构化路由的实现方式。图中,节点 A、B、E、F 使用的是 IP+CCN 混合路由器,节点 C 和 D 节点使用的是传统 IP 路由器。

节点 A 和节点 B 通过 CCN 广播最先接收到两个数据源的通告,了解到它们各自能够提供的内容。接着,节点 A、B 通过泛洪机制(例如,开放式最短路径优先 OSPF 协议中链路状态通告机制)将内容信息发布。E 节点通过对收到的链路状态进行本地计算,得到到达节点 A、B 的路由。之后,当节点 E 收到一个内容名为"parc. com/media/art/Avatar. mp4"的请求时,由于该内容名的前缀与到达 A、B 节点的路由都匹配,节点 E 将会同时向节点 A 和

B 转发请求。

网络中的 C、D 节点由于使用的是传统 IP 路由器，当收到携带命名前缀的数据分组时，会忽略此前缀，仅基于 IP 地址进行转发。这种机制可以利用 OSPF 或者 IS-IS 协议中的 TLV(type-length-value)字段来完成，因为开放式最短路径优先协议规定，对于协议不理解的前缀，直接忽略不做处理。

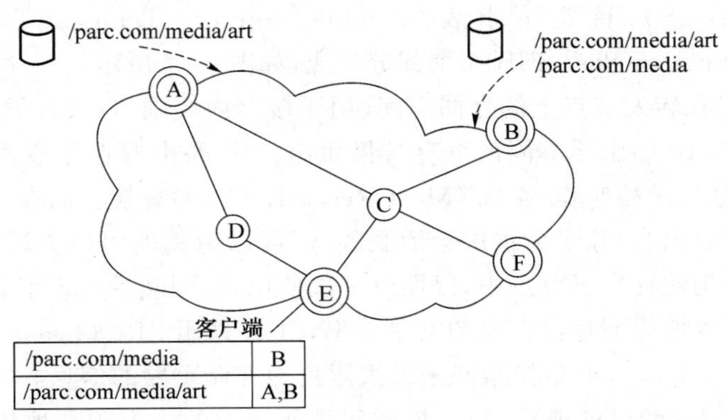

图 7-45　CCN 非结构化路由示例

(2) 结构化路由

在结构化路由中，网络存在一个维持 CCN 节点路由表的树状拓扑结构，用来完成命名的解析和内容的定位，如图 7-46 所示。

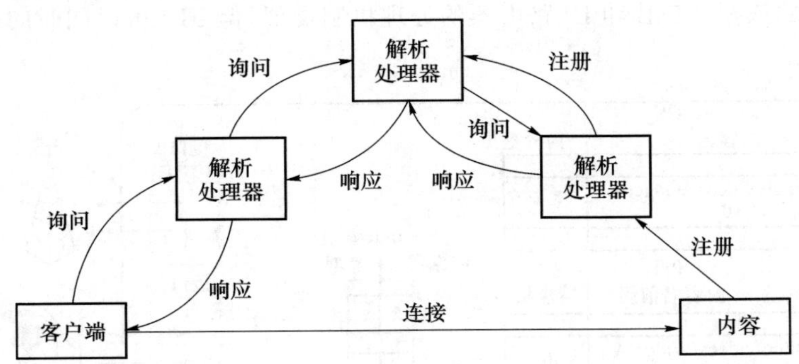

图 7-46　CCN 结构化路由示例

在图 7-46 所示的结构中，引入了解析处理器的概念。解析处理器用于内容的查找和注册，并完成对内容请求及响应的路由功能。解析处理器是分等级的，并以树状结构相互连接。内容提供者会根据需要发布内容，向其所属的解析处理器注册，并逐级上报到根节点。客户端有内容的需求时，会发起查询请求，并沿着解析处理器的树状结构逐级向上查找，直到存在相应的解析处理器响应其查询请求。在这种树状结构中，每一个解析处理器都要为其下属的解析处理器维护所有已注册内容的路由信息。因此，当内容文件发生更改、复制、删除时，路由的通告会沿着树传播，直到所有相关的解析处理器都完成更新。

从扩展性的角度来看，非结构化路由比结构化路由具有更好的可扩展性，能够更好地适应复杂的网络；从部署的角度来看，非结构化路由也相对容易实现部署。但在 CCN 中采用结构化路由还是非结构化路由，最终还是取决于网络的体系架构及其采用的命名方式。

2. 转发与缓存机制

CCN实现了路由与转发技术的分离。转发技术是根据转发节点的决策层来执行内容请求包和内容数据包的处理,决定在已有若干可转发的端口中,哪些端口距离内容提供者更近、具有高带宽或者具有更强稳定性。

为了快速可靠地完成包的转发与传输,CCN定义了节点引擎模型,它主要由内容存储器(Content Store,CS)、待定请求表(Pending Interest Table,PIT)和前向转发表(Forwarding Information Base,FIB)3个部分组成,如图7-47所示。

(a) CS是内置在转发节点上的存储空间,用于缓存内容副本。CS类似于IP路由器的缓存,但它采用了与IP路由器不同的缓存替换策略。IP路由器在完成本次会话后就将所存储的信息清空,这种策略叫作MRU(Most-Recently Used)替换。而在CCN中,所存储的信息(如影片、视频等内容)除了为本次会话服务,还可以为其他用户会话服务,因此该内容在本次会话完成后仍然存在于节点中,以便下一次使用,从而减少内容下载时延和网络带宽占用。为了最大限度地提高存储信息的共享效率,CCN采用LRU(Least Recently Used)或LFU(Least Frequently Used)替换策略来最大限度地存储重要的信息。

(b) PIT用于记录经过的请求信息,依此实现所请求的内容顺利地传回请求节点。在CCN中,只有内容请求包经过路由过程,而内容数据包是按照PIT的指示一步步地发回请求节点的。所请求的内容传回节点后,该条目将从PIT中删除,此外还可以利用时钟来删除那些一直没有找到匹配内容的过期条目。

(c) FIB用于接收内容提供者发布的内容,并记录内容名称和接收端口,该信息作为内容请求包转发的依据。FIB和IP路由器的处理机制类似,但FIB可以同时向多个方向转发请求。

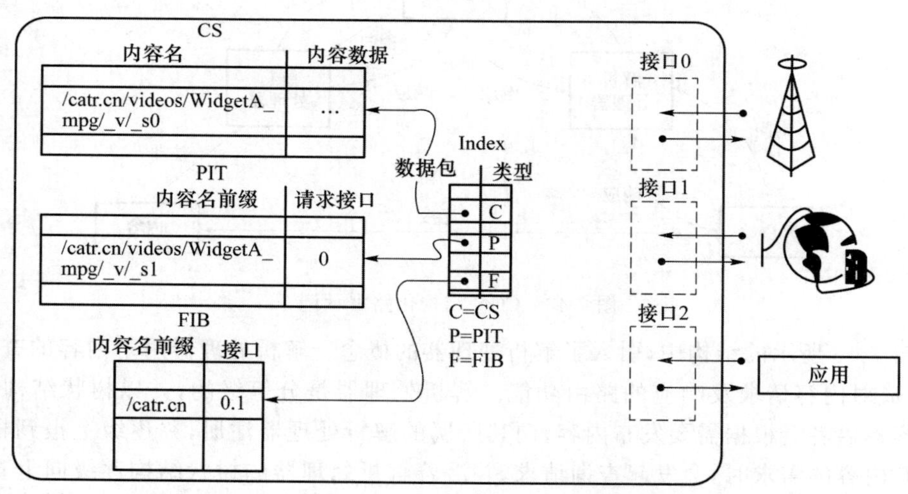

图7-47 CCN的节点引擎模型

当节点从一个接口收到一个内容请求包时,将根据它所包含的内容名进行最大匹配查询,查询的优先级顺序依次为CS、PIT、FIB,而后根据查询结果进行下一步的操作。具体流程如图7-48所示。

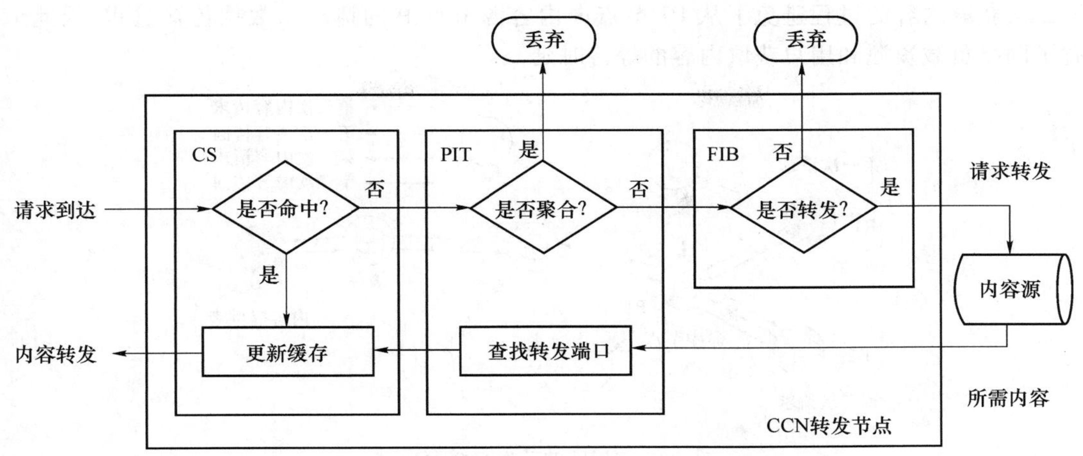

图 7-48　CCN 数据包的转发流程

(a) 当节点接收到内容请求包时，首先在 CS 中根据最大前缀匹配查找匹配条目。若找到匹配项，则称为缓存命中，此时缓存节点就能够将缓存的内容从接收到内容请求包的端口回传给用户。否则，在节点需要继续在 PIT 中查找与请求中的内容命名相匹配的条目。

(b) 若在 PIT 中查找到匹配的项目，则 CCN 的请求聚合机制开始发挥作用。按照请求聚合机制的规则，若与 PIT 中已有条目相匹配，则说明之前已有用户请求过相同的内容。此时，为了避免相同内容被重复请求和回传，节点会将后续相同请求的到达端口添加到已有 PIT 匹配的条目中，并将这个请求丢弃。CCN 请求聚合机制减少了内容请求包的转发数量，特别是需求量较大的热点内容请求包。

(c) 若未能与 PIT 中已有条目匹配，则说明没有事先请求过的相同内容可以复用，必须向上游网络发送请求，才能获得所需要的内容。此时，PIT 中新增一条信息，记录所需内容名称和请求到达的端口，并将内容请求包按照 FIB 中记录的端口转发出去。

(d) 内容数据包的转发路径是内容请求包转发的相反路径。节点接收到内容数据包后，利用内容名称与 PIT 进行匹配。若找到匹配项，则表明由用户正在等待该内容。此时，转发按节点会将数据包按照 PIT 项目中记录的所有端口转发出去，形成多播转发，然后删除 PIT 中的相应条目。与此同时，节点根据缓存算法将数据包携带的内容缓存在 CS 中。内容数据包会沿着 PIT 记录的信息，被逐跳转发至需求内容的用户。若没有在 PIT 中找到匹配项，则说明没有用户期望从该转发节点获得所需的内容，这个数据包会被丢弃。

图 7-49 进一步描述了 CCN 转发与缓存相结合的工作机制。图中，节点 R1 和节点 R2 是用户节点，它们产生对内容的需求。节点 P 是内容提供者，它既可能是部署在核心网中的内容服务器，也可能是另一个产生自媒体内容的社交网络用户节点。网络中的其他节点作为具有缓存功能的转发节点，除对用户请求和所需内容进行转发外，还承担着根据缓存策略进行缓存放置与替换的工作。R1 节点第一次发出请求后，相邻节点由于没有缓存 R1 所需内容，只得将内容请求包继续转发，直至在 P 节点获得所需内容。内容数据包是沿内容请求包转发路径的相反方向传回用户的。在数据包转发的过程中，按照缓存算法，路径上的全部或部分节点会缓存所转发的内容。在此之后，R2 节点请求相同的内容时，假设 P1 节点缓存了该内容，则由它直接将数据发送给 R2 节点。显然，由于在转发节点的缓存命中，

第二次获取内容的过程避免了从P1节点向内容源节点P的请求与数据传输过程,因此节省了网络负载资源和用户获取内容的等待时延。

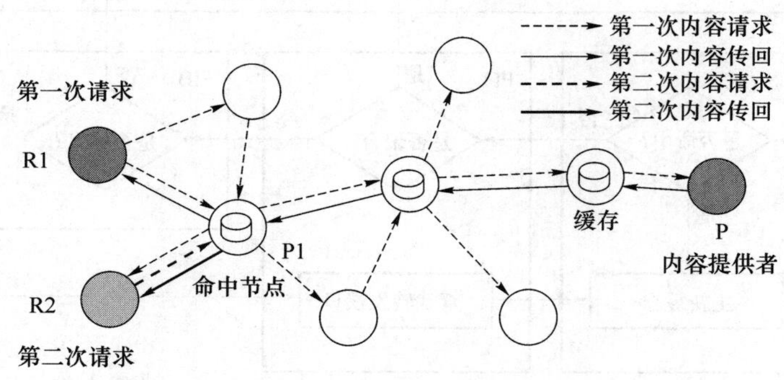

图7-49 CCN的转发与缓存示例

7.5.3 CCN的特点

如前所述,CCN并不关心数据存储位置,而是专注于内容对象、内容属性和用户兴趣,通过发布/订阅模式拉取内容,在空间和时间上解耦内容的提供者和消费者,从而实现高效、可靠的内容分发。CCN具有以下几个特点。

(a) 以内容而非IP为中心,因此内容层取代了IP层在现有网络结构中的位置。

(b) 使用发布/订阅模式拉取内容。内容提供者可以通过信息发布,共享其拥有的内容。内容消费者可以对某一个特定的内容发出请求,使得内容的发布方和请求方在时间和空间上解耦合。因此,内容的提供者和消费者不需要在同一时间出现,内容的供求双方也不需要知道对方的位置就能完成内容传递。

(c) 网络内置缓存机制。CCN充分利用了网络设备存储容量大、存储代价小的优势,适当地运用了缓存机制,使网络性能得到进一步的提升。在CCN的设计中,当请求消息传送到某个节点上时,如果这个节点有符合条件的内容备份,那么内容将被立即返回,请求的路由过程也就结束了;如果这个节点没有符合条件的内容备份,那么这个节点就会向下一个节点继续传送请求,并且在这个内容数据返回时对内容进行缓存。

小　结

(a) 一般我们把通过通信线路将较小地理区域范围内的各种数据通信设备连接在一起的通信网络称为局域网。局域网的特征是:网络范围较小,传输速率较高、传输时延小、误码率低、结构简单容易实现,可以支持多种传输介质及通常属于一个部门所有等。

局域网的硬件由计算机设备、网络连接设备和传输介质3部分组成。局域网的软件包括网络协议和各种网络应用软件。

局域网可以从不同的角度分类:按采用的传输介质可分为有线局域网和无线局域网;按用途和速率可分为常规局域网和高速局域网;按是否共享带宽可分为共享式局域网和交换式以太网;按拓扑结构可分为星形网、树形网、总线形网和环形网等。

(b) 局域网参考模型中只包括 OSI 参考模型的最低两层，即物理层和数据链路层。数据链路层划分为两个子层——介质访问控制(MAC)子层和逻辑链路控制(LLC)子层。局域网采用的标准是 IEEE 802 标准。

(c) 以太网是总线形局域网的一种典型应用，传统以太网具有以下典型的特征：采用灵活的无连接的工作方式；采用曼彻斯特编码作为线路传输码型；传统以太网属于共享式局域网；以太网的介质访问控制方式为载波监听和冲突检测(CSMA/CD)技术。

CSMA 代表载波监听多路访问，它是“先听后发”；CD 表示冲突检测，即“边发边听”。

以太网的 MAC 子层有两个主要功能：数据封装和解封；介质访问管理。

IEEE 802 标准为局域网规定了一种 48bit 的全球地址，即 MAC 地址，它是指局域网上的每一台计算机所插入的网卡上固化在 ROM 中的地址，所以也称为硬件地址或物理地址。

以太网 MAC 帧格式有两种标准：IEEE 802.3 标准和 DIX Ethernet V2 标准。TCP/IP 体系经常使用 DIX Ethernet V2 标准的 MAC 帧格式，此时局域网参考模型中的链路层不再划分 LLC 子层，即链路层只有 MAC 子层。

(d) 传统以太网有 10 BASE 5、10 BASE 2、10 BASE-T 和 10 BASE-F 以太网。其中，10 BASE-T 以太网应用最为广泛，采用一般集线器连接的 10 BASE-T 以太网物理上是星形拓扑结构，但从逻辑上看是一个总线形网(一般集线器可看作是一个总线)，各工作站仍然竞争使用总线。所以这种局域网仍然是共享式网络，它也采用 CSMA/CD 规则竞争发送。

(e) 高速以太网有 100 BASE-T 快速以太网、千兆位以太网和 10 吉比特以太网。

100 BASE-T 快速以太网的特点是：传输速率高；沿用了 10 BASE-T 以太网的 MAC 协议；可以采用共享式或交换式连接方式；适应性强；经济性好；网络范围变小。

100 BASE-T 快速以太网的标准为 IEEE 802.3u，是以太网 IEEE 802.3 标准的扩展。100 BASE-T 快速以太网的 MAC 子层标准与 IEEE 802.3 的 MAC 子层标准相同；IEEE 802.3u 规定了 100 BASE-T 快速以太网的 4 种物理层标准：100 BASE-TX、100 BASE-FX、100 BASE-T4 和 100 BASE-T2。

(f) 千兆位以太网的标准是 IEEE 802.3z 标准。它的要点为：可提供 1 Gbit/s 的基本带宽；采用星形拓扑结构；使用和 10 Mbit/s、100 Mbit/s 以太网同样的以太网帧，与 10 BASE-T 和 100 BASE-T 以太网技术向后兼容；当工作在半双工模式时，它使用 CSMA/CD 介质访问控制机制；支持全双工操作模式；允许使用单个中继器。

千兆位以太网的 MAC 子层标准也与 IEEE 802.3 的 MAC 子层标准相同，其物理层标准有：1000 BASE-X(IEEE 802.3z 标准)、1000 BASE-T(IEEE 802.3ab 标准)。

(g) 10 吉比特以太网的标准是 IEEE 802.3ae 标准，其特点是：与 10 Mbit/s、100 Mbit/s 和 1 Gbit/s 以太网的帧结构完全相同；保留了 IEEE 802.3 标准规定的以太网最小和最大帧长，便于升级；不再使用铜线而只使用光纤作为传输媒体；只工作在全双工方式，因此没有争用问题，也不使用 CSMA/CD 协议。

10吉比特以太网的MAC子层标准同样与IEEE 802.3的MAC子层标准相同,其物理层标准包括局域网物理层标准和广域网物理层标准。

(h) 交换式以太网是所有站点都连接到一个交换式集线器或以太网交换机上。以太网交换机具有交换功能,可使每一对端口都能像独占通信媒体那样无冲突地传输数据信号,不存在冲突问题,可以提高用户的平均数据传输速率,即容量得以扩大。

交换式以太网的主要功能包括:隔离冲突域、扩展距离、增加总容量和数据率灵活性。

按所执行的功能,以太网交换机可以分成两种:二层交换机和三层交换机。

二层交换机工作于OSI参考模型的第二层,执行桥接功能。它根据MAC地址转发数据,交换速度快,但控制功能弱,没有路由选择功能。

三层交换机工作于OSI参考模型的第三层,具备路由能力。它是根据IP地址转发数据,具有路由选择功能。三层交换技术是:二层交换技术+三层路由转发技术,它将第二层交换机和第三层路由器的优势有机地结合在一起。

(i) 虚拟局域网(VLAN)是逻辑上划分的,交换式以太网的发展是VLAN产生的基础。

VLAN可以分离广播域,防止广播风暴。划分VLAN的好处是:提高网络的整体性能;成本效率高;网络安全性好;可简化网络的管理。

划分VLAN的方法主要有:根据端口划分、根据MAC地址划分和根据IP地址划分等。

使用最广泛的VLAN标准是IEEE 802.1Q。

VLAN之间的通信主要采用路由器技术,一般采用两种路由策略,即集中式路由和分布式路由。集中式路由策略是指所有VLAN都通过一个中心路由器实现互联;分布式路由策略是将路由选择功能适当地分布在带有路由功能的三层交换机上,同一交换机上的不同VLAN可以直接实现互通。

(j) 无线局域网(WLAN)可定义为:使用无线电波或红外线在一个有限地域范围内的工作站之间进行数据传输的通信网络。无线局域网的优点有:具有移动性;成本低;可靠性高等。

根据所采用的传输介质,无线局域网可分为:采用无线电波的无线局域网和采用红外线的无线局域网。采用无线电波的无线局域网按照调制方式,又可分为窄带调制方式与扩展频谱方式。

WLAN的拓扑结构有两种:自组网拓扑网络和基础结构拓扑(有中心拓扑)网络。

WLAN的工作频段是2.4 GHz和5 GHz的ISM频段。WLAN常采用的调制方式有:差分二相相移键控(扩频通信的方法是DSSS)、差分四相相移键控(扩频通信的方法是DSSS)、高斯频移键控(扩频通信采用FHSS)、16QAM、64QAM、256QAM和1024QAM(一般都要结合采用OFDM调制技术,扩频通信的方法是DSSS)。

WLAN标准有最早制定的IEEE 802.11标准、后来扩展的IEEE 802.11a标准、IEEE 802.11b标准、IEEE 802.11g标准、IEEE 802.11n标准,以及IEEE 802.11ac标

准和 IEEE 802.11ax 标准等。

无线局域网的硬件设备包括无线接入点(AP)、无线接入控制器(AC)、无线局域网网卡、无线路由器和无线网桥等。

(k) 宽带 IP 城域网是一个以 IP 和 SDH、ATM 等技术为基础,集数据、语音、视频服务于一体的高带宽、多功能、多业务接入的城域多媒体通信网络。一个宽带 IP 城域网应该是"基础设施""应用系统""信息系统"3 个方面内容的综合。

为了便于网络的管理、维护和扩展,一般将城域网的结构分为 3 层:核心层、汇聚层和接入层。

核心层的设备一般采用高端路由器。其网络结构(重点考虑可靠性和可扩展性)原则上采用网状或半网状连接。

汇聚层的典型设备有中高端路由器、三层交换机以及宽带接入服务器等。核心层节点与汇聚层节点采用星形连接,在光纤数量可以保证的情况下每个汇聚层节点最好能够与两个核心层节点相连。

接入层的作用是负责提供各种类型用户的接入,在有需要时提供用户流量控制功能。

宽带 IP 城域网接入层常用的宽带接入技术主要有:HFC 接入、FTTx+LAN 接入(以太网接入)、EPON/GPON 和无线宽带接入等。

宽带 IP 城域网的骨干传输技术主要有:IP over ATM(POA)、IP over SDH/MSTP 和 IP over DWDM/OTN 和千兆以太网等。

(l) MPLS 网络由标签边缘路由器 LER 和标签交换路由器 LSR 组成。LER 位于 MPLS 网络的边界上,是 MPLS 网络同各类用户网络以及其它 MPLS 网络相连的边缘设备。LSR 是 MPLS 网络的核心设备,提供标签交换和标签分发功能。

在 MPLS 领域中,用于建立、拆除、保护 LDP 的"信令"就是标签分配协议 LDP。标签的分配过程实际上就是一个建立 LSP 的过程。标签的分发有两种方式:下游自主方式和下游按需方式。为特定 FEC 选择 LSP 有两种方法:逐跳路由和显式路由。

(m) 流量工程通过使用先进的路由选择算法将业务流量合理地映射到物理网络拓扑中,从而充分利用网络资源,提高网络的整体效率,满足不同业务对网络服务质量的要求。MPLS 流量工程不但可以实现流量工程的目的,更主要的是它可以使部分工作自动化。

(n) 虚拟专用网 VPN 是在公共的运营网络中开辟出一片相对独立的资源,专门为某个企业用户使用,而企业用户可以具有一定的权限监控和管理自己的这部分资源,就如同自己组建了一个专用网络一样。MPLS VPN 体系结构可以分成控制面和数据面,控制面定义了 VPN 路由信息的分发和 LSP 的建立过程,数据面则定义了 VPN 数据的转发过程。

(o) 从广义上讲,NGN 泛指一个不同于现有网络的、采用大量业界新技术,以 IP 技术为核心,同时可以支持语音、数据和多媒体业务的融合网络。从狭义来讲,下一代网络特指以软交换设备为控制核心,能够实现语音、数据和多媒体业务的开放的分层体系架构。

NGN的特点主要包括:开放的网络构架体系;是业务驱动的网络;是基于统一协议的分组网络。

(p) 软交换的主要设计思想是业务与控制、传送与接入分离,将传统交换机的功能模块分离为独立的网络组件,各组件按相应功能进行划分,独立发展。

从广义来讲,软交换是指以软交换设备为控制核心的一种网络体系结构,包括接入层、传送层、控制层及应用层,通常称为软交换系统。

从狭义来讲,软交换特指为网络控制层的软交换设备(又称为软交换机、软交换控制器或呼叫服务器),是网络演进以及下一代分组网络的核心设备之一。

(q) NGN从功能上划分为应用层、控制层、传输层和接入层。

- 接入层:将用户连接至网络,提供将各种现有网络及终端设备接入到网络的方式和手段;负责网络边缘的信息交换与路由;负责用户侧与网络侧信息格式的相互转换。
- 传送层:基于IP或ATM承载,是一个高可靠、能够提供端到端QoS的综合传送平台。
- 控制层:具有呼叫控制、资源管理、接续控制等功能;具有开放的业务接口,完成业务逻辑的执行。
- 应用层:是下一代网络的服务支撑环境,在呼叫建立的基础上提供增强的服务,同时还向运营支撑系统和业务提供者提供服务支撑。

(r) IMS能够将蜂窝移动通信网技术和Internet技术进行有机的结合。IMS具有以下特点:

- 与接入无关;
- 统一采用SIP协议进行控制;
- 业务与控制分离;
- 用户数据与交换控制分离;
- 归属服务控制;
- 水平体系架构;
- 策略控制和QoS保证。

3GPP IMS的体系采用了分层结构,由下往上分为IP连通接入网络(IP-CAN)、IP多媒体核心网络(IM CN)和业务网络3个层次。

(s) IMS主要的功能实体包括:呼叫会话控制功能(CSCF)、归属用户服务器(HSS)、媒体网关控制功能(MGCF)、IP多媒体-媒体网关功能(IM-MGW)、多媒体资源功能控制器(MRFC)、多媒体资源功能处理器(MRFP)、签约定位器功能(SLF)、出口网关控制功能(BGCF)、信令网关(SGW)、应用层网关(ALG)、翻译网关(TrGW)、策略决策功能(PDF)、应用服务器(AS)、多媒体域业务交换功能(IM-SSF)和业务能力服务器(OSA-SCS)。其中,IMS的核心处理部件CSCF按功能可分为P-CSCF、I-CSCF、S-CSCF 3个逻辑实体。

(t) 内容中心网络CCN是一种面向内容分发的新型分组交换体系架构。CCN采用内容与位置分离的设计原则，利用内容名而不是主机 IP 地址作为路由选择的依据。

典型的 CCN 数据包是内容请求包(Interest Packet)和内容数据包(Data Packet)。内容请求包由内容请求者发出，携带所请求内容的名称。内容数据包则是由内容提供者或者缓存节点发出的，携带用户请求的数据内容，是对内容请求包的响应。

(u) CCN 与 TCP/IP 一样采用 7 层的网络抽象模型，其底层协议是为了适配底层物理链路和通信，上层协议则对应相关的应用。CCN 与 TCP/IP 网络最大的区别在于中间层，这里，内容块取代了 IP 在沙漏模型中的"细腰"位置，表明 CCN 节点之间的通信是通过命名内容而非 IP 地址进行路由。

CCN 有两个突出的特点：一是 CCN 可以最充分地利用多种连接方式，如以太网、4G、蓝牙、WiFi、WiMAX 等，并且可以在不断变化的环境中动态地寻求最优化的实现方式；二是 CCN 通过安全层保证了自身传送信息内容的安全。

为了快速可靠的完成包的转发与传输，CCN 定义了节点引擎模型，它主要由内容存储器(CS)、待定请求表(PIT)和前向转发表(FIB)3 个部分组成。

习　题

7-1　局域网的特征有哪些？

7-2　局域网可以从哪些角度分类？分成哪几类？

7-3　传统以太网典型的特征有哪些？

7-4　简述 CSMA/CD 的控制方法。

7-5　简述以太网的 MAC 子层功能。

7-6　什么是 MAC 地址？它有多少 bit？

7-7　画出 DIX Ethernet V2 标准的 MAC 帧结构。

7-8　100 BASE-T 快速以太网的特点有哪些？

7-9　10 Gbit/s 以太网的特点有哪些？

7-10　交换式以太网的功能主要有哪些？

7-11　简述二层交换机与三层交换机的区别。

7-12　划分 VLAN 的目的是什么？

7-13　划分 VLAN 的方法有哪些？

7-14　无线局域网的拓扑结构有哪几种？各自的特点是什么？

7-15　无线局域网的标准有哪些？工作频段分别为多少？

7-16　无线局域网的硬件设备包括哪些？

7-17　宽带 IP 城域网分成哪几层？各层的作用分别是什么？

7-18　宽带接入服务器的主要功能是什么？

7-19　MPLS 网络的节点设备分为哪两类？各自的作用是什么？

7-20　MPLS 的实质是什么？

7-21　什么是 MPLS 流量工程，其优点是什么？

7-22 什么是 VPN? 简单描述 MPLS VPN 的网络结构。

7-23 说明下一代网络的主要特点。

7-24 简述软交换的概念,并说明其主要设计思想是什么。

7-25 说明下一代网络的功能分层,简述各层的主要功能。

7-26 画出基于软交换的下一代网络体系结构的示意图,并简要说明其分层结构。

7-27 IMS 在哪些方面实现了对固定网和移动网融合的支持?

7-28 IMS 的 CSCF 功能分为哪些逻辑实体? 简要说明主要实体的功能。

7-29 IMS 的业务实现有哪些方式?

7-30 CCN 有哪些典型的数据包? 简述这些数据包的作用。

7-31 CCN 的路由模式有哪些? 说明不同路由模式的实现方式。

7-32 简要说明 CCN 节点引擎模型的构成及各部分功能。

7-33 简述 CCN 的特点。

习题解答

参 考 文 献

[1] 毛京丽. 宽带 IP 网络[M]. 2 版. 北京:人民邮电出版社,2015.
[2] 毛京丽,董跃武. 现代通信网[M]. 4 版. 北京:北京邮电大学出版社,2020.
[3] 谢希仁. 计算机网络[M]. 7 版. 北京:电子工业出版社,2017.
[4] 李昌,李兴,等. 数据通信与 IP 网络技术[M]. 北京:人民邮电出版社,2016.
[5] 王晓军,毛京丽. 计算机通信网[M]. 北京:北京邮电大学出版社,2007.
[6] 张民,潘勇,徐荣. 宽带 IP 城域网[M]. 北京:北京邮电大学出版社,2003.
[7] 田瑞雄,等. 宽带 IP 组网技术[M]. 北京:人民邮电出版社,2003.
[8] 桂海源,张碧玲. 现代交换原理[M]. 4 版. 北京:人民邮电出版社,2013.
[9] 邢彦辰,等. 数据通信与计算机网络[M]. 3 版. 北京:人民邮电出版社,2020.
[10] 罗国明,等. 现代交换原理与技术[M]. 4 版. 北京:电子工业出版社,2021.
[11] 崔鸿雁,陈建亚,等. 现代交换原理[M]. 5 版. 北京:电子工业出版社,2018.
[12] 桂海源,张碧玲. 软交换与 NGN[M]. 北京:人民邮电出版社,2009.
[13] 于斌,等. 通信专业实务:交换技术与网管控制[M]. 北京:人民邮电出版社,2018.